理科が
面白いほど
わかる

改訂版

大学入試

山川喜輝の

生物
が面白いほどわかる本

河合塾
講師

山川喜輝

＊本書には「赤色チェックシート」がついています。

＊本書は、小社より2016年に刊行された『大学入試 山川喜輝の 生物が面白いほどわかる本』の改訂版です。

は じ め に

お待たせしました。ご好評をいただいていた『大学入試　山川喜輝の
生物が面白いほどわかる本』が新課程に対応してバージョンアップしました。
　この本は，これから「生物」を学び始める高校生や，大学入試に必要な
知識を網羅的に学びたいという受験生に向けて書かれた学習参考書です。
独習でも十分に理解できるよう，私があなたの隣で説明しているようなつ
もりで執筆しました（そのため口語調で書かれています）。この本が厚いの
には，それなりの理由があります。それは，この本の特徴にあります。

特長 1. 受験生が理解に苦しむ部分を手厚く，ていねいに説明した（その
　　ための図を多用した）。
特長 2. 教科書の知識に加え，大学入試問題で出題される知識も記載した。
特長 3. 理解を確認するための，ちょっとした問題とその解説を載せた。

▶ 特長 1. について

　現行の「生物」の教科書は知識量がたいへん多く，進化学や分子生物学
など，高校生が自らの実験で確かめることができない分野が大半を占めて
います。そのため，**教科書を読んだだけでは，経験に照らし合わせて納得
するということが難しくなっている**のが実情です。
　そこで，私は "教科書を解説する参考書" を書こうと思ったわけです。
従来の参考書は，教科書を要約し，知識を見やすい形で羅列するというの
が一般的でした。要するに，教科書のエッセンスだけを抜き出した本です。
しかし，この本は全く違う発想で書かれています。教科書にある知識の背
景や，文章の行間を積極的に説明し，一つ一つの知識を納得できる形で理
解できるように配慮しました。単に，用語の暗記をお手伝いするのではな
く，生命現象の正しい理解を目指しています。そのため，教科書にはない
オリジナルの図やイラストを多用し，ときには，大胆なたとえ話を活用し
ています。一見，エッセンスだけを抜き出した要約本より遠回りに思える
かもしれませんが，こちらの方が，**一度理解したことを忘れにくく，最近
の入試で急増している考察問題に太刀打ちできる力が養われる**のです。
　また，タイトルに「生物」とはありますが，部分的に「生物基礎」の知
識もおりまぜています。これも，関連ある知識をストーリーとして理解し

てもらうためです。より詳しく「生物基礎」について知りたい場合は，『改訂版　山川喜輝の　生物基礎が面白いほどわかる本』も合わせてご覧ください。

▶ 特長2. について

　高校で「生物」を学んでいる生徒さんの多くは，大学進学を視野に入れて勉強していると思います。その場合，やはり大学入試問題によく出題される分野を重点的に勉強したいと思うのが人情でしょう。そこで，この本では入試問題でよく出題される分野には教科書以上にページを割きました。さらに，入試問題で問われることがあるのであれば，たとえ教科書に記載がなくても，発展的内容として載せることにしました。

　また，教科書の「発展的内容」や「コラム」で取り上げられる内容には，教科書会社によって違いがあるのですが，この本では，現行のすべての教科書の最小公倍数的な知識を収録することを目指しました。大学入試では，「発展的内容」からも出題されることがあるので，受験生が所持する教科書によって有利・不利が生じてしまう可能性があります。この "知識格差" を解消するためです。

　このように，この本一冊で，共通テストから難関大学の入試問題まで対応できる内容となっています。

▶ 特長3. について

　インプットした知識が理解できたことを確認するためには，何らかのアウトプットが必要です。そこで，この本では，項目ごとにちょっとした問題を載せました。多くは共通テストやその前身のセンター試験などの実際の入試問題です。本文を読み終えたら，その項目の後ろにある問題を解いてみてください。不正解だった場合は「解説」を読み，ときには本文の該当箇所に戻って読みなおすのがよいでしょう。ただし，この本は問題集ではないので，すべての範囲において十分な問題数があるわけではありません。もし物足りないと感じたら，別途問題集を用意して解き進めるのがよいでしょう。

　以上のように，この本はかなり "よくばり" にできているため，ずいぶんと厚くなりました。でも，ただ厚くて重いだけの本ではないことはわかってもらえたかと思います。では，さっそく「生物」の世界へ足を踏み出そう！

山川　喜輝

この本の使い方

▶ 必要な部分から読み始めても OK

　1ページ目から読み始めれば，すべて理解できるようにこの本は書かれています。しかし，高校や塾の授業を聞いた後に，該当するページだけを読んでも理解できるように工夫しています。既出の用語や現象には初出ページのリンクを記してあるので，そこに飛ぶことで改めて用語を確認することができます。また逆に，初出の用語に関連する後のページもリンクしています。関連する分野を横につなげて強固な知識のネットワークを築きましょう。

▶ 知識の重要度を意識しよう

　各項目についている★印は，大学入試での重要度を表しています。★★★は最も重要な知識で，必ず習得したい内容です。★☆☆は，それよりも出題頻度が低い内容となります。また，発展 は難関大学などで出題されるような高度な内容です。したがって，高2生は本文の★★★や★★☆を一通り読んで，高3生になってから★☆☆や 発展 の内容を読む，といった使い方ができます。

▶ 問題にチャレンジしてみよう

　各項目の後ろには問題が用意されているので，ぜひ解いてみてください。これらは受験によく出る問題や，実際の共通テストやセンター試験の過去問です。基本的ではありますが，理解を確認するのに最適な問題をそろえました。

▶ いろいろ書き込んで自分だけの参考書に仕上げよう

　この本の使い方は，基本的にあなたの自由です。文章にアンダーラインを引くといったことはもちろん，自分で気がついたこと，学校の先生が言っていたことなどを書き込むなりして，自分だけの手放せない参考書をつくってください。

もくじ

第5編　生物と環境　543

本文イラスト：小塚 類子

第 1 編

生物の進化

第1章

生命の起源と生物の進化

人類の祖先は樹上生活だったんだ。

いいなあ！

▲我々の祖先について正しく理解しよう！

STORY **1** 生命の起源

1 化学進化 ★★★

　今から**約46億年前**に地球は**誕生**した。その頃の地球の表面は1000℃を超えるマグマでおおわれていたため，とても生物がすめる環境ではなかった。やがて，表面温度が低下すると水蒸気が雨となって地表に降り注ぎ，原始の海が生まれた。そして，約40億年前には生命が誕生する環境が整ったと考えられている。無機物から有機物が合成され，原始的な生物誕生するまでの過程を**化学進化**というよ。

　では，最初の生命はどのようにして誕生したのだろうか？

① ミラーの実験

　1953年ミラーは，当時，原始大気の成分と考えられていたメタン（CH_4）・アンモニア（NH_3）・水蒸気（H_2O）・水素（H_2）などの混合ガスをガラス容器に封入して放電を行った結果，**アミノ酸などの有機物を生じる**ことを見いだした。

> "当時考えられていた原始大気の成分"というのは，
> 現在考えられているものとは違うのですか？

　そうなんだ。現在では，原始大気の成分は，**二酸化炭素（CO_2）・窒素（N_2）・水蒸気（H_2O）**などであったと考えられているけど，これらの混合気体を用いて放電や紫

外線照射などを行っても，アミノ酸などの有機物が生じることが確認されているよ。

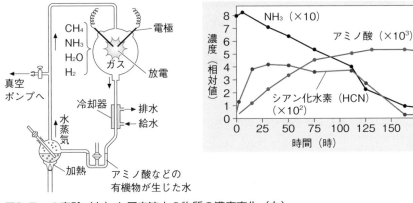

■ミラーの実験（左）と反応液中の物質の濃度変化（右）

② 熱水噴出孔

　海底にある**熱水噴出孔**からは，熱水とともにメタン（CH_4）・硫化水素（H_2S）・アンモニア（NH_3）・水素（H_2）などが出ていて，これらが高温・高圧のもとでさまざまに反応することで，有機物が蓄積していったとする考え方もある。

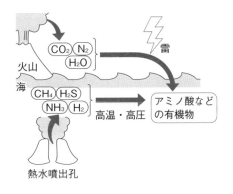

　原始地球では，ミラーの実験や熱水噴出孔で見られるような反応がくり返されて，**アミノ酸や単糖類など**
の有機物が生成し，これらが海で濃縮され，さまざまに反応し合った結果，**タンパク質や核酸などの複雑な有機物に変化していった**のだろうと考えられている。

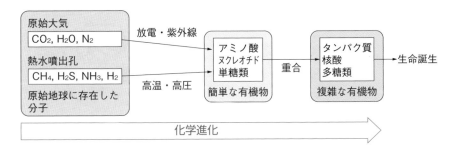

《POINT①》 化学進化

◎化学進化 ➡ 簡単な物質から有機物が生じ，やがて生命がうまれる
　　　　　　までの過程

2　細胞の起源 〉★★☆

　タンパク質や核酸などの有機物ができるだけでは生物とは呼べず，細胞が生じるた
めには外界と自己を分ける膜構造をもつことが必要だ。現在の生物の細胞膜はリン脂
質とタンパク質からできている。リン脂質には，水中で自然に集合して二重の脂質膜
を形成する性質がある。このような脂質膜がつくる小胞に，タンパク質や核酸のよう
な生命活動に必要な有機物が取り込まれて細胞が誕生したと考えられているけど，そ
の詳しいプロセスはよくわかっていない。

　ただし，最初に誕生した生物は，少なくとも次の3つの特徴を兼ね備えていたと考
えられるんだ。

❶　細胞膜によって外界と隔てられている。
❷　代謝を行う。
❸　遺伝子をもち，自己複製を行う。

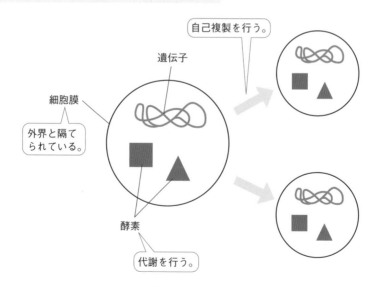

問題 1 化学進化 ★★★

　化学進化について，次の記述①〜③のうち，現在考えられている化学進化の過程として適当な記述はどれか。すべて選びなさい。

① 　無機物から段階的に複雑な有機物が生成された。
② 　ATP がエネルギー物質として使われるようになって初めて，ほかの有機物がつくられた。
③ 　紫外線や放電などの物理的な現象が供給するエネルギーにより，化学反応が進行した。

〈共通テスト・改〉

===== ✓解 説 =====

① 　化学進化の過程では，無機物から簡単な有機物（アミノ酸や糖など）を経て複雑な有機物（タンパク質や DNA など）ができたので，**正しい**。

② 　ATP とは細胞内にあるエネルギー代謝の仲立ちをする分子だ（▶p.233）。ATP 自体は有機物で，ATP 合成酵素というタンパク質（これも有機物）からつくられる。また，ATP が呼吸で合成されるには，糖などの有機物の分解が必要だ。このように，ATP がエネルギー物質として使われるようになるまでには，ほかのさまざまな有機物がすでに存在していることが必要だ。つまり，ATP が使われるようになってから，ほかの有機物がつくられた，というのは，**誤り**。

③ 　この記述は，ミラーの実験や熱水噴出孔での観察などから**正しい**と考えられているよ。

===== ✓解 答 =====

①，③

参考　最初の生命物質は何か？

　生物は，共通して自己複製の能力をもっており，自己複製のためには**遺伝情報の保持**と，これを複製するための**触媒の働き**が不可欠だ。現生の生物では，遺伝情報の保持は **DNA**，触媒作用は**タンパク質**が担っている。では，最も初期の生命において，DNA とタンパク質のどちらが最初の生命物質として使われるようになったのだろうか？

DNAの複製にはタンパク質の酵素が必要だし，タンパク質の合成にはその設計図となるDNAが必要だ。したがって，どちらか一方だけが先に誕生したと考えると矛盾が生じる。この問題は，多くの研究者を悩ませてきた。しかし，1980年代に，RNAに触媒作用があることが発見されると，解決の糸口が見えてきた。遺伝子としてDNAではなくRNAをもつウイルス（**レトロウイルス**という）の発見と相まって，**最初の生命物質はRNA**であると考えられるようになった。つまり，RNAが遺伝情報を保持し，自身の触媒作用で自己複製して増えていくような世界（**RNAワールド**という）が成り立っていたというわけだ。

　その後，触媒作用はRNAよりも複雑な構造をもつタンパク質に受け継がれ，遺伝情報の保持はRNAよりも安定なDNAに受け継がれるようになり，現在みられるようなDNAワールドへ移っていったと考えられている。

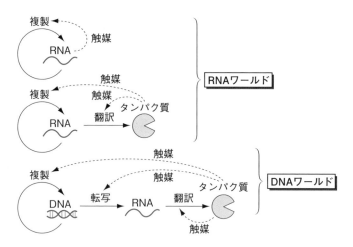

　遺伝子がRNAからDNAに移行した理由としてはさまざまな説があるけど，次の3つの理由が考えられている。

- DNAはRNAより化学的に安定で分解されにくい。
- DNAは二本鎖を形成しやすいため，相補鎖の情報に基づいて損傷を修復することができる。
- シトシン（C）は，脱アミノ反応によってウラシル（U）に自然に変化する。情報にUを用いないDNAでは，DNAにみられるUはCから変化したものとわかるので，修復することができる。

STORY 2　生物の出現

　地球上に最初に出現したのは原核生物で，その化石が35億年前の地層から発見されている。さらに遡ること40億年前の地層からは，生物の痕跡を示す化石が見つかっている。

1　最初の原核生物 ＞★★☆

　最初の原核生物はどのようにして有機物を得ていたのかは，いまだにはっきりしていない（化石からはわからない）。ここでは2つの説を紹介しよう。

①　従属栄養生物とする説

　化学進化のところで説明した通り，原始の地球ではさまざまな化学反応によって有機物が存在していたと考えられている。そこで，最初の生物は，原始の海に溶けていた**有機物を取り込み，発酵によってエネルギーを取り出していた従属栄養生物**※と考えられている。なぜ，発酵かというと，当時の大気には，まだ酸素がなかったためだ。

②　独立栄養生物とする説

　近年，海底火山の火口や地下岩石層など過酷な環境にも細菌（バクテリア）などの微生物が生息していることがわかってきた。そのようなことから，最初の生物は，無機物の酸化で得たエネルギーを利用して有機物を合成する**化学合成細菌**のような**独立栄養生物**※だったとする説が有力となっている。次いで光エネルギーを利用する**光合成細菌**，その次に酸素を発生して光合成を行う**シアノバクテリア（ラン藻）**が出現したと考えられている。

　※体外から取り入れた無機物から有機物を合成して生活する生物を**独立栄養生物**といい，体外の有機物に依存して生活する生物を**従属栄養生物**という。

シアノバクテリアが出現したのは，**約27億年前**と考えられている。その根拠は，ストロマトライトという層状構造をもつ岩石が27億年前の地層から発見されたためだ。

どうして，ストロマトライトがシアノバクテリアの存在を示す根拠になるのですか？

昼間，シアノバクテリアは岩石の表面で光合成を行って成長する。そして夜間は，光合成は行わず，砂礫などの堆積物を粘液で固めるんだ。翌日，固まった層の上で新たにシアノバクテリアが光合成を行い成長する。この過程をくり返すことで，砂礫の層が "ミルフィーユ" のように積み重なって層状構造をつくる。ちなみに，ストロマトライトは現在でもオーストラリアで見られ，成長を続けているよ。

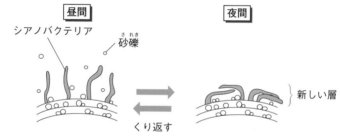

| 昼間 | | 夜間 |

シアノバクテリア
砂礫

新しい層

くり返す

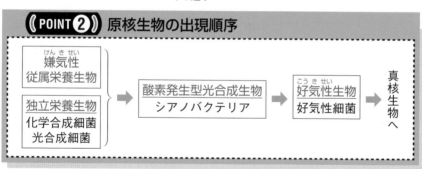

((POINT ❷)) 原核生物の出現順序

嫌気性
従属栄養生物

独立栄養生物
化学合成細菌
光合成細菌

→ 酸素発生型光合成生物
シアノバクテリア

→ 好気性生物
好気性細菌

真核生物へ

地球環境を変えたシアノバクテリア

シアノバクテリアや藻類の出現は，地球環境を変えるほどのインパクトがあった。それは，**光合成を行うときに水を分解して酸素を発生するからだ。**

❶ シアノバクテリアが光合成を行い，大量の酸素を発生する。

↓

❷ はじめのうちは，酸素は海水中に溶けている鉄分（鉄イオン）と反応して酸化鉄となって海底に沈殿した。これが堆積したものが，約20〜30億年前の地層から発掘される縞状鉄鉱層の起源と考えられている。

↓

❸ 海水中の鉄分が少なくなると，酸素が大気中に蓄積し始めた。酸素濃度の上昇に伴い，呼吸を行い有機物から効率よくエネルギーを取り出す生物が出現し，繁栄するようになった（呼吸が始まった時期はよくわかっていない）。

↓

❹ 約5億年前には，藻類が繁栄してさらに大気中の酸素が増加し，紫外線の働きで酸素から**オゾン層**が形成され，地表に降り注ぐ**紫外線**の量が減少すると，**約4.5億年前には生物が陸上に進出するようになった。**

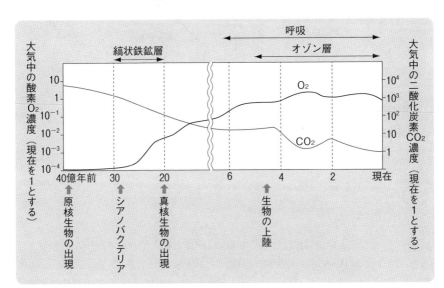

■大気中の酸素濃度，二酸化炭素濃度の変化と生物の進化

《POINT ③》 シアノバクテリアによる光合成の影響

光合成による
酸素の発生　→　呼吸が始まる。

　　　　　　→　オゾン層の形成　→　生物の陸上進出

3　真核生物の出現 ＞★★★

　真核生物は約20億年前に出現したと考えられている。真核生物は，核膜で囲まれた核をもち，**ミトコンドリアや葉緑体などの細胞小器官をもつ**のが特徴だ。

　マーグリスは，真核細胞の発達について，**好気性細菌**が別の嫌気性細菌の細胞内に住みついてミトコンドリアとなり，さらにこの細胞にシアノバクテリアがすみついて**葉緑体**となったとする**共生説**（細胞内共生説）を唱えた。

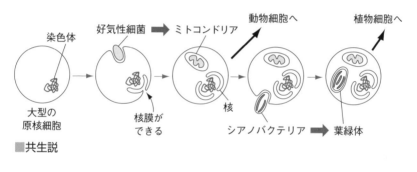

■共生説

共生説の根拠は何ですか？

　ミトコンドリアと葉緑体は，ともに**独自の DNA と細菌型のリボソームをもつ**ことだ。しかも，その DNA はバクテリアの DNA と同じく環状であり，ゲノム解析の結果，確かに好気性細菌やシアノバクテリアのものと特定の塩基配列が似ていることが確かめられている。

　また，細胞内で**分裂によって増える**こと，透過性の異なる内外二重膜で包まれている点もその根拠とされている。これは，細菌が細胞に取り込まれるとき，エンドサイトーシス（▶p.228）のように細胞膜で包まれたと考えられるからだ。

《POINT ④》 共生説

◎共生説 ➡ 真核細胞のミトコンドリアは好気性細菌が，葉緑体はシアノバクテリアが細胞内に共生してできたとする説

[根拠]
- ミトコンドリアと葉緑体は，独自のDNAをもつ。
- ミトコンドリアと葉緑体は，分裂によって増える。
- ミトコンドリアと葉緑体は，二重膜構造をもつ。

問題 2 細胞の発達 ★★★

次の文のア〜カに適する語句を答えなさい。

　真核細胞の構造の由来について，マーグリスは次のような説を唱えた。呼吸に働く（**ア**）や光合成器官である（**イ**）は，（**ウ**）とは別に独自のDNAをもち，細胞内で（**エ**）する。このような特徴から，これらの細胞小器官は，かつては呼吸や光合成の能力をもった（**オ**）生物であり，それらがほかの細胞の中に（**カ**）して進化し，真核細胞が形づくられたとする説である。

〈信州大・改〉

☑ 解説

　マーグリスの共生説に関する問題だ。真核細胞のミトコンドリアは呼吸を行う細菌（原核生物）が，葉緑体はシアノバクテリア（原核生物）が，別の細胞に共生した結果，形づくられたと考えられている。

☑ 解答

ア－ミトコンドリア　　イ－葉緑体　　ウ－核
エ－分裂　　オ－原核　　カ－共生

地質時代と生物の変遷

　地球が誕生して最初の岩石が形成されてから現在までを地質時代という。地質時代は，地層から推察される生物界の変遷と地球環境の変化に基づいて，大きく先カンブリア時代・古生代・中生代・新生代に区分されている。

地質時代		億年前	生物の変遷		動物界	植物界
			動物	植物		
新生代	第四紀	0.02	ヒトの誕生		哺乳類時代	被子植物時代
	新第三紀	0.23	人類の出現			
	古第三紀	0.66	哺乳類の繁栄	被子植物の繁栄		
中生代	白亜紀	1.4	アンモナイト・恐竜類の絶滅	被子植物の出現	は虫類時代	裸子植物時代
	ジュラ紀	2.0	鳥類の出現・恐竜類の繁栄	裸子植物の繁栄		
	三畳紀	2.5	哺乳類の出現・は虫類の繁栄			
古生代	ペルム紀	3.0	三葉虫類の絶滅		両生類時代	シダ植物時代
	石炭紀	3.6	は虫類の出現・両生類の繁栄	木生シダ植物の繁栄		
	デボン紀	4.2	両生類の出現・魚類の繁栄	裸子植物の出現	魚類時代	
	シルル紀	4.4	（顎のある）魚類の出現	シダ植物の出現		
	オルドビス紀	4.9	三葉虫類の繁栄	陸上植物の出現	無脊椎動物時代	藻類時代
	カンブリア紀	5.4	三葉虫類の出現 脊椎動物（無顎類）の出現 バージェス動物群の出現			
先カンブリア時代			無脊椎動物の出現・繁栄（エディアカラ生物群）	藻類の出現		

地層は上に積み重なっていくので，上にいくほど現在に近づくんだ。

【先カンブリア時代】

　地球の誕生から，大形の多細胞生物が出現するまでの時代を先カンブリア時代といい，化学進化の時代も含まれる。

　約6億年前の地層から**エディアカラ生物群**という多細胞生物の化石が見つかっている。エディアカラ生物群の特徴は，**やわらかい体をもち，扁平な形をしていることだ。**このことから，**この頃はまだ捕食者がいなかった**と考えられている。エディアカラ生物群は，カンブリア紀の直前に絶滅した。

スプリギナ

ディキンソニア

【古生代】

●カンブリア紀

　カンブリア紀に入ると，大形の無脊椎動物が急速に多様化した。これを**カンブリア大爆発**という。その原因は，酸素濃度の上昇や，殻や骨格の材料となるカルシウムイオン濃度の上昇とされている。カンブリア大爆発を裏づける化石が，カナダのロッキー山脈のバージェス頁岩（けつがん）から見つかり，これを**バージェス動物群**という。バージェス動物群には，**かたい殻や外骨格をもつものが多く，このことから捕食者が出現した**と考えられている。カンブリア紀には現生の動物門のほぼ全てが出そろった。

三葉虫
節足動物
外骨格をもつ。

アノマロカリス
動物食性動物（捕食者）
だったと考えられる。

●オルドビス紀

　オルドビス紀になると，大気圏の上層にオゾン層が形成され，生物にとって有害な紫外線を吸収したため，生物の陸上進出が可能となった。**最初に陸上に進出したのは植物だった**と考えられていて，動物は，植物よりも遅れて，デボン紀に陸上進出した。

●石炭紀

　石炭紀は温暖で湿潤な気候が続き，巨大なシダ植物（木生シダ）の森林がで
きた。この頃は，細胞壁の成分であるリグニンを分解する酵素がまだなく，分
解者は木材を分解できなかった。そのため，**木生シダの枯死体が堆積して石炭
となった。**

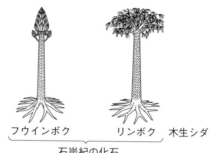

フウインボク　　リンボク　木生シダ

石炭紀の化石

【中生代】

●三畳紀（さんじょう）

　は虫類が多様な進化をとげ，恐竜類（きょうりゅう）や哺乳類（ほにゅう）が出現した。

●ジュラ紀

　陸上では，イチョウやソテツなどの裸子植物や恐竜類が繁栄し，恐竜類の中
から鳥類が出現した。

●白亜紀（はくあ）

　白亜紀の終わりには，隕石の衝突による生物の大量絶滅が起こった。

【新生代】

　寒冷化と乾燥化により，被子植物の草原が広がった。哺乳類や鳥類が繁栄し，
新第三紀には直立二足歩行する人類が，第四紀にはヒトが出現した。

第2章

遺伝子の変化と進化のしくみ

▲フレーム（読み枠）を間違えると意味も変わってくる。

STORY 1 遺伝的変異

1 変　異 〉★★★

　生物がもつ特徴，例えば体の大きさや形態，色彩などを**形質**という。たとえ同種の個体であっても，形質はまったく同じというわけではなく，個体ごとに違いがある。このような同種の個体間に見られる違いを**変異**という。変異には，遺伝するものと遺伝しないものがある。

　遺伝しない変異は**環境変異**と呼ばれ，環境条件の違いや発生初期に起こる偶然によって生じる変異だ。例えば，一卵性双生児でも指紋や手の甲の静脈の通り方には違いがある。このような遺伝子によらない変異を環境変異という。

　一方，遺伝する変異は**遺伝的変異**といい，**突然変異**によって生じる。突然変異は，遺伝子DNAの塩基配列が変化する**遺伝子突然変異**（▶p.26）と，染色体の構造や数が変化することで生じる**染色体突然変異**（▶p.30）とに分けられる。

　突然変異は，体細胞でも生殖細胞でも起こるけど，**生殖細胞に生じた突然変異だけが子の世代へと伝えられる**んだ。

変異
- （遺伝しない）**環境変異** ➡ 環境条件の違いなどにより，生じる。
- **遺伝的変異** ➡ 突然変異により，生じる。（遺伝する）

突然変異 {
　遺伝子突然変異 ➡ 遺伝子の塩基配列の変化によるもの
　　　　　　　　　例 置換・挿入・欠失
　染色体突然変異 ➡ 染色体の構造や数の変化によるもの
　　　　　　　　構造変化…例 欠失，重複，逆位，転座
　　　　　　　　数の変化 {
　　　　　　　　　　倍数体 ➡ $3n$，$4n$，$6n$ など
　　　　　　　　　　異数体 ➡ $2n+1$，$2n+2$，$2n+3$ など

① 遺伝子突然変異

　突然変異の中でも，DNA の塩基配列に起こるものを**遺伝子突然変異**という。遺伝子突然変異には，ある塩基が別の塩基に置き換わる**置換**，塩基が失われる**欠失**，新たに塩基が入り込む**挿入**がある。

- 置　換 ➡ ある塩基が別の塩基に置き換わる。
- 欠　失 ➡ 塩基が失われる。
- 挿　入 ➡ 新たに塩基が入り込む。

　　遺伝子突然変異が起こるとどうなるのですか？

　ここでは，突然変異の中でも最も小規模な**一塩基の変化**について，どんな影響が出るのか見ていくことにしよう。

　一塩基の置換では，置換する塩基の種類によって影響の大きさが変わってくる。例えば，チロシンを指定する TAT という DNA（センス鎖）の配列が，TAC に変化した場合，mRNA のコドン（▶p.330）は UAU から UAC に変化するけど，変化後もチロシンを指定する（▶p.334　コドン表）ので，タンパク質には何の変化も現れない。これを**同義置換**という。

　TAT が CAT に変化（mRNA では UAU → CAU）した場合は，指定するアミノ酸がヒスチジンに変化する（**ミスセンス突然変異**）。これにより，タンパク質の機能に影響が出る場合がある。

　しかし，TAT が TAG に変化（mRNA では UAU → UAG）した場合は，mRNA に UAG という終止コドンが生じるため，**翻訳が途中で止まってしまい，不完全なポリペプチドができる**。このため，多くの場合，タンパク質の機能が失われてしまうんだ。これを**ナンセンス突然変異**というよ。

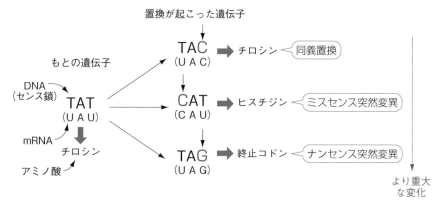

何の影響も出ないことがある置換と違って，**欠失**と**挿入**は必ず重大な影響を及ぼす。なぜなら，欠失や挿入が起こると，それ以降のコドンの読み枠がずれてしまい，アミノ酸が全て違ったものになってしまうからだ。ときには終止コドンが生じることもある。このようにコドンの読み枠がずれることを，**フレームシフト**という。

■**挿入によるフレームシフト**

① 遺伝子突然変異の例～鎌状赤血球貧血症

ヒトの鎌状赤血球貧血症 は，血液中の酸素が少なくなると赤血球が鎌状に変形し，これが毛細血管内でつまったりして重度の貧血を起こす遺伝病だ。この病気の原因は，**ヘモグロビン遺伝子の塩基1つに置換が起こり**，その結果，正常なタンパク質ではグルタミン酸であるはずのアミノ酸がバリンに変化したことによるんだ。

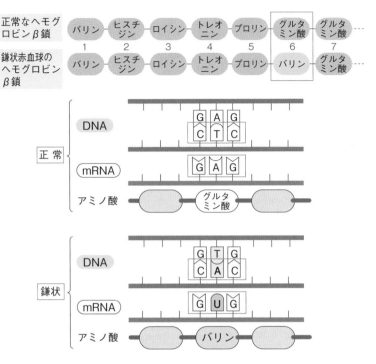

■鎌状赤血球貧血症の原因遺伝子

COLUMN コラム

マラリアに強い鎌状赤血球貧血症

　鎌状赤血球貧血症の遺伝子をもった人は，アフリカの赤道付近に多い。この地域では，マラリアという病気で死亡する率が高いんだけど，鎌状赤血球貧血症の人はこの病気に抵抗性があるからなんだ。病気の元凶であるマラリア原虫は，ヒトの赤血球の中で増殖する。でも，鎌状赤血球貧血症の人の赤血球は，簡単につぶれてしまうためにマラリア原虫が増殖できないんだ。

　このように「病気」と呼ばれる形質も，環境によっては優れた適応を見せることがあるんだ。

② 遺伝子突然変異はどうして起こるのか

遺伝子突然変異の原因はさまざまだ。鎌状赤血球貧血症のように，自然に生じたものもあれば，X線などを照射することで人為的に起こすこともできる。

〈自然に生じる〉
- ● DNAのミスコピーによる。

〈人為的に生じさせる〉
- ● X線や紫外線を照射する。
- ● 突然変異誘発剤などの薬剤を用いる。

《POINT⑤》 **遺伝子突然変異**

- ◎ 遺伝子突然変異には，置換，挿入，欠失がある。
- ◎ 遺伝子突然変異の例には，ヒトの鎌状赤血球貧血症がある。

③ 遺伝的多型

同種の生物でも，個体の間にはゲノムにわずかな違いがある。ゲノムの同じ位置における個体間の塩基配列の違いを遺伝的多型という。

遺伝的多型には，短い塩基配列のくり返し回数（リピート回数）の違いや，DNAの同じ領域の1塩基対の置換がある。この1塩基対の置換は**一塩基多型**（SNP）と呼ばれ，ヒトの場合，約1000塩基対に1対の割合で存在するといわれているよ。

ヒトのSNPの例としては，27ページで見た鎌状赤血球貧血症の遺伝子や，肝臓でアセトアルデヒドを酸化する酵素の遺伝子（ALDH2）などが知られている。ALDH2はお酒を飲んだときに，気分が悪くなるかどうかに関わっている遺伝子だ。

● 短い塩基配列のくり返し回数の多型

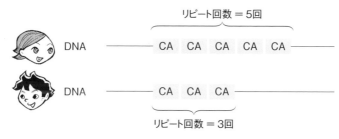

リピート回数＝5回

DNA　———　CA　CA　CA　CA　CA　———

DNA　———　CA　CA　CA　———

リピート回数＝3回

● 一塩基多型（SNP）

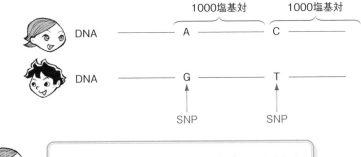

SNP を調べることで，どんな利点がありますか？

　医療の分野では，“病気のかかりやすさ”や“薬の効きやすさ”と SNP の関係が調べられていて，同じ病気でも個人によって薬を変えるといった「オーダーメイド医療」への応用が期待されているよ。

《POINT❻》 一塩基多型

◎一塩基多型（SNP）➡ 同種の個体間でDNAの同じ領域を比べたときに見られる 1 塩基対の違い。ヒトでは，約1000塩基対に 1 塩基対の割合で見られる。

② **染色体突然変異**

　突然変異には，染色体の構造や数の変化によるものもある。染色体の構造変化の例には，染色体の一部が欠ける**欠失**，一部がくり返される**重複**，一部が逆転する**逆位**，ほかの染色体と一部が置き換わる**転座**などがある。

　染色体の数の変化には，染色体のゲノムのセットが 3 倍や 4 倍などになる**倍数体**や，染色体の数が正常よりも多かったり少なかったりする**異数体**がある。

正常

●染色体の構造変化

欠失 / 重複 / 逆位 / 転座

●染色体の数の変化

倍数体
（3n）

異数体
（2n＋1）

参考　遺伝子重複と進化

　減数分裂において，相同染色体が対合したとき，染色体の一部が交換される"乗換え"が起こる（▶p.72）。このとき，相同染色体がきちんと正しく対合するとは限らず，ずれた位置で乗換えが起こることがある（これを不等交差という）。その結果，同じ遺伝子を2つもつ染色体と遺伝子を失う染色体が生じる。同一のゲノム内で同じ遺伝子が2つになることを遺伝子重複という。次のページの図は，ヒトのX染色体上にある赤錐体細胞の遺伝子（赤遺伝子）と緑錐体細胞の遺伝子（緑遺伝子）の配列のようすで，これらの遺伝子の塩基配列はたがいに似ている。そのため，母親の卵形成時における減数分裂のとき，不等交差が起こりやすく，緑遺伝子を失ったX染色体を受け継いだ息子は，赤緑色覚異常を呈することになる。

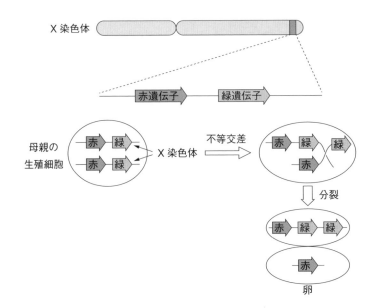

　遺伝子重複によって同じ遺伝子が2つになると，一方の遺伝子に突然変異が生じても，もう一方の遺伝子が機能を"バックアップ"するため，一方の遺伝子に突然変異が蓄積しやすくなり，やがて別の働きをする遺伝子に進化していくことがある。上で示した赤錐体細胞遺伝子と緑錐体細胞遺伝子も，もともとは1つの同じ遺伝子が，遺伝子重複によって増えたあと，たがいに少しずつ機能を変えたものと考えられている。

　そのほかの例として，**ヘモグロビン遺伝子**や**ホックス遺伝子**（▶p.402）も遺伝子重複によって増えたと考えられているよ。

STORY 2　有性生殖が多様な遺伝的変異をもたらす

1 　有性生殖 ＞ ★★☆

　生物が自分と同じ種類の個体をうみ出すこと，つまり子をうむことを**生殖**という。生殖は大きく**有性生殖**と**無性生殖**に分けられる。

　生殖のための特別な細胞を**生殖細胞**といい，生殖細胞のうち，卵や精子のように合体して新しい個体をつくる細胞を**配偶子**という。配偶子の合体を**受精**といい，受精によってできる細胞を**受精卵**という。

このように，**配偶子の受精によって子がうまれる生殖法を有性生殖といい**，配偶子をつくらない生殖法を無性生殖という。

無性生殖には，分裂・出芽・栄養生殖などの方法があるけど（下の **参考** 参照），基本的に親の体細胞から子が生じるため，遺伝的に親と同一の子（クローンという）がうまれる。したがって，無性生殖で増えた集団は，遺伝的な多様性が低く，環境の変化やさまざまな病気に弱いという特徴が見られるんだ。

これに対して，**有性生殖では両親の遺伝子が混ざり合うことで，親とは異なる形質をもつ子がうまれるため，環境が変化してもそれに適応した子が残る可能性が高まる。**

無性生殖と有性生殖の，有利な点と不利な点をまとめると下表のようになるよ。

	無性生殖	有性生殖
有利な点	●配偶者（つまり結婚相手）を必要とせず，1個体で生殖が可能。	●**遺伝的に多様な子が生じるため，環境に対して適応の幅が広がる。**
不利な点	●子は親と**同じ遺伝子**をもつため，環境の変化に対して**適応しにくい。**	●配偶者を必要とするため，生殖の効率が悪い。

無性生殖

無性生殖	特　徴	生物例
分　裂	親 → → 子 → 子 親の体がほぼ同じ大きさに分かれる。	ゾウリムシ，アメーバ，大腸菌
出　芽	親 → → 子 → 親 親の体に芽のようなふくらみができ，これが独立・成長して子となる。	こうぼ 酵母，ヒドラ
栄養生殖	親 → 子 植物の根や茎などの栄養器官の一部から新しい個体が生じる。	ジャガイモの塊茎^{かいけい}，オニユリのむかご，オランダイチゴの走出枝^{そうしゅつし}

STORY 3 染 色 体

1 染色体の形の変化 > ★★☆

　有性生殖には減数分裂（▶p.37）が必ず伴う。でも，減数分裂を理解するには，染色体の理解が不可欠だ。そこで，まずは染色体について学んでおこう。

　染色体は，DNAがヒストンと呼ばれるタンパク質に巻きついてコンパクトに折りたたまれた構造だ。

　でも，どうしてDNAは染色体構造をとる必要があるのだろう？　DNAには遺伝情報が記録されているため，細胞が分裂するときには，複製されたものが，娘細胞に正しく分配されなければならない。DNAは長い糸状の分子だから，分配のときに絡まったり，切れたりしないように，巻き取られてコンパクトにまとめられた方が都合がいい。これが，染色体なんだ。

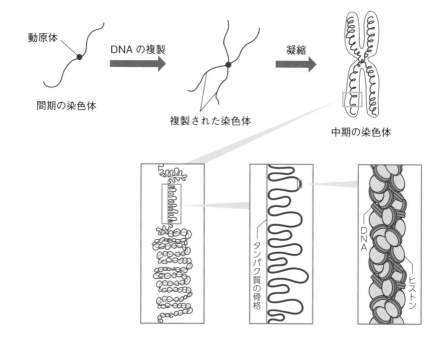

2　相同染色体 ＞★★★

体細胞分裂の中期に見られる染色体の数や形・大きさなどの特徴は，生物の種によって一定で，1個体の体細胞では全て同じなんだ。なぜなら，個体を構成する全ての体細胞は，たった1個の受精卵から体細胞分裂によってつくられたものだからだ。

たいていの生物では，中期の染色体を観察すると，**同じ大きさ，同じ形の染色体が2本ずつあること**がわかる。

■いろいろな生物の染色体数

生 物 名		体細胞の染色体数
動物	キイロショウジョウバエ	8
	ヒト	46
植物	エンドウ	14
	イネ	24

どうして，同じ染色体が2本ずつあるんだろう？

2本のうちの一方は父親から，もう一方は母親から受け継いだものだからだ。この対になる染色体のことを**相同染色体**という。"相同染色体"という言葉は，1本の染色体に対して使うことはない。それは，1人の男性を指して"夫婦"と言わないのと同じことだよ。

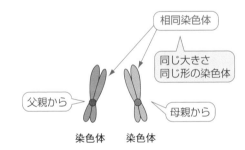

相同染色体

同じ大きさ
同じ形の染色体

父親から

母親から

染色体　　　染色体

((POINT❼)) 相同染色体

◎ 相同染色体 ➡ **同じ大きさ・形の2本の染色体**
一方は父親から，もう一方は**母親**から受け継いだもの。

3 核 相 ▷ ★★☆

体細胞は相同染色体を何対かもっているので、その数は、たいてい偶数になる。このような染色体の構成（核相）を複相（$2n$ で表す）という。

例えば、次の図のような細胞があったとしよう。この細胞では、相同染色体が 2 本ずつ 3 組あり、全部で 6 本の染色体をもつので、$2n = 6$ と表されるんだ。

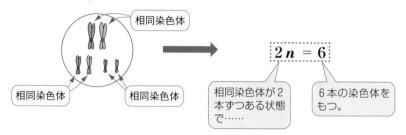

この表記は**方程式**ではないので、勝手に両辺を 2 で割って、$n = 3$ としてしまったり、n 以外の文字を使ったりしてはいけないんだ。

体細胞に対して、卵や精子など生殖細胞では、相同染色体の片方しかもたない。このような核相を**単相**（n で表す）という。

次の図は、相同染色体がそろっていなくて、どの染色体も形や大きさが違っているよね。このような細胞は、$n = 3$ と表すんだ。

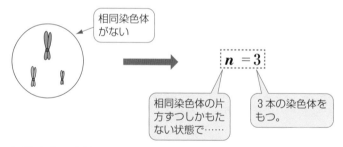

"n" は "染色体の本数" を表すけど、**ゲノム**の 1 セットと考えることもできる。つまり、卵や精子（n）はゲノム 1 セットをもつけど、体細胞（$2n$）はゲノム 2 セットをもっていることを表しているんだ。

《POINT 8》 核　相

> ◎ 核　相 ➡ 複相（$2n$）または単相（n）で表す。
> ◎ $2n$ ➡ 相同染色体が2本ずつそろっている状態
> 　　　　 体細胞を表す。
> ◎ n ➡ 相同染色体を片方ずつしかもたない状態
> 　　　 生殖細胞などを表す。

STORY 4　減数分裂

　生殖細胞（配偶子や胞子）をつくるときに見られる特別な細胞分裂を**減数分裂**という。減数分裂の最大の特徴は，**分裂後に染色体の数が半分になる**ことだ。

> 染色体が半分しかない細胞をつくることに，
> どんな意味があるの？

　卵や精子などの**配偶子**は，受精して1個の細胞になるよね。このとき**染色体数が2倍になる**。だから，もし配偶子が体細胞と同じ染色体数のままだったら，受精をくり返すたびに染色体数が増えてしまうよね。これじゃ困るので，**受精の前に染色体数を半分に減らしておくことが必要**なんだ。これが減数分裂の意味だよ。

1 減数分裂の特徴 〉★★★

- 配偶子または胞子をつくるときに見られる。
- 分裂によって生じる細胞の染色体数は半減する。
- 2回の連続した分裂（第一分裂，第二分裂）が，間期をはさまずに引き続いて起こる。
- 1個の母細胞から4個の娘細胞が生じる。

① **間　期**

- **DNA の合成**（体細胞分裂のときと同じ）。

② **第一分裂**

1．**前　期**

- 核内に分散していた糸状の染色体が凝縮して太く短い染色体になるが，このとき**相同染色体どうしが接着した状態で現れる**。これを**対合**といい，対合した状態の相同染色体を**二価染色体**という。
- 核膜，核小体が消失する。

2．**中　期**

- **二価染色体が赤道面に並ぶ。**
- 紡錘体が完成する。

3．**後　期**

- **対合した染色体（二価染色体）が対合面で分離**し，相同染色体のそれぞれが紡錘糸に引っ張られるようにして両極へ移動する。つまり，まだ染色体は縦裂面から分離していない。

4．**終　期**

- 染色体が細い糸状に戻り，核内に分散する。
- 核膜，核小体が現れる。
- 細胞質分裂が始まる。
- **DNA は合成されず**，そのまま第二分裂に突入する。

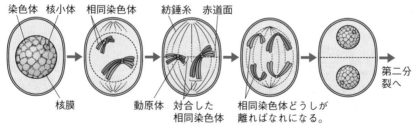

間　期 (母細胞)	第　一　分　裂			
	前　期	中　期	後　期	終　期
染色体は核内に分散している。染色体の複製が行われる。	染色体が凝縮し，相同染色体どうしが対合する。	二価染色体が赤道面に並ぶ。紡錘体が完成する。	相同染色体が，対合面から分離して両極へ移動する。	染色体が糸状に戻る。核膜・核小体が現れる。細胞質分裂が始まる。

③ 第二分裂

1. 前　　期
- 核内に分散していた染色体が凝縮して，太く短い染色体が現れる。
- 核膜，核小体が消失する。

2. 中　　期
- 染色体が赤道面に並ぶ。
- 紡錘体が完成する。

3. 後　　期
- **染色体が縦裂面から分離して，両極へ移動する。**

4. 終　　期
- 染色体が細い糸状に戻り，核内に分散する。
- 核膜，核小体が現れる。
- 細胞質分裂が始まる。

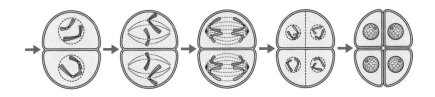

第　　二　　分　　裂				生殖細胞
前　　期	中　　期	後　　期	終　　期	
体細胞分裂と同じように進む。すなわち，染色体は縦の裂け目から分離して，両極へ移動する。				染色体数が半減した生殖細胞ができる。

《POINT 9》 減数分裂の過程

◎ 2回の分裂が連続して起こる。

◎ 第一分裂前期に相同染色体どうしが対合する。

◎ 第一分裂後期に相同染色体どうしが対合面から分離する。

◎ 第二分裂は体細胞分裂と同じ。

　減数分裂では，染色体数が半分になるだけではなく，染色体の組み合わせの異なる生殖細胞が何種類かできる。

　ここで，**2n＝4**の細胞を例に，配偶子にどんな染色体の組み合わせが生じるかを見てみることにしよう。

　4本の染色体のうち，**A**と**a**，**B**と**b**が相同染色体だとする。ここで重要なのは，第一分裂で生じる細胞には2パターンあるということだ。それは，**A・B**をもつ細胞と**a・b**をもつ細胞に分かれるパターン（図の ア ）と，**A・b**をもつ細胞と**a・B**をもつ細胞に分かれるパターン（図の イ ）だ。

　第二分裂では，染色体が縦の裂け目から分離するだけなので，新たな組み合わせは生じない。つまり，第一分裂で生じる**4種類**の細胞がそのまま配偶子の種類になるんだ。

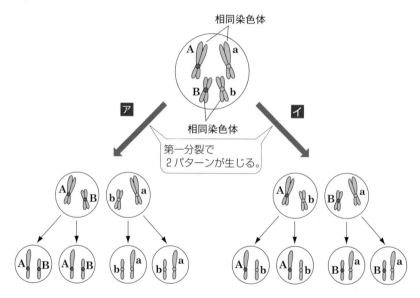

　このように，減数分裂では，1つの母細胞から何通りもの染色体の組み合わせをもつ配偶子がつくられる。これが他個体の配偶子と受精するため，子の染色体の組み合わせの多様性は大きくなる。

　また，減数分裂では染色体の**乗換え**が起こるので（72ページで学ぶよ），実際には，配偶子の多様性はますます大きくなるんだ。

4 減数分裂での染色体数の変化 〉★★★

　減数分裂では染色体数が半減するのだけど，第一分裂と第二分裂のどちらで染色体数が半分になるのだろう？

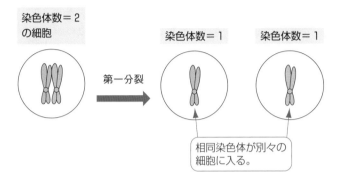

染色体数＝2
の細胞

染色体数＝1　　染色体数＝1

第一分裂

相同染色体が別々の
細胞に入る。

　答えは「**第一分裂で半分になる**」。**第一分裂では相同染色体が別々の細胞に入っていくので，この時点で半分になる**。第二分裂は体細胞分裂と同じなのだから，染色体数は変わらないよ（39ページを見てね）。

　すなわち，**2n** の母細胞は，第一分裂で **n** の細胞 2 個に分かれ，第二分裂でさらに 2 個ずつに分かれて **n** の細胞が 4 個できるんだ。

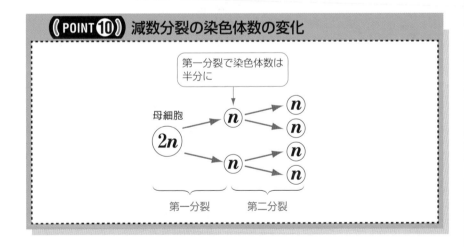

《POINT ⑩》 減数分裂の染色体数の変化

第一分裂で染色体数は
半分に

母細胞

2n → **n** → **n**
　　　　　　 n
　　 → **n** → **n**
　　　　　　 n

第一分裂　　　第二分裂

次の文章中の　ア　～　ウ　に入るものの組み合わせとして適当なものを，下から一つ選びなさい。

配偶子に遺伝的多様性が生ずる1つの理由は，減数分裂の　ア　に対合を完了した相同染色体が　イ　に分離し，たがいに独立に娘細胞へ分配されることである。したがって，46本の染色体をもつヒトでは，配偶子に　ウ　通りの染色体構成が可能である。実際には，染色体間の乗換えが起こるので，この数字はさらに大きくなる。

	ア	イ	ウ
①	第一分裂前期	第一分裂中期	23^2
②	第一分裂前期	第一分裂後期	2^{23}
③	第一分裂中期	第二分裂中期	23^{23}
④	第一分裂中期	第二分裂後期	2^{23}
⑤	第二分裂中期	第二分裂後期	23^2
⑥	第二分裂中期	第二分裂後期	2^{23}

〈センター試験・改〉

✓ 解説

ア・イ　相同染色体は，**第一分裂前期に対合**して，**第一分裂後期に分離**するよ。

ウ　いきなり染色体数46本の細胞で考えるのは難しいので，まずは，染色体数が6本の細胞で考えてみよう。

$2n=6$の細胞では，相同染色体が3組あるので，それぞれの組を大・中・小の染色体としよう（右図）。配偶子には，2本ある相同染色体のどちらか一方だけが入るのだから，それぞれ，大の染

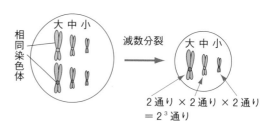

相同染色体　大 中 小

減数分裂　大 中 小

2通り×2通り×2通り
＝2^3通り

色体で2通り，中の染色体で2通り，小の染色体で2通りの入り方がある。したがって，配偶子の染色体構成は，$2×2×2=2^3$**通り**となる。

同様に，$2n=46$のヒトの細胞では，**23組**ある相同染色体のそれぞれの組から，どちらか一方の染色体が配偶子に入っていくので，2^{23}**通り**の染色体の組み合わせができる。

✓ 解答

②

COLUMN コラム

ミツバチのオスには父親はいない

　有性生殖の特殊な例として，単為生殖がある。これは，卵が受精せず発生するもので，ミツバチのオスなどがこれにあたる。ミツバチでは，女王バチのうむ卵が，受精するとメスになり，受精しないとオスになる。そのため，オスの体細胞は染色体数が単相（n）になるんだ。

　ちなみに，卵が受精するかしないかは女王の裁量で決められる。女王はオスと交尾した際に，オスから得た精子を"貯精のう"という器官に貯めておき，卵が輸卵管を通ってうみ落とされるときに，少しずつ精子をしぼり出し，受精させるしくみになっている。

　おもしろいことに，女王がうむオスとメスの比率は，はたらきバチ（メスバチ）が決めるんだ。はたらきバチは巣部屋をつくるときに，大きい部屋と小さい部屋をつくる。女王はこの部屋のサイズをはかって，大きい部屋にはオスになる卵を，小さい部屋にはメスになる卵をうみ落としていくんだ。

STORY 5 / 細胞分裂とDNA量の変化

ここでは，細胞内の DNA 量が減数分裂に伴ってどのように変化するのか，体細胞分裂と対比させて見ていくことにしよう。

 "DNA 量" の変化と言われても，ピンときません…。

1個の細胞内にある **DNA の質量**がどう変化するのか，と考えるとわかりやすいよ。

1 体細胞分裂とDNA量の変化 ★★★

分裂から次の分裂までの 1 サイクルを**細胞周期**という。細胞周期には次の 4 つの時期が含まれる。間期は，核膜と核小体がはっきり見える時期で，一見何もしていないように見えるけど，G_1期に DNA の合成の準備が行われ，続く **S 期**に DNA が合成される。そして，G_2期には分裂の準備が行われるんだ。太く短い染色体が分離して移動している時期（**M 期**）には DNA 量は変化せず，細胞質分裂の終了とともに 1／2 に減少するんだ。

- G_1 期 ➡ **DNA合成準備期**
- **S 期** ➡ **DNA合成期** 　DNAが合成され，徐々に増えていって倍加する。
- G_2 期 ➡ **分裂準備期**
- **M 期** ➡ **分裂期** 　染色体がはっきり観察できる。前期・中期・後期・終期に分けられる。

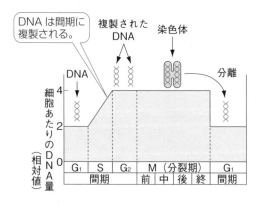

2 減数分裂とDNA量の変化 ＞ ★★★

減数分裂の場合でも，分裂に先だって間期にDNAが複製されて2倍量になる。その後4つの娘細胞に分配されるので，最終的にDNA量は母細胞の $\frac{1}{2}$ になる。

- G₁期 ➡ **DNA合成準備期**
- S期 ➡ **DNA合成期** DNAが合成され，徐々に増えていって倍加する。
- G₂期 ➡ **分裂準備期**
- M₁期 ➡ **第一分裂** 前期・中期・後期・終期に分けられる。
- M₂期 ➡ **第二分裂** 前期・中期・後期・終期に分けられる。

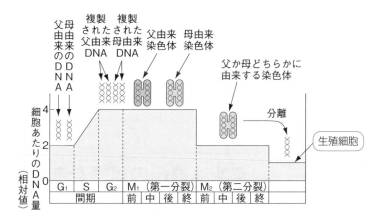

減数分裂で注意すべき点は，第一分裂が終了した時点で，DNA量はいったんもと（合成前）に戻るけど，**染色体数は合成前の半分の n になっている**ことだ。この時点では，DNA量と染色体数（核相）がズレたように感じられるんだ。

これは，第一分裂後に見られる，“父か母どちらかに由来する複製された染色体” 1本と，G₁期の “複製前の父と母それぞれに由来するDNA” 2本分が，ほぼ同じDNA量になるからだ。

((POINT⑪)) 減数分裂とDNA量の変化

◎ 減数分裂の第一分裂終了時にDNA量はもと（合成前）に戻るが，染色体数は半分（n）になる。

第 3 章

遺伝子の組み合わせの変化

▲遺伝子の成せるワザ!!

　減数分裂によって染色体数が半分（*n*）になった卵と精子は，受精によって染色体数が 2*n* の受精卵となる。このとき，子は染色体とともに，遺伝子も受け継がれることになる。

　ここでは，親から子へ遺伝子がどのように伝わるかを見ていくよ。

STORY 1　まずは遺伝の用語を覚えよう！

　はじめに，遺伝を学ぶにあたって必要な用語をまとめておく。初心者ならはじめから読み進めよう。すでに遺伝を勉強したことのある人や，復習のときは STORY2 から読み始めてもかまわない。そして，用語がわからなくなったときには，その都度ここに戻って確認すれば OK だ。

- ●遺伝子座 ➡ 染色体に占める遺伝子の位置。染色体のどの位置に何の遺伝子があるかは染色体ごとに決まっている。
- ●対立遺伝子（アレル）➡ ある遺伝子座に対して，複数の遺伝子がある場合，これらの遺伝子を**対立遺伝子**という。対立遺伝子が 2 種類の場合，**A** と **a** のように同じアルファベットで表記する。
- ●対立形質 ➡ エンドウの種子には，丸としわといった形質があるように，対にして考えられる**対立形質**がある。対立形質は，"かつ（and）"で結ぶことができない。例えば，「紫」かつ「白」という状態はあり得ないので，対立形質といえる。
- ●遺伝子型と表現型 ➡ ある形質を決める対立遺伝子の組み合わせを**遺伝子型**といい，

AA や **Aa** のようにアルファベット（遺伝子記号）を 2 つ並べて表記する。これに対して，外観に現れる形質を**表現型**といい，「丸」や「しわ」というように日本語で表したり，〔**A**〕や〔**a**〕のように遺伝子記号にカギカッコをつけて表したりする。

● **ホモ接合（せつごう）とヘテロ接合** ➡ 遺伝子型が **AA** や **aa** のように，同じ遺伝子が対になっているものを**ホモ接合**といい，**Aa** のように異なる遺伝子が組み合わさっているものを**ヘテロ接合**という。

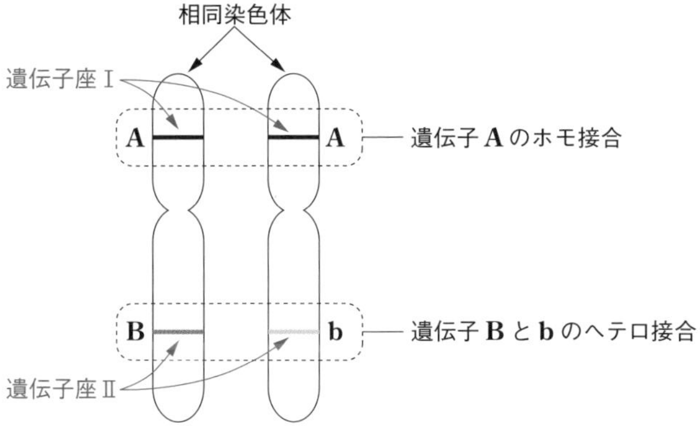
相同染色体
遺伝子座Ⅰ
A
A
遺伝子 A のホモ接合
B
b
遺伝子 B と b のヘテロ接合
遺伝子座Ⅱ

● **純系（じゅんけい）と雑種（ざっしゅ）** ➡ 注目した遺伝子について，ホモ接合である個体を**純系**といい，ヘテロ接合である個体を**雑種**という。

対立遺伝子が 2 組の場合，**AABB**，**AAbb**，**aaBB**，**aabb** は純系で，**AaBb**，**AABb**，**Aabb** などは**雑種**となる。**純系は何代自家受精しても，同じ遺伝子型の子しかうまれない**んだ。

● **交配（こうはい）と交雑（こうざつ）** ➡ 2 つの個体の間で，受精または受粉することを**交配**という。また，交配のうち，遺伝子型の異なる 2 個体間の交配を，特に**交雑**という。でも，厳密に使い分けられている入試問題は少ないので，違いを気にする必要はないよ。

● **自家受精** ➡ 植物の場合は，自家受粉によって同じ個体内で受精すること。動物の場合は，同じ両親からうまれた子どうし（兄弟）が交配し受精すること。

● **P**，$\mathbf{F_1}$，$\mathbf{F_2}$ ➡ 交雑する両親（多くは純系）を **P** といい，その子である雑種第一代を $\mathbf{F_1}$，$\mathbf{F_1}$ どうしの交配で生じる子を $\mathbf{F_2}$，以下，$\mathbf{F_3}$，$\mathbf{F_4}$，……と表す。

P や F は，ラテン語の **Parens**（親）と **Filius**（子）の頭文字からきているよ。

STORY 2 遺伝の法則

遺伝現象に法則性があることを最初に，しかも明快に示した人は**メンデル**だ（1865

年）。でも，メンデルの考えは，すぐに人々に受け入れられたわけではなかった。

　メンデルが生きた当時は，遺伝物質は両親の体液中に存在する液体状のもので，受精によってそれらが混じり合うために，子の形質は両親の中間になると，漠然と考えられていた。この考え方を融合説というよ。ちょうど，コーヒーとミルクを混ぜ合わせるとミルクコーヒーになるようなものだね。

　でも，この説では，雑種（F_1）どうしの交配で，親と同じ形質をもつ子（F_2）がうまれることが説明できなかったんだ。だって，ミルクコーヒーをもう一度コーヒーとミルクに分けることはできないよね。それと同じことだ。

　そこで，メンデルは遺伝物質は液体状ではなく粒子状のものと考えた（**粒子説**）。そして，受精は1個の卵細胞と1個の花粉によって起こると考え，それぞれの中に含**まれる遺伝物質は体細胞中でも混じり合うことはなく，受精の前に分離して，それぞれ別の生殖細胞に入る**と考えたんだ（▶p.50　分離の法則）。

　メンデルの考え方は，まだ染色体や減数分裂が発見されていなかった当時としては理解されるものではなかった。ちょっと早すぎたんだね。でも，1900年になって，ド フリース，チェルマク，コレンスがそれぞれ独自に，メンデルと同じ実験結果に行き着いたことで，**メンデルの法則**が再発見され，日の目を見ることになったんだ。

1　メンデルが選んだ実験材料 〉★★☆

　メンデルは実験材料としてエンドウを選んだ。その理由は以下の通りだ。

メンデルが実験材料としてエンドウを選んだ理由

● 多くのはっきりした対立形質がある。
　➡メンデルは7つの対立形質について観察した。
● 自然の状態では自家受精（自家受粉）する。
　➡めしべ（雌ずい）とおしべ（雄ずい）が龍骨弁という花弁によっておおわれている。
● 自家受精をくり返しても，種子をつくる能力が低下しない。
　➡メンデルの実験では，自家受精の結果が重要な意味をもつ。
● 栽培しやすい。
　➡メンデルは牧師の仕事もしていたんだけど，そんな忙しいメンデルにとって，エンドウはうってつけの材料だ。
● 人為的な他家受精が簡単にできる。
　➡開花前におしべを取り除き，開花後，別の花の花粉で受粉させる。

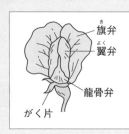

---

2 一遺伝子雑種 〉★★★

① 顕性（優性）の法則

　エンドウには，種子が丸いものとしわのものがある。いま，種子を丸にする遺伝子をA，種子をしわにする遺伝子をaとすると，遺伝子型は，AA，Aa，aaの3つが考えられる。アルファベットが2つ続くのは，遺伝子の乗っている相同染色体が2本あるからだ。AAの種子は丸になり，aaの種子はしわになるんだけど，Aaの種子も丸になるんだ。

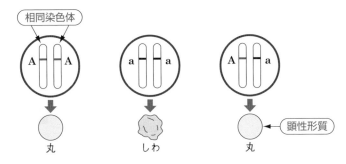

■顕性の法則

　これは遺伝子Aの働きが遺伝子aよりも強いために，表現型として現れたと考える。この場合，遺伝子Aを顕性（優性）遺伝子，遺伝子aを潜性（劣性）遺伝子といい，丸を顕性（優性）形質，しわを潜性（劣性）形質という。このように，**顕性遺伝子をアルファベットの大文字で，潜性遺伝子を同じアルファベットの小文字で表す**のが習慣だ。

② 分離の法則

　Aaのようなヘテロ接合（雑種）は，AAとaaの純系どうしの交雑で生じる。ここでAA，aaの純系の交雑でAaが生じるしくみを考えてみることにする。

　これらの純系が子をつくるためには，まず減数分裂によって配偶子（卵細胞や精細胞）がつくられなければならない。減数分裂では相同染色体が離ればなれになるので，染色体上の遺伝子もそれぞれ別々の配偶子に入っていく。AA（丸）がつくる配偶子は全てAで，aa（しわ）がつくる配偶子は全てaだ。

　そして，これらの配偶子が受精するのだから，子（F₁）は全てAaになる。

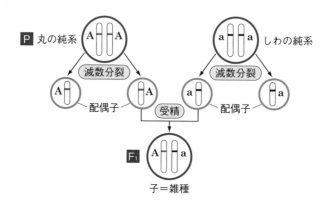

では，次に **Aa**（F₁）の自家受精で雑種第二代（F₂）ができる過程を考えてみる。

Aa が減数分裂すると，**A** と **a** が別々の配偶子に入っていくのだから，**A の配偶子と a の配偶子が同じ数だけできる**よね。このように，対になっていた遺伝子が，配偶子をつくるときに分離することを**分離の法則**というよ。メンデルがこの法則を発見するまでは，遺伝子は液体状のものと信じられていたから，まさか分離するとは誰も考えなかったんだ。

これらの配偶子の間での受精は，４通りあるので下のような表を書くとわかりやすい。

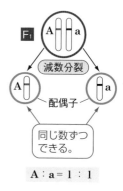

■分離の法則

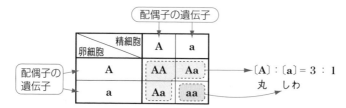

このような表のことを，この本では**かけ合わせ表**と呼ぶことにするよ。表を見るとわかるように，受精の結果，**AA**，**Aa**，**aa** という遺伝子型をもつ子が１：２：１の比で生じるんだ。**AA** と **Aa** は丸，**aa** はしわだったよね。だから，丸：しわ＝３：１になるんだ。

この結果は，分離の法則が成り立つから得られるんだよ。

《POINT⑫》 顕性の法則と分離の法則

◎ 顕性の法則 ➡ 雑種第一代（F₁）が両親のどちらか一方の形質となること。

★F₁ に現れた形質を顕性形質，現れなかった形質を潜性形質という。

◎ 分離の法則 ➡ 減数分裂の過程で，対になっていた遺伝子が分離して，それぞれ別の配偶子に入ること。

③ F₃ を求める

F₂ の結果は，**AA : Aa : aa ＝ 1 : 2 : 1** となった。ここで，さらに F₂ の自家受精で生じる F₃ を考えてみよう。つまり，**AA**，**Aa**，**aa** のそれぞれについて自家受精を行い，それを遺伝子型別に合計するんだ。

まず，**Aa** の自家受精を考えてみるよ。これは F₁ ➡ F₂ のときと同じだから，**AA : Aa : aa ＝ 1 : 2 : 1** となる。

次に，**AA** の自家受精を考えてみる。**AA** がつくる配偶子は **A** のみなので，**その子には AA しか生じない**。同じく **aa** の自家受精でも，**aa しか生じない**。このように，ホモの自家受精では，親と同じ遺伝子型の子だけが生じるんだ。

最後に，生じた F₃ の遺伝子型を集計するんだけど，ここで注意しなければならないことが 2 つある。1 つ目は，**1 個体から生じる子の数を等しくする**ということだ。**Aa** の 1 個体から生じる子の数は，1＋2＋1 で合計 4 なので，**AA** や **aa** から生じる子の数も 4 としなければならない。どの親からでも，できる種子の数を同じにするためだ。2 つ目は，親の個体数の比を子にかける，つまり **Aa** の子だけ 2 倍するということだ。F₂ は **AA : Aa : aa ＝ 1 : 2 : 1** なのだから，当然子の合計も **Aa** は **AA** や **aa** の 2 倍になるよね。

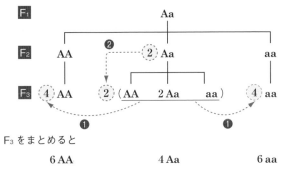

F₃ をまとめると

6 AA   4 Aa   6 aa

つまり　　　AA : Aa : aa ＝ 3 : 2 : 3

❶ 1 個体から生じる子の数を等しくする（ここでは 4 個体とした）。

❷ F₂ で Aa は，AA や aa の 2 倍なので，生じる子の数も 2 倍する。

以上の結果より，F_3 は，**AA**：**Aa**：**aa** ＝ 3：2：3 となる（6：4：6 を約分した）。さらに，同様に F_4 を求めてみると，**AA**：**Aa**：**aa** ＝ 7：2：7 となる（自分でチャレンジしてみよう）。

　このように，自家受精をくり返していくと，ヘテロ接合体（**Aa**）の割合が小さくなって，ホモ接合体（**AA** や **aa**）の割合が大きくなっていくんだ。

《 POINT ⑬ 》 F_2 の自家受精による F_3 を求める

◎ 1 個体から生じる子の数を等しくする。
◎ 親の個体数の比を子にかける。

問題 1　一遺伝子雑種　★★★

　親から子，孫へと遺伝する形や性質の特徴を形質といい，例えばエンドウの種子の形が丸・しわというように，対をなす形質を対立形質と呼ぶ。形質を決定する遺伝子は，染色体の特定の位置に存在する。いま，対立遺伝子 **A** と **a** がある場合，　ア　は **AA**，**Aa**，**aa** と表記される。**AA** と **aa** の個体をホモ接合体といい，**Aa** をヘテロ接合体という。遺伝子の働きで現れる形質は　イ　と呼ばれ，対をなす遺伝子がヘテロ接合の場合に，現れるほうを顕性といい，現れないものを潜性という。**AA** と **aa** とを交雑すると，雑種第一代（F_1）は全てヘテロ接合体で顕性形質を発現する。F_1 どうしを交雑して得られる F_2 の　イ　の分離比は　ウ　になる。

問1　上の文章中の　ア　・　イ　に入る語として最も適当なものを，それぞれ選びなさい。
　　① 純系　　　② 配偶子　　③ 遺伝子型　　④ 接合子
　　⑤ 表現型　　⑥ 雑種　　　⑦ 組換え

問2　上の文章中の　ウ　に入る分離比として最も適当なものを，一つ選びなさい。
　　① 〔**A**〕：〔**a**〕＝ 1：3　　② 〔**A**〕：〔**a**〕＝ 1：1
　　③ 〔**A**〕：〔**a**〕＝ 3：1　　④ 〔**A**〕：〔**a**〕＝ 2：1

〈センター試験・改〉

═══《《《✓ 解 説 》》》═══

問1 遺伝子型は **AA** や **aa** のように書き表す。遺伝子の働きで現れる形質を**表現型**といい，記号で表すときは〔**A**〕や〔**a**〕のようにカッコをつけるんだ。

問2 50ページのかけ合わせ表を見てね。

═══《《《✓ 解 答 》》》═══

問1　ア─③　イ─⑤　　問2　③

┌─ 問題 **2** ── **F$_3$を求める ★★★** ─┐

ある植物の，ある遺伝形質に関する1組の対立遺伝子を**W**と**w**とする。この遺伝子は，メンデルの分離の法則に従って遺伝する。また，対立遺伝子の組み合わせから生じる3種の遺伝子型に対応する表現型は，それぞれ区別できる。この植物を用いて，実験を行った。

〔実験〕　**WW**と**ww**の遺伝子型の個体間の交配を行い，雑種第一代（F$_1$）を得た。次に，F$_1$の全個体をそれぞれ自家受精させて，雑種第二代（F$_2$）を得た。さらに，F$_2$の全個体を自家受精させて，雑種第三代（F$_3$）を得た。

問1　F$_2$の全個体での遺伝子型の比率（**WW**：**Ww**：**ww**）として最も適当なものを，一つ選びなさい。

① 1：0：1　　② 1：1：1　　③ 1：2：1

④ 1：4：1　　⑤ 4：1：4

問2　F$_3$の全個体での遺伝子型の比率（**WW**：**Ww**：**ww**）として最も適当なものを，一つ選びなさい。

① 3：2：3　　② 2：3：2　　③ 2：1：2

④ 1：2：1　　⑤ 4：1：5　　⑥ 1：4：1

問3　F$_3$世代以降もさらに自家受精をくり返したときの，3つの遺伝子型をもつ個体の比率の推移に関する記述として最も適当なものを，一つ選びなさい。

① ヘテロ接合体の割合が，世代の経過とともに増加する。

② ヘテロ接合体とホモ接合体の比率は一定である。

③ ホモ接合体の割合が，世代の経過とともに増加する。

④ ヘテロ接合体の割合は，増加と減少を交互にくり返す。

⑤ 3つの遺伝子型をもつ個体の比率は一定である。

〈センター試験・改〉

問1，2　F_2については50ページを，F_3については51ページを見てね。

問3　自家受精をくり返していくと，ホモ結合体の割合が増えていき，**WW**：**Ww**：**ww** ＝ 1 ： 0 ： 1 に近づいていくんだ。

問1　③

問2　①

問3　③

COLUMN コラム

自家受精

　　自然状態で自家受精をする植物は，エンドウのほかにイネやコムギ，トマトなどの農作物に多い。自家受精をする植物の有利な点は，昆虫や天候といった外的な要因に左右されることなく，確実に種子が残せることだ。

　　しかし，その一方で弱点もある。遺伝的な多様性が乏しくなるので，環境の変化や病気の流行などで全滅する危険性があるんだ。

　　そのため，植物の中には自家受精を防ぐしくみを発達させたものも多く存在し，例えば，めしべとおしべの成熟するタイミングをずらすとか，自家不和合性といって同じ花の花粉では受精できないしくみがあるんだ。自家不和合性を示す植物には，アブラナやサクラなどがある。

　　ちなみに，サクラの代表ソメイヨシノは，江戸時代の末期にエドヒガンとオオシマザクラの交雑によってつくられた一代雑種（F_1植物）で，今ある日本中のソメイヨシノが，この1本の木から株分けされたクローン植物だ。そのため，ソメイヨシノは自家受精も他家受精もできず，種子をつくることはないんだ。

3　二遺伝子雑種 ＞ ★★★

①　2つの形質をいっぺんに考える

　　ここまでは，1つの対立形質についてだけ考えてきたけど，次は，2つの対立形質をいっぺんに考えてみよう。例えば，エンドウの種子には，丸やしわといった**形**のほかに黄色や緑色といった**色**に関する形質がある。そこで，**形**と**色**をいっしょに考えようというわけだ。

ここで，種子を**丸**にする遺伝子を **A**，**しわ**にする遺伝子を **a**，種子を**黄色**にする遺伝子を **B**，**緑色**にする遺伝子を **b** とする。丸はしわに対して，黄色は緑色に対してそれぞれ顕性だ。

$$\begin{cases} \mathbf{A}（丸），\mathbf{a}（しわ） \\ \mathbf{B}（黄色），\mathbf{b}（緑色） \end{cases}$$

　このように，形と色は対立形質の関係ではないので，異なるアルファベットを使う。
　つまり，**丸**くて**黄色**とか，**しわ**で**緑色**という種子があるように，形と色は両方いっぺんに形質として現れる。だから，異なるアルファベット，形については **A**（**a**），色については **B**（**b**）を使ったんだ。

((POINT⑭)) 遺伝子の表し方

◎ 対立形質 ➡ 同じアルファベットの大文字と小文字で表す。
　　例 **A**（丸）と**a**（しわ）
　　対立形質ではないもの ➡ 異なるアルファベットで表す。
　　例 **A**（丸）で**B**（黄色）など

② AaBb の配偶子のでき方

　上の遺伝子記号を使えば，**AaBb** は丸で黄色となる。ここで **AaBb** がつくる配偶子を考えてみよう。メンデルは次のようなルールを想定すると，実験結果とよく合致することを発見したんだ。

〔ルール〕配偶子がつくられるとき，**A**（**a**）と **B**（**b**）はたがいに干渉することなく，対立遺伝子が別々の配偶子に入っていく。

　このルールを独立の法則というよ。これは，例えば「**A** が入った配偶子には **B** が入りやすくなる」とか「**a** が入った配偶子には **b** が入りにくくなる」といったことがなく，**A**（**a**）と **B**（**b**）はそれぞれ自由に配偶子に入っていくということだ。でも，**自由といっても A と a が，あるいは，B と b が同じ配偶子に入ることはない。**

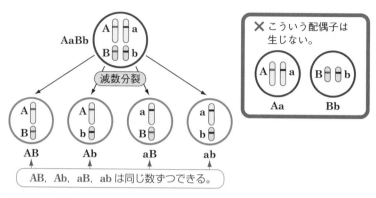

AaBb

減数分裂

✕ こういう配偶子は生じない。

Aa   Bb

AB   Ab   aB   ab

AB, Ab, aB, ab は同じ数ずつできる。

■独立の法則

　この結果，**AaBb** がつくる配偶子は，**AB：Ab：aB：ab＝1：1：1：1** となるんだ。この結果は，しっかり頭に入れておいてほしい。

《POINT ⑮》 独立の法則

　◎ 独立の法則 ➡ **AaBb が配偶子をつくるとき，A（a）とB（b）はそれぞれ独立に配偶子に入っていく。**
　　★独立の法則が成り立つ場合，**AaBb がつくる配偶子は，**

　　　AB：Ab：aB：ab ＝ 1：1：1：1

　　となる。

③　二遺伝子雑種の F₂ を求める

　ここで，種子が丸で黄色の純系（**AABB**）としわで緑色の純系（**aabb**）の交雑を考えてみる。**AABB** がつくる配偶子は全て **AB** となり，**aabb** がつくる配偶子は全て **ab** となる。これらの配偶子の受精によって，生じる F₁ は全て **AaBb** となる。

　次に **AaBb**（F₁）の自家受精を考えてみよう。F₁ がつくる配偶子は，**AB, Ab, aB, ab** の4種類生じるのだから，受精のパターンは 4 × 4 ＝16通りあるよね。これをかけ合わせ表にして，F₂ を求めたのが右の表だ。

F₁ の配偶子

卵細胞＼精細胞	AB	Ab	aB	ab
AB	AABB	AABb	AaBB	AaBb
Ab	AABb	AAbb	AaBb	Aabb
aB	AaBB	AaBb	aaBB	aaBb
ab	AaBb	Aabb	aaBb	aabb

F₁ の配偶子

たくさんの F_2 ができたけど，これらを同じ表現型をもつものに分類すると，右のように〔AB〕：〔Ab〕：〔aB〕：〔ab〕＝9：3：3：1となるんだ。この比も，F_1 の配偶子と同様，しっかりと覚えておいてほしい。

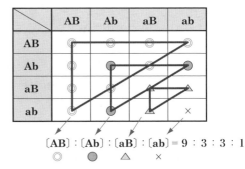

〔AB〕：〔Ab〕：〔aB〕：〔ab〕＝9：3：3：1

《POINT 16》 F_2 の表現型

◎ 独立の法則が成り立つ場合，**AaBb**（F_1）の自家受精で生じるF_2は，

〔**AB**〕：〔**Ab**〕：〔**aB**〕：〔**ab**〕 ＝ 9：3：3：1

となる。

4 遺伝子型の推定 ＞★★★

① 子の表現型から親の遺伝子型を推定する

　独立の法則を利用して，子の表現型の比から親の遺伝子型を推定することができる。次の例題を見てみよう。

〔例　題1〕　独立に遺伝する2組の対立遺伝子 **A**（**a**）と **B**（**b**）がある。遺伝子型が **AAbb** の個体と **aaBB** の個体を交雑して F_1 をつくった。この F_1 に，遺伝子型のわからない個体 X を交雑したところ，次代は，〔**AB**〕：〔**Ab**〕：〔**aB**〕：〔**ab**〕＝3：1：3：1 となった。個体 X の遺伝子型を求めよ。

〔解　　法〕

　先に F_1 の遺伝子型を求めておこう。**AAbb** がつくる配偶子は **Ab** のみ，**aaBB** がつくる配偶子は **aB** のみだから，これらの受精で生じる F_1 は **AaBb** となるよね。

　では，いよいよ個体 X の遺伝子型を求めてみるよ。

❶　まず，**AaBb** と個体 X との交雑の結果〔**AB**〕：〔**Ab**〕：〔**aB**〕：〔**ab**〕＝3：1：3：1を，**A**（**a**）と **B**（**b**）に分けて考えるんだ。

　〔**A**〕：〔**a**〕＝1：1，〔**B**〕：〔**b**〕＝3：1となるよね。

❷ 次に，それぞれの比を生じる一遺伝子のかけ合わせを考える。つまり，〔**A**〕：〔**a**〕 = 1：1 を生じるかけ合せは **Aa**×**aa** で，〔**B**〕：〔**b**〕 = 3：1 を生じるかけ合わせは **Bb**×**Bb** だ。

❸ 最後に，これらのかけ合わせをたし合わせれば，**AaBb**×**aaBb** となる。これが両親なんだ。**AaBb** は F₁ なので，**aaBb** が個体 X ということになる。

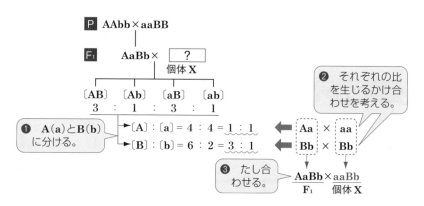

≡≡≡《《《⎘解答》》》≡≡≡

aaBb

解法の原理はわかったかな？　要は独立の法則を逆手にとったんだ。**A**（**a**）と **B**（**b**）を分けて，一遺伝子のかけ合わせに帰着させることで，親のかけ合わせを推定したんだ。

難しいところは，❷で一遺伝子のかけ合わせを推定するところだろう。でも，心配はいらないよ。一遺伝子のかけ合わせは 6 パターンしかないんだ。これらを覚えてしまえばラクだ。でも，もし覚えられなくても，1 つずつかけ合わせ表を書いて確かめれば，正解にたどり着くよ。

┌─────────────────────────────────┐
　　一遺伝子のかけ合わせパターン
　　　　　　かけ合わせ　　　　子の表現型の比
　　(1)　**AA** × **AA** ➡ 〔**A**〕：〔**a**〕 = 1：0
　　(2)　**AA** × **Aa** ➡ 〔**A**〕：〔**a**〕 = 1：0
　　(3)　**AA** × **aa** ➡ 〔**A**〕：〔**a**〕 = 1：0
　　(4)　**Aa** × **Aa** ➡ 〔**A**〕：〔**a**〕 = 3：1
　　(5)　**Aa** × **aa** ➡ 〔**A**〕：〔**a**〕 = 1：1
　　(6)　**aa** × **aa** ➡ 〔**A**〕：〔**a**〕 = 0：1
└─────────────────────────────────┘

＊〔**A**〕：〔**a**〕 = 1：0 の場合，(1)～(3)のどのパターンか決められない。そんなときは，問題文中に別のヒントがあるはずだ。

② 検定交雑

　ここに遺伝子型がわからない個体があったとしよう。この個体の遺伝子型を知るには，どうしたらよいだろう？

> いろんな遺伝子型の個体と交雑していくうちにわかるような気がするけど……。

　いや，実はたった1回の交雑でわかるんだ。それには，**潜性のホモ接合の個体とかけ合わせればいい**んだよ。このような交雑を**検定交雑**という。

　例えば，ある個体を **aabb** で検定交雑したところ，次世代の表現型が〔**AB**〕：〔**Ab**〕：〔**aB**〕：〔**ab**〕＝1：1：1：1となった場合，ある個体の遺伝子型は **AaBb** だったということが，計算することなく，すぐにわかるんだ。

　検定される個体（**AaBb**）のつくる配偶子と，潜性のホモ接合（**aabb**）の個体がつくる配偶子を書き出して，かけ合わせ表を書いてみよう。それぞれの遺伝子の由来がわかるように，潜性のホモ接合の個体がつくる配偶子だけに色をつけて示したよ。

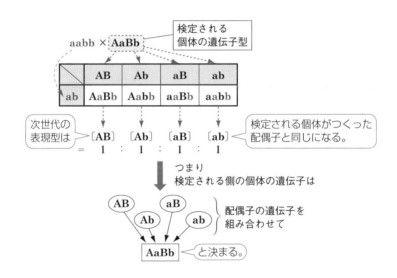

生じた次世代の表現型に注目してほしい。検定される個体がつくった配偶子の遺伝子型と同じになるよね（配偶子の遺伝子に〔　〕をつけただけに見える）。これは，潜性のホモ接合体がつくる配偶子には，顕性遺伝子が含まれない（アルファベットの小文字しかない）ため，表現型にはまったく影響を与えないからなんだ。

　逆に言えば，**検定交雑で生じた子の表現型は，検定される個体のつくる配偶子だけで決まる**ということだ。もっと簡単に言うと，子の表現型に現れたアルファベットは全て，検定される個体からやってきたものと考えられる。だから，それらを組み合わせて **AaBb** だということがすぐにわかるんだ。

《《 POINT ⑰ 》》 検定交雑

◎ 検定交雑 ➡ 潜性ホモ接合体との交雑
◎ 検定交雑で現れる表現型の比は，調べる個体の配偶子の遺伝子型の比となる。

　では，ここで例題を解いてみよう。

〔例　題２〕　ある個体に**aabb**を交雑した。次代の表現型は，〔**AB**〕：〔**Ab**〕＝ 1：1 であった。ある個体の遺伝子型を答えよ。

〔解　　法〕

　検定交雑の結果が，〔**AB**〕：〔**Ab**〕＝ 1：1 だったのだから，検定された個体は，配偶子として **AB** と **Ab** をつくったということだ。どうやら遺伝子 **a** はもっていないようなので，**AABb** に決まりだ。

═══════《《 ✓解 答 》》═══════

AABb

問題 3 独立の法則，検定交雑 ★★★

　ある観葉植物には，葉脈の網目が不規則なもの（不規則型）と規則的なもの（普通型），また，葉の切れ込みが深いもの（切れ込み型）と浅いもの（丸型）がある。これらの葉脈と葉の形態を支配する遺伝子は，それぞれ1つであることが確かめられている。これらの形質について，次の交雑（交配）実験1・2を行った。なお，葉脈に関して顕性の遺伝子を **I**，潜性の遺伝子を **i**，また，葉の形態に関して顕性の遺伝子を **D**，潜性の遺伝子を **d** と表す。

〔実験1〕　葉脈が不規則型で葉が切れ込み型の個体と，普通型で丸型の個体を交雑したところ，F_1 の個体は全て不規則型で切れ込み型であった。さらに，この F_1 どうしを交雑して，F_2 を得た。

問1　実験1で得られた F_2 の個体に対して検定交雑を行ったところ，不規則型で切れ込み型，不規則型で丸型，普通型で切れ込み型，普通型で丸型である個体が，1：1：1：1の比で得られた。このとき用いた F_2 の遺伝子型を，一つ選びなさい。

　　① **IiDd**　　② **IIdd**　　③ **Iidd**　　④ **iiDd**

問2　実験1で得られた F_2 では，葉脈と葉の形態の2つの遺伝子がともにホモ接合である個体の割合を，一つ選びなさい。

　　① $\frac{1}{16}$　② $\frac{1}{8}$　③ $\frac{3}{16}$　④ $\frac{1}{4}$　⑤ $\frac{3}{8}$

〔実験2〕　ある2個体を用いて交雑を行い，次世代の個体の表現型を調べた。不規則型で切れ込み型，不規則型で丸型，普通型で切れ込み型，普通型で丸型の4種類の表現型が，3：3：1：1の比で得られた。

問3　実験2の交雑に用いた2個体の遺伝子型の組み合わせを，一つ選びなさい。

　　① **IIdd** と **IiDd**　　② **IiDd** と **Iidd**
　　③ **IiDD** と **IIdd**　　④ **IiDD** と **Iidd**

〈センター試験・改〉

✓解説

　まず，実験1の交雑を，遺伝子記号を使って表すことから始めよう。「F_1 の個体は全て不規則型で切れ込み型であった」とい

P　IIDD × iidd
　　不・切 ｜ 普・丸

F_1　　IiDd
　　不・切

$\begin{cases} \text{I（不規則型）} > \text{i（普通型）} \\ \text{D（切れ込み型）} > \text{d（丸型）} \end{cases}$

う文章から、**不規則型と切れ込み型がそれぞれ顕性であること**、また、F_1 の両親は**ともにホモ接合であること**がわかるんだ（両親のどちらかがヘテロ接合だと、F_1 の表現型が全て同じになることはないよ）。

問1　検定交雑の結果、〔ID〕：〔Id〕：〔iD〕：〔id〕＝1：1：1：1となったんだから、検定交雑の相手は配偶子を **ID：Id：iD：id** ＝ 1：1：1：1 でつくったはずだ。だから、**IiDd** だよね。

問2　F_1 の自家受精で F_2 を求めるかけ合わせ表を考える。

　　この中で、2つの遺伝子がともにホモ接合となるのは、**IIDD、IIdd、iiDD、iidd** の4つだ。

　　よって、$\dfrac{4}{16} = \dfrac{1}{4}$

IIdd や **iiDD** はヘテロ接合じゃなくてホモ接合であることに注意！

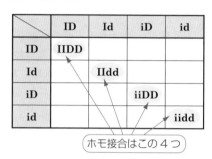

	ID	Id	iD	id
ID	IIDD			
Id		IIdd		
iD			iiDD	
id				iidd

ホモ接合はこの4つ

問3　〔ID〕：〔Id〕：〔iD〕：〔id〕＝3：3：1：1の比を、**I(i)** と **D(d)** に分けて考えるんだったよね。

〔ID〕　〔Id〕　〔iD〕　〔id〕
＝　3　：　3　：　1　：　1

❶ **I(i)** と **D(d)** に分ける。
→ 〔I〕：〔i〕＝ 6：2 ＝ 3：1
→ 〔D〕：〔d〕＝ 4：4 ＝ 1：1

❷ それぞれの比を生じるかけ合わせを考える。
Ii × Ii
Dd × dd

❸ たし合わせる。
IiDd×Iidd

解答

問1　①　　問2　④　　問3　②

STORY 3　いろいろな遺伝現象

　世の中にはいろんな遺伝現象があって、F_2 の比がメンデルが発見したような3：1や9：3：3：1にならないものもあるんだ。でも、それらの背後にも、ちゃんと分離の法則や独立の法則が成り立っていることを理解しよう。

1 　一遺伝子雑種 〉★★★

① 不完全顕性

　マルバアサガオの花の色には，**赤色と白色**の系統（系統といったら，たいていの場合は，純系を指す）がある。これらの交雑によって得られる F_1 は全て**桃色**となり，F_2 は**赤色：桃色：白色＝ 1 ： 2 ： 1** となる。

　これは，赤色にする遺伝子 **R** と白色にする遺伝子 **r** の間に，はっきりとした強弱

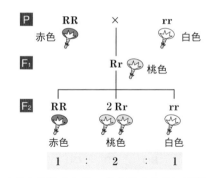

の関係がないために，**Rr** が桃色になってしまうと考えられる。桃色花のように両親の中間の形質を示す雑種を**中間雑種**といい，このような遺伝様式を**不完全顕性**というんだ。

② 致死遺伝子

　ハツカネズミには，毛の色が黄色のものと灰色のものとがある。顕性形質である黄色にする遺伝子 **Y** は，同時に**潜性の致死作用**（個体を死に至らしめる働き）をもち，潜性形質である灰色にする遺伝子 **y** には致死作用はない。そのため，**Yy** の黄色の個

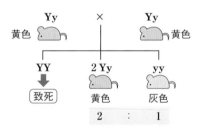

体どうしを交配すると，本来なら **YY ： Yy ： yy ＝ 1 ： 2 ： 1** となるはずが，**YY** は発生の初期で死ぬため，結果として，**黄色（Yy）：灰色（yy）＝ 2 ： 1** となる。**Y** のように致死作用をもつ遺伝子を**致死遺伝子**というんだ。

> ● **遺伝子Y** ➡ 毛色を黄色にする（顕性），致死作用あり（潜性）
> ● **遺伝子y** ➡ 毛色を灰色にする（潜性），致死作用なし（顕性）

③ 複対立遺伝子

　ここまで学んできた遺伝様式は，対立遺伝子が 2 つ（例えば **A** と **a**）だった。でも，対立遺伝子が 3 つ以上ある場合もあるんだ。つまり，相同染色体上にある 2 つの遺伝子座（遺伝子がすわるべき座席）をめぐって 3 つ以上の遺伝子がイス取りゲームをするようなものだね。このような遺伝様式を**複対立遺伝子**というよ。

　複対立遺伝子の例としては，ヒトの ABO 式血液型がある。これは，**A**，**B**，**O** の 3 つの遺伝子が，2 つ組み合わさることで形質が決まるんだ。**A** と **B** の間には顕性・

潜性の関係がない（不完全顕性）ので，遺伝子型 **AB** は AB 型となる。また，**A** と **B** は **O** に対して顕性なので，遺伝子型 **AO** と **BO** は，それぞれ A 型，B 型となる。

> ● 遺伝子 **A** と **B** の間には顕性・潜性の関係がない（不完全顕性）
> ● 遺伝子 **A** と **B** は，遺伝子 **O** に対して顕性。**O** は潜性。

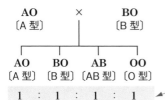

血液型 （表現型）	遺伝子型
A 型	**AA, AO**
B 型	**BB, BO**
AB 型	**AB**
O 型	**OO**

複対立遺伝子では，対立遺伝子を大文字，小文字ではなく，異なるアルファベットで表すことが多い。

COLUMN コラム

ABO式血液型の違いって，何？

　ABO 式血液型の A 型とか B 型というのは，赤血球の細胞膜上にある糖鎖の形状の違いによる。

　A 型は糖鎖の先端が *N*-アセチルガラクトサミンという糖で，B 型ではガラクトースになっている。どちらの糖もなく，先端が欠けているのが O 型だ。O は，もともとは先端がないという意味の 0（ゼロ）だったのが，転じて O（オー）となったとする説がある。

　そのため，ビーカーにとった O 型の血液に，糖鎖の先端に *N*-アセチルガラクトサミンを付加する働きのある A 型酵素を加えると，A 型の血液に変身させることができるんだよ。

2 二遺伝子雑種 ＞★★★

① 補足遺伝子

スイートピーの花の色には有色と白色があって、これらの形質には2組の対立遺伝子が関与していることが知られている。花の色が有色になるには、❶ "色素原のもと"になる物質から"色素原"が

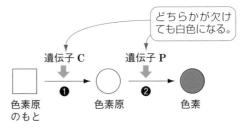

どちらかが欠けても白色になる。

遺伝子 C → 遺伝子 P

色素原のもと ❶ 色素原 ❷ 色素

つくられて、さらに、❷ "色素"がつくられるという2段階の化学反応が起こる必要があるんだけど、それぞれの反応には遺伝子 C と遺伝子 P という異なる遺伝子が関

わっている。これらの対立遺伝子である遺伝子 c と遺伝子 p（ともに潜性）には、化学反応を進める働きがない。そのため、cc や pp をもつ個体では、反応が途中で止まって白色となる。逆に言うと、有色になるためには C と P の両方をもつ必要があるんだ。

このため、スイートピーの例では、異なる白色の系統どうしの P を交雑して F₂ の表現型を求めると、有色：白色＝9：7という比が現れるんだ。

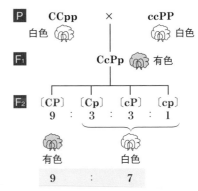

P CCpp × ccPP
白色   白色

F₁ CcPp 有色

F₂ 〔CP〕 〔Cp〕 〔cP〕 〔cp〕
    9 : 3 : 3 : 1

有色   白色
9   :   7

遺伝子 C と P のように、おたがいが補い合うことで1つの顕性形質が現れる遺伝子を**補足遺伝子**というよ。補足遺伝子では、**潜性形質どうしの交雑で F₁ が全て顕性形質になる**ことがある。どんな遺伝様式なのか伏せられている試験問題で、この特徴を発見したら、まずは補足遺伝子を疑ってみよう。

② 抑制遺伝子

カイコガでは、マユを黄色にする遺伝子 Y と白色にする遺伝子 y とは別に、遺伝子 Y の働きを抑えてしまう遺伝子 I と、その働きのない遺伝子 i が存在する。このため、遺伝子 I をもつ個体は、遺伝子 Y があろうとなかろうと、白色になるんだ。遺伝子 I のように、ほかの遺伝

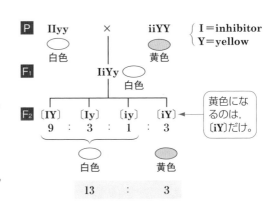

P IIyy × iiYY { I＝inhibitor
白色   黄色   Y＝yellow

F₁ IiYy
    白色

F₂ 〔IY〕 〔Iy〕 〔iy〕 〔iY〕
    9 : 3 : 1 : 3

黄色になるのは、〔iY〕だけ。

白色   黄色
13   :   3

子の働きを抑制する遺伝子を**抑制遺伝子**というよ。

③　条件遺伝子

　ハツカネズミの毛の色には，63ページで学んだ黄色（遺伝子 **Y** による）のほかにも，灰色と白色，および黒色がある。これらの体色を決める遺伝子は 2 組があって，それらの相互作用によって毛の色が決まる。

　遺伝子 **B** は黒色にする働きをもち，遺伝子 **b** にはその働きはなく，**bb** ならば白色になる。一方，遺伝子 **G** は遺伝子 **B** が存在する条件でのみ，灰色を発現する。このような遺伝様式を**条件遺伝子**というよ。

　これは，補足遺伝子とよく似たしくみで，2 つの反応が続けて起こることによるんだ。

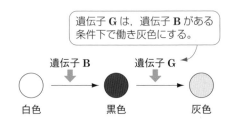

遺伝子 **G** は，遺伝子 **B** がある条件下で働き灰色にする。

遺伝子 **B** → 遺伝子 **G**

白色　　　　黒色　　　　灰色

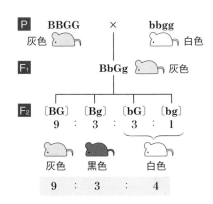

P　BBGG　×　bbgg
灰色　　　　　　　　白色

F₁　　　　BbGg　灰色

F₂　〔BG〕：〔Bg〕：〔bG〕：〔bg〕
　　　　9　：　3　：　3　：　1

　　　灰色　　黒色　　　白色

　　　9　：　3　：　　4

　これら以外にもいろいろな遺伝様式があるんだけど，これから先は参考程度と思っていい。

④　被覆遺伝子

　観賞用のカボチャでは，果実を黄色にする遺伝子 **Y** と緑色にする遺伝子 **y** の対立遺伝子がある。その一方で，これらの発色を抑制する遺伝子 **W** があり，遺伝子 **W** があると遺伝子 **Y**（**y**）にかかわらず，白色になってしまう。これは抑制遺伝子の変形で，**被覆遺伝子**というよ。

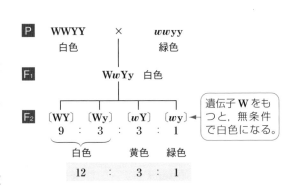

P　WWYY　×　wwyy
　　　白色　　　　緑色

F₁　　WwYy　白色

F₂　〔WY〕〔Wy〕　〔wY〕〔wy〕
　　　　9　：　3　：　3　：　1

遺伝子 **W** をもつと，無条件で白色になる。

　　　白色　　　　黄色　緑色

　　　12　：　3　：　1

⑤ 同義遺伝子

ナズナのさやには幅の広いウチワ形と細いヤリ形がある。遺伝子 **M** と遺伝子 **N** は，ともにウチワ形にする働きをもつため，どちらか一方の顕性遺伝子をもてばウチワ形になる。このように，同じ働きをする遺伝子を同義遺伝子というよ。

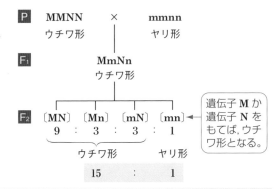

《POINT ⑱》 二遺伝子雑種 ―相互作用―

◎ 補足遺伝子 ➡ 9：7
◎ 抑制遺伝子 ➡ 13：3
◎ 条件遺伝子 ➡ 9：3：4
◎ 被覆遺伝子 ➡ 12：3：1
◎ 同義遺伝子 ➡ 15：1

これらは全て，比を合計すると16になるよ。

問題 **4** 遺伝子の相互作用 ★★★

魚類のある種で知られている2組の対立遺伝子がある。この2組は独立の関係にあり，色素の形成に関与している。これらの遺伝子が関与する色素がない個体は，体色は白色となる。

2組の対立遺伝子の一方の組を **D** と **d**，他方の組を **E** と **e** で表すことにする。**D** は **d** に対して，また **E** は **e** に対して顕性である。4種類の純系の体色は，**DDEE** が黒色，**DDee** が橙色，**ddEE** と **ddee** が白色である。

問1 遺伝子 **D** と遺伝子 **E** はどのような関係にあると推測されるか。最も適当なものを，一つ選びなさい。

① **D** は，**E** が存在するときのみ形質を発現する。
② **E** は，**D** が存在するときのみ形質を発現する。
③ **D** は，**E** の形質の発現を抑制する。
④ **E** は，**D** の形質の発現を抑制する。

問2　遺伝子型 **DDEE** の個体と遺伝子型 **ddee** の個体を交配し，さらにその子どうしを交配すると，次の世代では表現型の分離比はどのようになると予想されるか。最も適当なものを，一つ選びなさい。

黒色：橙色：白色　　　　　　　黒色：橙色：白色
① 　1 ： 2 ： 1　　　② 　1 ： 2 ： 1
③ 　9 ： 3 ： 4　　　④ 　12 ： 3 ： 1

〈センター試験・改〉

=== ✓ 解 説 ===

問1　**ddEE** と **ddee** はともに白色になることから，**E** は **dd** のときには発現しない（働かない）ことがわかる。つまり，**E** は **D** が存在する条件でのみ発現するんだ。

問2　**DDEE** と **ddee** の交配でうまれる F₁ は **DdEe** となり，**DdEe** どうしの交配では，〔DE〕：〔De〕：〔dE〕：〔de〕= 9 ： 3 ： 3 ： 1となる。このうち，〔DE〕は黒色，〔De〕は橙色，〔dE〕と〔de〕は白色となるのだから，黒色：橙色：白色 = 9 ： 3 ： 4となるよね。

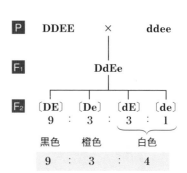

=== ✓ 解 答 ===

問1　②　　　問2　③

第1編 生物の進化

第2編 生命現象と物質

第3編 遺伝情報の発現と発生

第4編 生物の環境応答

第5編 生態と環境

STORY 4 　連鎖と組換え

1 　連鎖と独立 ＞★★★

　1本の染色体にはたくさんの遺伝子が存在していて，これらの遺伝子は，減数分裂のときに一緒に行動する。この現象を**連鎖**といい，連鎖している遺伝子のグループを**連鎖群**という。連鎖群の数は，相同染色体の組数と同じになる。

　連鎖に対し，異なる連鎖群にある遺伝子の関係を**独立**という。独立の関係にある遺伝子は，減数分裂のとき互いに干渉することなく，配偶子に入っていく。そう，すでに学んだ**メンデルの独立の法則が成り立つのは，独立の関係にある遺伝子に限られる**話なんだ。

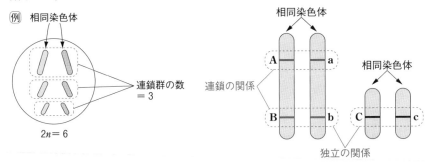

2 　遺伝子の連鎖 ＞★★★

　連鎖を考えるうえで，常に意識しなければならないのが連鎖パターンだ。例えば，遺伝子型が **AaBb** と表される個体でも，**A** と **B** が同じ染色体（**a** と **b** が同じ染色体）にある場合と，**A** と **b** が同じ染色体（**a** と **B** が同じ染色体）にある場合の2つのパターンがある（右図）。これらは区別して考えなければならないんだ。

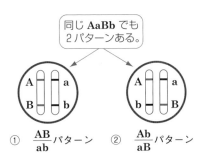

　これから先，右図の左側（①）を $\dfrac{AB}{ab}$ パターン，右側（②）を $\dfrac{Ab}{aB}$ パターンと表記することにするよ。連鎖パターンが違えば，配偶子の分離比も違ってくる。次の図を見てほしい。連鎖が完全なら，① $\dfrac{AB}{ab}$ パターンでは，**AB** と **ab** が1：1でつくられるのに対し，② $\dfrac{Ab}{aB}$ パターンでは，**Ab** と **aB** が1：1でつくられる。この表記が

便利なのは，減数分裂のとき，まん中の線の部分で遺伝子が分かれるということが，見ただけでわかるんだ。

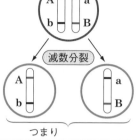

① $\dfrac{AB}{ab}$パターンがつくる配偶子の比

AB：Ab：aB：ab＝1：0：0：1

② $\dfrac{Ab}{aB}$パターンがつくる配偶子の比

AB：Ab：aB：ab＝0：1：1：0

ここで独立の場合は，どんな比率だったか思い出してほしい。独立の場合，**AaBb** がつくる配偶子の比は，**AB：Ab：aB：ab＝1：1：1：1** だったよね（▶p.56 独立の法則）。連鎖の場合は，これとは異なる比になる。

つまり，連鎖している遺伝子では，メンデルの独立の法則が成り立たないんだ。

《POINT⑲》 完全連鎖の場合にAaBbがつくる配偶子の比

◎ $\dfrac{AB}{ab}$ パターンの場合 ➡ **AB：Ab：aB：ab＝1：0：0：1**

◎ $\dfrac{Ab}{aB}$ パターンの場合 ➡ **AB：Ab：aB：ab＝0：1：1：0**

3 完全連鎖の場合の自家受精 ★★★

連鎖が完全である場合，**AaBb**（F_1）の自家受精でうまれる F_2 の表現型の比を求めてみよう。

① $\dfrac{AB}{ab}$ パターンの場合

F_1 の，配偶子の比は，**AB**：**ab** = 1：1 なのだから，かけ合わせ表は次のようになるよね。

	AB	ab
AB	AABB	AaBb
ab	AaBb	aabb

表現型別にまとめる。

〔AB〕	〔Ab〕	〔aB〕	〔ab〕
= 3	0	0	1

現れない表現型は0とする。

② $\dfrac{Ab}{aB}$ パターンの場合

F_1 の配偶子の比は，**Ab**：**aB** = 1：1 なのだから，かけ合わせ表は次のようになるよね。

	Ab	aB
Ab	AAbb	AaBb
aB	AaBb	aaBB

表現型別にまとめる。

〔AB〕	〔Ab〕	〔aB〕	〔ab〕
= 2	1	1	0

上の2つの結果を，独立の場合と比較してほしい。独立の場合の，F_2 が 9：3：3：1（▶p.57 F_2 の表現型）とは，やはり違う結果になったよね。連鎖の場合の F_2 の比も，覚えておくと便利だ。

((POINT 20)) 完全連鎖の場合の AaBb の自家受精（F_2 の比）

◎ $\dfrac{AB}{ab}$ パターンの場合 ➡ 〔AB〕：〔Ab〕：〔aB〕：〔ab〕= 3：0：0：1

◎ $\dfrac{Ab}{aB}$ パターンの場合 ➡ 〔AB〕：〔Ab〕：〔aB〕：〔ab〕= 2：1：1：0

　実は，連鎖している遺伝子は常に行動をともにするとは限らない。減数分裂の途中で**染色体の部分的な交換**（これを乗換えという）が起こって，**新しい遺伝子の組み合わせが生じる**ことがあるんだ。この現象を遺伝子の組換えというよ。

　染色体の乗換えは**減数第一分裂前期に起こる**。次の図はそのようすを示したものだ。

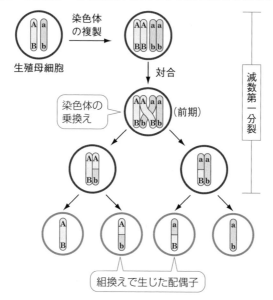

生殖母細胞

染色体の複製

対合

染色体の乗換え

（前期）

減数第一分裂

組換えで生じた配偶子

　このように連鎖している遺伝子が組換えを起こすことを**不完全連鎖**という。これに対して組換えを起こさない場合を**完全連鎖**（▶p.69）という。

> 上の図を見ると，組換えが起こっても，独立のときとまったく同じ遺伝子型の配偶子がつくられるように思えるのですが……。

　たしかに1つの生殖母細胞（胚のう母細胞とか花粉母細胞だ）が組換えを起こすと，配偶子は **AB**，**Ab**，**aB**，**ab** の全てがつくられるので，独立と同じだ。でも，たくさんの生殖母細胞を見てみると，**組換えを起こすのはその中の一部だけで**，多くは完全連鎖で配偶子をつくるんだ。そのため，たくさんの配偶子を集計すると，完全連鎖でつくられる **AB** や **ab** が多く，**組換えで生じる Ab や aB が少なく**なるんだ。

　もちろん，連鎖パターンが逆 $\left(\dfrac{Ab}{aB}\right)$ の場合は，**Ab** や **aB** が多く，**組換えで生じる AB や ab は少なく**なるよ。

《POINT 21》 不完全連鎖の場合にAaBbがつくる配偶子の比

◎ $\dfrac{AB}{ab}$ パターンの場合 ➡ $\boxed{AB : Ab : aB : ab = 多 : 少 : 少 : 多}$

◎ $\dfrac{Ab}{aB}$ パターンの場合 ➡ $\boxed{AB : Ab : aB : ab = 少 : 多 : 多 : 少}$

少：組換えで生じた配偶子

AABB のような純系でも，組換えは起こるのかなぁ？

　いや，起こらない。AABB だけじゃなく，AABb や AaBB でも組換えは起こらないんだ。

　次の図を見てほしい。AABb の染色体が乗換えを起こして配偶子をつくるようすだ（染色体の乗換えを起こす部分だけ図示してある）。乗換えの結果，生じる遺伝子の組み合わせは，乗り換えなかった場合と同じだよね。新しい遺伝子の組み合わせが生じなければ，組換えが起こったとは言わないんだ。

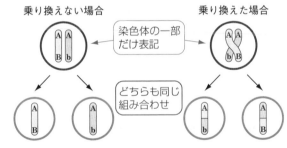

　逆に言えば，遺伝子の組換えが起こったことを確認するには，A も B もヘテロ接合体（つまり AaBb）じゃなければならないんだ。

《POINT 22》 乗換えと組換え

◎ 乗換え ➡ 染色体の一部が交換されること。減数第一分裂前期に起こる。

◎ 組換え ➡ 新しい遺伝子の組み合わせが生じること。乗換えに続いて起こる。ヘテロ接合体（AaBb）で確認できる。

"組換えの起こりやすさ" を示す指標として，**組換え価**というものがある。組換え価の求め方は，次式の通りだ。

$$\text{組換え価 (\%)} = \frac{\text{組換えで生じた配偶子数}}{\text{全ての配偶子数}} \times 100$$

例えば，ある生殖母細胞 $\left(\dfrac{\mathbf{AB}}{\mathbf{ab}}\right)$ がつくった配偶子が，$\mathbf{AB} : \mathbf{Ab} : \mathbf{aB} : \mathbf{ab} = 4 : 1 : 1 : 4$ だったとしよう。この細胞の遺伝子 $\mathbf{A(a)}$ と $\mathbf{B(b)}$ の組換え価は，$\mathbf{Ab}$ と $\mathbf{aB}$ が組換えで生じた配偶子なのだから，これを式の分子にして

$$\text{組換え価 (\%)} = \frac{1 + 1}{4 + 1 + 1 + 4} \times 100 = 20 \, (\%)$$

となる。

少ない2つが組換えで生じた配偶子と覚えておこう。 さて，組換え価の定義では "配偶子の遺伝子型の比" が必要なんだけど，配偶子を観察してもその遺伝子型はわからないので，**実際には検定交雑の結果を使って調べるんだ**。なぜなら，検定交雑の結果は配偶子の比を反映するからだったよね（▶p.60　検定交雑）。

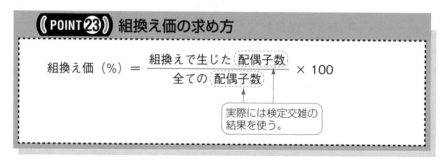

《POINT㉓》組換え価の求め方

$$\text{組換え価 (\%)} = \frac{\text{組換えで生じた \boxed{配偶子数}}}{\text{全ての \boxed{配偶子数}}} \times 100$$

実際には検定交雑の結果を使う。

ところで，組換え価の最大値っていくらだと思う？

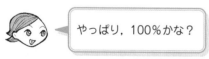

やっぱり，100%かな？

じゃあ，実際に計算してみよう。組換え価が最大ということは，全ての母細胞で組換えが必ず起こるということだ。この場合，つくられる配偶子は独立の場合と同じ比になる。つまり，$\dfrac{\mathbf{AB}}{\mathbf{ab}}$ から生じる配偶子は，$\mathbf{AB} : \mathbf{Ab} : \mathbf{aB} : \mathbf{ab} = 1 : 1 : 1 : 1$ となる。

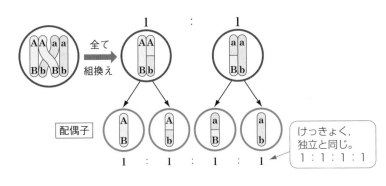

$$組換え価（\%）= \frac{1+1}{1+1+1+1} \times 100 = 50（\%）$$

となる。つまり，**組換え価は最高でも50％**で，それを超えることはないんだ。

問題 5　**減数分裂と組換え** ★★★

　有性生殖が多様な遺伝子型をつくるしくみに関する次の文章中の　ア　・
　イ　に入る数値を答えなさい。

　ある染色体に，三つの連鎖した遺伝子座が存在し，それぞれで対立遺伝子
がヘテロ接合している個体を想定する。この個体が形成する配偶子における
対立遺伝子の組合せの種類は，減数分裂の際に相同染色体の乗換えが全く起
こらない場合には　ア　種類であり，乗換えが自由に起こった場合には最大
　イ　種類になる。こうした相同染色体の乗換えによる遺伝子の組換えは，
減数分裂の際に全ての染色体で起こるため，有性生殖により多様な遺伝子型
をもつ子孫がつくられる。

〈共通テスト・改〉

===== **✔ 解 説** =====

　ここで言う三つの連鎖した遺伝子を仮に **A(a)**，**B(b)**，**C(c)**
とし，右図のように連鎖しているとする。

　減数分裂の際，まったく乗換えが起こらない場合は，もとか
らある相同染色体が分離するので，遺伝子型が **ABC** と **abc** の
2種類の配偶子が生じる。

　しかし，乗換えが自由に起こった場合は，**A(a)**，**B(b)**，**C(c)**

相同染色体

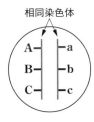

の間で全ての組合せが生じるので，**ABC**，**ABc**，**AbC**，**aBC**，**Abc**，**aBc**，**abC**，**abc** の **8** 種類の配偶子が生じる。これを計算で考えるなら，配偶子に入る遺伝子は，**A** か **a** の 2 通り，**B** か **b** の 2 通り，**C** か **c** の 2 通りあるので，$2 \times 2 \times 2 = 8$ 通りの組合せが生じるんだ。

《《《 解答 》》》

ア－2　　イ－8

問題 **6**　　連鎖と組換え　★★★

　　ある生物で，対立遺伝子 **A・a**，**B・b**，**C・c** に関して，顕性ホモ接合の個体と潜性ホモ接合の個体とを交雑して，雑種第 1 代（F_1）をつくり，この F_1 と潜性ホモ接合の個体とを交雑して，多数の次代を得た。次の表は，これらの次代の個体について，2 対の対立遺伝子ごとに，表現型とその分離比を調べた結果を示したものである。表中の〔　〕内の記号は各対立遺伝子に対応する表現型で **A**，**B**，**C** は顕性形質，**a**，**b**，**c** は潜性形質を表す。

調査した2対の対立遺伝子	次代の表現型とその分離比
A・a，**B・b**	〔**AB**〕：〔**Ab**〕：〔**aB**〕：〔**ab**〕＝ 1：1：1：1
A・a，**C・c**	〔**AC**〕：〔**Ac**〕：〔**aC**〕：〔**ac**〕＝ 7：1：1：7
B・b，**C・c**	〔**BC**〕：〔**Bc**〕：〔**bC**〕：〔**bc**〕＝ 1：1：1：1

問1　F_1 個体の体細胞では，3 対の対立遺伝子は染色体上にどのように位置しているか。最も適当なものを，一つ選びなさい。ただし，図には必要な染色体だけが示されている。

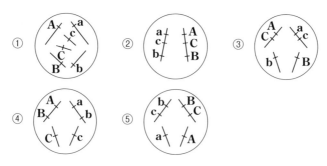

問2　上の2対の対立遺伝子の中で，連鎖の関係にあるものの組換え価を
　　求めなさい。

=== ✓ 解説 ===

　遺伝子が3つあるからといって，たじろぐことはないよ。表のように，遺伝子を2
対ずつの関係で見ていけばいいんだ。

　AABBCC × aabbcc の交雑で生じる F_1 は **AaBbCc** となる。表は，この F_1 の検定
交雑の結果だから，F_1 がつくる配偶子と考えてよい。

問1　**A・a** と **B・b** の関係は，1：1：1：1という比から**独立**であることがわか
　　る。同様に，**B・b** と **C・c** も独立だ。でも，**A・a** と **C・c** は7：1：1：7，つ
　　まり，**多：少：少：多**の形から**連鎖**であることがわかる。
　　　これらの結果から，**A** と **C**（**a** と **c**）は同じ染色体上にあり，**B・b** だけが別の染
　　色体上にある③であることがわかる。

問2　連鎖の関係にあるのは **A** と **C**（**a** と **c**）で，F_1 がつくった配偶子は，**AC**：
　　Ac：**aC**：**ac** ＝ 7：1：1：7なのだから，

$$組換え価（\%）= \frac{1+1}{7+1+1+7} \times 100 = 12.5（\%）$$

　　となる。

=== ✓ 解答 ===

問1　③
問2　12.5％

組換えに「起こりやすい」とか「起こりにくい」とか あるんですか？

そう。組換え価は，注目する2つの遺伝子の染色体上の距離と関係があるんだ。次の図を見てほしい。同じ位置で染色体が乗り換えたとすると，**A（a）** と **B（b）** の距離が短いほど，組換えが起こりにくくなることがわかるよね。

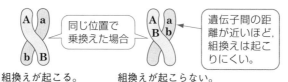

組換えが起こる。　　　　組換えが起こらない。

6　染色体地図 ＞★★★

上で学んだような理由から，**モーガン**は，**組換え価は遺伝子間の距離に比例する**と考えた。そして，キイロショウジョウバエを使って**染色体地図**を描いたんだ。染色体地図とは，染色体上の遺伝子の並びを表した図だ。

いま，同じ染色体上にある3つの遺伝子 **A（a）**，**B（b）**，**C（c）** について染色体地図をつくることを考えてみる。

〔手　順〕

❶　まず3つの遺伝子についてヘテロ（**AaBbCc**）を用意する。

❷　このヘテロ（**AaBbCc**）を潜性ホモ（**aabbcc**）で検定交雑する。

❸　**A−B**間の組換え価＝30％，**B−C**間の組換え価＝20％，**A−C**間の組換え価＝10％だったとしたら，**A**，**B**，**C**の配列は下のようになる。

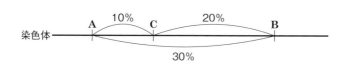

このように，遺伝子3つに注目して遺伝子の相対的な位置を決める方法を<ruby>三点交雑<rt>さんてんこうざつ</rt></ruby>というよ。

問題 7　三点交雑〜染色体地図　★★★

　同一染色体上に存在する遺伝子 **A**, **B**, **C** について, **AABBCC** の個体と **aabbcc** の個体を交雑してF₁を得た。このF₁の検定交雑を行って, 右の表のような結果を得た。

表現型	個体数
〔ABC〕	130
〔AbC〕	50
〔Abc〕	20
〔aBC〕	20
〔aBc〕	50
〔abc〕	130
合　計	400

問1　**A−B** 間の組換え価, **B−C** 間の組換え価, **A−C** 間の組換え価を, それぞれ求めなさい。

問2　遺伝子 **A**, **B**, **C** の位置を次の染色体上のア, イ, ウで表すと, どのようになるか。最も適当なものを, 一つ選びなさい。

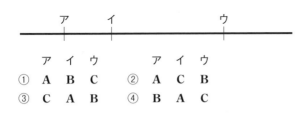

	ア	イ	ウ		ア	イ	ウ
①	A	B	C	②	A	C	B
③	C	A	B	④	B	A	C

✔ 解 説

問1　表中の表現型は, F₁ の配偶子の比だということは, もうわかるよね（検定交雑の結果だから）。

　A−B 間の組換え価を求めるには, まず表中の表現型を, 次に示すように **A** と **B** の関係にしぼって集計するんだ。

$$〔AB〕:〔Ab〕:〔aB〕:〔ab〕 = 130 : (50+20) : (20+50) : 130$$
$$= 130 : 70 : 70 : 130$$

組換えで生じた個体は, 〔Ab〕と〔aB〕（少ないもの2つ）だから, 組換え価は,

$$組換え価（\%）= \frac{70+70}{400} \times 100 = 35（\%）　となる。$$

　同様に **B−C** 間は,

$$〔BC〕:〔Bc〕:〔bC〕:〔bc〕 = (130+20) : 50 : 50 : (20+130)$$
$$= 150 : 50 : 50 : 150$$

$$組換え価（\%）= \frac{50+50}{400} \times 100 = 25（\%）$$

A-C 間は,

$$[AC]:[Ac]:[aC]:[ac] = (130+50):20:20:(50+130)$$
$$= 180:20:20:180$$

組換え価(%)$= \dfrac{20+20}{400} \times 100 = \mathbf{10}$(%) となる。

問2 3つの組換え価から下のような染色体地図がかけるよね。

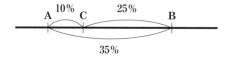

======================== ⟫⟫⟫ ▽ 解 答 ⟫⟫⟫ ========================

問1 **A-B** 間の組換え価=35% **B-C** 間の組換え価=25%

　　　A-C 間の組換え価=10%

問2 ②

COLUMN コラム

昆虫のオス・メスのどちらか一方は組換えが起こらない

　　モーガンは染色体地図をつくるのにショウジョウバエを使ったけど，必ずヘテロ接合（F_1）のメスをオスで検定交雑したんだ。というのも，ショウジョウバエではオスは組換えを起こさないため，ヘテロ接合のオスをメスで検定交雑しても，組換え価を求めることができないからなんだ。

　　これに対して，カイコガでは，ショウジョウバエとは逆に，オスでは組換えが起こるけど，メスでは起こらない。これは，性染色体（▶p.82）と関係があって，昆虫では，性染色体をヘテロ接合でもつ性では，組換えが抑制されるしくみがあるためなんだ。

8 　連鎖 & 組換えの場合の F_2 を求める ＞★★☆

　さて，連鎖の仕上げとして，組換えが生じた場合の F_1 の自家受精，すなわち F_2 を求めてみたいと思う。

　次の例題を解きながら理解していこう。

〔例　題〕　スイートピーには，花の色について紫色（**B**）と赤色（**b**），花粉について長花粉（**L**）と丸花粉（**l**）の対立形質が存在する。いま，紫色・丸花粉（**BBll**）と赤色・長花粉（**bbLL**）を交雑したところ，F_1 は全て紫色・長花粉になった。このF_1に赤色・丸花粉（**bbll**）を交雑したところ，次代に，紫色・長花粉：紫色・丸花粉：赤色：長花粉：赤色・丸花粉＝1：8：8：1の比で現れた。このとき，F_1を自家受精して得られるF_2には，どのような表現型がどのような比で生じるか。

〔解　法〕

　BBll × **bbLL** の交雑で生じた F_1 は **BbLl** となる。これを検定交雑した結果が，1：8：8：1となったんだから，これを配偶子の比として，かけ合わせ表を書けばいいんだ。このとき，比を係数として配偶子にくっつけるのを忘れないように。表で係数が交差するところは，"足す"のではなく"かける"んだよ。

　これを表現型別にまとめると，

　　〔BL〕：〔Bl〕：〔bL〕：〔bl〕
　　＝163：80：80：1

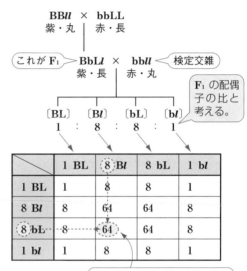

=〔 解 答 〕=

紫色・長花粉：紫色・丸花粉：赤色・長花粉：赤色・丸花粉＝**163：80：80：1**

STORY **5**　／ **性と遺伝**

1　**性染色体** ＞★★★

　多くの動物では，メスになるかオスになるかは染色体の組み合わせで決まる。次の

図は，キイロショウジョウバエ（$2n = 8$）の染色体を表したものだ。

図中のⅡ，Ⅲ，Ⅳの染色体（相同染色体が2本ずつある）は，メスでもオスでも共通で，このような染色体を常染色体という。これに対して，Ⅰの染色体は，メスでは相同だけど，オスでは相同ではない。このように，メスとオスとで組み合わせが異なる染色体を性染色体というんだ。

性染色体には，X染色体とY染色体の2種類があり，メスはX染色体を2本（XX），オスはX染色体とY染色体を1本ずつ合わせもっている（XY）。つまり，Y染色体はオスにしかない染色体なんだ。

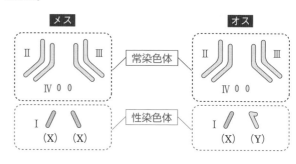

 全ての生物がそうなんですか？

いや，動物によって違うんだ。ショウジョウバエやヒトでは，オスはXY（これをXY型という）なんだけど，トンボやバッタでは，Y染色体がなく，X染色体1本だけだとオスになるんだ。これをXO型という。さらに，XY型とは反対に，つまり性染色体が相同だとオスになり，異型だとメスになるタイプ（ZW型という）もあるんだ。

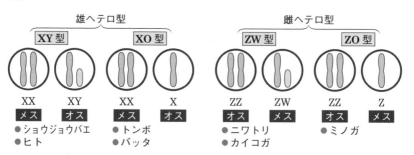

《 POINT 24 》 常染色体と性染色体

◎ 常染色体 ➡ オスとメスに共通に存在する染色体

◎ 性染色体 ➡ オスとメスとで，組み合わせが異なる染色体

2 性染色体の動き方 > ★★★

2本の性染色体は，減数分裂のときに分離して，それぞれ別々の配偶子に入っていく。

> ショウジョウバエのオスの X 染色体と Y 染色体のように，異なる染色体でも分離するんですか？

そう。X 染色体と Y 染色体は，大きさも形も違うんだけど，相同染色体のように，それぞれ分かれて配偶子（精子）に入っていくんだ。

右の図は，一次精母細胞が減数分裂したときのようすを示している。常染色体は省いてあるよ。この図のように，オスでは X 精子と Y 精子が同じ割合でつくられるんだ。

次に，受精を考えてみよう。メスは XX なので，メスがつくる配偶子は X 卵だけとなる。だから，受精パターンには，X 卵＋X 精子，X 卵＋Y 精子の 2 通りがあり，**次代ではメス(XX)とオス(XY)が 1：1 でうまれる**ことがわかるよね。

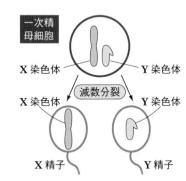

■一次精母細胞の減数分裂

これは XY 型に限ったことではなく，XO 型や ZW 型でも同じで，理論上では必ず次代はメス：オス＝1：1 になるんだ。

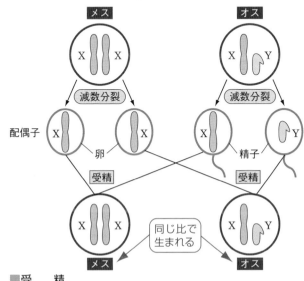

■受　精

性染色体には，性とは直接関係しない遺伝子も乗っている。例えば，**ヒトのX染色体**上には**赤緑色覚異常**や**血友病**に関する遺伝子があり，これらの形質は性によって現れ方に違いが出てくるんだ。このような遺伝現象を**伴性遺伝**というよ（ちなみに，Y染色体上の遺伝子による遺伝現象は**限性遺伝**という）。

① **表記のしかた**

伴性遺伝を考えるには，性染色体を意識しなければならないので，今までとは違った表記を用いるよ。

キイロショウジョウバエの眼の色を白にする白眼遺伝子（**a**）は，**X染色体上にあり，赤眼遺伝子（A）に対して潜性**である。このような遺伝子は，次のように表記するんだ。

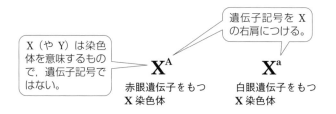

遺伝子記号をX の右肩につける。

X（やY）は染色体を意味するもので，遺伝子記号ではない。

X^A
赤眼遺伝子をもつ X染色体

X^a
白眼遺伝子をもつ X染色体

この表記を使って，メスとオスをまとめると次のようになる。

> ● メス ➡ X^AX^A（赤眼），X^AX^a（赤眼），X^aX^a（白眼）
> ● オス ➡ X^AY（赤眼），X^aY（白眼）

オスはX染色体を1本しかもたないから，顕性だろうが潜性だろうが，もっている遺伝子が発現するよ。

では，次に，この表記を使ってかけ合せを考えてみよう。べつに難しいことはない。今まで通り，性染色体も含めてかけ合わせ表をかけばいいんだ。

今，X^AX^a（赤眼のメス）とX^aY（白眼のオス）との交雑で生じる子の遺伝子型の比を求めてみる。

結果は，次のようになる

X^AX^a × X^aY

卵＼精子	X^a	Y
X^A	X^AX^a	X^AY
X^a	X^aX^a	X^aY

$\begin{cases} \bullet メス \Rightarrow 赤眼 （X^A X^a）：白眼 （X^a X^a）= 1：1 \\ \bullet オス \Rightarrow 赤眼 （X^A Y）：白眼 （X^a Y）= 1：1 \end{cases}$

《 POINT 25 》 伴性遺伝

◎ 伴性遺伝 ➡ X染色体上の遺伝子による遺伝現象（ZW型ならZ染色体上の遺伝子）

② 伴性遺伝の特徴

ここで，伴性遺伝の特徴を示す2つの交雑を見てみることにしよう。

交雑1：$X^A X^A \times X^a Y$

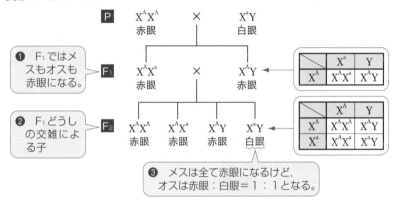

❶ F_1 ではメスもオスも赤眼になる。

❷ F_1 どうしの交雑による子

❸ メスは全て赤眼になるけど，オスは赤眼：白眼＝1：1となる。

交雑2：$X^a X^a \times X^A Y$

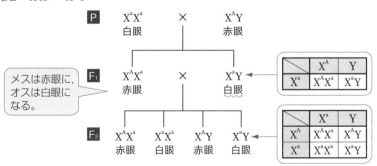

メスは赤眼に，オスは白眼になる。

交雑1では F_2 のオスだけに，**交雑2**の F_1 ではオスだけに白眼が生じることに注目してほしい。つまり，潜性形質である白眼はオスに出やすいんだ。

どうして，潜性形質がオスに出やすいんだろう？

オスはX染色体を1本しかもたないので，潜性遺伝子（X^a）を受けとると必ず発現するんだ。でも，メスの場合は，ヘテロ接合（$X^A X^a$）であれば発現しないよね。

このように，**メスとオスとで表現型の分離比に違いが生じるのが伴性遺伝の特徴**なんだ。

STORY 4 まで学んできた遺伝では，常染色体上にある遺伝子による遺伝だったので，メスとオスとで分離比に違いが出ることはなかったんだ。

《POINT 26》 伴性遺伝の特徴

◎ メスとオスとで表現型の分離比に違いが生じていたら，伴性遺伝である。

③ ヒトの赤緑色覚異常

先にもいったけど，**ヒトの赤緑色覚異常の遺伝子は，X染色体上にあり，伴性遺伝する。**このため，家系図上では，次のような2つの特徴を見つけることができるんだ。

なお，色覚異常の遺伝子（**a**）は，正常遺伝子（**A**）に対して**潜性**だ。

特徴 1

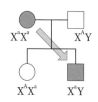

母親が色覚異常ならば，
息子が色覚異常

特徴 2

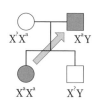

娘が色覚異常ならば，
父親は色覚異常

○ ＝女性
□ ＝男性
● ＝色覚異常
■ ＝色覚異常

? ＝A または a

《POINT 27》 家系図に見られる赤緑色覚異常の特徴

◎ 母親が色覚異常ならば，息子が色覚異常になる。
◎ 娘が色覚異常ならば，父親は色覚異常である。

問題 **8** 性と遺伝 ★★★

次の文章の ［ ア ］，［ イ ］に入れるのに最も適当なものはどれか。それぞれ下から一つずつ選びなさい。

ナデシコ科のある植物は雌雄異株であり，雌雄は雄ヘテロ型性染色体により決められている。長葉の雌株と丸葉の雄株を交雑し，F_1 を得たところ，雌株・雄株ともに長葉であった。さらに F_1 どうしを交雑して得られた F_2 の雌株では全て長葉で，雄株では長葉と丸葉の比率は ［ ア ］であった。このような遺伝のしかたを ［ イ ］という。

① 1：0 　　② 1：1 　　③ 1：2

④ 2：1 　　⑤ 3：1 　　⑥ 4：1

⑦ 限性遺伝 　　⑧ 伴性遺伝 　　⑨ 完全顕性

⑩ 潜性遺伝

〈センター試験・改〉

―《《《 ✓解説 》》》―

植物といえども動物と同じように考えていけばいい。性決定は「雄ヘテロ型」なのだから，XY 型で考えていくことにしよう（XO 型だとしても結果は同じだ）。

「F_1 を得たところ，雌株・雄株ともに長葉であった。」という文から，長葉が丸葉に対して顕性であることがわかるので，遺伝子を，長葉（**L**），丸葉（***l***）とおいて，交雑を再現してみよう。

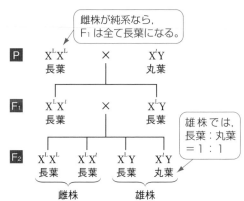

―《《《 ✓解答 》》》―

ア―② 　　イ―⑧

4 胚乳の遺伝 〉★★☆

　イネの胚乳（つまりお米）の形質には，**ウルチとモチがあり，ウルチ〔A〕はモチ〔a〕に対して顕性**だ。モチ純系（**aa**）のめしべに，ウルチ純系（**AA**）の**花粉**を受粉させると，できる種子の胚乳は全てウルチになる。どうして全てウルチになるのかは，**重複受精**（▶p.495）を参考にして，次の図を見てほしい。

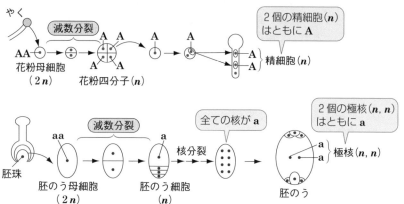

　胚乳（$3n$）は，1個の**精細胞**（n）と2個の**極核**（n，n）の受精で生じるのだから，

極核＼精細胞	A
a, a	Aaa （胚乳）

つまり，胚乳の遺伝子型は **Aaa** となる。

> 遺伝子型が **Aaa**？　アルファベットを3つ並べるの？

　そう，胚乳の核相は $3n$ だったよね。だから遺伝子記号が3つ並ぶんだ。この場合，**顕性遺伝子 A が1個でもあれば顕性形質が現れる**ので，**Aaa はウルチになる**んだ。
　このように，**花粉の遺伝子**が，受粉してすぐに胚乳の形質に影響を与える現象を**キセニア**というよ。
　じゃあ，次に **Aa**（ヘテロのウルチ）の自家受精ではどうなるか考えてみよう。この場合，**花粉と胚のう細胞のそれぞれが，A と a の2種類つくられる**ことに注意しよう。

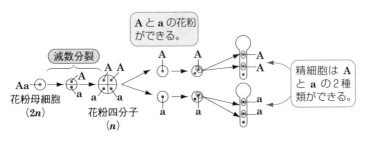

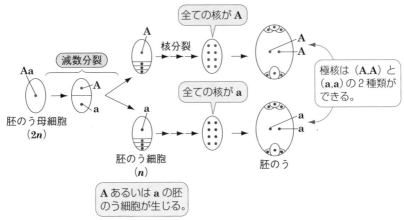

精細胞は **A** と **a**，極核は（**A**，**A**）と（**a**，**a**）の2種類ずつつくられるのだから，かけ合わせは，

精細胞 極核	**A**	**a**
A, A	AAA	AAa
a, a	Aaa	aaa

（胚乳）

となる。胚乳の遺伝子型と表現型の比をまとめると次のとおりだ。

$$\begin{cases} \textbf{AAA}：\textbf{AAa}：\textbf{Aaa}：\textbf{aaa}＝1：1：1：1 \\ ウルチ：モチ＝3：1 \end{cases}$$

第4章

進化のしくみ

▲進化のしくみを勉強しよう。

STORY 1 進化のしくみ

1 進化の原動力 ＞★☆☆

　ここまで，突然変異によって形質の変化が起こること，有性生殖によって多様な遺伝子の組合せが生じることを見てきた。ここでは，これらのしくみが進化につながることを見ていこう。

　進化は，まず，ある個体の生殖細胞に，突然変異によって遺伝的変異（遺伝する変異）が生じることから始まる。そして，**この新しい遺伝子（形質といってもよい）をもつ個体の割合が，世代を経て変化することを進化**というんだ。変異遺伝子や形質の割合を変化させる要因には，**遺伝的浮動**と**自然選択**がある。ここでは，これらの要因について学んでいくよ。

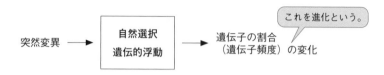

2 遺伝子プールと遺伝子頻度 ＞★★★

　ある場所にいる同種の生物集団がもつ遺伝子の集合を**遺伝子プール**という。そして，遺伝子プールにおける対立遺伝子（アレル）の割合を**遺伝子頻度**という。ある集団で

次世代がうまれるとき，親世代の遺伝子プールの対立遺伝子が全て子世代に受け継がれるとは限らないため，子世代の遺伝子プールでは，遺伝子頻度が親世代とは異なったものになることがある。

遺伝子レベルでは，「**進化とは，世代が進むにつれて遺伝子頻度が変化すること**」なんだ。

> なんか，今まで思っていた「進化」とは違いますね。
> いきなり形質が変わるようなイメージをもっていました。

アニメのヒーローが変身してパワーアップするような，個体に見られるいきなりの形質変化は「進化」とは言わないよ。それは「変態」と表現した方が適切だね。**進化は個体レベルでは起こらない。**世代を超えて徐々に集団の形質が変化していくことが進化なんだ。

では，どのように遺伝子頻度を求めるのか，見ていこう。

① 遺伝子頻度の求め方

ここに，次の図に示すような 6 個体からなる集団があったとしよう。ここで，この集団の個体がもつ 1 組の対立遺伝子 **A** と **a** に着目することにする。

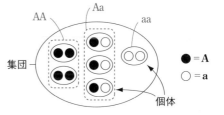

1. この集団内の全ての対立遺伝子の数（**A** と **a** の合計）を**遺伝子プール**といい，その数は，

   $$2 \times 6 = 12 \quad \text{となる。}$$

   | 1個体あたり 2個もつ。| 6個体 |

2. **A** の遺伝子頻度は，**A** 遺伝子の数（●の数）÷ 全対立遺伝子（遺伝子プール）で求めることができ，その値は，$\dfrac{7}{12}$ となる。

3. **a** の遺伝子頻度は，2. と同じように **a** 遺伝子の数（○の数）を数えてもいいが，ふつうは 2. で求めた値を使って，**1 から A の遺伝子頻度を引いて求める。**なぜなら，**遺伝子頻度の合計〔（●の数＋○の数）÷ 全対立遺伝子（遺伝子プール）〕は 1 になるからだ。**

   $$1 - \frac{7}{12} = \frac{5}{12}$$

ここで求めた遺伝子頻度の比（**A : a** $= \dfrac{7}{12} : \dfrac{5}{12}$ ）は，**集団内でつくられる配偶子の比と考えることができる。**これが花を咲かせた植物の集団だとすると，集団内でつく

られる花粉（の精細胞）や卵細胞の遺伝子型の比は，$A : a = \dfrac{7}{12} : \dfrac{5}{12}$ になる。

② 自由交配を考える

　上で求めた遺伝子頻度を使って，自由交配による次世代を求めてみよう。**自由交配**とは，それぞれの個体がたがいの遺伝子型に関係なく，ランダムに交配することだ。

　遺伝子頻度の比は配偶子の比を表すのだから，遺伝子（**A**と**a**）にそれぞれの遺伝子頻度を係数としてくっつけて，「かけ合わせ表」を書けば，自由交配を行ったことになり，次世代の遺伝子型の割合がわかるんだ。

精子＼卵	$\dfrac{7}{12}A$	$\dfrac{5}{12}a$
$\dfrac{7}{12}A$	$\dfrac{49}{12^2}AA$	$\dfrac{35}{12^2}Aa$
$\dfrac{5}{12}a$	$\dfrac{35}{12^2}Aa$	$\dfrac{25}{12^2}aa$

行と列がクロスするところで，係数をかけ合わせるんだよ！

　こうして求められる次世代の遺伝子型の比は，

$$AA : Aa : aa = \dfrac{49}{12^2} : \dfrac{2 \times 35}{12^2} : \dfrac{25}{12^2} = 49 : 70 : 25 \quad となる。$$

　次に，この世代における **A** と **a** の遺伝子頻度を求めてみることにしよう。

AAの個体がもつAの数　　Aaの個体がもつAの数

$$● \, Aの遺伝子頻度 = \dfrac{(2 \times 49) + 70}{2 \times (49 + 70 + 25)} = \dfrac{168}{288} = \dfrac{7}{12}$$

1個体あたりの遺伝子（2個）　　全個体数

$$● \, aの遺伝子頻度 = 1 - (Aの遺伝子頻度) = 1 - \dfrac{7}{12} = \dfrac{5}{12}$$

　このように，**次世代の遺伝子頻度は親世代と変わらない**ことがわかる。もちろん，これは遺伝子頻度がどのような値であっても成り立つ。このように，**対立遺伝子の遺伝子頻度が世代を経ても変わらない状態**を**遺伝的平衡**という。

③ ハーディ・ワインベルグの法則

次の5つの条件がすべて満たされた集団では，世代を経ても遺伝子頻度が変化しない，すなわち**進化が起こらない**。この法則を，発見者の名前にちなんで**ハーディ・ワインベルグの法則**という。

---

❶ 集団の個体数が十分に大きい。
❷ 集団内で自由交配が行われる。
❸ 遺伝子に突然変異が起こらない。
❹ 遺伝子に対して自然選択（▶ p.97）が働かない。
❺ ほかの集団との間に，移出・移入がない。

実際には，これらの条件を全て満たす集団は存在しないので，集団の遺伝子頻度が変化することで，生物は進化してきたんだ。

④ 遺伝子頻度を求める練習

受験では，決まって遺伝子頻度を求める計算問題が出題される。ここで，遺伝子頻度を求める練習をしておこう。

次に示す〔例題1〕と〔例題2〕は，ともに遺伝子頻度を問う典型的な問題だ。しかし，この2題は解法がまったく異なる。では，それぞれの解法を見ていこう。

〔例題1〕 ある植物集団において，遺伝子型と個体数比を調べたところ，**AA：Aa：aa**＝5：2：1 であった。この集団における **A** と **a** の遺伝子頻度をそれぞれ求めなさい。

〔解法〕
全ての遺伝子数（遺伝子プール）は，

$$2 \times (5 + 2 + 1)$$

1個体につき2個　　全体個数

Aの数は，

$$2 \times 5 + 2$$

AA由来　Aa由来

したがって，

$$\mathbf{A}の遺伝子頻度 = \frac{2 \times 5 + 2}{2 \times (5 + 2 + 1)} = \frac{12}{16} = \frac{3}{4} = 0.75$$

$$\mathbf{a}の遺伝子頻度 = 1 - \mathbf{A}の遺伝子頻度 = 1 - 0.75 = 0.25$$

遺伝子頻度の合計＝1だから

A の遺伝子頻度— 0.75，**a** の遺伝子頻度— 0.25

〔例題１〕では，各遺伝子型（**AA**・**Aa**・**aa**）のそれぞれの個体数がわかっていた。したがって，集団内の **A** の数を数え上げる，というのが解法だ。

〔例 題２〕 ある植物集団において，赤花の個体（**BB** と **Bb**）と白花の個体（**bb**）の割合を調べたところ，赤花は 84%，白花は 16% であった。この集団における **B** と **b** の遺伝子頻度をそれぞれ求めなさい。ただし，この集団では，ハーディ・ワインベルグの法則が成り立つものとする。

〔解 法〕

$\begin{cases} \text{**B** の遺伝子頻度} = p \\ \text{**b** の遺伝子頻度} = q \quad (p+q=1) \end{cases}$

もれなくついてくる条件

とおく。

自由交配を行い次世代を求める。

遺伝子頻度を係数に。

	p**B**	q**b**
p**B**	p^2**BB**	pq**Bb**
q**b**	pq**Bb**	q^2**bb** 白花

遺伝子頻度を係数に。

ハーディ・ワインベルグの法則が成り立つ（遺伝的平衡にある）集団では，次世代の遺伝子頻度とともに，遺伝子型の割合も親世代と変わらないので，

$$q^2 = \frac{16}{100} \quad \text{が成り立つ。}$$

次世代の白花の割合　親世代の白花の割合＝16%

これを解いて，

$$q = \frac{4}{10} \ (q > 0) = 0.4$$

遺伝子頻度に負の値はない

$p = 1 - q$ より　←$p + q = 1$

$p = 1 - 0.4 = 0.6$

《 解答 》

B の遺伝子頻度 ― 0.6，b の遺伝子頻度 ― 0.4

〔例題２〕は〔例題１〕と違って，各遺伝子型（**BB** と **Bb**）の個体数がわからない。この場合，**直接遺伝子 B や b を数えることはできない**。そこで，**B** と **b** の遺伝子頻度をそれぞれ p，q（$p + q = 1$）とおいて，とりあえず自由交配を行うんだ。すると次世代の遺伝子型の比が，p と q で表される（**BB** : **Bb** : **bb** $= p^2 : 2pq : q^2$）。

ハーディ・ワインベルグの法則が成り立つ（遺伝的平衡にある）集団では，**自由交配で生じる次世代の遺伝子頻度と遺伝子型の割合は親世代と同じと考えてよいので**，白花（**bb**）に注目することで，$q^2 = \dfrac{16}{100}$ という等式をつくることができるんだ。

理解できたら，次の問題にチャレンジしてみよう。

問題 ❶　ハーディ・ワインベルグの法則　★★★

　ヒトにはPTCという薬品をなめたとき，苦く感じる人（有味者）と苦く感じない人（味盲者）がいる。PTCに対するヒトの味覚は，常染色体上の１対の対立遺伝子（有味遺伝子＝**A**, 味盲遺伝子＝**a**）によって支配されており，有味が味盲に対して顕性である。

　ある地域で味覚について調べたところ，有味者が75%，味盲者が25%であった。この地域ではハーディ・ワインベルグの法則が成り立つと仮定して，以下の問いに答えなさい。

問１　次の①〜⑤の文は，ハーディ・ワインベルグの法則が成り立つための条件である。文中の（ア）〜（エ）に適する語句を書きなさい。

①　集団の個体数は十分に（ア）。
②　個体間で交配が（イ）に行われる。
③　着目する遺伝子に（ウ）が起こらない。
④　着目する形質に対して（エ）が働かない。
⑤　ほかの集団との間で，移出・移入がない。

問２　有味者の遺伝子型を全て答えなさい。

問３　遺伝子 **A** と **a** の遺伝子頻度をそれぞれ p と q としたとき，この集団における p と q の値を求めなさい。ただし，$p + q = 1$ とする。

問４　この集団における，遺伝子型 **Aa** の人の割合を%で答えなさい。

問2　有味者は顕性形質だから，**AA** と **Aa** がある。

問3

$\begin{cases} \mathbf{A} \text{の遺伝子頻度} = p \\ \mathbf{a} \text{の遺伝子頻度} = q \ (p + q = 1) \end{cases}$

この値を使って，自由交配を考える。

	$p\mathbf{A}$	$q\mathbf{a}$
$p\mathbf{A}$	$p^2\mathbf{AA}$	$pq\mathbf{Aa}$
$q\mathbf{a}$	$pq\mathbf{Aa}$	$q^2\mathbf{aa}$

こうして生じた次世代は，以下の通りとなる。

$\begin{cases} \text{有味者} [\mathbf{A}] \cdots p^2 + 2pq \\ \qquad \text{AA の係数} \qquad \text{Aa の係数} \\ \text{味盲者} [\mathbf{a}] \cdots q^2 \\ \qquad\qquad \text{aa の係数} \end{cases}$

ハーディ・ワインベルグの法則が成り立つ集団では，有味者と味盲者の割合は，世代を重ねても変わらないのだから，

$\begin{cases} \text{有味者} [\mathbf{A}] \cdots p^2 + 2pq = 0.75 \quad \leftarrow 75\% \quad \cdots\cdots ① \\ \text{味盲者} [\mathbf{a}] \cdots q^2 = 0.25 \quad \leftarrow 25\% \qquad\qquad \cdots\cdots ② \end{cases}$

という等式が成り立つ。

②の式から，$q = \mathbf{0.5}$ $(q \geqq 0)$ が求められる。

また，$p = 1 - q$ だから，$p = \mathbf{0.5}$

となる。

問4　「かけ合わせ表」の値から，遺伝子型が **Aa** の人の割合は，$2pq$。

これに，上で求めた $p = 0.5$ と $q = 0.5$ を代入する。

$2pq = 2 \times 0.5 \times 0.5 = \mathbf{0.5}$

つまり，50%だ。

問1　アー大きい（多い）　　イー自由
　　　ウー突然変異　　　　　エー自然選択
問2　AA，Aa　　問3　$p = 0.5$　　$q = 0.5$
問4　50%

参考

　　進化を**大進化**と**小進化**に分けて考えることがある。**大進化**は種分化（新しい種が誕生すること）や新しい属が出現するような進化をいい，**小進化**は同種の中で遺伝子頻度が変化していくような進化をいうんだ。

3　自然選択 ＞★★★

①　適応と適応度

　同種の生物でも，個体間にはさまざまな変異が見られる。その中でも，餌をとるのがうまい，とか，天敵に見つかりにくいといった特徴をもつ個体ほど，生殖年齢まで生き残って子を残す可能性が高くなるよね。このように，ある環境において子孫を残すのに有利な形質を備えていることを**適応**という。環境により適応している個体ほど，大人になるまで生き残って多くの子を残すと考えられる。そこで，適応の尺度として，**ある個体が生んだ子のうち生殖年齢まで生き残った子の数**がよく用いられ，これを**適応度**というんだ。

　生存や繁殖に有利な変異は，自然選択（後述）によって集団に広まる。このようなことが，世代を経てくり返されることで，集団の形質は変化していく。このように，**生物集団が適応した形質をもつ集団へと進化すること**を**適応進化**というんだ。

②　自然選択

　ふつう，集団に存在する遺伝的変異の中から，環境に適応した変異をもつ個体が多くの子孫を残す。つまり，生存と生殖に有利な（生き残りやすく異性にモテる）変異が，環境によって選択される。これを**自然選択**というんだ。

　自然選択によって進化が起こるときの条件は以下の通りだ。

---

　❶　集団内に変異（バラつき）がある。
　❷　変異に応じて生存率や残せる子の数に違いがある。
　❸　その変異が遺伝する。

　これらの条件が満たされるとき，自然選択によってその変異の原因となる遺伝子の頻度が高まる。そのような遺伝子は，世代を経るにつれて集団中に広まっていき，十分に長い時間がたつと，その集団の全ての個体がその形質（遺伝子）を共有することになるんだ。

《 POINT 28 》 自然選択

◎自然選択 ➡ 生物集団に存在する遺伝的変異の中から，生存や生殖に有利な変異が選択されて，次世代に受け継がれる（遺伝）こと。

③ 人為選択

イネやコムギといった農作物や，メダカなど観賞用の動物は，ブリーダー（育種家）が特徴的な形質をもつ個体を選抜して交配をくり返してつくり出された。このように，**人間が特定の形質を選抜して交配し，形質の変化を望む方向に誘導する**ことを人為選択という。

④ 性選択（配偶者選択）

クジャクやライオンのようにオスとメスとで形質に大きな違いがある動物の場合，それが「自然選択の結果」だと言われても釈然としない。なぜなら，環境に適応した形質が選択されたのであれば，同じニッチを占める同種のオスとメスとで形質に違いが生じるはずがないからだ。

では，なぜこのような動物ではオスとメスとで形質に違いが生じたのですか？

配偶行動において，メスがそのような特徴をもつオスを選ぶためだと考えられている。つまり，クジャクのメスは派手な尾羽をもつオスを好み，ライオンのメスは立派なたてがみをもつオスを選んで配偶行動をすることで，子孫にそのような形質が受け継がれるんだ。これを**性選択（配偶者選択）**という。メスが選ぶ形質は，必ずしも生存に有利というわけではなく，コクホウジャクの尾羽のように，明らかにムダに長いものもある。尾羽の長いコクホウジャクは，天敵に狙われやすいからだ。このような場合，尾羽の長さは，性選択と自然選択との平衡で決まると考えられている。

また，同性の間で起こる性選択もある。ゾウアザラシやアカシカなどは，オスどうしがメスをめぐって闘争する。闘争では体の大きいオスが有利となるため，オスの方がメスよりも体が大きくなり，アカシカではオスだけが枝分かれした角をもつように進化した。

　人為選択や性選択は，自然選択と区別することもあるけど，原理は同じであり，どちらも広義の自然選択といってよい。つまり，選択者が"自然"だろうが"人間"だろうが，あるいは"メス"だろうが，**世代をこえて同じ方向に形質が選択され続けると，徐々に形質（遺伝子頻度）が変化していく**んだ。

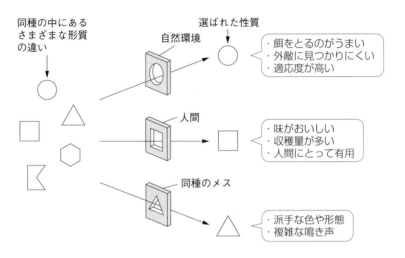

⑤　自然選択の実験（コンピューターシミュレーション）

　進化を実験で再現することは難しい。進化には長い時間がかかるからだ。でも，コンピューターを使ったシミュレーションなら一瞬で結果がわかる。ここでは，コンピュータープログラムを使った実験を紹介したいと思う。まずは，ファイル"自然選択.xlsm"を開いてほしい（入手の方法は604ページを読んでね）。

　これは，**個体数の大きい集団において自由交配が行われた場合の，50世代先までの遺伝子頻度を計算してくれる**マクロプログラムだ。いくつかの入力エリアには，任意の数値を入力することができる。「生存率」は，各遺伝子型（**AA，Aa，aa**）の個体が生殖年齢まで生き残って子孫を残す確率を $0 \sim 1$ の数値で入力する。0 はまったく子を残さないことを，1 は全ての個体が子を残すことを意味する。「はじめの遺伝子頻度」は，0 世代の対立遺伝子 **A** の頻度を $0 \sim 1$ の数値で入力することができる。グラフの縦軸が「遺伝子 **A** の頻度」だ。「遺伝子 **a** の頻度」はグラフ上には現れないが，$1 -$（遺伝子 **A** の頻度）として考えることができる。では，さっそくいくつかの実験例を紹介しよう。

① 自然選択が働かない集団

　自然選択が働かない集団では，ハーディ・ワインベルグの法則が成り立つことを確認しよう。各遺伝子型（**AA**，**Aa**，**aa**）の「生存率」を全て"1"にする（図中の①）。この場合，どの遺伝子型の個体も同じ数だけ子を残す，という意味になる。つまり，自然選択が働いていない状態だ。ここで，「はじめの遺伝子頻度」に"0.1"を入力して（図中の矢印②）から，「計算」ボタンにカーソルを合わせてクリックしてみよう（図中の矢印③）。50世代先まで遺伝子 **A** の頻度は0.1のままという結果が示されたと思う。つまり，**ハーディ・ワインベルグの法則が成り立つ集団では，最初の遺伝子頻度に関わりなく，世代を超えても遺伝子頻度が変わらないことを示しているんだ。**

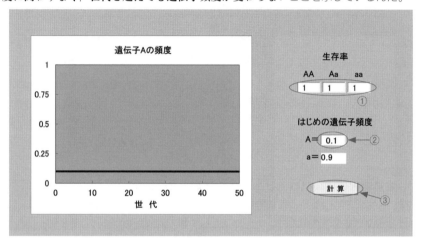

② 潜性個体（aa）の適応度を下げてみる

　次に，自然選択が働く状況をつくってみよう。まず，「はじめの遺伝子頻度」を"0.5"に戻してから，**aa** の「生存率」だけ"0.5"と入力し，次のページの（図中の矢印④），「計算」ボタンを押してほしい。これは，**aa** が残す子の数が **AA** や **Aa** の半分であることを示している。つまり，**aa だけに生存に不利になる自然選択を与えたことになる。**結果は，遺伝子 **A** の頻度が世代を経るにつれて上昇することがわかる。興味深いのは，遺伝子 **A** の頻度が1に近づくけど，決して1にはならない（遺伝子 **a** の頻度が0にならない）ことだ。このように，理論上は対立遺伝子の一方が消滅することはないけど，実際の集団では個体数に制限があることなどから，生存に不利な遺伝子は消滅することがあるんだ。

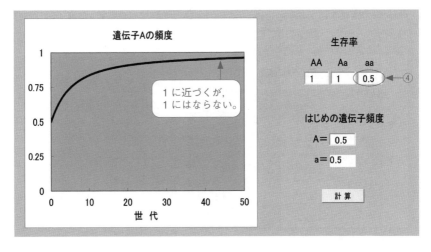

③ "繁殖干渉" を再現してみる

近年，**繁殖干渉**という現象が注目されている。繁殖干渉とは，ある生物種の繁殖活動が，ほかの種の繁殖を邪魔する現象のことだ。動物では，ある種のオスが別種のメスに求愛することで，そのメスが本来の相手である同種オスと繁殖するチャンスが奪われるといった現象や，**植物では，花粉が近縁の別種に受粉することで，子孫を残せない雑種（不稔雑種）がつくられる**という現象が，繁殖干渉の例だ。

ここでは，植物の例を再現してみよう。対立遺伝子をゲノムに見立てて，植物種 A のゲノムを **AA**，植物種 B のゲノムを **aa** と考え，これらが入り混じる集団で，不稔雑種（ゲノム＝ **Aa**）ができる状況をシミュレーションしてみる。この場合，**Aa** の適応度だけを 0 にすればよいので，**Aa** の「生存率」に "0" と入力し（図中の矢印⑤），「計算」ボタンを押せばよい。

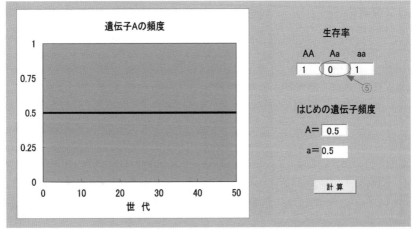

一見，何の変化もないよね。では，「はじめの遺伝子頻度」を "**A** =0.49" にして（図中の矢印⑥），再度計算してみてほしい。

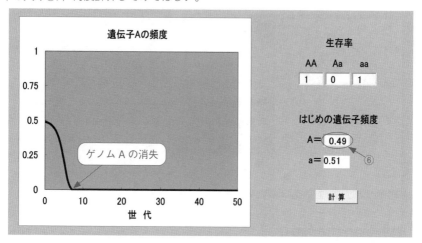

はじめの数世代は，0.49あたりを保っていたゲノム **A** の頻度が，急ハンドルを切ったように減少し，ついには0になった。つまり，植物種 **A** が絶滅したわけだ。これは，**A** と **a** のどちらが生存に有利かといったこととは関係なく，**ヘテロ個体（Aa）の適応度の低下が，初期値が小さい方の遺伝子（あるいはゲノム）を消滅させてしまうことを示している**んだ。

かつては，共通の資源をめぐる種間競争（▶p.563）と考えられていた種間関係が，じつは繁殖干渉ではないかと見直されるケースも出てきているんだ。

4 自然選択の例 〉★★★

① 工業暗化

自然選択の例として，オオシモフリエダシャク（以下，ガと呼ぶ）の**工業暗化**という現象を紹介しよう。

18世紀以前のイギリスでは，樹皮に白っぽい地衣類が生えた樹木が多く，そこには白地にまだら模様（明色型）のガが見られた。しかし，18世紀後半から始まった産業革命によって都市近郊では工業化が進み，工業地帯では大気汚染によって樹皮が黒ずんでいった。その結果，このような地域では，体色が黒っぽい暗色型のガがしだいに増えていった。

これは，明色型のガは，白い樹皮では保護色になるけど，黒っぽい樹皮では目立つため，天敵の鳥に捕食されてしまい，暗色型のガが生き残って子孫を残したためと考えられるんだ。体色を決めているのは1対の対立遺伝子で，暗色型にする遺伝子 **B**

が明色型にする遺伝子 **b** に対して顕性だ。

1848年に，はじめて発見された暗色型（突然変異で生じたと考えられる）だったけど，19世紀末には工業地帯では95％以上を占めるまでになったんだ。

■田園地帯と工業地帯で，明色型と暗色型に目印をつけて放し，その後，ガを捕獲して目印のついたガの再捕獲率を調べた結果。

	表現型	捕獲率
田園地帯 （ドルセー）	明色型	12.5%
	暗色型	6.5%
工業地帯 （バーミンガム）	明色型	25.0%
	暗色型	53.2%

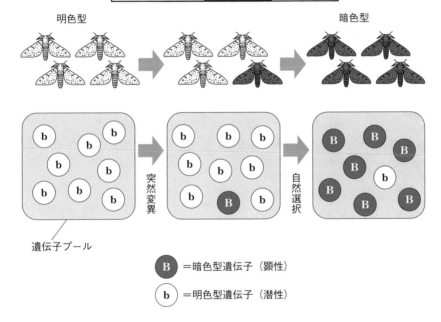

B ＝暗色型遺伝子（顕性）

b ＝明色型遺伝子（潜性）

② 共進化

生物は，気候や地形などの非生物的環境に適応するばかりでなく，ほかの生物に適応する場合もある。

例えば，ある種のランは，長い距（がくや花弁が管状に突出した部分）をもち，この奥に蜜をためる。この蜜を吸うことができる唯一の昆虫は，ある種のスズメガで，長い口器をもち，このランの蜜だけを餌として生きている。つまり，このランとガは互いに"専属契約"を結ぶことで，ガは蜜をめぐるほかの昆虫との争いを避けること

ができ，ランは確実に花粉を同種の花に運んでもらうことができるんだ。このような長い口器と距は，互いに影響し合いながら進化してきたと考えられている。**ガは口器が長いほど蜜を吸いやすくなるので，自然選択によって口器が長くなるように進化した。**一方，**ランは距が短いと，ガに蜜だけ吸われて，花粉を運んでもらえず子孫を残す可能性が低くなる。**そのため，**自然選択により距が長くなるように進化した**んだ。

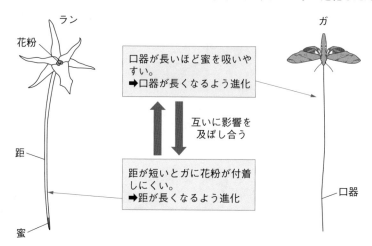

このように，異なる種が互いに影響を及ぼし合いながらともに進化することを共進化というよ。共進化は，被食者－捕食者の相互関係や，共生あるいは寄生の関係（▶p.565）にある種で起こりやすいんだ。

③　擬　態

被食者－捕食者の相互関係は，長い時間をかけて，互いの形態や行動に変化をもたらすことがある。例えば，コノハチョウは枯れた木の葉に似ているために，捕食者に発見されにくい。これは，捕食者から見つかりにくく生存しやすい形質が，自然選択によって進化したと考えられる。このように，生物が見た目や行動などを周囲の環境やほかの生物に似せることを擬態というんだ。擬態には以下のような種類が知られている。

●隠蔽擬態 ➡ 被食者が周囲の環境に溶け込むことで，捕食者に見つからないようにする。

　　例　ナナフシが木の枝にカモフラージュして，捕食者から逃れる。
●攻撃擬態 ➡ 捕食者が植物などに擬態することで，被食者に気づかれないようにする。

　　例　ハナカマキリが花に擬態して，獲物を待ち伏せる。
●ベイツ擬態 ➡ 危険種（毒や武器をもつ種）は，多くの場合，自分が危険であるこ

とを知らせる警戒色などの外見的特徴をもつ。毒などをもたない種が，危険種に外見を似せることで，捕食者から逃れる擬態をベイツ擬態という。擬態する方をミミック，擬態される方をモデルという。

> 例 トラカミキリはハチの仲間ではないが，アシナガバチにそっくりな警戒色をしている。

④ 適応放散と収れん

● **適応放散** ➡ 生物がさまざまな生育環境に適応して多様化すること。異なる種の間に相同器官がみられる。

> 例 オーストラリアの有袋類（ゆうたいるい）は，さまざまな環境に適応し，いろいろな種が生じた。

● **収れん（収束進化）** ➡ 系統の異なる生物が，似た環境に適応した結果，似た特徴をもつこと。異なる種の間に相似器官が見られる。

> 例 フクロモモンガ（有袋類）とモモンガ（真獣類（しんじゅうるい）），サメ（魚類）とイルカ（哺乳類）と魚竜（は虫類）

⑤ 相同器官と相似器官

● **相同器官**（そうどうきかん）➡ 形や働きは異なるけど，**つくりや発生過程が同じ器官のこと**。つまり，見た目は違うけど中身が同じである器官だ。

> 例 クジラの胸びれとヒトの手，一般の植物の葉とサボテンのとげ

　例えば，脊椎動物の前あしは，どの動物も骨の配置が似ている。このことから，現生の脊椎動物は，共通の祖先から枝分かれしたことが考えられるんだ。

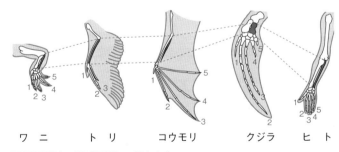

ワニ　　　トリ　　　コウモリ　　　クジラ　　ヒト

■ **相同器官（脊椎動物の前あし）**

● **相似器官** ➡ 形や働きは似ているけど，**発生上の起源が異なる器官のこと**。つまり，見た目は似ているけど，中身が違う器官のことだ。

> 例 鳥類の翼（つばさ）と昆虫類の翅（はね），サツマイモの根とジャガイモの地下茎

次の文章中の ア ～ エ に入る語句を下の〔語群〕より選びなさい。

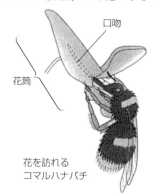

口吻

花筒

花を訪れる
コマルハナバチ

　エゾエンゴサクの花には，コマルハナバチ（以後，コマルと呼ぶ）が訪れて蜜や花粉を栄養源として利用し，エゾエンゴサクはコマルの体に付着する花粉によって受精を行う。エゾエンゴサクの花は細長い花筒をもち，その奥に蜜がたまっている。右の図のように，コマルの細長い口吻（つき出した口器）の長さは，花筒の長さとよく一致している。

　蜜を吸うために花筒の長い花を訪れる昆虫（訪花昆虫）においては，より長い口吻をもつ個体は，花筒の奥の蜜を吸いやすく，生存や繁殖において有利であるため，口吻は長くなる傾向にある。一方，植物においては，訪花昆虫の口吻より ア 花筒をもつ個体は，蜜を吸われやすく，昆虫の体に花粉が付着 イ ため，繁殖において ウ であり，結果として花筒も長くなる傾向にある。このような種間の相互作用によって生じる進化を エ という。

〔語群〕　長い　　短い　　しやすい　　しにくい　　有利　　不利
　　　　　共進化　　収束進化（収れん）

〈センター試験・改〉

《✓ 解説 》

　この問題は，問題文中の ア のうしろにある「蜜を吸われやすく，～」で，全てが決まる。昆虫の口吻が長くなると，植物の花筒は相対的に**短く**なり，簡単に蜜を吸われてしまう一方で，昆虫の体に花粉が付着**しにくい**ため，植物の繁殖にとっては**不利**になる。そのため，花筒が長い個体が選択されることになる。

　このようにして，昆虫の口吻と植物の花筒は，あたかも“追いかけっこ”するかのようにして，徐々に長くなってきた。この例のように，異なる種が互いに影響し合いながら進化することを**共進化**といったね。

《《《 解 答 》》》

アー短い　　イーしにくい　　ウー不利　　エー共進化

5 遺伝的浮動 ＞ ★★★

① 遺伝的浮動とは

　実際の集団は，ハーディ・ワインベルグの法則が成り立つような大きな集団ではなく，限られた個体数からなり，残せる子孫も限られている。特に**小さい（個体数が少ない）集団では，次世代に受け継がれる遺伝子は，生存に有利か不利かというよりも，偶然によって決まることが多くなる。**

　　　　　　　　　　"偶然によって決まる"といわれても，ピンとこないなぁ。

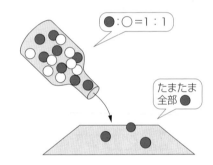

　例えば，ここに赤色と白色の玉がそれぞれ50個ずつ（合わせて100個）入ったビンがあるとしよう。このビンを逆さにして，数個だけ玉を取り出すことを考えてみよう。取り出された玉は，ビンの中の比率（赤色：白色＝1：1）を必ずしも反映せず，たまたま全部赤色だったりすることがある。

　これと同じことが実際の生物集団でも起こることがあるんだ。赤い玉を遺伝子 **A**，白い玉を遺伝子 **a** とすると，隔離された小集団では，次世代に受け継がれる遺伝子が **A** ばかりにかたよったり，反対に **a** ばかりにかたよったりすることが起こりやすくなる（**びん首効果**という）。このような**偶然による遺伝子頻度の変動を遺伝的浮動という。**遺伝的浮動の効果は，ビンから取り出される玉が少ないほど，すなわち小さな集団ほど大きくなるんだ。

　次のページの図は，遺伝的浮動のコンピューターシミュレーションの結果だ。遺伝子 **A** の遺伝子頻度を50世代先まで計算したものを，20個体（$N=20$）と200個体（$N=200$）の集団で比較したものだ（最初の遺伝子頻度＝0.5，各6回ずつ計算した）。

　20個体の集団の方が，遺伝子頻度の変動が大きいことがわかる。また，20個体の集団では，途中で遺伝子頻度が1になったり0になったりするケースが見られる。これは，対立遺伝子（**A** と **a**）のどちらか一方だけが残り，もう一方は集団から消えてしまうことを意味する（これを**固定**という）。いったん失われた遺伝子は，その後集団が大きくなったとしても，戻ってくることはないんだ。

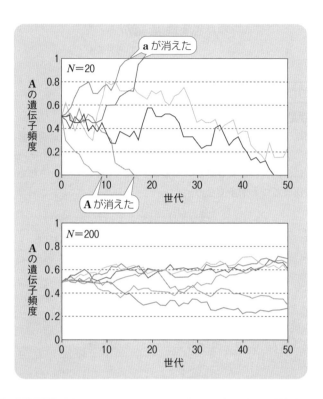

◎遺伝的浮動 ➡ 偶然によって遺伝子頻度が変動すること。小さな
集団ほど，遺伝的浮動の効果は大きくなる。

COLUMN コラム

アメリカ先住民の血液型

　アメリカ先住民の ABO 式血液型は，ほとんどが O 型であることが知られて
いる。これは，先住民の祖先にあたる，氷河期にベーリング海峡を渡ってアメ
リカ大陸に渡ったごく少数の民族にたまたま O 型の人が多かったからと考え
られている。つまり，びん首効果が働いたんだ。

② 遺伝的浮動の実験（コンピューターシミュレーション）

遺伝的浮動の効果を実感するためには実験をするのが手っ取り早い。ファイル"遺伝的浮動.xlsm"を開いてほしい（▶p.604　マクロプログラムの使い方）。

これは，**小集団における遺伝子頻度を数十世代先まで自動で計算してくれるマクロプログラム**だ。まずは，図中の計算ボタン（**図中の矢印①**）にマウスカーソルを合わせてクリックしてほしい。クリックするたびにグラフの形状が，変わることが確認できると思う。これは，20個体からなる集団が，20世代続いた場合（**図中の②**）の遺伝子**A**の頻度を表している。グラフの見方は，"自然選択.xlsm"と同じだ。

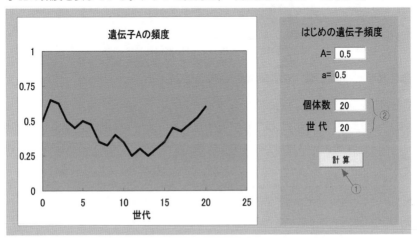

🔵 集団サイズを大きくしてみる

ここで，パラメータをいじってみよう。入力エリア「個体数」のボックスをクリックして"2000"と入力して（**図中の矢印③**），「計算」ボタンを押してみよう（計算には少し時間がかかるよ）。グラフエリアに示された波形は，「個体数」＝"20"のときと比べて，上下のブレが小さくなったはずだ。これは，**集団サイズが大きくなると，ハーディ・ワインベルグの法則が成り立つ集団に近づく**ことを示している。

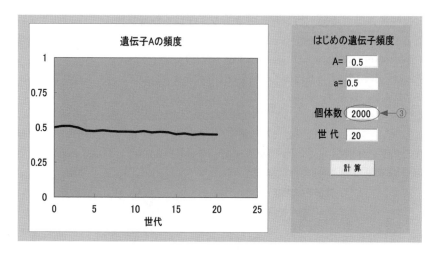

② はじめの遺伝子頻度を小さくしてみる

次に，「個体数」を“20”に戻してから，「はじめの遺伝子頻度」を“A＝0.05”にして（図中の矢印④），計算してみよう。何度「計算」ボタンを押しても，遺伝子**A**の頻度は世代の途中で0になってしまい，なかなか1にはならないはずだ。

これは，**突然変異で生じた新しい遺伝子Aが，集団内で広がって固定されることの起こりにくさを示している**。新しい遺伝子が集団に広がるためには，遺伝的浮動のほかにも自然選択（▶p.97）などの働きが必要なことがわかる。

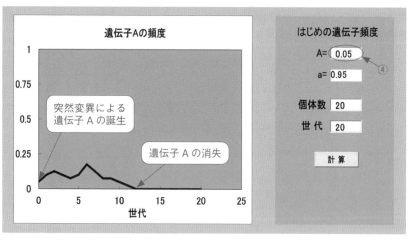

6 中立進化 ＞★★★

　1960年代になると，DNAの塩基配列やタンパク質のアミノ酸配列が詳しく調べられるようになり，形質に現れない分子レベルの変異が多くあることがわかってきた。例えば，コドンの3番目の塩基が置換してもアミノ酸が変化しないケースや，イントロンに生じた変異はタンパク質の働きに影響しない。このような突然変異は，生存に有利でも不利でもない（**中立**という）ので，集団内で広がったりする理由を自然選択で説明することができない。

　木村資生は，DNAに起こる突然変異の多くが中立であるとする**中立説**を唱え，**中立な変異は遺伝的浮動によって進化する**と考えた（1968年）。このような，自然選択ではなく遺伝的浮動による遺伝子頻度の変化を**中立進化**という。

中立な突然変異

- タンパク質のアミノ酸配列が変化しない。
- イントロンに生じる。
- タンパク質のアミノ酸が性質の似た別のアミノ酸に置換する。
- 酵素の活性部位や受容体のリガンド結合部位など，機能に重要な部位以外に生じる。

×◀── 自然選択
◀── 遺伝的浮動

進化（遺伝子頻度の変化）

　逆に，自然選択が働く突然変異には，遺伝的浮動は働かないのですか？

　いや，そういうわけではない。たとえ生存に（少々）不利な突然変異でも，小さな集団では遺伝的浮動の効果が大きくなり，集団内に広がってしまうことがあるんだ。これについては，「絶滅の渦」のところでも説明するので，こちらも読んでおいてほしい（▶p.588）。

　木村資生が中立説を発表した当初は，自然選択説を否定するものとしてバッシングを受けたこともあったけど，現在では両方が成立することが理解されるようになったんだ。

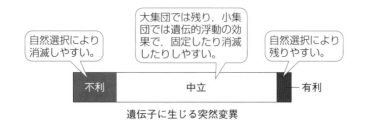

自然選択により消滅しやすい。

大集団では残り，小集団では遺伝的浮動の効果で，固定したり消滅したりしやすい。

自然選択により残りやすい。

| 不利 | 中立 | 有利 |

遺伝子に生じる突然変異

《POINT 30》 中立進化

◎中立進化 ➡ 生存に有利でも不利でもない中立な突然変異遺伝子は，遺伝的浮動により集団内に広がる。

7　種分化 ★★★

① 隔　離

　同種の個体群が隔てられることで交配できない集団に分かれることを隔離という。なかでも，地殻変動によって海峡ができたり，高い山脈ができたりすることで，1つの集団がいくつかの集団に分かれることを地理的隔離という。

　地理的隔離が長く続くと，隔離された集団ともとの集団では，それぞれ独立に自然選択と遺伝的浮動が働き，遺伝子の違いが蓄積していくことになる。その結果，配偶行動や開花時期などに違いが生じ，2つの集団が再び出会っても，交配できなかったり，交配しても生殖能力のある子が生まれなくなることがある。このような状態を生殖的隔離という。

② 種 分 化

　生殖的隔離が成立し，生殖的に独立した新しい集団が生じることを種分化という。

地理的隔離が成立しなければ，生殖的隔離も生じず，種分化は起こらないのですか？

　いや，種分化には必ずしも地理的隔離が成立する必要はない。動物の配偶行動や花の開花時期などに影響する遺伝子に突然変異が生じることで，同じ場所にいながら交配しない集団に分かれることがある。その結果，生殖的隔離が起こり，種分化が成立することがあるんだ。このように，地理的に隔離されていない集団の中で進む種分化を同所的種分化という。

これに対して，地理的隔離をきっかけとして，生殖的隔離が成立して種分化が起こることを異所的種分化というよ。

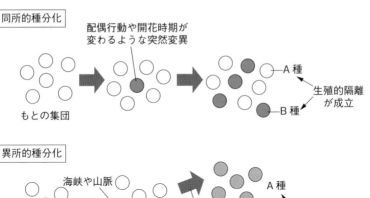

同所的種分化

配偶行動や開花時期が変わるような突然変異

もとの集団

A 種
B 種

生殖的隔離が成立

異所的種分化

海峡や山脈

もとの集団

地理的隔離が生じる。

自然選択遺伝的浮動

A 種
B 種

生殖的隔離が成立

問題 3　　自然選択と遺伝的浮動　★★★

　次の文章は，高校生のシャーロットとモトオの動物園での会話である。これを読み，下の問いに答えなさい。

シャーロット：真っ白いカンガルーがいるね。親から受け継いだ特徴かな。
モトオ：そうかもしれない。でも，親と違う特徴が現れて，それが遺伝することがあるんだ。　ア　が起こったんだね。
シャーロット：野生の集団でも　ア　は起こっているはずなのに，白いカンガルーはほとんど見かけないから，　イ　が働いているのかもしれない。
モトオ：そうだね。でも，　ア　のなかには生存に有利でも不利でもない，中立なものだってあるよ。生物の分子進化の場合は，特に遺伝子頻度が偶然に変化する　ウ　とよばれる効果が大事だね。進化は環境への適応や遺伝のしくみなどいろんな現象が組み合わさって起こっているね。

問 上の文章中の ア ～ ウ に入る語を，〔語群〕より選びなさい。

〔語群〕
環境変異　　突然変異　　隔離　　自然選択　　撹乱　　遺伝的浮動

〈センター試験・改〉

================ ☑解説 ================

ア …直前の「親と違う特徴が現れて，それが遺伝する～」というフレーズがポイントだ。これは**突然変異**のことだよね。

イ …この会話文は，野生の集団でも突然変異により白いカンガルーは生じているはずなのに，ほとんど見かけないことから，白いカンガルーは目立つために，天敵に捕食されやすいのかもしれない，と推察している。つまり，白いカンガルーには**自然選択**が働いている，と考えているんだ。

ウ …「遺伝子頻度が偶然に変化する」ことから**遺伝的浮動**が入るよね。

================ ☑解答 ================

アー突然変異　　イー自然選択　　ウー遺伝的浮動

STORY 2 分子進化

　DNAの塩基配列やタンパク質のアミノ酸配列の変化を**分子進化**という。111ページでも説明した通り，分子レベルの変化は自然選択を受けない中立なものが多い。

　DNAには一定の頻度で突然変異が起こっていて，**中立な突然変異は一定の速度で蓄積していく傾向**がある。このような，分子に生じる変化の速度を**分子時計**という。

　同じ遺伝子の塩基配列や，同じタンパク質のアミノ酸配列でも，異なる種間では少しずつ違いが見られる。これは，種分化が起こったあと，それぞれの種で突然変異が起こり，遺伝的浮動によって固定された結果と考えられる。したがって，**ある生物種が共通祖先から分岐してからどのくらいの時間が経っているのかを，分子進化の度合いから計算できる**んだ。もちろん，種間の違いが大きいほど，分岐してからの時間が長いことを示している。

1 分子系統樹 ＞★★★

　分子進化の違いに基づいて，種間の類縁関係をまとめたものが**分子系統樹**だ。ここで，分子系統樹の正しい読み方を理解しておこう。

① 分子系統樹の正しい読み方

1．近い類縁関係にある生物は短い枝で表現する。

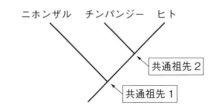

　この分子系統樹において，線分の長さは進化的距離とみなすことができる。つまり，ヒトとチンパンジーの進化的距離（ヒト→共通祖先2→チンパンジーまでの長さ）は，ヒトとニホンザルの距離（ヒト→共通祖先1→ニホンザルまでの長さ）よりも近いと言うことができる。また，ヒトとチンパンジーが分岐する前の共通祖先（共通祖先2）よりも，ヒト，チンパンジー，ニホンザルの共通祖先（共通祖先1）の方が古い時代に生存していた，と言うこともできるんだ。

　では，この系統樹から"言えること"と"言えないこと"をまとめておこう。

○　言えること	×　言えないこと
●**ヒト**と**チンパンジー**は共通祖先2から分岐した。 ●**ヒト**から見て，**チンパンジー**は**ニホンザル**よりも近い類縁関係にある。 ●**ニホンザル**から見ると，**チンパンジー**と**ヒト**は等しい距離の類縁関係にある。 ●**共通祖先1**は**共通祖先2**よりも古い時代に存在した。	●**ヒト**は**チンパンジー**から進化した。 ●**ニホンザル**からみて，**チンパンジー**は**ヒト**よりも近い類縁関係にある。

2．同じ系統樹でもいくつかの表現がある。

　次に示す2つの系統樹は，どちらも同じデータに基づいて描かれた同じ系統樹だ。類縁関係さえ正しければ，右端にくるのが"ヒト"であるか"チンパンジー"であるかは関係がないんだ。

さらに言うと，以下の系統樹も全て同じ意味をもつ。

3．基本的に系統樹には"V"の字型と"コ"の字型がある。

次の2つの系統樹は同じものだ。ただし，**進化的距離**の読み方には少し違いがある。"V"の字型の場合は，2種間の線分の長さがそのまま**進化的距離**を表すが，"コ"の字型の場合は，水平部分の線分の合計が進化的距離を表す。つまり，垂直部分の線分の長さは無視するんだ。

例えば，ヒトとニホンザルの進化的距離は，赤い線の部分となる。

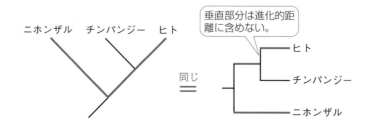

共通祖先とは過去の生物ですよね。どうして現生の生物までの距離がわかるのですか？

化石でしか見つからないような共通祖先からは，**DNA**やタンパク質を採取することができない。したがって，現生の生物種間の塩基やアミノ酸の配列の比較から推測することになるんだ。簡単に言うと，現生の生物種間の違い（**進化的距離**）の$\frac{1}{2}$が共通祖先からの違い（**進化的距離**）と考えられるんだ。

次の図を見てほしい。共通祖先の種がもつアミノ酸10個からなるタンパク質を考えてみよう。ある時点で、共通祖先の種からA動物とB動物への種分化が起き、そのあと、この2種では独自に突然変異が起こり、アミノ酸が置換していった。その結果、現在では両種のアミノ酸の違いは4個となった。この場合、**共通祖先からは、その$\frac{1}{2}$、つまりアミノ酸2個の違い**と考えられるんだ。

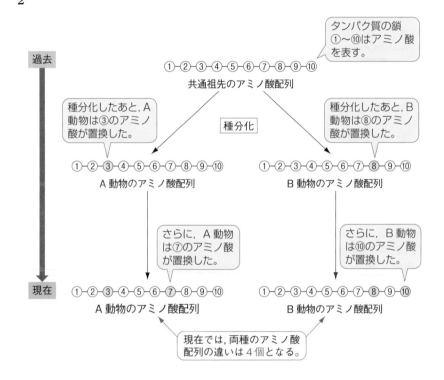

過去

タンパク質の鎖
①〜⑩はアミノ酸を表す。

①-②-③-④-⑤-⑥-⑦-⑧-⑨-⑩
共通祖先のアミノ酸配列

種分化

種分化したあと、A動物は③のアミノ酸が置換した。

種分化したあと、B動物は⑧のアミノ酸が置換した。

①-②-③-④-⑤-⑥-⑦-⑧-⑨-⑩
A動物のアミノ酸配列

①-②-③-④-⑤-⑥-⑦-⑧-⑨-⑩
B動物のアミノ酸配列

さらに、A動物は⑦のアミノ酸が置換した。

さらに、B動物は⑩のアミノ酸が置換した。

現在

①-②-③-④-⑤-⑥-⑦-⑧-⑨-⑩
A動物のアミノ酸配列

①-②-③-④-⑤-⑥-⑦-⑧-⑨-⑩
B動物のアミノ酸配列

現在では、両種のアミノ酸配列の違いは4個となる。

　これは、A動物とB動物で、異なる方向へ分子進化したという前提のうえに成り立つ推定だ。例えるなら、2人がお互いに背を向けて、同じ速さで反対方向に歩き出したとする。出発地点を見ていなくても、ある時点での2人の距離の$\frac{1}{2}$が出発点からの距離と考えることができる。これと同じ理屈だ。

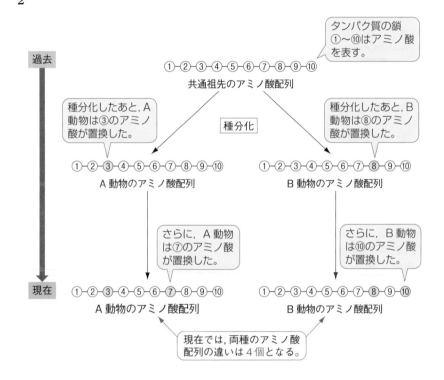

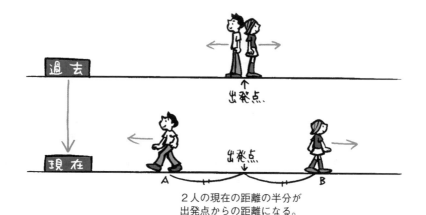

2人の現在の距離の半分が
出発点からの距離になる。

　もちろん，同じアミノ酸が立て続けに置換したり，一度置換したアミノ酸が再び元のアミノ酸に置換する，なんてことが起こる可能性もあり，その場合は誤差となる。

　しかし，実際のタンパク質はもっと多くのアミノ酸からなるので，その影響は小さいこと，また，実際には2種だけではなく複数種の距離の平均をとるなどして誤差を小さくしているんだ。では，その方法について，次の〔例題〕を解きながら解説しよう。

〔例　題〕

　タンパク質のアミノ酸配列の違いを用いて，動物の進化的隔たり（進化的距離）を表すことができる。

　右の表は，現生の5種の動物（ウシ，イヌ，カモノハシ，イモリ，サメ）が共通してもつ，あるタンパク質のアミノ酸配列を比較し，その違いを示したものである。

	ウシ	イヌ	カモノハシ	イモリ	サメ
ウシ	0	28	42	64	79
イヌ		0	42	65	81
カモノハシ			0	69	84
イモリ				0	84
サメ					0

これによれば，ウシとイヌの間では，このタンパク質のアミノ酸の違いは28個である。

問1　次のページの図は，表の値に基づいて作成した系統樹である。図の　ア　～　エ　に入る動物名を，表の動物からそれぞれ選んで答えなさい。

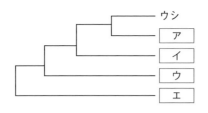

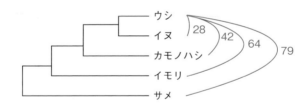

問2　現生動物の共通の祖先動物を考えると，その祖先動物からそれぞれの現生動物までの進化的距離は等しい。祖先動物から各動物（ウシ，イヌ，カモノハシ，イモリ，サメ）までの平均の進化的距離をアミノ酸の置換数で答えなさい。

問3　ウシとイヌの祖先は，1億4000万年前に分岐したと仮定すると，アミノ酸が1個置換するのに何年かかると考えられるか。

問4　問2と問3の結果から，共通の祖先動物からサメが分岐したのは何年前と考えられるか。

〔解　法〕

問1　表のアミノ酸の違いが小さいものほど，進化的距離が小さいのだから，「ウシ」から見て，数値の小さい動物を順に　ア　～　エ　にあてはめればいい。

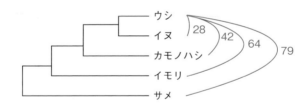

問2　問1の系統樹から，サメはほかのどの動物からも同じくらい離れていることがわかる。つまり，サメからほかの動物までの距離は理論的には等しい。でも，表からわかるように，実際の値にはバラつき（誤差）がある。そこで平均をとるわけだ。

$$\frac{79 + 81 + 84 + 84}{4} = 82（個）$$

最後に，この計算結果に $\frac{1}{2}$ をかければ，祖先動物から現生動物までの進化的距離となる。$82 \times \underset{\underbrace{}}{\frac{1}{2}} = 41$ （個）

祖先動物からの距離にするため

問3　ウシとイヌの違いは28個なので，ウシとイヌの共通祖先からの違いは，$28 \times \frac{1}{2} = 14$（個）である。

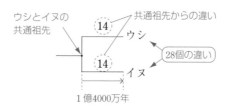

つまり，共通祖先からウシとイヌに至る1億4000万年の間に，14個のアミノ酸が置換したわけだ。アミノ酸の置換速度は一定と考えてよいので，1個のアミノ酸が置換するのに要する年数は，

　　　1億4000万年 ÷ 14 = 1000万年

問4　問2より，祖先動物から現生動物までのアミノ酸の違いは41個，問3より，1個のアミノ酸が置換するのに1000万年かかるのだから，祖先動物が分岐したのは，

　　　1000万年 × 41 = 41000万年 = 4億1000万年

======《▽解答》======

問1　アーイヌ　　イーカモノハシ　　ウーイモリ　　エーサメ
問2　41個　　問3　1000万年　　問4　4億1000万年前

2　分子進化の速度 ▷★★★

　分子時計として利用される遺伝子（またはタンパク質）にはさまざまなものがあるけど，調べたい類縁関係に応じて適した遺伝子を利用する必要がある。例えば，前述の〔例題〕のように脊椎動物の類縁関係に絞って調べたいのなら，ヘモグロビン α 鎖のような比較的，置換速度の大きいタンパク質を利用すべきだ。しかし，原核生物から，節足動物や脊椎動物を含むような大規模な類縁関係を調べたいなら，シトクロム c のような置換速度の小さいタンパク質が適している。

タンパク質	働　き	10億年の間に，1か所のアミノ酸が置換する数
ヒストンH4	真核生物のDNAを巻きつける。	0.01
シトクロムc	電子伝達系に働く。	0.3
ヘモグロビンα鎖	酸素を運搬する。	1.2
フィブリノペプチド	血液凝固	8.3

 どうして，タンパク質によって，アミノ酸の置換速度が違うのですか？

　そのタンパク質（または遺伝子）が，生体で重要な働きをしている場合，アミノ酸の置換によって機能が失われると生存できなくなるため，置換が起こった遺伝子は子孫に受け継がれなくなることが多い。その結果，**生体で重要な機能をもつ遺伝子ほど置換速度（分子進化の速度）が小さくなる**んだ。また，酵素の活性部位のように，同じタンパク質の分子内でも，**アミノ酸が置換すると大きく機能が損なわれる部分の置換速度は小さい**傾向がある。逆に，機能にあまり影響しない部分の置換速度は大きい。例えば，フィブリノペプチドは，血液凝固に働くフィブリノーゲンの一部だけど，血液凝固の際に，フィブリノーゲンからこの部分が切り出されて捨てられることで，残った部分からフィブリンができる。つまり，フィブリンの機能に直接影響しない部分だ。要するに，中立な突然変異ほど置換速度は大きくなるんだ。

分子進化の速度に影響する例

● 酵素の基質結合部位や，受容体のリガンド結合部位のアミノ酸置換速度は，そのほかの部分に比べて非常に遅い。

● フィブリノーゲンにおけるフィブリノペプチドや，プロインスリンにおけるCペプチドのように，前駆体タンパク質から切り取られ，捨てられる部分のアミノ酸置換速度は，それ以外の部分（フィブリンやインスリンとして機能する部分）に比べて速い。

● 真核生物の遺伝子において，エキソン（▶p.327）の塩基配列の置換速度は，イントロン（▶p.327）に比べて遅い。

● 遺伝子において，コドンの3番目に相当する塩基の置換速度は，コドンの1番目や2番目に比べて速い（コドンの3番目の塩基が置換しても同じアミノ酸が指定される場合が多いから）。

《POINT31》分子進化の速度

◎生体で重要な機能をもつタンパク質（遺伝子）ほど、また、タンパク質の機能と密接に関わる部分ほど、分子進化の速度は小さくなる。

参考 生息環境と分子進化の速度

そのタンパク質の機能が重要であるかそうでないかは、その生物の生息環境によっても変わってくる。

視覚にたよって生活するリスやマウスでは、眼の水晶体をつくるクリスタリンのアミノ酸置換速度は極めて小さいが、洞穴（ほらあな）にすむモグラネズミでは置換速度が大きい。モグラネズミの顔には眼がなく、顔の皮膚の下に痕跡（こんせき）的な眼と、その中に水晶体があるだけだ。そのため、モグラネズミにとってクリスタリンの突然変異は中立であると考えられる。

3　$\dfrac{dN}{dS}$ 比は遺伝子の重要度を表す ＞★★☆

タンパク質の遺伝子に生じる突然変異には、アミノ酸配列が変化する**非同義置換**（ミスセンス突然変異とナンセンス突然変異）と、アミノ酸配列に変化を生じない**同義置換**がある（▶p.26）。**ある遺伝子の同義置換の割合に対する非同義置換の割合の比を調べることで、その遺伝子の重要度がわかる**といわれているんだ。

> ん〜、何を言っているのか、さっぱりわかりません。＞＜

とても難しいことなので無理もないよ。順に説明していくので、ゆっくりと理解してほしい。

ある生物集団における、あるタンパク質の遺伝子について考えてみよう。もし、その遺伝子に、アミノ酸配列に変化を与えない同義置換と、アミノ酸配列を変えてしまう非同義置換が同じように起こったとしたら、その遺伝子は、生存に関してそれほど重要ではないと判断される。

同義置換は生存に何の影響も与えないので、時計のように一定の速度で遺伝子に蓄積していく傾向がある。一方、非同義置換は、アミノ酸の配列を変えるので、タンパク質の働きに何らかの影響を与える。**同義置換と非同義置換が同じように起こってき**

たということは，そのタンパク質の働きが変化しても，生存には何の影響もなかった，つまり中立と判断できるんだ。

なるほど。では，逆に生存に重要に関わる遺伝子ほど，同義置換よりも非同義置換の方が小さくなるのですね。

　その通り。生存に重要に関わる遺伝子の場合，同義置換は見過ごされるけど，非同義置換は強い自然選択によって排除される。そのため，同義置換に対する非同義置換の比が小さくなるんだ。

　たいていの遺伝子は，同義置換の割合（dS）と非同義置換の割合（dN）の比（$\dfrac{dN}{dS}$）は，0（最も重要）〜1（中立）の間に収まるんだ。

同義置換よりも非同義置換の方が大きくなる遺伝子なんて存在するのかな？

　それほど多くはないけど，あるにはある。例えば，毒ヘビがもつ毒をつくる遺伝子だ。ヘビは獲物を捕らえるために毒を使うけど，獲物の方も毒に対して抗体をもつようになる。そのため，ヘビはどんどん新しい毒を進化させる必要があるんだ。このような遺伝子の場合，$\dfrac{dN}{dS}$ の値は1より大きくなる。

((POINT 32))

◎ dN ➡非同義置換の割合（非同義置換となる塩基配列の違いの割合）
◎ dS ➡同義置換の割合（同義置換となる塩基配列の違いの割合）

$\dfrac{dN}{dS} = 1$ ➡その遺伝子は中立である。

$\dfrac{dN}{dS} < 1$ ➡その遺伝子に非同義置換が生じると生存に不利に働く。アミノ酸の置換速度は小さい。

$\dfrac{dN}{dS} > 1$ ➡その遺伝子に非同義置換が生じると，生存に有利に働く。アミノ酸配列をどんどん変化させた方が適応的である。

　遺伝子に生じた塩基置換はアミノ酸配列の変化を起こすもの（以後，非同義置換と呼ぶ）と，起こさないもの（以後，同義置換と呼ぶ）に分類することができる。ある遺伝子 X ～ Z について，それぞれの塩基配列をさまざまな動物種の間で比較し，非同義置換の率と同義置換の率を計算した結果を，表に示した。表のデータに基づき，遺伝子 X ～ Z について，突然変異が起きた場合に個体の生存や繁殖に有害な作用が起きる確率の大小関係として最も適当なものを，下から一つ選びなさい。

表

	1 塩基あたり 100 万年あたりの塩基置換の率	
	非同義置換	同義置換
遺伝子 X	0.0	6.4×10^{-3}
遺伝子 Y	1.8×10^{-3}	4.3×10^{-3}
遺伝子 Z	0.6×10^{-3}	3.9×10^{-3}

① X ＜ Y ＜ Z　　② X ＜ Z ＜ Y　　③ Y ＜ X ＜ Z

④ Y ＜ Z ＜ X　　⑤ Z ＜ X ＜ Y　　⑥ Z ＜ Y ＜ X

〈センター試験・改〉

✓ 解説

　問題文中の「個体の生存や繁殖に有害な作用が起きる確率の大小関係」は，遺伝子の重要度と言い換えることができる。「同義置換」に対する「非同義置換」の速度が遅いほど，重要度は高いと言えるのだから，$\dfrac{\text{非同義置換}}{\text{同義置換}}$ の比を遺伝子 X・Y・Z で比較すればよいよね。そして，この比が小さい遺伝子ほど重要度が高い，すなわち，突然変異が最も有害となるんだ。

表

| | 1塩基あたり100万年あたりの塩基置換の率 | | 非同義置換／同義置換 比 |
	非同義置換	同義置換	
遺伝子X	0.0	$6.4×10^{-3}$	0.00
遺伝子Y	$1.8×10^{-3}$	$4.3×10^{-3}$	0.42
遺伝子Z	$0.6×10^{-3}$	$3.9×10^{-3}$	0.15

この比が小さいほど，重要度が高い。

以上の結果から，突然変異が最も有害となるのは遺伝子Xで，突然変異が比較的有害ではないのが遺伝子Yであると判断できる。

《解答》

④

第1編 生物の進化
第2編 生命現象と物質
第3編 遺伝情報の発現と発生
第4編 生物の環境応答
第5編 生態と環境

第4章 進化のしくみ 125

第5章 生物の系統と進化

▲この不思議な木（動物の系統樹）についても勉強するよ。

　地球上には実にさまざまな生物が存在する。これらの生物は、**多様性**が見られる一方で、**共通性**も見られる。多様な生物を共通性に基づいてグループ分けすることを**分類**といい、同じグループに分けられた生物の集まりを**分類群**という。

　分類といっても、いろいろな方法がある。最も単純なものは**人為分類**で、植物を"食用か""薬用か"といったように、人間の都合で便宜的に分類する方法だ。しかし、人為分類は、分類の基準が主観的だったため、必ずしも類縁関係を反映しないという問題があった。そこで、生物がもつ特徴から導かれる類縁関係に基づいた**自然分類**の考えが生まれた。ダーウィン以降、進化の考えが浸透すると、その生物が進化の過程でたどってきた道筋（系統という）を、自然分類に盛り込む**系統分類**が行われるようになった。

　生物学の分野で、単に"分類"という場合、**系統分類**を指すと考えてよい。

- ●人為分類 ➡ **日常生活に関連し、人間の主観で便宜的に分類する方法**
  - 例　木か草か、食用か薬用か。
- ●自然分類 ➡ **生物の類縁関係に基づいて分類する方法**
  - 例　脊椎をもつかもたないか、胎生か卵生か。
- ●系統分類 ➡ **自然分類の考え方を徹底し、類似点・共通点から進化の道筋（系統）を考え、これに基づいて分類する方法**

STORY 1　系統分類の方法

1　形質から推定する方法 〉★★☆

　系統分類を行うためには，まず生物の類縁関係を推定しなければならない。伝統的な方法として，生物がもつ形質に注目して推定する方法がある。

　形質から推定するには，祖先から受け継がれてきた**原始形質（祖先形質）**と，新しく出現した**派生形質（子孫形質）**を区別して，派生形質をもつ生物群を同じ系統としてまとめる。そして，得られた系統を**系統樹**（系統を樹木のように表したもの）として表す。

　実は同じ情報から，いくつかの異なる系統樹をかくことができる。このとき，考えられる全ての系統樹の中から，**形質の変化が最も少ないものが望ましい系統樹とされる**んだ。

　例えば，ある3種の植物について右のような形質の違いがあったとしよう。

　この情報に基づいて系統樹をつくる場合，次の系統樹Xが望ましく，系統樹Yと系統樹Zは望ましくないとされる（あり得ないとはいいきれないが）。

	形　　質
A植物	維管束をもたない。
B植物	維管束をもつ。
C植物	維管束をもつ。

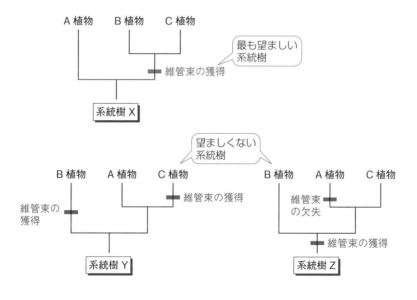

形質に基づいた系統を考える上での注意点は，共通の祖先から派生した形質（**相同**という）を用いるべきで，別々の祖先から派生して収れんによって，たまたま似てしまった形質（**相似**という）を用いてはいけないんだ。

2　分子データから推定する方法 〉★★★

　近年では，DNAの塩基配列やタンパク質のアミノ酸配列などの比較から，類縁関係を推定する方法が主流となっている。このような分子データから推定された類縁関係に基づいてつくられる系統樹を**分子系統樹**という。今では多くの研究が，それまでの化石や形質に基づくデータから分子データに基づく方法に転換している。

 分子データに基づいて類縁関係を推定する方法が優れている点は何ですか？

　まず，DNAは全ての生物がもっているので，大腸菌とヒトのような，形も大きさもまったく異なる生物どうしを比較できる。つまり，**離れた分類群に属する生物間の類縁関係を推定することができる**という利点がある。次に，分子の情報では，形質でしばしば見られるような収れんが起こりにくいため，**形質に惑わされることなく（観察者の主観に左右されずに）**正しい推定が行える。例えば，サメとイルカの形が似ているからといって，同じグループに入れるといった誤りがなくなるんだ。また，形質を識別する"専門的な眼"が必要なく，**同じ解析法をあらゆる分類群に適用できる**という利点もあるんだ。

> **分子系統樹の利点**
> ●離れた分類群に属する生物間の類縁関係を推定できる。
> ●形質に惑わされることなく正しい推定が行える。
> ●同じ解析法をあらゆる分類群に適用できる。

　すでに117ページで，**タンパク質のアミノ酸配列の違い**から系統樹をつくる方法を述べた。ここでは，**DNAの塩基配列の違い**から系統樹を作成する方法について学ぼう。

　〔**例　題**〕種a〜dの4種のある特定のDNA領域の塩基配列を解析したところ，表1のような結果となった。この結果に基づいて4種の系統関係を推定したところ，図1のような分子系統樹が得られた。図1の｜ **ア** ｜〜｜ **ウ** ｜に入る最も適当な種を，種b〜dの中から1つずつ選びなさい。

表1

種	塩基配列						
種 a	C	A	G	C	T	A	C
種 b	G	・	・	T	・	・	A
種 c	G	・	・	・	・	・	・
種 d	G	・	・	T	・	・	・

「・」は種 a と同じ塩基配列であることを示す。

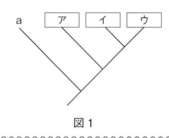

図1

〔解　説〕

　表1で示された塩基配列の左から1番目の塩基が，種 b，c，d では共通（G）だけど，種 a だけ異なることから，図1の種 a と種 b，c，d の共通祖先が分岐したあとに変化した塩基と考えられる。また，左から4番目の塩基が，種 b と d は T だけど，種 c は種 a と同じ C である。したがって，4番目の塩基は種 b と d の共通祖先と種 c が分岐したあとに変化したと考えられる。

　これを図にまとめてみた。1番目の塩基が G に変化した場合を「1 G」と示している。

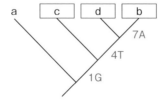

◁ 解 答 ▷

ア－種 c　イ－種 d　ウ－種 b（ア－種 c　イ－種 b　ウ－種 d でも同じ）

STORY 2 生物の分類

1 種とは 〉★★☆

生物を分類するうえで，基本単位となるのが種だ。種の定義は，本来はとても難しいけど，一般には「**自然状態で交配が行われ，生殖能力をもつ子孫をつくることができる個体の集まり**」を種というんだ。

"生殖能力をもつ子孫"という点は重要ですか？

そうだね。子がうまれるだけでは不十分で，その子がさらに子（つまり孫）をうむことができなければ，その親は同種とはいわないんだ。例えば，雌ウマと雄ロバを交配するとラバという雑種がうまれるが，ラバは子をつくる能力がない。したがって，その親であるウマとロバは別種とみなされる。一方，イノシシとブタを交配してうまれるイノブタは，子をつくる能力があるので，イノシシとブタは同種ということになるんだ。

> 《POINT33》 種とは
>
> ◎種 ➡ 分類の基本単位
> 　★自然状態で交配が行われ，子孫を残すことができる集団

2 分類の階層 〉★★★

似たような種を集めて属，さらに似た属を集めて科，さらに目，綱，門，界，ドメインというように，分類には階層が設けられている。

　　　　←小さい　　　　　　　　　　　大きい→
種－属－科－目－綱－門－界－ドメイン

例えば，私たちヒトは次のように分類されるよ。

ヒト－ヒト属－ヒト科－霊長目－哺乳綱－脊椎動物門－動物界－真核生物ドメイン

《POINT 34》 分類の階層

種＜属＜科＜目＜綱＜門＜界＜ドメイン

3 種の表し方 〉★★★

イヌは日本語では "犬" だけど，英語では "dog" というように，同じ生物でも，世界中にはさまざまな呼び名がある。学術論文を発表するときなど，これでは都合が悪い。そこで，世界で統一された生物の名前が必要になる。それが**学名**だ。学名は**属名**と**種小名**を並べて表記するという**二名法**にしたがって，種に与えられる。

例えばヒトの学名は，***Homo sapiens*** と表記される。"***Homo***" は**属名**で「ヒト」を意味し，"***sapiens***" は**種小名**で「賢い」という意味がある。さらに，種小名のあとには命名者の名前をつけることがある（つけないこともあるし，ついている場合は省略も可能だ）。これに対して**ヒト**や**イヌ**といった日本語の名前は**和名**と呼ばれ，カタカナで表記するのが一般的だ。

和　名	学　名	
	属　名	種小名
ヒ　ト	*Homo*	*sapiens*
キイロショウジョウバエ	*Drosophila*	*melanogaster*
センチュウ	*Caenorhabditis*	*elegans*
コウボ	*Saccharomyces*	*cerevisiae*
シロイヌナズナ	*Arabidopsis*	*thaliana*

学名にはイタリック体（斜字体）を用いるんだよ。

このように，はじめて生物を種の単位で分類し，二名法を確立したのは**リンネ**（スウェーデン）だ（**1735年**）。リンネは，近代分類学の基礎を築いたことから "分類学の父" と呼ばれているよ。

《POINT 35》 二 名 法

◎リンネは，学名のつけ方について，属名と種小名を並べて表記する二名法を確立した。

①ドメイン

　1977年，**ウーズ**（アメリカ）は，さまざまな生物の rRNA の塩基配列を調べて，その系統関係を調べた。その結果，原核生物が大きく異なる 2 つの群からなること，その一方で，植物や植物といった真核生物は比較的近い 1 つの群にまとまることを見出した。

> ウーズは，どうして rRNA の塩基配列に注目したのですか？

　rRNA 遺伝子は，全ての生物がもっているからだよ。ウーズは，全ての生物の類縁関係を調べたかったんだ。

　原核生物の 2 つの群のうち一方は，**大腸菌**や**シアノバクテリア**など身近な生物が含まれるグループで，**細菌（バクテリア）**と呼ばれる。もう 1 つの群は，哺乳類の消化管や汚泥に生息する**メタン菌**や，すごく濃い塩水中に生息する**高度好塩菌**，80℃ 以上の環境に生息する**超好熱菌**のような，ヒトにとっての極限状態に生息する原核生物が含まれ，**古細菌（アーキア）**と呼ばれる。

　細菌と古細菌は，細胞膜や細胞壁の成分から明確に区別でき，また，**古細菌は細菌よりも真核生物に近縁である**ことがわかっているんだ。

　これに基づいて，ウーズは，界の上の分類階層として**ドメイン**を設け，全ての生物を細菌ドメイン，古細菌ドメイン，真核生物ドメインに分類できるとする 3 ドメイン説（1990年）を提唱したんだ。

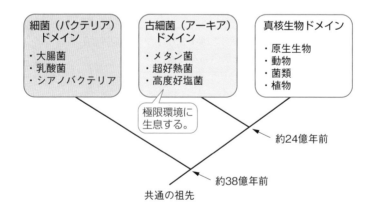

真核生物に近縁なのは，“細菌”ではなく“古細菌”であることに注意しよう。

((POINT 36)) 3ドメイン説

◎ウーズ（アメリカ）がrRNAの塩基配列に基づいて系統を分析
◎全生物は，細菌・古細菌・真核生物の3つのドメインに分類できる

問題 1　ドメイン ★★★

　20世紀後半になり分子生物学の手法が発達すると，生物がもつタンパク質や核酸などの分子を調べて，系統関係を推定する分子系統解析が盛んに行われた。ウーズらは分子系統解析の結果から，界より上位の分類群であるドメインを設定し，全ての生物を三つのドメインに分類する説（3ドメイン説）を提唱した。また，ゲノムの一部は，異なった生物種間で伝えられることがある。このことを考慮に入れ，分子から推定された系統関係を，枝分かれのみからなる系統樹の形ではなく，網目の形で表すことがある。

問1　下線部に関連して，図は3ドメイン説に基づいた生物の系統関係を模式的に表しており，2本の破線の矢印は，葉緑体またはミトコンドリアの（細胞内）共生によって生じた系統関係（矢印は共生の方向）を表している。図のドメインA〜Cの名称として最も適当なものを，〔語群〕からそれぞれ一つずつ選びなさい。

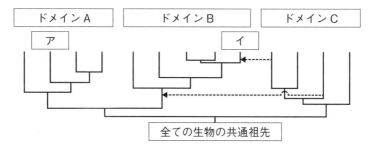

〔語群〕　細菌　古細菌　真核生物

問2　図の　ア　・　イ　に入る生物種として最も適当なものを，それ
ぞれ一つずつ選びなさい。

① メタン生成菌（メタン菌）　　② シアノバクテリア
③ 大腸菌　　④ 酵母（酵母菌）　　⑤ バフンウニ
⑥ ゼニゴケ

〈センター試験　改〉

━━━━━━━━━━《 解 説 》━━━━━━━━━━

問1　図の系統樹の根っこの部分をよく見てみよう。「全ての生物の共通祖先」から
いち早く枝分かれしたのが「ドメインC」であることから，「ドメインC」は細菌
であることが決まる。
　「ドメインB」は「ドメインC」との共生で生じた系統を含むことから，真核生物
であることが決まる。ちなみに，下の破線の矢印は，好気性細菌の共生によりミ
トコンドリアを生じたことを，上の破線の矢印は，シアノバクテリアの一種の共
生で葉緑体を生じたことを示している。
　「ドメインA」は，ほかのドメインと共生関係を結ばなかったことから古細菌であ
る。

問2　　ア　は古細菌に属する生物なので，**メタン生成菌**を選ぶ。
　　イ　は真核生物に属し，2度の細胞内共生を経た生物，すなわち，ミトコンド
リアと葉緑体をもつ**植物**を選ぶ。ここでは，ゼニゴケだ。

━━━━━━━━━━《 解 答 》━━━━━━━━━━

問1　ドメインA－古細菌　　ドメインB－真核生物　　ドメインC－細菌
問2　ア－①　　イ－⑥

参考 五界説

　生物はいくつの界に分けられるのだろう？　これにはこれまでさまざまな説が唱えられてきた。

　分類学の初期には，生物は，“動く”か“動かないか”で**動物界**と**植物界**に二分する二界説（にかいせつ）によって分類されていた。しかし，顕微鏡などの発達により，単純に動物か植物に分けるには，無理がある生物が見つかるようになった。

　ヘッケル（ドイツ）は，単細胞生物を動物界と植物界から独立させ，原生生物界に分類する三界説（さんかいせつ）（**原生生物界**・**動物界**・**植物界**）を提唱した。その後，“界”はどんどん増えていき，四界説（原生生物界・動物界・菌界（きんかい）・植物界）を経て，1969年に**ホイッタカー**（アメリカ）により五界説（ごかいせつ）（**モネラ界**（原核生物界）・**原生生物界**・**動物界**・**菌界**・**植物界**）が提唱されるにいたった。五界説では，原核生物を真核生物から区別し**モネラ界**（**原核生物界**）に分類する。その後，マーグリス（アメリカ）は藻類（そうるい）と一部の菌類を原生生物界に分類する修正五界説を提唱した。

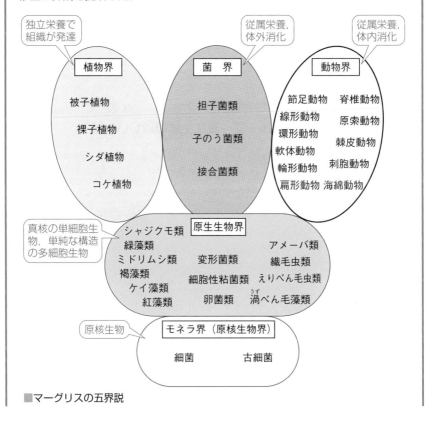

■マーグリスの五界説

■マーグリスの五界説

生　物　界	特　　徴
モネラ界 （原核生物界）	原核生物。細菌類と古細菌が属する。従属栄養生物と独立栄養生物が含まれる。
原生生物界	真核生物であり単細胞生物，または単純な構造の多細胞生物が属する。アメーバやゾウリムシなどの従属栄養生物や，藻類などの独立栄養生物が含まれる。
植　物　界	独立栄養生物で，発達した組織をもつ陸上植物。
菌　　　界	従属栄養生物で，体外で分解した有機物を吸収する（体外消化）。
動　物　界	従属栄養生物で，捕食したものを体内で消化する。

発展　スーパーグループ～真核生物の新しい分類

　五界説では，主に形態や生理的な特徴に基づいて，真核生物を「原生生物界」，「植物界」，「菌界」，「動物界」の4つに分類するが，分子系統解析に基づくと，その見え方は変わってくる。

　2012年，アデルらは，分子系統学的な手法を用いて，真核生物を5つのカテゴリーに分類した。このカテゴリーは，リンネが提唱した "界" とか "門" といった階層にあてはまらないため，スーパーグループと呼ばれる。スーパーグループでは，それまで独立していた植物，菌類，動物が，多様な原生生物とともに分類群の一部として分類される。

　植物は，緑藻類や紅藻類とともに "アーケプラスチダ" に，菌類と動物は，えりべん毛虫類とともに "オピストコンタ" に，そのほかの原生生物は，"SAR"，"エクスカバータ"，"アメーボゾア" というスーパーグループに分類される。

　これまでいく度となく，系統樹は訂正されてきた。スーパーグループのような分類方法でも，いまだに不明の分類群が残されていて，議論がされている。今後の進展が待たれる分野だ。

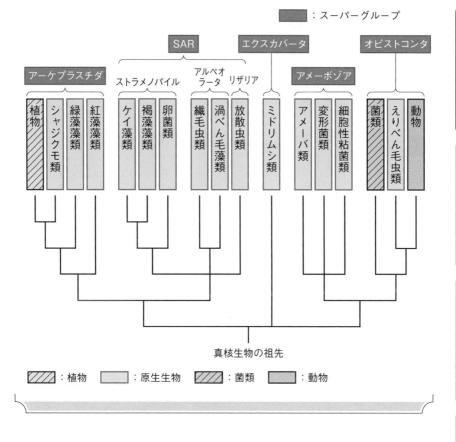

■：スーパーグループ

真核生物の祖先

///// ：植物　　□：原生生物　　///// ：菌類　　□：動物

STORY 3　原核生物

1　細菌（バクテリア）＞★★☆

　現在知られている原核生物の大半を占める。海水，淡水，土壌中で単独で生息するものから，ほかの生物と共生または寄生して生活をするものまでいる。細胞膜は，真核生物と同じエステル脂質と呼ばれる脂質からなり，細胞壁はペプチドグリカンと呼ばれる炭水化物とタンパク質の複合体からなる。

- 従属栄養の細菌 ➡ **大腸菌，乳酸菌，枯草菌，コレラ菌**
- 化学合成を行う細菌 ➡ **硝酸菌，亜硝酸菌，硫黄細菌**
- 光合成を行う細菌 ➡ **紅色硫黄細菌，緑色硫黄細菌，シアノバクテリア**
- 窒素固定を行う細菌 ➡ **アゾトバクター，クロストリジウム，根粒菌，ネンジュモ**（シアノバクテリアの一種），**放線菌**

2　古細菌（アーキア）＞★★☆

　高温や高塩濃度など，過酷な環境に生息するものが多く見つかっているが，土壌中など穏和な環境に生息するものも見つかっている。化学合成を行うものや窒素固定を行うものも知られている。細胞膜は，細菌や真核生物のものとは異なり，エーテル脂質と呼ばれる脂質からなり，細胞壁は一般的にペプチドグリカンをもたない。

- 沼や湿地などの嫌気的な環境に生息する。➡ **メタン菌**
- 熱水噴出孔・温泉・火山などに生息する。➡ **超好熱菌**
- 塩湖・塩田など塩濃度が極端に高い環境に生息する。➡ **高度好塩菌**

	細　菌	古　細　菌	真核生物
核　　膜	なし	なし	あり
細胞膜	エステル脂質	エーテル脂質	エステル脂質
細胞壁の ペプチドグリカン	あり	なし	なし
DNA	環　状	環　状	直鎖状
ヒストン	なし	あり	あり
mRNA の イントロン	なし	なし	あり
tRNA の イントロン	なし	あり	あり

STORY **4** 真核生物

1 原生生物 〉★★☆

　真核生物のうち単細胞のものや，体の構造が単純な多細胞生物が含まれる。原生生物は，系統的に植物，菌類，動物につながっていくような起源の異なるグループをまとめたもので，きわめて多様である。

① 原生動物

　単細胞で葉緑体をもたず，従属栄養の生物。細胞内に食胞や収縮胞など，多細胞生物には見られない細胞小器官をもつものが多い。

- **アメーバ類** ➡ 仮足を伸ばして運動する。　**例** アメーバ，タイヨウチュウ
- **繊毛虫類**（せんもうちゅうるい）➡ 繊毛で運動する。　**例** ゾウリムシ，ツリガネムシ
- **えりべん毛虫類** ➡ 1本のべん毛をもち，進行方向に対して後方へ向けて遊泳する。このことがオピスト（後方）＋コンタ（べん毛）の名前の由来となっている。多細胞動物の起源と考えられている。　**例** えりべん毛虫

② 粘菌類

　アメーバ状の単細胞の個体が，多数集合して"ナメクジ"のような**移動体（変形体）**となり，さらにそれが"キノコ"のような**子実体**となって**胞子**をつくる。

- **変形菌類** ➡ 多核で単細胞の**変形体**（細胞壁をもたないアメーバ状の単細胞体）に成長する。　**例** ムラサキホコリカビ
- **細胞性粘菌類** ➡ 生活環を通して細胞の構造を維持する（細胞は集まるが融合しない）。　**例** キイロタマホコリカビ

③ 卵菌類

　多核の菌糸体をつくる。**遊走子**（ゆうそうし）（べん毛をもち，水中を遊泳する胞子）を形成して繁殖する。細胞壁の主成分は**セルロース**であり，菌類の細胞壁（キチン）とは異なることから，菌類よりも藻類（褐藻類やケイ藻類）に近縁だと考えられている。

　例 ミズカビ

④ 藻　類

　葉緑体をもち，酸素発生型光合成を行う原生生物。ほとんどが水中で生活する。単細胞生物と多細胞生物が含まれる。光合成色素として少なくともクロロフィルaを必ずもつ。

- **ケイ藻類** ➡ 単細胞。ケイ酸を含む弁当箱のような殻をもつ。
  　　　例　ハネケイソウ，クチビルケイソウ
- **ミドリムシ類（ユーグレナ類）** ➡ 単細胞で1本のべん毛をもつ。細胞壁をもたず，三重膜構造の葉緑体をもつことなどから，原生動物に緑藻が共生（二次共生）して生じたと考えられている。　例　ミドリムシ
- **渦べん毛藻類** ➡ 単細胞で2本のべん毛をもつ。光合成を行う独立栄養のものと，ほかの原生生物を捕食する従属栄養のものがいる。褐虫藻としてサンゴやクラゲの細胞内に共生するものもいる。ヤコウチュウは赤潮の原因となる。　例　ツノモ，ヤコウチュウ
- **紅藻類** ➡ 多細胞で赤色の体をもつ。テングサからは寒天がつくられる。クロロフィルaをもつ。　例　テングサ，アサクサノリ
- **褐藻類** ➡ 多細胞で褐色の体をもつ。コンブのように数10mにまで成長するものもある。減数分裂により遊走子を形成する。クロロフィルaとcをもつ。　例　コンブ，ワカメ，ホンダワラ（ヒジキ）
- **緑藻類** ➡ 単細胞生物や多細胞生物，細胞群体を形成するものがいる。緑色の体をもつ。クロロフィルaとbをもつ。
  　　　例　単細胞生物…クラミドモナス，クロレラ
  　　　　　細胞群体…ボルボックス
  　　　　　多細胞生物…アオサ，アオノリ，アオミドロ
- **シャジクモ類** ➡ 多細胞で緑色の体をもつ。主に淡水で生育する。クロロフィルaとbをもつ。生殖器官で卵と精子をつくり，受精卵がすぐに減数分裂するため，ふつうに見られる体は配偶体（n）である。藻類の中では複雑な体をしており，DNAなどの解析から陸上植物に最も近縁であると考えられている。　例　シャジクモ，フラスコモ

　ここで，光合成生物の光合成色素についてまとめておこう。光合成色素は大きく**クロロフィル**，**カロテノイド**，**フィコビリン**に大別される。シアノバクテリアや全ての藻類はクロロフィルaをもつという点で共通しているが，ほかの光合成色素は藻類によって異なる。クロロフィルaを**主色素**，それ以外の光合成色素を**補助色素**という。

	クロロフィル	カロテノイド	フィコビリン
陸上植物	クロロフィルa, b	カロテン, キサントフィル	
シャジクモ類			
緑藻類			
ミドリムシ類			
褐藻類	クロロフィルa, c	フコキサンチン	
ケイ藻類			
紅藻類	クロロフィルa		フィコエリトリン, フィコシアニン
シアノバクテリア			

問題 2　藻類の分類 ★★★

　光合成を行う真核生物どうしでも，葉緑体内の集光装置は分類群によって異なる。表1は，光合成を行ういくつかの真核生物の分類群とその集光装置を示している。表1を踏まえて，図2に示す系統樹中の　ア　～　オ　（　エ　と　オ　は順不同）に入る分類群を，後の〔語群〕からそれぞれ一つずつ選びなさい。ただし，それぞれの集光装置は，フィコシアノビリン―タンパク質複合体から1回の変化により生じたとする。

表1

分類群	集光装置
紅　藻	フィコシアノビリン―タンパク質複合体
褐　藻	フコキサンチン―タンパク質複合体
ケイ藻	フコキサンチン―タンパク質複合体
緑　藻	クロロフィル―タンパク質複合体
植　物	クロロフィル―タンパク質複合体

注：フコキサンチンはカロテノイド（カロテン類）の一種。

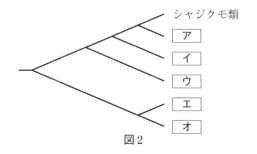

図2

〔語群〕　紅藻　褐藻　ケイ藻　緑藻　植物

〈共通テスト・改〉

✓解説

表1の集光装置に着目すると，フコキサンチン―タンパク質複合体をもつのは褐藻とケイ藻なので，これらは系統樹の近い位置に存在すると考えられる。また，クロロフィル―タンパク質複合体をもつのは**緑藻と植物**であり，知識から，**植物はシャジクモ類に最も近い類縁関係にある**ことを考え合わせると，　ア　には植物，　イ　には緑藻が入る。他のどの分類群とも異なるフィコシアノビリン―タンパク質複合体をもつ**紅藻**が　ウ　に入る。

以上のことを踏まえて系統樹を描くと下図のようになる。

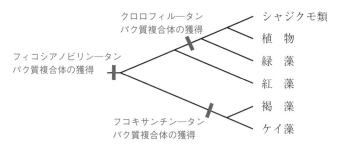

✓解答

ア―植物　　イ―緑藻　　ウ―紅藻　　エ・オ―褐藻・ケイ藻（順不同）

発展　原生生物と細胞内共生

次に示したのは原生生物の系統樹だ。とても複雑であることがわかる。原生生物という分類群は，19世紀にヘッケルがはじめて提唱してからこれまでに，さまざまな基準で変更が加えられてきた。現在では，原生生物は"**真核生物のうち，動物でも植物でも菌類でもないもの**"というのが一般的な定義となっている。そのため，とらえどころがなく，複雑に見える。

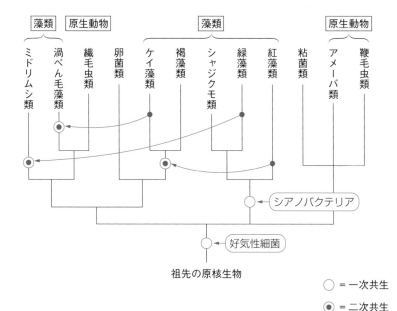

○ = 一次共生

◉ = 二次共生

　原生生物群を難解にしている原因の1つに細胞内共生がある。細胞内共生は，進化の歴史の中でただ一度だけ起こったわけではなく，これまでに幾度となく起こってきたことがわかってきている。すでに学んだように，好気性細菌やシアノバクテリアが細胞内共生することでミトコンドリアや葉緑体といった細胞小器官が進化した（▶p.20）が，このような原核生物による細胞内共生を"一次共生"という。これに対して，藻類が原生動物に細胞内共生して新たな藻類をうみだすという，真核生物による共生を"二次共生"という。

　原生生物群では，このような二次共生が少なくとも10回は起こっていると考えられている。そのため，"渦べん毛藻類は藻類"とはいうものの，ほかの藻類よりもむしろ繊毛虫類（ゾウリムシ）に近い，といったことが起こっている。

2 　植　物 ＞★★★

　主に陸上で生活し，光合成を行う多細胞生物を植物という。植物はさらに，コケ植物，シダ植物，種子植物（裸子植物，被子植物）に分類される。

　植物はクロロフィルaとbをもつこと，またDNAの解析などからシャジクモ類から分化したと考えられている。その一方で，植物はシャジクモ類にはない特徴をもつ。体表面はクチクラ層でおおわれており，維管束で根から吸収した水を運んだり，植物

体を支えたりする（コケ植物以外）。これらの特徴は，乾燥しやすく浮力の働かない陸上環境への適応なんだ。

　しかし，陸上植物の中でもコケ植物だけは維管束をもたず，水を体表から吸収する（コケ植物の根のようなものは仮根といって，主に体を地面に固定する働きをしている）。この点は，シャジクモ類に似ているんだ。

　また，最古の陸上植物の化石として知られるクックソニアは，維管束をもたず胞子のうをもつので，コケ植物に似ていると言える。

> ### 《POINT 37》 植物の陸上への適応
>
> ◎体表面がクチクラ層でおおわれている。
> ◎維管束・根・気孔の獲得。

　種子植物（裸子植物，被子植物）は文字通り種子をつくるが，コケ植物とシダ植物は種子をつくらない。さらに種子植物は，種子（受精前は胚珠）が子房に包まれていない**裸子植物**と，胚珠が子房に包まれている**被子植物**に分けられる。

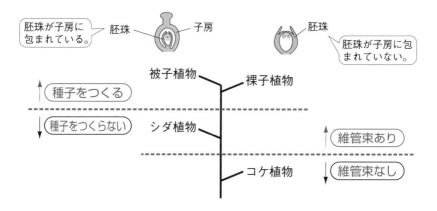

植　　物	維 管 束	水	種　　子
コケ植物	なし	体表から吸収	つくらない
シダ植物	あり（仮道管）	根から吸収	
裸子植物			つくる
被子植物	あり（道管）		

発展 植物の分類

　もう少し詳しく植物の系統を見てみよう。被子植物は，さらに**双子葉類**と**単子葉類**に分けられる。シダ植物は1つの単系統というわけではなく，シダ類，トクサ類，ヒカゲノカズラ類などに分けられているんだ。

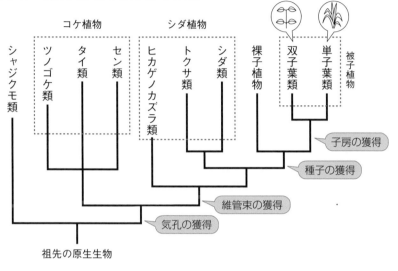

① 植物の生活環

　多くの植物は，一生の間に無性生殖（胞子生殖）と有性生殖（受精）を交互に行う。**胞子をつくって無性生殖を行う体を**胞子体，**有性生殖のための配偶子をつくる体を**配偶体といい，それぞれの体をもつ時期が交互に現れることを世代交代という。そして，そのようすを環状に表したものを生活環という。ふつう，胞子体の核相は **$2n$**（複相）で，配偶体の核相は **n**（単相）なので，世代交代とともに核相も入れ換わることになる。これを核相交代という。

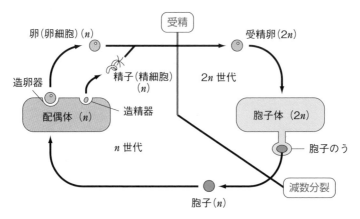

■植物の生活環

植物では，減数分裂によってつくられるのは配偶子（卵や精子または精細胞）ではなく，胞子であることに注意しよう。

　植物の生活で注意しておきたいのは，**植物の場合，卵や精子などの配偶子は，動物のように減数分裂でつくられるのではない**，ということ。なぜなら，植物の配偶体はn（単相）なので，減数分裂の必要がないためだ。植物では，胞子体（$2n$）が成熟すると胞子のうを形成し，その中で**減数分裂が起こり，胞子をつくる**んだ。

　コケ植物から種子植物に至る進化の過程で，生活環における配偶体と胞子体の役割は引き継がれてきた。これをまとめたのが次の表だ。

■陸上植物の生活環の比較

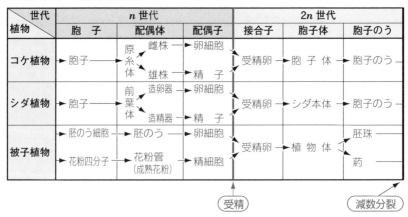

この表はどうやって見るんですか？

　この表を縦に見れば，植物種間の対応がわかる。例えば，コケ植物の**胞子**に相当するのは，被子植物では**胚のう細胞**と**花粉四分子**ということになる。この2種類の細胞は減数分裂によって生じるからね。

　コケ植物では，胞子体（$2n$）はコケの本体である配偶体（n）に寄生するくらい小さい。シダ植物では，胞子体（$2n$）がシダの本体であり，配偶体（n）は前葉体という独立生活する小形の植物体となる。前葉体は，茎や葉の分化が見られず，維管束もなく，根のかわりに仮根をもつという点でコケ植物に似ている。

　種子植物になると，配偶体（n）はさらに小さくなり，完全に胞子体（$2n$）に寄生する形となる。

　つまり，植物は進化の過程で，**胞子体（$2n$）**がどんどん大きくなり，反対に，**配偶体（n）**は小さくなっていったと考えられるんだ。

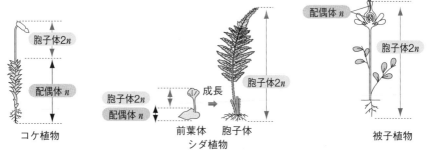

■植物の胞子体，配偶体の比較

　このような進化は，受精の様式と関係があるとされている。コケ植物やシダ植物では，水の中を精子が造卵器まで泳いで受精するため，配偶体が雨水につかる必要がある。しかし，**種子植物では精細胞（または精子）が花粉管によって運ばれるため，受精に植物体外の水が必要なくなった。**そのため，配偶体が地表にある必要がなくなり，植物体の大形化や乾燥地域への進出が可能になったんだ。

((POINT 38)) 配偶体と胞子体

◎配偶体（n）➡ 配偶子（卵や精子・精細胞）をつくる体。
　　　　　　　　有性生殖を行う。
◎胞子体（$2n$）➡ 胞子をつくる体。無性生殖を行う。

問題 3　植物の分類 ★★★

　植物にみられる特徴やその進化に関する記述として適当なものを，一つ選びなさい。

① 植物は，繁殖方法が胞子であっても種子であっても，また維管束を持っていても持っていなくても，根，茎，葉の区別がある。

② 胞子で繁殖する植物では，胞子が発芽して胞子体になる。

③ 種子で繁殖する植物では，通常みられる植物体は胞子体で，種子は配偶体である。

④ 胞子で繁殖する植物が大型化することで，森林を形成した時代がある。

⑤ 種子で繁殖する植物で最初に出現したものは，子房に包まれる胚珠を持っていた。

〈共通テスト・改〉

① コケ植物（胞子生殖，維管束を持たない）の中には，根，茎，葉の区別があいまいなものがある。したがって，**誤り**。

② 胞子が発芽してつくるのは配偶体だ。したがって，**誤り**。

③ 「種子は配偶体である」の記述が**誤り**。種子植物（裸子植物と被子植物）の配偶体は，**胚のうと成熟花粉（花粉管）**だ。

④ 古生代の石炭紀には，巨大なシダ植物（木生シダ）の森林があったと考えられている（▶p.24）。したがって，**正しい**。

⑤ 最初の種子植物は**裸子植物**だ。裸子植物の胚珠は子房に包まれていないので，**誤り**。

④

問題 **4**　**植物の生活環**　★★★

次の図は，シダ植物の生活環を表したものである。

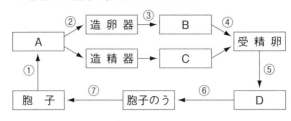

問1　図のA～Dにあてはまる語句を次からそれぞれ選びなさい。

　　〔語群〕　胞子体　　　配偶体　　　精子　　　卵細胞

問2　Aは独立した小形の植物体である。これを何というか。

問3　減数分裂が起こる過程を図の①～⑦から一つ選びなさい。

問4　被子植物においてAに相当する部分は何か。2つ答えなさい。

=== ✓解説 ===

問1　Bは造卵器からつくられる卵細胞で，Cは造精器からつくられる精子であることはわかるよね。これら配偶子をつくるAは配偶体だ。Dは胞子のうで胞子をつくるので，胞子体だ。

問2　シダ植物の配偶体は前葉体と呼ばれる大きさ5 mmほどの植物体だ。

問3　植物では，**減数分裂が行われるのは胞子がつくられる**ときだよ。

問4　配偶体の役割は，**配偶子をつくって受精を準備すること**なんだ。被子植物の配偶子は卵細胞と精細胞だから，これらをうみだし，受精の準備をする部分というと，胚のうと花粉管ということになるんだ。

=== ✓解答 ===

問1　A－配偶体　B－卵細胞　C－精子　D－胞子体

問2　前葉体　　問3　⑦　　問4　胚のう，花粉管

発展　裸子植物の受精

　被子植物では減数分裂で生じた胚のう細胞は，多数の細胞からなる胚のうを形成し，胚のう内には2〜3個の造卵器と胚乳がつくられる。被子植物とは異なり，**裸子植物では重複受精は起こらない**ので，胚乳は受精前につくられる。だから，**裸子植物の胚乳の核相はn**である。

　裸子植物では受粉は春に行われる。風で運ばれてきた花粉は胚珠の珠孔にある液滴に付着し，液滴が乾燥するに従って，胚珠内に引き込まれる。花粉は発芽して花粉管を伸ばし，造卵器内の卵細胞に到達すると受精が行われる。イチョウとソテツでは，花粉管内に2個の精子が形成される。しかし，受精するのは1個の精子だけで，もう一方の精子は退化して消失する。

　裸子植物では，受精までに数か月かかることも珍しくなく，4月に受粉して10月頃に受精することもある。

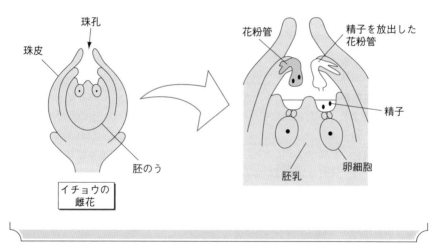

珠孔

珠皮

胚のう

イチョウの
雌花

花粉管

精子を放出した
花粉管

精子

卵細胞

胚乳

3　菌　類 ＞★☆☆

　体外に消化酵素を分泌し，分解して生じる有機物を吸収する従属栄養の多細胞生物を菌類という。菌類の代表はカビやキノコだ。

　菌類が植物と異なるのは，光合成を行わず，細胞壁の主成分がセルロースではなく**キチン**であるという点だ。また，菌類が動物と異なるのは，消化管をもたず，体外に消化酵素を分泌して分解した有機物を吸収する（**体外消化**）という点だ。

　菌類の栄養源は，ほかの生物の遺体や排泄物だ。菌類の体は，細胞が1列に並んだ菌糸という細い糸状の構造からなり，この菌糸を遺体などに侵入させて栄養を摂取す

る。また，菌類は胞子によって増殖し，菌糸の構造や，胞子のつくり方の違いなどによって，接合菌類，子のう菌類，担子菌類などに分類されている。

菌類の特徴

- **体外消化**を行う従属栄養の多細胞生物である。
- 体は**菌糸**でできている。
- 細胞壁の主成分は**キチン**である。
- **胞子**で増殖する。

---

① 接合菌類

菌糸に隔壁がなく，多核である。通常は，菌糸から枝分かれした柄の先端に胞子のうを形成し，胞子で増殖する（**無性生殖**）。しかし，環境が悪くなると，菌糸の一部が別個体の菌糸と接合し，中間に球形の**接合胞子のう**がつくられる。厚い隔壁でしきられた接合胞子のうの内部には，両者の核が融合した**接合胞子（2n）**が1個だけ生じる。接合胞子の核は減数分裂を行い，その中の1つの核が発芽して新しい菌糸を伸ばす。

例　**クモノスカビ，ケカビ，ハエカビ**

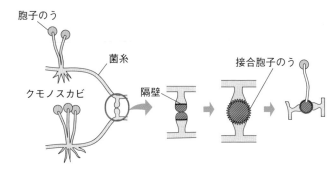

■接合菌類

② 子のう菌類

"子のう"と呼ばれる細長い袋状の器官の中に胞子をつくる。子のうの内部では，菌糸内の2個の核が接合して接合核（2n）が生じ，減数分裂と1度の体細胞分裂を経て8個の**子のう胞子（n）**を生じる。

例　**アカパンカビ，アオカビ**

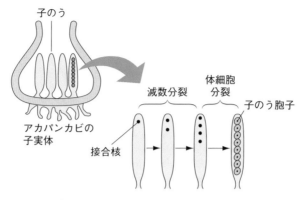

■子のう菌類

③ 担子菌類

　胞子をつくるために菌糸が集まって組織化した構造（＝**子実体**）が発達して，いわゆるキノコとなる。キノコの傘の下には，菌糸の先端から生じた**担子器**があり，その内部では1個の接合核（$2n$）が減数分裂して4個の**担子胞子**（n）を生じる。

　囫　マツタケ，シイタケ

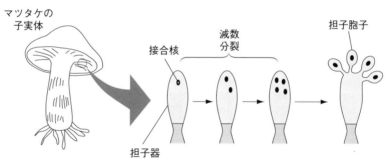

■担子菌類

　子のう菌類と担子菌類の中には，前述のような生活史を送らず，単細胞のままで一生を過ごすものがあり，まとめて**酵母**と呼ばれる。すなわち，"酵母"は単系統ではなく，複数の分類群にまたがって存在する。だから，酵母は多様で，出芽で増えるものもいれば，分裂で増えるものもいるんだ。

発展 菌類の詳しい系統

　菌類は，遊走子（べん毛をもつ胞子）をつくるツボカビ類から分化したと考えられている。ツボカビ類以外の菌類はべん毛をもたない。

　グロムス菌類は植物の根の細胞内に入り込み，**アーバスキュラー菌根**と呼ばれる菌根をつくる。グロムス菌類は植物との共生なくしては生活できず，菌だけの純粋培養ができない。ほとんどの陸上植物の根には，アーバスキュラー菌根が形成される。また，デボン紀の陸上植物の化石にもアーバスキュラー菌根が認められることなどから，植物の陸上への適応に重要な役割を果たしたと考えられている。

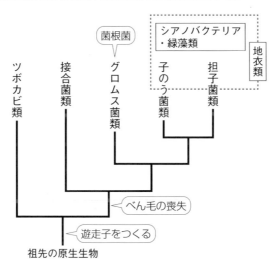

参考 地衣類と菌根菌

● **地衣類** ➡ 子のう菌類や担子菌類に，シアノバクテリアまたは単細胞の緑藻類が共生したものである。共生体の菌類は，シアノバクテリアや緑藻類から光合成産物をもらい，シアノバクテリアや緑藻類は菌類から水分や無機塩類を得ている。

　　例　ウメノキゴケ，サルオガセ，イワタケ，リトマスゴケ

● **菌根菌** ➡ 植物の根に共生して**菌根**をつくる菌類。菌根とは，植物の根の内部または表面に菌糸が侵入して形成される特有の構造である。この共生により，菌根菌は植物から光合成産物を得る一方で，土壌中に張りめぐらせた菌糸によって吸収した窒素やリンを，植物に提供している。

体が細胞壁のない真核細胞からなる多細胞生物を**動物**という。多くの動物は消化管をもち，**捕食**した食物を**体内消化**する従属栄養生物だ。

① 形態による分類

❶ 胚葉による分類

動物には，体の構造が単純なものから複雑なものまでさまざまなものが含まれているが，一般に体が複雑なものほど高等だといわれている。

最も基本的な分類は，体に胚葉の区別がないもの（**無胚葉動物**）と，外胚葉と内胚葉の区別があるもの（**二胚葉動物**），さらに中胚葉をもつもの（**三胚葉動物**）の3群に分ける方法だ。

- ●無胚葉動物 ➡ 胚葉の区別がない。例　**海綿動物**
- ●二胚葉動物 ➡ 外胚葉と内胚葉の区別がある。例　**刺胞動物**
- ●三胚葉動物 ➡ 外胚葉，内胚葉，中胚葉の区別がある。
  例　海綿動物・刺胞動物以外の動物門

---

❷ 原口による分類

三胚葉動物は，原口がそのまま口になる**旧口動物**と，原口またはその付近に肛門ができ，口はあとから反対側にできる**新口動物**に分けられる。また，旧口動物と新口動物は卵割にも違いがある。旧口動物では，第三卵割で生じる上の割球が下の割球の間に位置する**らせん卵割**をするが，新口動物では，上の割球は下の割球に積み重なった形になる**放射卵割**をする。さらに，中胚葉のでき方にも違いがある。旧口動物では，端細胞と呼ばれる大形の細胞から中胚葉ができるが，新口動物では，原腸の壁が膨らんで中胚葉が形成される。

| らせん卵割（旧口動物） | 放射卵割（新口動物） |

4細胞期　　　　8細胞期　　　　4細胞期　　　　8細胞期

（動物極から見たようす）

■旧口動物と新口動物の卵割の違い

- 旧口動物 ➡ 原口が口になる。
  - 例 扁形動物，輪形動物，線形動物，軟体動物，環形動物，節足動物
- 新口動物 ➡ 原口は肛門になり，口は反対側にできる。
  - 例 棘皮動物，原索動物，脊椎動物

❸ 体腔による分類

体壁と内臓諸器官との間にできるすき間を**体腔**という。従来の形態に基づいた分類では，体腔のでき方が重視されてきた。三胚葉動物の中でも，体腔ができないものを**無体腔動物**といい，体腔が胞胚腔に由来するものを**偽体腔動物**という。さらに，体腔が中胚葉で囲まれているものを**真体腔動物**という。なお，無体腔動物と偽体腔動物を合わせて**原体腔動物**という。

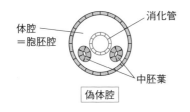
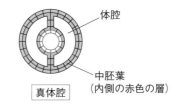

- 無体腔動物 ➡ 体腔ができない。 例 扁形動物
- 偽体腔動物 ➡ 体腔が胞胚腔に由来する。 例 輪形動物，線形動物
- 真体腔動物 ➡ 体腔が中胚葉で囲まれている。
  - 例 軟体動物，環形動物，節足動物，棘皮動物，原索動物，脊椎動物

② 分子データによる分類

従来の形態の比較による方法ではなく，近年，rRNAの分子データなどの比較から，従来の系統樹が見直されている。

形態の比較による分類では，旧口動物において，ともに体節構造（▶p.157）をもつ環形動物と節足動物は近縁と考えられてきた。しかし，分子データに基づく知見では，環形動物と節足動物は，それぞれ**冠輪動物**と**脱皮動物**という大きく異なる系統に分類される。つまり，環形動物と節足動物が体節構造をもつのは，収れん（収束進化）（▶p.105）の結果だと考えられるようになったんだ。

同じように，偽体腔という特徴から近縁とされてきた輪形動物と線形動物も，分子データに基づくと，それぞれ**冠輪動物**と**脱皮動物**という異なる系統に分類されるよう

になった。

---

rRNA からわかった旧口動物における2つの系統
- ●冠輪動物 ➡ 脱皮せずに成長する。
    例 扁形動物, 輪形動物, 環形動物, 軟体動物
- ●脱皮動物 ➡ 脱皮によって成長する。
    例 線形動物, 節足動物

---

③ 無胚葉動物と二胚葉動物

❶ 海綿動物

　胚葉の分化が見られない**無胚葉動物**で, 神経や消化管・排出器などの器官も分化しない。多数ある入水口から海水を胃腔に取り込み, 上端にある出水口から排出する。この水流をうみだすのが**えり細胞**だ。えり細胞は鞭毛運動で水流をつくり, その"えり"でプランクトンなどをこし取り, 細胞内の食胞に取り込んで消化する。

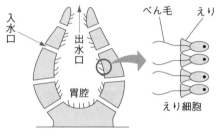

■**海綿動物**

　海綿動物のえり細胞は, **原生生物のえりべん毛虫にそっくり**なため, えりべん毛虫から海綿動物が進化したと考えられている。

　例 **イソカイメン**

❷ 刺胞動物

　発生の過程で, 外胚葉と内胚葉が分化する**二胚葉動物**である。体制は原腸胚期に相当する（これに対して, 海綿動物の体制は胞胚期に相当する）。**刺胞**をもち, 接触した動物を刺糸（一種の毒針）で刺してとらえる。肛門はなく, 口から腔 腸 に取り込まれた食物は消化・吸収されたあと, 未消化のものは口から

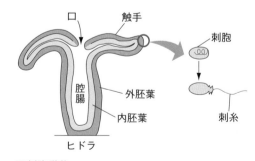

■**刺胞動物**

排出される。神経は網目状に分布し，中枢をもたない（**散在神経系**（▶p.159））。また，排出器官をもたない。

　例　イソギンチャク，ヒドラ，クラゲ，サンゴ

※ クシクラゲは，二胚葉動物であるが刺胞をもたないので，刺胞動物ではなく有櫛動物（ゆうしつ）に分類される。刺胞動物と有櫛動物を合わせて**腔腸動物**という。

④　旧口動物

① 扁形動物

体が扁平で体腔をもたない（**無体腔動物**）。口は腹部にあり，肛門がない。頭部に神経が集中した脳をもつ。**かご形神経系**（▶p.159）をもつ。呼吸系や循環系（血管系）をもたない。外呼吸は体表面で行う。排出器として**原腎管**（げんじんかん）（▶p.161）をもつ。

　例　プラナリア（ナミウズムシ），コウガイビル，サナダムシ，ジストマ

② 輪形動物

体腔が中胚葉で囲まれていない**偽体腔**をもつ。体の先端部の口を囲むように繊毛がならんだ繊毛環を形成し，これが波打つことで食物が口に運ばれる。**はしご形神経系**（▶p.159）をもち，排出器として**原腎管**をもつ。主に淡水にすむ。

　例　ワムシ

③ 環形動物

体腔が中胚葉で囲まれている**真体腔**をもつ。体は細長く，ほぼ同じ構造（**体節**）（たいせつ）のくり返しでできている。このような構造を**体節構造**という。体腔は体節ごとに仕切られていて，各体節に神経節や排出器がみられる。**はしご形神経系**をもち，排出器として**腎管**（▶p.161）をもつ。**閉鎖血管系**をもつ。発生の過程で**トロコフォア幼生**（▶p.158）を経る。

　例　ミミズ，ゴカイ，チスイビル

④ 軟体動物

内臓が**外とう膜**に包まれている。外とう膜が分泌する石灰質（炭酸カルシウム）で貝殻をつくるものが多い。ハマグリなどの**二枚貝類**，サザエなどの**巻貝類**，タコやイカなどのように頭部からあしが生える**頭足類**がある。排出器として**腎管**をもち，頭足類以外は**開放血管系**をもつ。発生の過程で**トロコフォア幼生**を経る。

　例　ハマグリ，サザエ，タコ・イカ

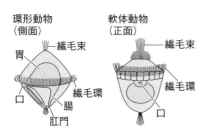

環形動物 (側面)
繊毛束
胃
口
繊毛環
腸
肛門

軟体動物 (正面)
繊毛束
繊毛環
口

トロコフォア幼生はワムシ（輪形動物）の成体に似ているんだ。

■トロコフォア幼生

⑤　線形動物

体は円筒形で細長く，体節構造をもたない。体がクチクラでおおわれており，**脱皮**して成長する。**偽体腔**をもち，排出器として**原腎管**（▶p.161）をもつ。寄生生活を送るものがいる。

例　センチュウ，カイチュウ

⑥　節足動物

体が形の異なる**体節**からなり，さらに付属肢が分化する。キチン質の**外骨格**でおおわれており，**脱皮**して成長する。ハエやバッタなどの**昆虫類**，エビやカニなどの**甲殻類**，クモやダニなどの**クモ類**，**ヤスデ類**，**ムカデ類**に細分化される。生物種の中で最も種数が多く，なかでも昆虫類がその大半を占める。**はしご形神経系**（▶p.159），**開放血管系**をもつ。排出器は，甲殻類とクモ類の一部は**腎管**（▶p.161），それ以外は**マルピーギ管**（▶p.162）と呼ばれるより発達した構造をもつ。

例　ショウジョウバエ，エビ・カニ，クモ，ムカデ

	肢	排出器	呼吸器
昆 虫 類	3対	マルピーギ管	気管
ヤスデ類 ムカデ類	多数	マルピーギ管	気管
ク モ 類	4対		書肺
甲 殻 類	多数	腎管	えら

⑤　新口動物

①　棘皮動物

体は**五放射相称**（幼生は左右相称）で，ウニやヒトデでは口は下面にある。呼吸器・循環器・排出器の働きを兼ねる**水管系**をもつ。水管は運動器官である**管足**とつながる。　例　ウニ，ヒトデ，ナマコ

②　原索動物

　発生過程で**脊索**が形成される。背側に**管状神経系**（下図）をもつが，脳と脊髄の分化はみられない。ホヤのなかま（尾索類）では，幼生期には脊索や神経管が見られるが，成体では退化する。一方，ナメクジウオ（頭索類）では，一生を通じて脊索をもつ。排出器として**腎管**をもつ。

　　例　**ホヤ，ナメクジウオ，**

　発生過程で脊索をつくる原索動物と脊椎動物を合わせて**脊索動物**という。

③　脊椎動物

　発生初期に**脊索**が形成されるが後に退化し，脊椎骨が神経管を囲んで**脊椎**を形成する。原索動物と同じく**管状神経系**をもつが，脳と脊髄の分化がみられる。脳は頭蓋骨で囲まれ，内骨格も発達している。排出器として**腎臓**（▶p.162）をもつ。

　あごの有無，四肢をもつかどうか，卵生か胎生かなどの基準で，**無顎類，軟骨魚類，硬骨魚類，両生類，は虫類，鳥類，哺乳類**に分けられる（綱レベルの分類▶p.130）。

- ●**無顎類** ➡ 例　**ヤツメウナギ**
- ●**軟骨魚類** ➡ 例　**サメ，エイ**
- ●**硬骨魚類** ➡ 例　**フナ，タイ，マグロ**
- ●**両生類** ➡ 例　**イモリ，カエル，サンショウウオ**
- ●**は虫類** ➡ 例　**ヤモリ，トカゲ，ヘビ，カメ**
- ●**鳥　類** ➡ 例　**スズメ，ハト**
- ●**哺乳類** ➡ 例　**カモノハシ（単孔類），カンガルー（有袋類），ヒト（真獣類）**

散在神経系

細胞体

ヒドラ（刺胞動物）

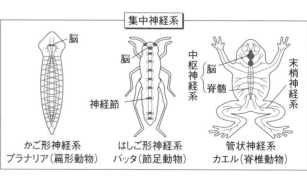

集中神経系

脳

脳　神経節

脳　脊髄　中枢神経系　末梢神経系

かご形神経系　プラナリア（扁形動物）

はしご形神経系　バッタ（節足動物）

管状神経系　カエル（脊椎動物）

	呼吸器	心　臓	窒素排出	羊　膜	四　肢	発　生
無顎類	えら	1心房1心室	アンモニア	なし	なし	卵　生
硬骨魚類						
軟骨魚類						
両生類（成体）	肺	2心房1心室	尿　素		あり	
は虫類			尿　酸	あり		
鳥　類		2心房2心室				
哺乳類			尿　素			胎　生

　ここまでのまとめとして動物の系統樹と各動物群の特徴を見ておこう。

　次の系統樹は現生（現在も生きている）の動物のものだ。現生動物は全て，祖先動物から分岐してからの時間が等しいので，"枝"の長さは全て等しく表現するのが正しい方法なんだけど，ここではあえて"枝"の長さを変えて表現している。その方が理解しやすいからだ。枝に付した特徴（フキダシの中）と合わせて見ていくと覚えやすいよ。

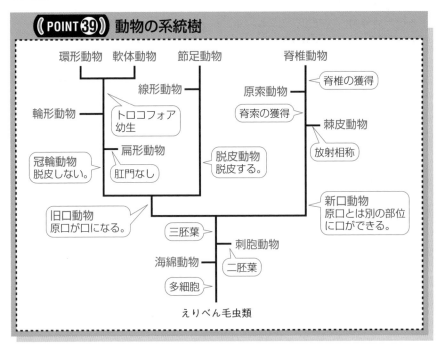

《POINT 39》 動物の系統樹

環形動物　軟体動物　節足動物　　　　　脊椎動物

線形動物　　　　原索動物　　脊椎の獲得

輪形動物　　　トロコフォア幼生　　脊索の獲得　　棘皮動物

冠輪動物 脱皮しない。　扁形動物 肛門なし　脱皮動物 脱皮する。　放射相称

旧口動物 原口が口になる。　三胚葉　新口動物 原口とは別の部位に口ができる。

刺胞動物

海綿動物 二胚葉

多細胞

えりべん毛虫類

■各動物群（動物門）の特徴

動物門		胚葉	体腔	排出器	血管系	神経系
海綿動物		無胚葉		なし（体表から）	なし	なし
刺胞動物		二胚葉				散在神経系
旧口動物	扁形動物	三胚葉	無体腔	原腎管		かご形神経系
	輪形動物		偽体腔			はしご形神経系
	環形動物		真体腔	腎管	閉鎖血管系	
	軟体動物				開放血管系（貝類）／閉鎖血管系（頭足類）	はしご形神経系／神経節
	線形動物		偽体腔	原腎管	なし	かご形神経系
	節足動物			マルピーギ管／腎管	開放血管系	はしご形神経系
新口動物	棘皮動物		真体腔	水管系		放射状神経系
	原索動物			腎管	開放血管系	管状神経系
	脊椎動物			腎臓	閉鎖血管系	

参考 **動物の排出器**

● 収縮胞 ➡ 主に淡水産の原生動物がもつ。収縮と拡張をくり返し，細胞内の老廃物の排出と浸透圧調節に働く。

　例　原生動物

● 原腎管 ➡ 原体腔動物がもつ排出器。末端の細胞が体内の水や老廃物を集め，管を通して体外に排出する。原腎管の末端にある炎細胞は，繊毛の束を"ほのお"のように動かし，老廃物を管の中に集める。

　例　扁形動物，輪形動物，線形動物

● 腎管 ➡ 真体腔の無脊椎動物がもつ排出器。体腔の中に開口する腎口，老廃物を濃縮する細管，体外に開く排出口からなる。腎口と細管には多数の繊毛があり，老廃物を送り出すとともに，卵や精子を運ぶ生殖輸管を兼ねることがある。環形動物では各体節ごとに1対ずつあり，体節器とも呼ばれる。

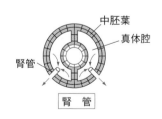

中胚葉
真体腔
腎管
腎管

　例　環形動物，軟体動物，節足動物（甲殻類），原索動物

● マルピーギ管 ➡ ２本〜数十本の細管が腸の一部に開口していて，体液中の老廃物をフンとともに排出する。

　　例　節足動物（昆虫類，多足類，クモ類の一部）

● 腎　　臓 ➡ 脊椎動物に見られる排出器で，発生学的に前腎・中腎・後腎の３つの部位からなる。無顎類は前腎だけが腎臓として働き，中腎と後腎はできない。魚類や両生類では，発生過程で前腎に次いで中腎が現れ，中腎が腎臓として働く。そのため，前腎は退化し，後腎はできない。は虫類・鳥類・哺乳類では，前腎→中腎→後腎の順に現れ，後腎が腎臓として働く。そのため，前腎と中腎は退化する。

　　例　脊椎動物

問題 5　動物の系統樹　★★★

　次の図は動物の系統樹であり，a〜eは，マイマイ，カイメン，イソギンチャク，ヘビまたはザリガニにいずれかである。マイマイに対応する記号として最も適当なものを，図のa〜eから一つ選びなさい。

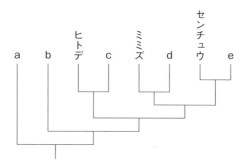

〈センター試験・改〉

===== ✔解説 =====

　問題文中の全ての動物をa〜eにあてはめてみると次のようになる。

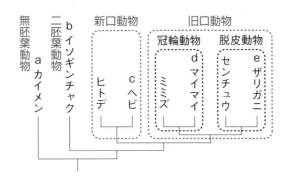

　160ページの系統樹と見比べてみると，「新口動物」と「旧口動物」の左右が逆になっていることがわかる。これは問題作成者のセンス（＝好み）であり，必ず右側に「新口動物」をまとめなければならないということではない。しかし，習慣として右側に「新口動物」を置く教科書が多いのも事実であり，ひょっとすると受験生をひっかける意図があったのかもしれない。与えられた動物を見て，きちんと考えて答えを出そう。

　この問いで問われた"マイマイ"は，カタツムリ（**軟体動物**）のことだ。したがって，旧口動物で脱皮しない**冠輪動物**のグループに入る。図ではミミズ（環形動物）と近縁のdにあてはまる。

◥ 解答

d

問題 6　生物の分類　★★☆

　ア生物を分類するには，細胞や組織の構造やDNAの塩基配列の特徴が用いられる。また，発生の様式に基づいてグループを分けることもできる。例えば，イ胚発生時の原口がそのまま口になる動物と，ウ原口が肛門になる動物とがある。

問1　下線部アに関連して，生物の分類についての記述として最も適当なものを，一つ選びなさい。

　① ミジンコは単細胞生物である。

　② カイメンは胚葉が分化しないが，器官や組織が発達する。

　③ コンブは多細胞生物であり，植物に分類される。

　④ 原生生物は，細菌と古細菌とに大きく分けられる。

　⑤ 刺胞動物には胚葉の分化がない。

　⑥ シイタケは，担子胞子をつくる担子菌類である。

問2　下線部イに属するグループの例および下線部ウに属する種の例の組み
　　合わせとして最も適当なものを，一つ選びなさい。

	下線部イに属するグループの例	下線部ウに属する種の例
①	節足動物，環形動物	ナミウズムシ（プラナリア）
②	節足動物，軟体動物	マナマコ
③	棘皮動物，軟体動物	ナメクジウオ
④	棘皮動物，脊椎動物	サワガニ
⑤	脊椎動物，線形動物	ムラサキウニ
⑥	環形動物，線形動物	トノサマバッタ

問3　脊椎動物に見られる形質のうち，脊椎動物がその出現以降に新たに獲
　　得した形質の組み合わせとして最も適当なものを，一つ選びなさい。
　　①　脊索，神経管　　　②　脊索，羊膜　　　③　四肢，羊膜
　　④　四肢，体腔　　　　⑤　体腔，羽毛　　　⑥　心臓，脊索

〈センター試験・改〉

=== ✓ 解 説 ===

問1　分類に関する知識問題だ。選択肢を1つずつ見ていこう。

①　ミジンコの観察には顕微鏡が使われるけど，ミジンコはりっぱな**多細胞生物**だ。
　　よって，**誤り**。ミジンコは**甲殻類**なのでエビやカニの仲間だ。

②　カイメンは胚葉分化のない**無胚葉動物**であることは正しいけど，「器官や組織
　　が発達する」という表現が**誤り**。器官や組織が発達するには少なくとも三胚葉の
　　分化が必要だ。

③　「コンブは多細胞生物である」という記述は正しい。しかし，**褐藻類**であるコ
　　ンブは植物ではなく**原生生物**に分類されるので，**誤り**だ。植物に分類されるのは，
　　基本的に陸上植物である。

④　「原生生物」は真核生物なので，細菌でも古細菌でもない。**誤り**。「原核生物」
　　との"見誤り"を狙ったひっかけだ。

⑤　刺胞動物は**二胚葉動物**であり，外胚葉と内胚葉の分化が見られる。よって**誤り**。

⑥　シイタケは，**菌類**の中でも担子器をもち担子胞子をつくる**担子菌類**だ。これが
　　正しい。

問2　下線部イに属するグループ＝**旧口動物**，下線部ウに属するグループ＝**新口動物**
　　だということはわかるよね。したがって，選択欄の左の列で，新口動物である「棘

皮動物」または「脊椎動物」が含まれている選択肢③，④，⑤を消去する。次に右の列の動物を検討していくと，ナミウズムシ＝扁形動物，マナマコ＝**棘皮動物**，ナメクジウオ＝**原索動物**，サワガニ＝節足動物，ムラサキウニ＝**棘皮動物**，トノサマバッタ＝節足動物のうち，新口動物は棘皮動物と原索動物だから，選択肢②が正解となる。

問3　選択肢の中の形質をもつ動物群をまとめると次のようになる。

脊索…**原索動物，脊椎動物**

神経管…**原索動物，脊椎動物**

羊膜…脊椎動物の**は虫類，鳥類，哺乳類**

四肢…脊椎動物の**両生類，は虫類，鳥類，哺乳類**

体腔…旧口動物や新口動物で広く見られる。

羽毛…脊椎動物の**鳥類**

心臓…軟体動物や節足動物，原索動物などでも見られる。

系統樹にすると以下の通り。

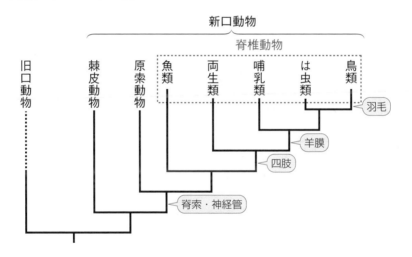

この系統樹からもわかるように，脊椎動物の出現以降に獲得した形質は，**四肢，羊膜，羽毛**である。

=== **解答** ===

問1　⑥　　問2　②　　問3　③

人類の進化

▲人類はアフリカを出て世界中に広がった。

STORY 1 　人類の変遷

　ここからは，私たちヒトがどのように誕生したのかを見ていくことにしよう。ヒトの祖先は，哺乳類の真獣類から出現した。はじめはネズミのように地上を走り回っていたが，やがて**樹上生活に適応した**と考えられている。

1 　食虫類から霊長類へ 〉★★☆

　ヒトは**霊長類**に属するが，霊長類は新生代のはじめ頃に出現した**原始食虫類**を起源とする。原始食虫類は，現生のツパイに似ていたと考えられている。ツパイは別名キネズミと呼ばれるように，樹上で生活して昆虫や果実を食べる。しかし，指はかぎ爪のため，枝を握るのには適していない。また，顔はネズミに似て眼が左右に離れている。

　これが霊長類になると，さらに樹上生活に適応し，指は平爪となり，親指だけがほかの4本の指と向かい合うようになり（**拇指対向性**という），枝をしっかりつかむことができる。また，両眼が顔の前面についていて，**立体視**の範囲が広くなった。これにより，枝までの距離感がつかみやすくなったと考えられる。つまり，霊長類がもつ食虫類とは異なる特徴は，**平爪**・**拇指対向性**・**両眼視**だ。

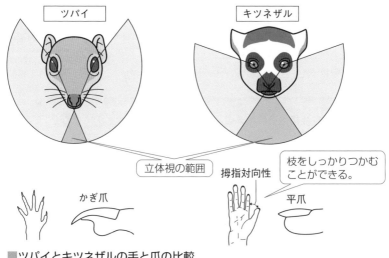

ツパイ　　　　　　　キツネザル

立体視の範囲　　拇指対向性　　枝をしっかりつかむことができる。

かぎ爪　　　　　　　　　　　　　　　平爪

■ツパイとキツネザルの手と爪の比較

　約2900万年前に，霊長類の中からチンパンジー，ゴリラ，オランウータンなどの**類人猿**（るいじんえん）の祖先が出現した。そして，約700万年前に，類人猿の中から**人類**が出現したと考えられている。

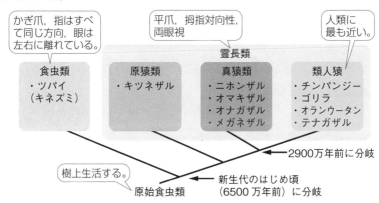

かぎ爪，指はすべて同じ方向，眼は左右に離れている。

平爪，拇指対向性，両眼視

人類に最も近い。

霊長類

食虫類	原猿類	真猿類	類人猿
・ツパイ（キネズミ）	・キツネザル	・ニホンザル ・オマキザル ・オナガザル ・メガネザル	・チンパンジー ・ゴリラ ・オランウータン ・テナガザル

◄—2900万年前に分岐

樹上生活する。

原始食虫類　　◄— 新生代のはじめ頃（6500万年前）に分岐

■霊長類の出現と分化

《 POINT 40 》 霊長類の特徴

◎平　爪 ➡ 枝をつかみやすい。
◎拇指対向性 ➡ 枝などをしっかりつかむのに適している。
◎両眼が顔の前面にある ➡ 立体視できる範囲が広くなる。

ほかの類人猿とは異なり，犬歯が退化し**直立二足歩行**するようになった動物が**人類**だ。直立二足歩行とは，文字どおり立って歩くことだけど，それだけではなく，体の構造が直立姿勢に適したものであるという意味をもつ。

直立姿勢に適した体の構造とは，どのようなものですか？

まず，頭骨に脊髄が入る穴（**大後頭孔**という）が**頭骨の真下にある**ことだ。これは頭を真下から支える構造になっていて首に負担がかからない。ゴリラなどでは，大後頭孔が後ろ向きについていて，まだ四足歩行の動物の特徴を受け継いでいるんだ。

次に，人類の**骨盤が横に広い**という特徴も直立二足歩行に適したものといえる。横に広い骨盤は，大腿骨とともに上体を支えることができるからだ。

初期の人類は**猿人**と呼ばれ，最も古いものは中央アフリカで発見された化石から，約700万年前に出現したと考えられている。そして，約400万年前の地層からは**アウストラロピテクス**と呼ばれる猿人の化石が多数発掘されている。アウストラロピテクスは直立二足歩行していたと考えられているが，現在のヒトとは異なる特徴ももっていた。それは，脳容積が小さく，目の上にある骨の突起（**眼窩上隆起**という）が発達していて，**おとがい**がないことだ。"おとがい"とは下あごの先端のちょっと出っ張った部分で，私たちヒトには見られる。アウストラロピテクスのこのような特徴は，ヒトよりもむしろ類人猿に近く，猿人とヒトを分ける境界となる。

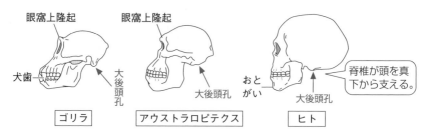

眼窩上隆起　眼窩上隆起
犬歯　大後頭孔
脊椎が頭を真下から支える。
おとがい　大後頭孔
ゴリラ　アウストラロピテクス　ヒト

直立二足歩行が人類の進化に与えた影響

● 手が自由になり，道具を使えるようになった。

● 大脳がさらに発達した。

● 咽頭が長くなるなどして，複雑な発声ができるようになった。 ➡ 言語の使用へと発展。

《POINT 41》 類人猿と人類の比較

類 人 猿	人　　類	
ゴ リ ラ	アウストラロピテクス(猿人)	ヒ　ト
脳容積が小さい。	脳容積が大きい。	
眼窩上隆起が発達	眼窩上隆起の消失	
おとがいがない。	おとがいが発達	
犬歯が発達	犬歯が退化	
大後頭孔が後ろ向き。	大後頭孔が下向き。	
骨盤が細長い。	骨盤が横に広い。	

　　　　　　　　　　　　　└─ 直立二足歩行

3　原人→旧人→新人の出現 ＞★★☆

　約240万年前になると**原人**（ホモ・ハビリスやホモ・エレクトスなど）が出現した。原人は，猿人に比べて腕が短く，足が長い。これは，**サバンナに適応した特徴**で，原人は森林を出て，草原を主な生活場所としていたと考えられている。また，脳容量はアウストラロピテクスよりもずっと大きい。このように，完全な二足歩行を行い，脳容量が大きい人類を**ホモ属（ヒト属）**という。

　約80万年前には**旧人**が出現した。猿人の化石はアフリカからしか発掘されないが，原人や旧人の化石はヨーロッパやアジアでも出土していることから，人類はアフリカで誕生し，原人の時代にアフリカを出てユーラシア大陸に進出したと考えられている。例えば，約30万年前に出

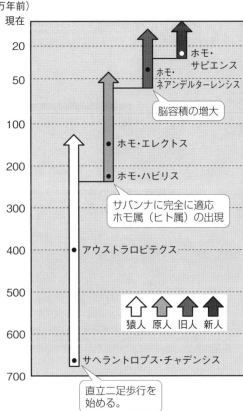

現したホモ・ネアンデルターレンシス（ネアンデルタール人）は，ヨーロッパと中近東を中心に広がった。脳容積は，猿人→原人→旧人の順に徐々に大きくなり，旧人の脳は現代人のものとほぼ同じサイズになった。

　約30万年前には，現生のヒト（**新人**，ホモ・サピエンス）が出現したと考えられている。新人はアフリカで誕生し，約10万年前にアフリカを出てユーラシア大陸に移住し，さらにオーストラリアやアメリカ大陸へと進出した。

　では，この章のまとめとしてホモ属がどのように進化してきたのかをまとめておこう。私たちの体の特徴は，このような進化の道すじをたどる過程で備わったものなんだ。

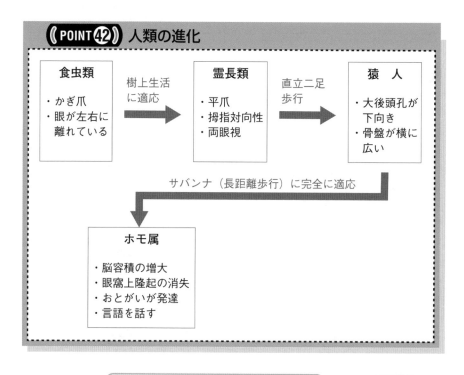

《 POINT 42 》 人類の進化

食虫類	樹上生活に適応	**霊長類**	直立二足歩行	**猿　人**
・かぎ爪 ・眼が左右に離れている	→	・平爪 ・拇指対向性 ・両眼視	→	・大後頭孔が下向き ・骨盤が横に広い

サバンナ（長距離歩行）に完全に適応

ホモ属

・脳容積の増大
・眼窩上隆起の消失
・おとがいが発達
・言語を話す

体毛がなく汗腺が発達している，足の指だけ拇指対向性が消失した，といった特徴もサバンナに適応した結果なんだ。

問題 **ヒトの進化** ★★☆

　ヒトの仲間の最初の祖先は，およそ400万年前から100万年前にアフリカで生存していた化石人類，アウストラロピテクスと考えられている。アウストラロピテクスにみられるいくつかの特徴を調べると，_ア現生人類と類似する特徴がある一方で，_イ類人猿と類似する特徴もある。_ウ人類や類人猿は霊長類の進化で後期に出現した仲間である。霊長類の進化で最初に出現したのは，食虫類の仲間から分かれた　1　に似た姿をもつ動物であり，およそ　2　万年前のできごとである。霊長類は哺乳類の仲間であるが，この哺乳類の祖先の出現はおよそ2億年前にさかのぼる。

問1　前の文章中の　1　に入る語として最も適当なものを，一つ選びなさい。

① メガネザル　　② ツパイ（キネズミ）
③ モグラ　　　　④ テナガザル

問2　前の文章中の　2　に入る数字として最も適当なものを，一つ選びなさい。

① 1500　　② 3500　　③ 6500　　④ 1億5000

問3　下線部アおよびイの例として最も適当な組み合わせを，一つ選びなさい。

	ア	イ
①	骨盤の形	大後頭孔の位置
②	直立二足歩行	骨盤の形
③	脳容積	眼の上部にある骨の隆起
④	眼の上部にある骨の隆起	直立二足歩行
⑤	大後頭孔の位置	脳容積

問4　下線部ウに関して，人類に最も近縁な霊長類の仲間を，一つ選びなさい。

① クモザル　　② キツネザル　　③ テナガザル　　④ ロリス

〈センター試験・改〉

第6章　人類の進化　**171**

問1 　 1 　に入るのは，**食虫類に似ているもの**を選べばよいので，**ツパイ**だ。

問2 　霊長類の祖先が食虫類（ツパイ）と分かれたのは，新生代の初め頃，すなわち約**6500万年前**だ。

問3 　アウストラロピテクス（猿人）が現生人類（新人）と似ている特徴は，**骨盤の形**，**直立二足歩行**，**大後頭孔の位置**で，どれも直立姿勢と関連がある。一方，アウストラロピテクス（猿人）が類人猿（ゴリラなど）と似ている特徴は，**眼の骨の上部にある骨の隆起（眼窩上隆起）**，**脳容積**だ。

問4 　キツネザルとロリスは**原猿類**，クモザルは**真猿類**，テナガザルは**類人猿**だ。原猿類→真猿類→類人猿の順に大型になり，類人猿は尾をもたない。つまり，人類に最も近縁なのは類人猿であるテナガザルだ。

問1 　② 　　問2 　③ 　　問3 　⑤ 　　問4 　③

参考　小さな人類

　フローレス原人は，2003年にインドネシアのフローレス島で化石が発見された小形の人類で，その骨は10万〜6万年前のものと推定されている。フローレス原人は成人でも身長が110cmほどしかなく，頭蓋骨のサイズも猿人くらいしかないことから，人類の古い特徴をそのまま引き継いだのか，それとも，いったん原人くらいまで大形化したものが小形化したのかよくわかっていなかった。

　この謎について，国立科学博物館などの研究チームは，フローレス原人の歯の化石をいろいろな原人や現代人の歯と比較することで，175万年より新しい時代の原人（ジャワ原人）から進化したと結論づけた。独立した島で，外敵がいないことなどから動物のサイズが劇的に小形化する現象が人類にも作用したと考えられているんだ。

第 2 編

生命現象と物質

第1章 生体物質と細胞

▲細胞の中を探検しよう!!

　生物の体はさまざまな物質でできている。「**生物**」を学ぶうえで，生体を構成している物質や元素の名前や階層を理解することは，とても重要だ。

　生物の体が細胞からできているということは，知っているよね（詳しくは『改訂版 大学入試　山川喜輝の　生物基礎が面白いほどわかる本』を見てね）。では，「細胞は何からできているのか？」というと，それは**分子**からできているといえるんだ。分子とはタンパク質や脂質，あるいは炭水化物などの物質のことだ。さらに，**分子は原子からできている**。原子にはいくつかの種類があって，原子の種類のことを**元素**というんだ。

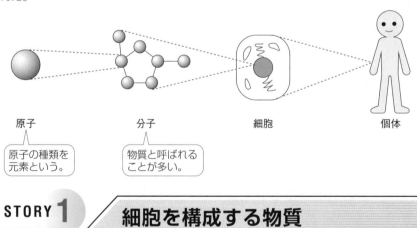

| 原子 | 分子 | 細胞 | 個体 |

原子の種類を元素という。

物質と呼ばれることが多い。

STORY 1　細胞を構成する物質

　上でも述べた通り，タンパク質や脂質は細胞を構成する**分子**なんだけど，これらは

ふつう教科書や入試問題では**物質**と呼ばれることが多い。本当は"**物質**"は"**分子**"よりも広い範囲に使われる，ちょっとあいまいな言葉なんだ。しかし，入試問題では"**物質**"という言葉を見たら，それは"**分子**"の意味で使われていると思って間違いない。ここでも"**物質**"を"**分子**"の意味で使っていくよ。

まず，物質は大きく**無機物**と**有機物**に分けられる。簡単に言うと，有機物は加熱すると燃えたり黒く焦げたりするもの，放っておくと細菌（バクテリア）の働きで腐るものだ。これに対して，無機物は燃やしても二酸化炭素が出ないもの，放っておいても腐らないものだ。

物質 $\Bigg\{$
　有機物 ➡ 加熱すると燃えたり焦げたりする。放っておくと腐る。
　　　　　 例 タンパク質，炭水化物，脂質，エタノール
　無機物 ➡ 燃やしても二酸化炭素が出ない。バクテリアの働きで腐らない。
　　　　　 例 水，二酸化炭素，金属，ガラス，鉄，食塩

下の図は，動物の細胞に含まれるさまざまな物質の割合だ。

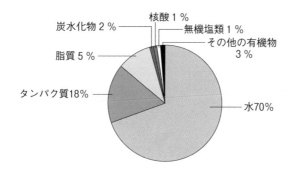

核酸 1 %
炭水化物 2 %
無機塩類 1 %
その他の有機物 3 %
脂質 5 %
タンパク質 18 %
水 70 %

■**動物細胞（ヒト）を構成する物質**

1 水 〉★☆☆

上のグラフを見ての通り，細胞をつくっている物質の中で**最も多いのは水で，約70%を占める。**

　　　細胞の中の水には，どんな役割があるんですか？

まず，水はさまざまな物質を溶かすことができる。そして，**水に溶けた物質は化学反応しやすくなる**。これにより，生命活動がスムーズに営まれるようになるんだ。また，水は比熱[*1]が大きいため，**体内の急激な温度変化を抑える**といった働きもある。

＊1　物質の温度を1℃上昇させるのに必要な熱量。比熱が大きい物質ほどあたたまりにくく冷めにくい。

　細胞をつくる物質のうち，**タンパク質**，**脂質**，**炭水化物**，**核酸**はいずれも有機物で，炭素（C）を含んでいる。**タンパク質**は**アミノ酸**という基本単位が，たくさん鎖状に結合した物質で，生命活動にとても重要な役割を果たしている。

　脂質には，**脂肪**，**リン脂質**，**ステロイド**などの種類があり，リン脂質は細胞膜の成分になったり，脂肪は細胞のエネルギー源になったりする。脂肪は，1分子のグリセリンと3分子の脂肪酸でできているよ。

　炭水化物も，主に細胞のエネルギー源になる。炭水化物には，六角形や五角形をした**単糖類**を基本単位として，これらが2個つながった**二糖類**や，たくさんつながった**多糖類**がある。多糖類には，デンプン（植物の貯蔵物質）やグリコーゲン（動物の貯蔵物質），セルロース（植物の細胞壁の主成分）などがあるんだ。

　核酸は**ヌクレオチド**と呼ばれる基本単位が鎖状に多数つながった物質だ。核酸にはDNAとRNAがあり，DNAは遺伝子として働き，RNAはタンパク質の合成に働くんだ。

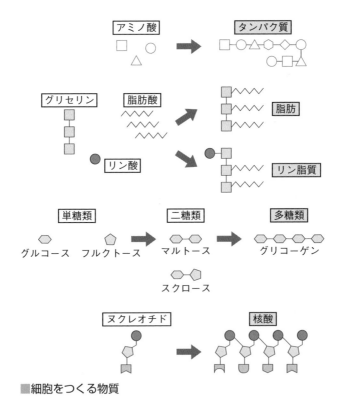

■細胞をつくる物質

このように生体の物質は，決まった構造単位がくり返し鎖（くさり）状につながった構造をとるものが多い。生体物質は複雑そうに見えて，単純な原理でつくり上げられているんだ。

3 無機塩類 ＞★☆☆

Na，K，Ca，Fe などは無機塩類（むきえんるい）と呼ばれる。たいていの無機塩類は，水に溶けてイオンの形で存在している。Na^+ や K^+ は神経の興奮に働き，Ca^{2+} は筋肉の収縮に関わっている。また，pH（酸性かアルカリ性かの度合い）を一定に保つのにも役立っているよ。

《POINT①》 細胞を構成する物質

物　質		元　素	働　き
水		H, O	さまざまな物質を溶かし，化学反応の場となる。急激な温度変化を抑える。
有機物	タンパク質	C, H, O, N, S	アミノ酸を基本単位とする。化学反応を進める（酵素）。情報を伝達する（ホルモン）。体をまもる（抗体）など。
	脂　質	C, H, O, P	リン脂質は生体膜の主成分となる。脂肪はエネルギー源となる。
	炭水化物	C, H, O	単糖類，二糖類，多糖類などがある。主にエネルギー源となる。
	核　酸	C, H, O, N, P	DNA と RNA がある。DNA は遺伝子の本体であり，RNA はタンパク質の合成に働く。
無機塩類		Na, K, Ca, Fe など	水に溶けてイオンとして存在する。神経の興奮や筋収縮に働く。pH を安定に保つ。

STORY 2 細胞小器官の働き

真核細胞には，核，葉緑体，ミトコンドリア，小胞体などの構造体が見られる。これらの細胞小器官はそれぞれに固有の働きがあり，それによって細胞の生命活動が維持されているんだ。

1 核 ＞★★★

核は，生命の設計図である DNA の保管庫としての役割と，細胞の司令塔としての働きをもつ。

① 核 膜

核を包む**二重の膜**。多数の**核膜孔**という穴があいていて，ここを通って RNA やタンパク質が移動する。核膜の外側の膜の一部は小胞体（▶p.180）とつながっている。

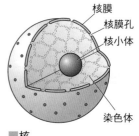

■核

② 染 色 体

真核細胞の DNA は，ヒストンという丸いタンパク質に巻きついて複雑に折りたたまれて存在する。この構造が**染色体**だ。染色体のまわりは**核液**で満たされている。

③ 核 小 体

核の中にみられる粒状構造で，1〜数個存在する。核小体ではリボソーム（▶p.179）の材料となる rRNA が合成されている。

2 ミトコンドリア ＞★★★

糖などの有機物を，酸素を使って分解することでエネルギーを取り出す（これを**呼吸**という）のが**ミトコンドリア**だ。ミトコンドリアの"ミト"とは"糸"を意味する言葉で，その名の通り，糸状または粒状の形をしている。ミトコンドリアは外膜と内膜の**二重膜構造**をしており，内膜は内側に向かって突出して**クリステ**と呼ばれるひだをつくっている。突出した内膜に囲まれた部分を**マトリックス**と呼ぶ。

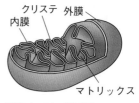

■ミトコンドリア

ミトコンドリアは，細胞内で絶えず分裂と融合をくり返して変形しており，さらに，独自の DNA をもっていることから，もともとは細菌（バクテリア）が，ほかの細胞内にすみついた結果，ミトコンドリアになったと考えられている（共生説 ▶p.20）。

3 葉 緑 体 ＞★★★

光合成の場となり，デンプンなどの有機物を合成する。直径 5〜10 μm の凸レンズ形をしており，**二重膜**に囲まれている。内部には**チラコイド**と呼ばれる扁平な袋状の膜構造が存在し，特にチラコイドがたくさん積み重なった部分を，**グラナ**という。また，チラコイドの間を満たす液体の部分は**ストロマ**と呼ばれている。

葉緑体も，ミトコンドリアと同じように独自の DNA をもつことから，もともとは

光合成を行う細菌（シアノバクテリア）が細胞内にすみついて葉緑体になったと考えられている（共生説▶p.20）。

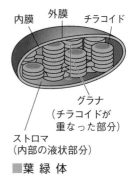

内膜　外膜　チラコイド

グラナ
（チラコイドが
重なった部分）

ストロマ
（内部の液状部分）

■葉緑体

　葉緑体は，名前が示す通り緑色をしているんだけど，果実や花弁には赤色や橙色（だいだいいろ）の"バージョン違い"が存在する。これらは緑色ではないので葉緑体とは呼ばず，**有色体**と呼ばれる。また，色素をもたないものは白色体と呼ばれるけど，根などの細胞にはデンプンを蓄えることに特化した白色体が存在し，これを特に**アミロプラスト**と呼ぶんだ。

4　リボソーム ▶★★★

　膜状ではなく粒状の構造で，**タンパク質合成**の場となる。真核細胞や原核細胞の細胞質に存在し，また，ミトコンドリアや葉緑体の中にも独自のリボソームが存在する。直径25 nm（ナノメートル）ほどのダルマ形をした粒子で，**電子顕微鏡でなければ見ることができない**。リボ

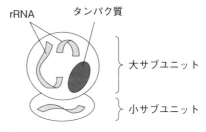

rRNA　　タンパク質

大サブユニット

小サブユニット

■リボソーム

ソームは，rRNA（リボソームRNA）とタンパク質からなる複合体で，大サブユニットと小サブユニットという2つのパーツが組み合わさってできている。

　リボソームには，細胞質中に浮いているものと，小胞体（▶p.180）にくっついているものとがある。細胞質中に浮いているリボソームで合成（翻訳）されたタンパク質は，そのまま細胞質にとどまったり，核やミトコンドリア，葉緑体などの細胞小器官へ取り込まれる。これに対して，小胞体にくっついているリボソームで翻訳されたタンパク質は，膜を通って小胞体の中に取り込まれる。このようなタンパク質の行き先の違いは，ポリペプチド鎖（翻訳途中のタンパク質のこと）の先頭にある**シグナル配列**で決まるんだ。

　シグナル配列とはタンパク質の本体部分ではなく，その先頭にあるアミノ酸配列のことで，いわば宅急便の"送り状"みたいな働きをしている。シグナル配列がなければ，そのタンパク質は細胞質中にとどまる。核・ミトコンドリア・葉緑体で使われるタンパク質の場合は，「翻訳を終わらせたあとに配送」という指示が書かれたシグナル配列をもつ。また，小胞体に入るタンパク質の場合は，「翻訳を一時中断して，小胞体に移動したあと再開」の指示が書かれたシグナル配列をもつんだ。

> **シグナル配列とタンパク質の行き先**
>
> ・シグナル配列なし ➡ **細胞質にとどまる。**
> ・"翻訳を終わらせたあとに配送" ➡ **核・ミトコンドリア・葉緑体など**
> **に運ばれる。**
> ・"翻訳を一時中断し，小胞体に移動したあと再開" ➡ **小胞体に運ばれる。**

　小胞体へ運ばれる場合は，ポリペプチド鎖のシグナル配列に，シグナル配列認識粒子（SRP）という粒子がくっつく。すると，いったん翻訳が中断し，リボソームが移動して小胞体の膜とくっつく。そのあと，翻訳が再開され，ポリペプチドが小胞体の中に取り込まれていく。そして最後に，シグナル配列は小胞体の中で酵素によって切断されるんだ。

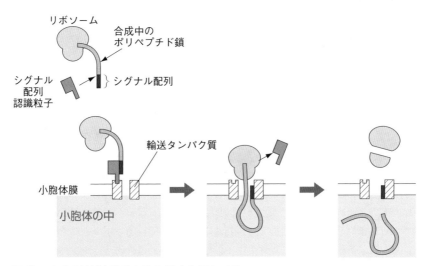

■ポリペプチドが小胞体に取り込まれるしくみ

5　小胞体 ＞ ★★★

　一重の膜からなる袋状または管状の構造で，細胞質基質に広がるように存在する。また，小胞体の一部は核膜の外側の膜とつながっている。小胞体には表面にリボソームがくっついているものと，くっついていないものがあり，リボソームがくっついているものを**粗面小胞体**，くっついていないものを**滑面小胞体**という。

　粗面小胞体には，リボソームがつくったタンパク質を取り込み，それを移動させながら加工して完成品にする働きがある。一方，滑面小胞体にはいろいろな働きがあり，

脂肪細胞では脂肪の合成，肝細胞では解毒などに関わっている。筋繊維では，滑面小胞体が特殊化した**筋小胞体**が発達しており，カルシウムイオンの濃度調節に関わっている。

> 　粗面小胞体 ➡ リボソームが合成したタンパク質を取り込み，輸送しながら修
> 　　　　　　　飾する。
> 　滑面小胞体 ➡ 脂肪の合成（**脂肪細胞**），解毒（**肝細胞**），カルシウムイオンの
> 　　　　　　　濃度調節（**筋小胞体：筋繊維**）など。

6 　ゴルジ体 ＞ ★★★

　一重の膜からなる扁平な袋が数枚重なった構造と，そのまわりの球状の小胞からなる。小胞体からタンパク質の入った（あるいは膜に突き刺さった）小胞を受け取り，タンパク質をさらに加工して分泌顆粒(小胞)をつくる。この小胞が細胞膜と融合することで，袋の中身が細胞外に分泌されたり，タンパク質が細胞膜上に移動する。また，小胞が細胞膜と融合せず細胞質に残ったものは**リソソーム**となる。

　すなわちゴルジ体は，**タンパク質を修飾する**とともに，その**行き先別にタンパク質を仕分けする** "集荷センター" として働くんだ。

7 　リソソーム ＞ ★★☆

　一重の膜でできた小胞で，ゴルジ体からつくられる。リソソームにはいろいろな分解酵素が含まれていて，古くなった細胞小器官や細胞の外から取り込んだ異物を**消化・分解**する。また，細胞がプログラムどおりの死（アポトーシス　▶p.404）を迎えるときにも働く。

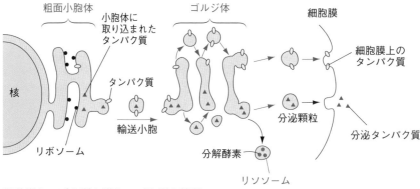

■**分泌タンパク質と膜タンパク質の輸送**

リソームは**オートファジー**（**自食作用**）にも関わっている。自食作用とは，細胞が自分の細胞質の一部を膜で包み込み，これをリソームと融合させることで分解してしまう現象だ。細胞が自分自身で（= auto）その一部を食べること（= phagy）からそう呼ばれる。オートファジーは細胞のアミノ酸が不足したときや，タンパク質が過剰につくられたときに見られ，これによりいらないタンパク質が分解されてリサイクルされる。つまり，ムダを減らして必要なものにつくり変えるんだ。オートファジーにより，細胞内のタンパク質の量的なバランスが最適に保たれる。

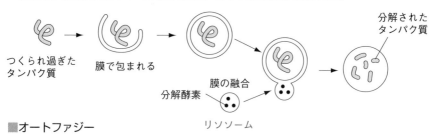

つくられ過ぎた　　　　膜で包まれる
タンパク質

分解酵素　　　膜の融合

分解された
タンパク質

リソーム

■**オートファジー**

8　中心体〉★★★

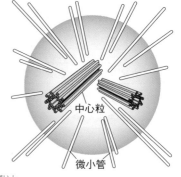

　動物細胞の核の近くに存在する構造体で，藻類やコケ植物・シダ植物の一部のべん毛をつくる細胞にも見られる。

　中心体は膜ではなく，2個の**中心粒**と呼ばれる"ちくわ"状の構造体と，そこから四方八方に伸びる**微小管**という繊維からできている（▶p.184）。中心体は文字どおり**微小管がつくられる中心**となり，ここから微小管が伸びる。微小管は細胞分裂時に染色体にくっついて，それを引っ張る"ひも"として働く。このひものことを**紡錘糸**というよ。

中心粒

微小管

　中心体にはもう1つ別の働きがある。それは，べん毛や繊毛の形成の基点となることだ。べん毛や繊毛の中には微小管が通っていて（▶p.187），この微小管が伸び始めるところに中心体があるんだ。

9　液　胞〉★★★

　一重の膜からなる構造で，内部に**細胞液**を含む。液胞は一部の動物細胞にも見られるけど，特に植物細胞で発達する。植物細胞の液胞には，有機酸や無機塩類，**アントシアン**が含まれている。アントシアンとは，モミジの紅葉などに関わる色素だ。液胞には，細胞に必要なものも，不要になったものも含まれている。いわば金庫とゴミ箱

がいっしょになったような構造だ。このほかにも，液胞は水を出し入れすることで植物細胞の浸透圧の調節にも関わっているよ。

《POINT❷》 細胞小器官とその働き

構造体	特徴	働き
核	ふつう1つの細胞に1個存在する。直径5 μm の球形か楕円形の構造。核膜は二重で多数の孔が見られる。	遺伝情報の担体である DNA を含む。細胞の形質発現に関わる。
ミトコンドリア	内外二重の膜からなる糸状，または球状の構造。内膜はひだ状のクリステをつくる。内膜に囲まれた部分はマトリックスと呼ばれる。	呼吸の場となり，酸素を使って，糖などの有機物を分解して，エネルギーを取り出し，ATP を合成する。
葉緑体	内外二重の膜からなる凸レンズ形の構造。内部にはチラコイドと呼ばれる扁平な袋状構造が多数見られる。チラコイドの間を満たしている部分はストロマと呼ばれる。	光合成の場となる。チラコイド膜では吸収した光エネルギーを利用して ATP がつくられ，ストロマでは CO_2 が固定されて有機物が合成される。
リボソーム	直径25nm ほどの粒状構造。rRNA とタンパク質からなる複合体	タンパク質の合成の場
小胞体	一重の膜からなる袋状，管状の構造。表面にリボソームが付着した粗面小胞体と，リボソームが付着していない滑面小胞体とがある。	●粗面小胞体➡リボソームで合成されたペプチド鎖の輸送・修飾 ●滑面小胞体➡脂肪の合成，解毒，Ca^{2+}濃度の調節
ゴルジ体	一重の膜からなる扁平な袋が数枚重なった構造と周囲の小胞からなる。	タンパク質の修飾や分泌。
リソソーム	一重の膜でできた小胞	細胞内の不要物や細胞外から取り込んだ異物を消化・分解する。
中心体	2個の中心粒と周囲の微小管	細胞分裂時に形成される紡錘糸の起点。また，べん毛や繊毛の形成に関与する。
液胞	一重の膜からなる構造で，内部に細胞液を含む。	植物細胞ではアントシアンの蓄積，浸透圧の調節

1 　細胞骨格をつくる繊維 〉★★☆

核やミトコンドリアといった細胞小器官の間を満たしている部分には何があると思う？

やっぱり，水にいろいろなものが溶けた溶液で満たされているんじゃないでしょうか？

それでは，半分正解だね。細胞小器官の間は液体だけが存在するわけではなく，繊維が縦横無尽（じゅうおうむじん）に走っているんだ。この繊維は細胞を内側から支え，細胞を形づくる柱のような役目を果たしているので，細胞骨格と呼ばれている。

細胞骨格はタンパク質でできていて，そのタンパク質の種類と太さから，アクチンフィラメント，中間径フィラメント，微小管の3種類に分けられている。

① 　**アクチンフィラメント**（いちばん細い）

　アクチンという球状のタンパク質が，たくさん連結して（重合（じゅうごう）という）できている太さ7 nm（ナノメートル）ほどの繊維だ。動物細胞の細胞質分裂のときに見られる"くびれ"や原形質流動（▶p.186），細胞の収縮と伸展に関わっている。特に筋肉の収縮では重要な役割を果たしている。

② 　**中間径フィラメント**（中間の太さ）

　太さ10nm ほどの繊維で，アクチンフィラメントと微小管の中間の太さであることからこう呼ばれる。爪（つめ）や毛髪の主成分であるケラチンなどのタンパク質が束になってできた繊維で，とても強い。細胞や核などの形を保つ役割をもつ。

③ 　**微小管**（いちばん太い）

　αチューブリンとβチューブリンと呼ばれるタンパク質が，たくさん重合してできた太さ約25nm の中空の繊維で，細胞分裂時に見られる紡錘糸を形成したり，べん毛や繊毛の中の繊維をつくったりして運動に関わっている。また，細胞小器官が移動するときの"レール"としても働く。

■細胞骨格

名　前	働　き	細胞内の分布
細い ↕ 太い アクチンフィラメント	● 筋収縮 ● 細胞質分裂（くびれ） ● 原形質流動 ● アメーバ運動	アクチンフィラメント 核
中間径フィラメント	● 細胞や核の形を保つ。 ● 毛髪の主成分である 　ケラチンのフィラメ 　ント	中間径フィラメント
微小管	● 細胞分裂（紡錘糸） ● べん毛や繊毛の運動 ● 細胞小器官の移動	微小管

2　細胞の運動に関わるタンパク質 〉★★☆

　たいていの細胞の運動には，アクチンフィラメントと微小管が関わっている。ただ
し，これらの細胞骨格自身が力を発生するのではなく，**モータータンパク質**と呼ばれ
る別のタンパク質が，細胞骨格をレールとしてその上を移動するんだ。モータータン
パク質には，**ミオシン**，**ダイニン**，**キネシン**といった種類があり，どれも ATP のエ
ネルギーを利用して力を発生する。

①　アクチンフィラメントとミオシン

　アクチンフィラメントが関わる運動には，モータータンパク質として**ミオシン**が働
く。

➊　筋収縮

　筋肉の収縮にはアクチンフィラメ
ントとミオシンフィラメントという
2 種類の繊維が関わっている（▶
p.470）。ミオシンフィラメントは，
ミオシンという細長いタンパク質が
いくつも，より合わさってできてい
る繊維で，ATP を分解する働きの
ある頭部でアクチンフィラメントと

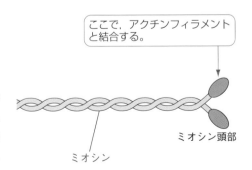

ここで，アクチンフィラメント
と結合する。

ミオシン頭部

ミオシン

第1編　生物の進化

第2編　生命現象と物質

第3編　遺伝情報の発現と発生

第4編　生物の環境応答

第5編　生態と環境

結合するんだ。

❷ 原形質流動

　オオカナダモの葉の細胞や，ムラサキツユクサのおしべの毛の細胞では，細胞内の顆粒などが動いているのを観察することができ，この現象を**原形質流動**という。原形質流動では，細胞小器官と結合したミオシンが，アクチンフィラメントに沿って移動していると考えられている。すなわち，ミオシンが運び屋となってアクチンフィラメントのレールの上を，細胞小器官という荷物を運んでいくイメージだ。

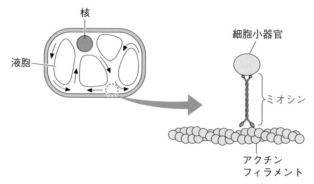

❸ アメーバ運動

　アメーバ運動は，文字通り単細胞生物のアメーバや一部の白血球などで見られる細胞の運動だ。細胞は仮足を伸ばし，反対側を縮めるといったことをくり返して運動する。この運動にもアクチンフィラメントが関わっている。ただし，ミオシンは関わっておらず，アクチンフィラメントだけでこの運動を実現しているんだ。

　アクチンフィラメントの一端では，アクチンの重合*が進むことでフィラメントが伸びていき，別のフィラメントの一端では脱重合**が進むことで短くなっていくというしくみで仮足が伸びたり縮んだりする。

　＊重合…分子が次々とくっついていくこと。

　＊＊脱重合…重合とは逆に分子がとれていくこと。

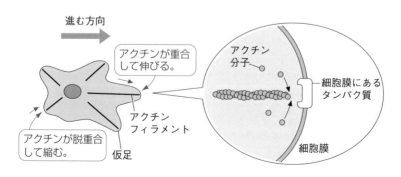

②　微小管とダイニン・キネシン

微小管が関わる運動には，モータータンパク質として**ダイニン**と**キネシン**が働く。

❶　べん毛や繊毛の運動

真核細胞のべん毛や繊毛を輪切りにすると，共通した特徴的な構造が見られる。それは，中心の 2 本の微小管に加え，それを取り囲むように 2 本の微小管が対になった二連微小管が 9 本並んだ構造（これを，**9＋2 構造**というよ）だ。

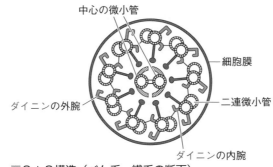

中心の微小管
細胞膜
ダイニンの外腕
二連微小管
ダイニンの内腕

■9＋2構造（べん毛・繊毛の断面）

二連微小管からは，一定の間隔で**ダイニン**というタンパク質でできた腕のような構造が出ている（外側と内側の 2 種類の腕がある）。ダイニンは ATP 分解酵素としての働きをもち，ATP の分解で生じるエネルギーによって，隣の二連微小管をつかんでは持ち上げ，離してはまたつかむ，という動作をする。この運動によって隣どうしの二連微小管はズレることになるけど，根元の部分が固定されているため，先端部ではズレた分だけ屈曲することになるんだ。このようにして，べん毛・繊毛は曲がる。

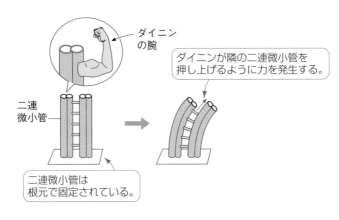

ダイニンの腕

ダイニンが隣の二連微小管を
押し上げるように力を発生する。

二連微小管

二連微小管は
根元で固定されている。

■べん毛・繊毛の動き

②　物質の輸送

　微小管には方向性があり，プラス端とマイナス端と呼ばれる区別できる端がある。**ダイニン**は微小管の上をマイナス端に向かって移動するけど，**キネシン**は，ダイニンとは逆に，プラス端に向かって移動する。このダイニンとキネシンのおかげで，物質を微小管のどちらの方向にも輸送できるんだ。

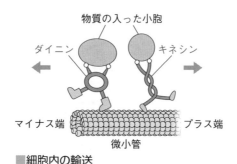

■細胞内の輸送

③　染色体の移動

　細胞分裂時に見られる**紡錘糸**は染色体を引っ張ることでこれを分離させ，両極に移動させる。この紡錘糸と呼ばれている繊維の正体が微小管だ。微小管は，中心体から四方八方に伸び始め，そのうちの何本かが染色体の動原体に結合する。すると，今度は一転，微小管が縮み始める。これにより，染色体が引っ張られて分離し，両極へ移動する。微小管の伸び縮みは，微小管を構成するチューブリンの重合と脱重合によるんだ。

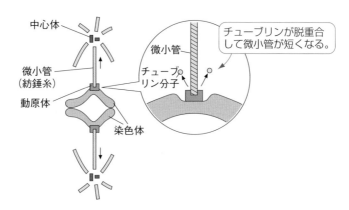

■細胞分裂時に染色体が移動するしくみ

ところで，イヌサフランという植物からとれる**コルヒチン**には，チューブリンの重合を妨げる働きがある。そのため，細胞をコルヒチン処理すると，微小管の脱重合が起こり，紡錘糸が消滅してしまう。すなわち，染色体が複製されたあと，染色体が分離しないので4倍体（$4n$）や8倍体（$8n$）といった細胞をつくることができるんだ。これを利用して，育種のための倍数体や種なしスイカなどがつくられているよ。

《POINT 3》 細胞骨格

太さ	名　前	働　き	モーター タンパク質
細い ↓ 太い	アクチンフィラメント	筋収縮，細胞質分裂（くびれ）， 原形質流動，アメーバ運動	ミオシン
	中間径フィラメント	細胞や核の形を保つ。	（なし）
	微 小 管	細胞分裂（紡錘糸）， べん毛や繊毛の運動	ダイニン， キネシン

発展 細胞接着

多細胞生物の体はたくさんの細胞が互いにくっつき合ってできている。細胞と細胞や，細胞と細胞外の構造との接着を**細胞接着**という。細胞接着には，**密着結合**，**固定結合**，**ギャップ結合**がある。

❶ 密着結合

皮膚の表皮や消化管の内表面を上皮組織という。上皮組織は，細胞膜を貫通するタンパク質によって細胞どうしがぴったりと密着している。このような細胞間のすき間をふさぐ結合を密着結合という。**密着結合**のおかげで，小腸の上皮組織が消化管内の物質を取り込むときには，必ず細胞内を通過することになるんだ（▶ p.195　共輸送）。

❷ 固定結合

細胞膜の接着タンパク質が，細胞骨格のアクチンフィラメントや中間径フィラメントと結びつく結合を**固定結合**という。固定結合は組織の強度を高める働きがあり，上皮組織や筋肉組織でよく見られる。

固定結合に関わる細胞膜の接着タンパク質には，**カドヘリン**（▶ p.379）やインテグリンがあり，これらの接着タンパク質と細胞骨格の組み合わせにより，固定結合は

さらに，**接着結合，デスモソーム，ヘミデスモソーム**に分類される。

- **接着結合** ➡ 隣り合う細胞間で，アクチンフィラメントと結合したカドヘリンどうしが結合する。
- **デスモソーム** ➡ 隣り合う細胞間で，中間径フィラメントと結合したカドヘリンどうしが結合する。
- **ヘミデスモソーム** ➡ 細胞が中間径フィラメントと結合したインテグリンを介して，基底膜（細胞外マトリックス）と結合する。

❸ **ギャップ結合**

"ちくわ"のような中空のタンパク質（コネクソン）が隣り合う細胞をつなぐ結合を**ギャップ結合**という。ギャップ結合では，隣り合う細胞の細胞質がつながり，その中をイオンや糖，ヌクレオチドなどの小分子が移動する。

心臓の心筋細胞どうしはギャップ結合でつながることで，同調して収縮（拍動）することが可能となる。

ギャップ結合は動物細胞に特有の構造で，植物細胞には見られない。そのかわり，植物細胞には原形質連絡と呼ばれる構造があり，隣どうしの細胞とつながっているんだ。

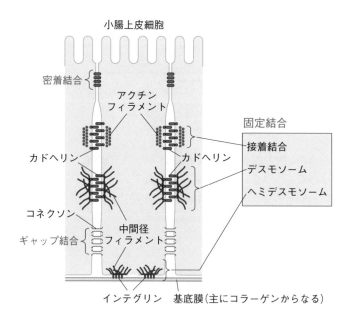

名　称		機　能
密着結合		上皮の細胞間をすき間なく結合し，細胞間から物質が出入りするのを防ぐ。
固定結合	接着結合	細胞どうしがカドヘリンを介して結合する。カドヘリンは細胞内でアクチンフィラメントと結合する。
	デスモソーム	細胞どうしがカドヘリンを介して結合する。カドヘリンは細胞内で中間径フィラメントと結合する。
	ヘミデスモソーム	細胞がインテグリンを介して基底膜に結合する。インテグリンは細胞内で中間径フィラメントと結合する。
ギャップ結合		中空の構造で，無機イオンなどが移動する。

STORY 4　生体膜の働き

　細胞は**細胞膜**で外界と仕切られている。細胞膜は単なる"包み"ではなく，細胞に必要な物質を取り込んだり，逆に不要な物質を外に出したりしている。そんな多機能な細胞膜は，いったいどのような構造になっているのだろうか？

　細胞膜は**リン脂質**と**タンパク質**でできている。リン脂質は，水になじみやすい親水性の部分（リン酸基）と水になじみにくい疎水性の部分（脂肪酸）をもつ。ふつう，細胞膜の内と外は水で満たされているので，リン脂質の疎水性の部分が水に触れないように向かい合わせになって整列する結果，自動的に**二重層の膜構造をつくって安定する**。この二重層の膜には，タンパク質がモザイク状に存在し，膜の上を水平方向にスィーッと移動することができる。ちょうど海に浮かぶ流氷のような感じだ。だから，このような膜の構造のモデルを**流動モザイクモデル**というんだ。

　膜のタンパク質は，それぞれに働きをもっていて，刺激を受容したり，細胞外の情報を細胞内に伝達したり，物質の取り込みを行ったりしている。なかでも，イオンの取り込みや排出に関わっているタンパク質を**イオンチャネル**といい，神経の興奮や筋収縮など生体の機能に幅広く関与している。

　ミトコンドリアや葉緑体といった細胞小器官の膜も，基本的に細胞膜と同じリン脂質の二重層構造をしている。そのため，細胞膜や細胞小器官の膜などをひっくるめて**生体膜**と呼ぶ。

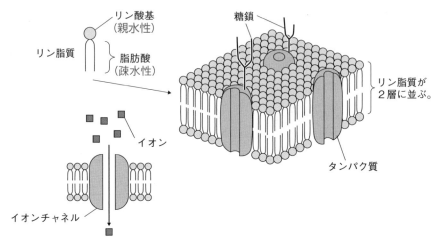

リン酸基
(親水性)

リン脂質

脂肪酸
(疎水性)

糖鎖

リン脂質が
2層に並ぶ。

タンパク質

イオン

イオンチャネル

■生体膜の構造

1 細胞膜の性質 〉★★★

細胞膜には，次に示すようなさまざまな性質がある。

- **半透性** ➡ 水は通すが，溶質は通さない性質
- **選択的透過性** ➡ 特定の物質を選択的に通す（物質により透過性に違いがある）性質
- **受動輸送** ➡ 物質が濃度勾配に従って膜を透過すること＝拡散
- **能動輸送** ➡ 物質が濃度勾配に逆らって膜を移動すること。エネルギーが必要

これらの性質について，ひとつひとつ見ていくことにしてよう。

① 半 透 性

拡散と膜の透過性

水は通すが塩類などの溶質は通さない性質。アクアポリン（水チャネル）（▶p.194）を多く発現している赤血球の細胞膜などで見られる。

細胞の中は，水を溶媒としてさまざまな物質が溶けているので，一定の**浸透圧**（水を引きつける力）をもつ。このため，細胞をいろいろな濃度の溶液に浸すと，外液との浸透圧の差によって水の出入りが起こり，細胞が変形するんだ。

例えば，赤血球を**高張液**（細胞内よりも濃い液）に浸すと，細胞内の水が細胞外に出て収縮する。一方，赤血球を低張液（細胞内よりも薄い液）に浸すと，細胞が吸水してふくらみ細胞膜が耐え切れず破れてしまうことがある（これを**溶血**という）。ヒトの赤血球は，0.9％の食塩水（これを**生理食塩水**という）に浸したとき，水の出入

りが等しくなり，細胞は変形しない。

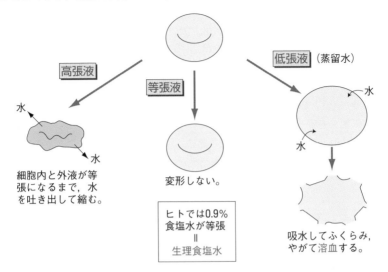

高張液

細胞内と外液が等
張になるまで，水
を吐き出して縮む。

等張液

変形しない。

ヒトでは0.9%
食塩水が等張
＝
生理食塩水

低張液（蒸留水）

水

水

水

吸水してふくらみ，
やがて溶血する。

② 選択的透過性

　細胞膜はリン脂質の二重層膜からできているため，**膜の成分に近い脂質などの疎水性の物質は通しやすく，イオンなど親水性の物質は通しにくい**，という性質をもつ。また，**分子サイズの小さいものは通しやすく，大きい分子は通しにくい**という性質も合わせもつ。細胞膜のこのような性質を**選択的透過性**（選択透過性）という。

　下の図は，細胞膜のリン脂質の部分における，物質の通りやすさを示したものだ。右方にある物質ほど透過しやすいことを示している。例えば，尿素はグルコースのおよそ100倍も細胞膜を通りやすいことがわかる（対数目盛で2目盛り分だ）。

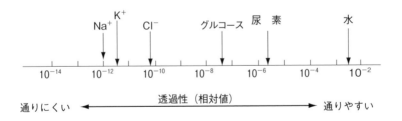

③ 受動輸送

　物質が，**細胞内外の濃度勾配に従って拡散し，生体膜を透過することを受動輸送**という。"輸送"と聞くと，膜が積極的に物質を運んでいるようなイメージが思い浮かぶけど，そうではない。物質は単に拡散によって移動しているだけなので，**細胞はエ**

ネルギーを消費しないんだ。

 受動輸送で拡散する物質は，膜のリン脂質とタンパク質のどちらを通るんですか？

　物質の性質によって，リン脂質を通るものもあれば，タンパク質を通るものもある。呼吸に必要な O_2 や CO_2，あるいは脂溶性のステロイドホルモン（▶p.229）などは，リン脂質の部分を通り抜ける。これに対して，Na^+ や K^+ のように親水性の物質は，**イオンチャネル**と呼ばれるタンパク質を通る。水は，低分子なので少しはリン脂質を通り抜けられるけど，赤血球や腎臓の細尿管の細胞のように，特に水を通す必要のある細胞では，**アクアポリン**（水チャネル）が発現していて，その中を水分子が通り抜けられるようになっている。また，糖やアミノ酸のように，イオンよりも分子サイズが大きい物質は，**輸送体**（担体）を介して取り込まれる。糖などが輸送体タンパク質を通るためには，濃度勾配が必要であることから，これも受動輸送の一種なんだ。

④　能動輸送

　受動輸送とは逆に，**物質が濃度勾配に逆らって輸送されることを**能動輸送という。能動輸送は拡散に逆らうために**エネルギーが必要**だ。
　例えば，ヒトの赤血球の細胞膜には**ナトリウムポンプ**という能動輸送のしくみがあり，エネルギーを使って細胞内の Na^+ を細胞外に排出し，かわりに細胞外の K^+ を細胞内に取り入れている。この輸送の速度が，Na^+ と K^+ の受動輸送よりも速いため，赤血球内の Na^+ 濃度は血しょうより低く，K^+ 濃度は血しょうより高く維持されているんだ。

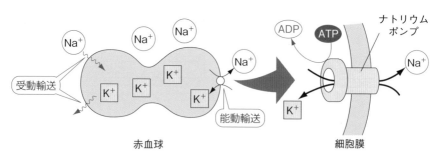

■赤血球のナトリウムとカリウムの能動輸送

■血しょう中と赤血球内の相対濃度

	Na^+	K^+
血しょう	140	5
赤血球	2	150

　ナトリウムポンプには ATP のエネルギーが使われる。つまり、ATP 分解酵素が関わっているんだ。そのため、血液を 4℃ に冷やすと、能動輸送を担うナトリウムポンプの働きが停止し、受動輸送だけが起こるため、赤血球内の Na^+ と K^+ の濃度は血しょうに近づいていくんだ。

《POINT④》 膜タンパク質の機能

◎**チャネル** ➡ 物質を濃度勾配に従って移動させる。受動輸送に関与。
　　　　例 ナトリウムチャネル、カリウムチャネル、
　　　　　　　アクアポリン（水チャネル）
◎**輸送体(担体)** ➡ 受動輸送に関与。糖やアミノ酸などを通す。
　　　　例 グルコース輸送体
◎**ポンプ** ➡ エネルギーを消費して、物質を濃度勾配に逆らって移動
　　　　　　させる。能動輸送に関与。
　　　　例 ナトリウムポンプ

発展　共輸送

　小腸の上皮細胞は、食物を分解して得られる栄養分を吸収する細胞だ。上皮細胞が、小腸内液（小腸の内側にある食物と消化液が入り混じった液）からグルコースを取り込むときには、Na^+ の濃度勾配が利用される。小腸内液には食物に含まれる Na^+ が存在するけど、ナトリウムポンプのおかげで上皮細胞内には Na^+ があまりない。この Na^+ の濃度勾配を利用してグルコースが取り込まれるんだ。上皮細胞の小腸内液と接する細胞膜には、共輸送タンパク質と呼ばれる輸送体があり、Na^+ が上皮細胞内に流入する勢いを利用して、グルコースをいっしょに取り込んでしまう。このグルコースの取り込みは、グルコースの濃度勾配に逆らって起こる。すなわち**能動輸送**だ。この輸送には直接 ATP は消費されていないけど、Na^+ の濃度勾配を維持するために

はナトリウムポンプを働かせなければならないので，**間接的にATPが消費されている**。

　上皮細胞に取り込まれたグルコースは，反対側（細胞外体液が循環している）の細胞膜にあるグルコース輸送体を通って細胞外体液へ出ていく。このグルコースの移動は，濃度勾配に従った受動輸送だ。

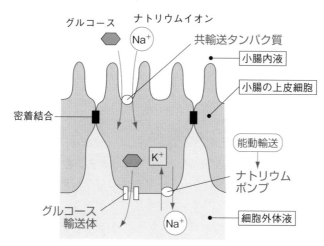

| | グルコース濃度 | Na⁺ 濃度 |

■小腸の上皮細胞によるグルコースの吸収

第2章

タンパク質

▲タンパク質の働きは体をつくるだけじゃない。

STORY 1 　生命現象とタンパク質

1 　生物体とタンパク質 ＞★☆☆

　タンパク質は英語でプロテインと言うんだけど，これはギリシャ語のプロテイオス＝「第一のもの」という言葉からきているんだ。昔の人は，タンパク質が生命にとって一番重要な物質だということを知っていたんだ。ヒトの細胞がどんな物質でできているか示したグラフ（▶p.175）を見ると，水などの無機物を除くと一番多いのはタンパク質だよね。タンパク質は有機物の中では一番多く，重要な物質なんだ。

　じゃあ，次の植物細胞を構成する物質のグラフを見てみよう。水を除いた有機物（タンパク質，脂質，炭水化物）の中で一番多いのは何かな？

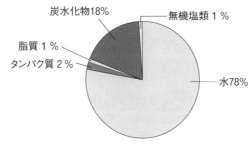

炭水化物18%
無機塩類 1 ％
脂質 1 ％
タンパク質 2 ％
水78%

■植物細胞を構成する物質

炭水化物です。ということは，植物細胞では一番重要なのはタンパク質ではなく，炭水化物なんですね。

いや，それが違うんだ。

たしかに，一番多いのは炭水化物なんだけど，植物細胞もやっぱり**タンパク質が一番重要**なんだ。炭水化物が多いのは，植物細胞がデンプンや細胞壁（主成分はセルロースという炭水化物だ）をもつからだ。でも，植物細胞から細胞壁を取り除いても，細胞は死ぬことはなく，この裸の細胞を上手に培養すると，再び細胞壁が形成される。これは，酵素と呼ばれるタンパク質の働きによって，炭水化物である細胞壁がつくられるからだ。でも，その逆はない。つまり，炭水化物の働きによって，タンパク質がつくられることはないんだよ。

《POINT **5**》 生物とタンパク質

◎細胞を構成する有機物の中で最も多いのは，
　　動物細胞 ➡ タンパク質
　　植物細胞 ➡ 炭水化物
◎生命にとって，最も重要な有機物はタンパク質である。

2 　生命現象とタンパク質 ＞ ★★☆

では，どうしてタンパク質が一番重要なのかを説明するよ。

例えば，私たちの皮膚は**コラーゲン**というタンパク質でできている。コラーゲンはとても強い繊維状のタンパク質で，皮膚を丈夫なものにしている。ウシの皮膚を使ってカバンや靴をつくることができるのはそのためだ。

また，私たちの筋肉が伸びたり縮んだりするのも，筋肉をつくっている**ミオシン**と**アクチン**というタンパク質のおかげだ。それから，食べたものを消化・分解するのは，**酵素**というタンパク質の働きによる。まだまだあるよ。血液の中にあって，酸素を全身に送りとどけるという重要な働きを担うのは，赤血球中の**ヘモグロビン**というタンパク質だ。

例をあげるときりがないので，このへんにしておくよ。でも，タンパク質が重要だっていうことはわかってくれたかな？

ほかの生体物質（炭水化物や脂質）には，このような多様な働きはないんだ。

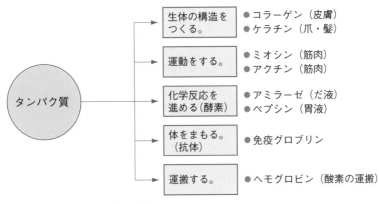

■タンパク質のさまざまな働き

《POINT⑥》 タンパク質の働き

◎ タンパク質には，生体の構造をつくるものや，さまざまな機能をもつものがある。

3 タンパク質の構造とアミノ酸 ★★★

　タンパク質は，**アミノ酸が多数つながった巨大な分子**だ。タンパク質をつくる**アミノ酸は20種類**あり，どのようなアミノ酸がどんな順序で，いくつ並ぶかによって，さまざまなタンパク質ができるんだ。

　では，アミノ酸とはどういうものなのか。下の図を見てほしい。アミノ酸を人間の体に例えてみるとわかりやすいよ。"胴体"部分が炭素（C）で，片方の"手"を**アミノ基**（-NH₂），もう一方の"手"を**カルボキシ基**（-COOH）という。"顔"に相当するのが**側鎖**（Rと表す）といって，アミノ酸の種類によって違う。人の顔に個性があるのと同じように，アミノ酸の個性は側鎖で決まるんだ。

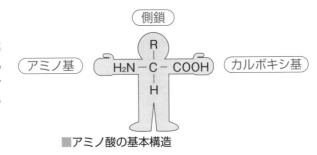

■アミノ酸の基本構造

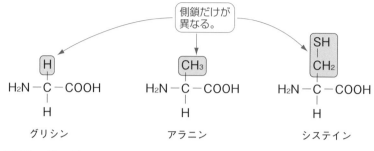

■アミノ酸の例

　隣り合うアミノ酸どうしは，それぞれのアミノ基とカルボキシ基で"握手"するようにして，結合をつくる。この結合を**ペプチド結合**というんだ。**ペプチド結合ができるときには，水（H_2O）1分子がとれる。**

　逆に，ペプチド結合を切るためには，水1分子を間にはさめばいいよ。

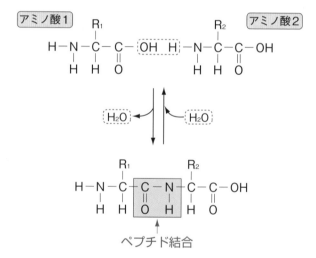

■アミノ酸の結合

《POINT 7》 タンパク質の構造とアミノ酸

◎タンパク質はアミノ酸が多数結合した巨大な分子である。

◎タンパク質を構成するアミノ酸は 20 種ある。

◎アミノ酸どうしの結合（－CO－NH－）をペプチド結合という。

▲水によって，ペプチド結合は切れたり，つながったりする。

4 タンパク質の立体構造 〉★★☆

アミノ酸がペプチド結合でたくさんつながった鎖を**ポリペプチド**と呼ぶ。ポリペプチドを構成するアミノ酸配列を**一次構造**という。ポリペプチドは，部分的に決まった構造をとることが多い。ぐるぐるとバネのようにらせんを描く**αヘリックス**と，平らなシートがびょうぶのように折れ曲がった**βシート**だ。これらの構造は，離れたところにあるペプチド結合どうしが，弱い力で引っ張り合うこと（**水素結合**という）によってつくられる。αヘリックスやβシートのような部分的な立体構造を**二次構造**という。

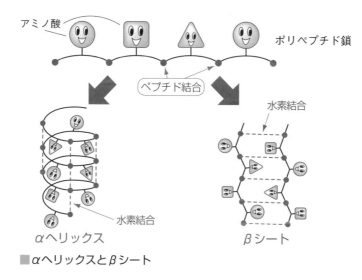

■αヘリックスとβシート

さらに，αヘリックスやβシートを含んだ鎖が，大きく折れ曲がることで，ポリペプチドは複雑な立体構造をとる。これを**三次構造**という。この大きな折れ曲がりを保つのが，アミノ酸のシステインの側鎖（−SHをもつ）どうしで結ばれる**S−S結合**（ジスルフィド結合）だ。

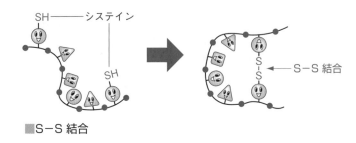

■S−S結合

タンパク質の中には，1本のポリペプチド鎖でできているものもあれば，複数のポリペプチド鎖が組み合わさってはじめて機能するものもある。例えば，ヘモグロビンは，α鎖とβ鎖という2種類のポリペプチド鎖が2本ずつ集まってできている。このような複数のポリペプチド鎖が組み合わさった立体構造を**四次構造**という。

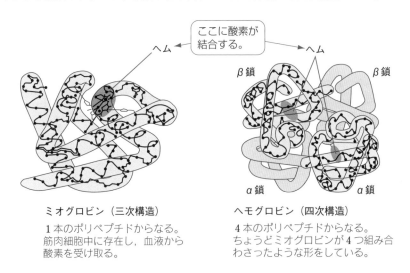

ミオグロビン（三次構造）
1本のポリペプチドからなる。筋肉細胞中に存在し，血液から酸素を受け取る。

ヘモグロビン（四次構造）
4本のポリペプチドからなる。ちょうどミオグロビンが4つ組み合わさったような形をしている。

《POINT 8》 タンパク質の立体構造

◎ タンパク質は，分子内の水素結合や S−S 結合によって，複雑な立体構造をとる。

◎ 複数のポリペプチド鎖が組み合わさって，はじめて機能するタンパク質がある。

---

5 タンパク質の変性 ＞★★★

タンパク質の性質や働きは，その立体構造と密接な関係があるので，立体構造が壊れると，性質が変わったり，働きを失ったりする。これを**タンパク質の変性**という。タンパク質は，次のような処理で変性する。

● **熱（60℃以上）を加える。**
● **強い酸や強いアルカリを加える。**
● **尿素などの変性剤を使う。**

例えば，"生たまご" をゆでると "ゆでたまご" になるのは，熱でタンパク質が変性するためだ。

S−S 結合 │ 変性 │ 切れた S−S 結合

＊S−S結合が切れることなく変性することもある。

 じゃあ，一度変性したタンパク質は，元に戻らないのですか？

たいていは戻らない。"ゆでたまご" をいくら冷やしても "生たまご" に戻らないのと同じだ。

でも，特別な溶液，例えば尿素を多く含んだ溶液にタンパク質を溶かして，徐々に尿素を除いていく，というような処理をすると，元に戻ることがある。

つまり，**変性とはポリペプチド鎖の立体構造がゆがんだり伸びたりするだけで**，ア

ミノ酸の配列順が変わったり，鎖が切れたりするのではない（一次構造は変化しない）ということなんだ。だから，また正しく折りたたむことができれば復活するんだよ。

《POINT❾》タンパク質の変性

◎タンパク質の立体構造が壊れて，性質が変わることを変性という。
◎タンパク質は，熱や強い酸や強いアルカリによって変性する。

問題 1　タンパク質の構造　★★★

タンパク質の構造に関する説明として最も適当なものを，一つ選びなさい。

① タンパク質の立体構造は，酵素が特定の物質だけに作用する基質特異性を決める。
② ペプチド結合した多数のアミノ酸の並び方をタンパク質の二次構造という。
③ タンパク質の部分的な立体構造である α ヘリックスや β シートは，S−S結合（ジスルフィド結合）によってつくられる。
④ タンパク質の三次構造は，複数のポリペプチドが立体的に組み合わさることでつくられる。

〈共通テスト・改〉

✓解説

① 酵素の基質特異性は，酵素の本体であるタンパク質の立体構造によって決まる。したがって，**正しい**。
② アミノ酸の並び方はタンパク質の**一次構造**だ。したがって，**誤り**。
③ α ヘリックスや β シートといった構造（**二次構造**）には，水素結合は関与するけどS−S結合は関与しない。したがって，**誤り**。
④ 複数のポリペプチドが組み合わさることでできる構造は，**四次構造**だ。したがって，**誤り**。

✓解答

①

タンパク質を正しく折りたたむタンパク質
—— シャペロン ——

タンパク質は立体構造が命だ。正しい立体構造がとれないタンパク質は，本来の機能を発揮できないばかりか，正常なタンパク質の働きをジャマすることさえある。そこで必要になるのが，合成されたタンパク質を正しく折りたたんだり（**フォールディング**という），古くなって立体構造がゆるんできたタンパク質を正しくたたみ直したりするタンパク質である。

そのようなタンパク質は何種類も見つかっていて，まとめて**シャペロン**と呼ばれている。シャペロンとは，もともと若い女性が社交界にデビューするのを手助けする介添え役の女性を意味する言葉だ。合成されたばかりのポリペプチドが，折りたたまれてタンパク質として働きだすことをデビューになぞらえたんだね。

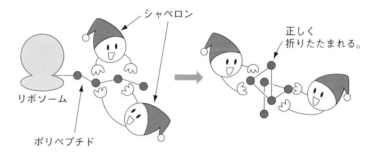

シャペロンの多くが，温度が上昇するとつくられることから，別名ヒートショックプロテイン（HSP）と呼ばれる。温度が上昇すると変性するタンパク質が増えるので，熱でシャペロンの活性が高まることは理にかなっていると言えるんだ。

第3章

酵素とその働き

▲酵素は反応のハードルを低くする。

STORY **1** 酵素とは

1 触媒って何？ ＞★★☆

　中学生のとき，理科の実験で過酸化水素水に二酸化マンガン（酸化マンガン（Ⅳ））という黒い物質を加えると，酸素が泡となって出てきたことを覚えているかな？　あれは，過酸化水素（H_2O_2）が水（H_2O）と酸素（O_2）に分解する反応を，二酸化マンガン（MnO_2）が速めるという実験なんだ。

二酸化マンガン

$$2H_2O_2 \longrightarrow 2H_2O + O_2$$

過酸化水素　　　　水　　酸素

　二酸化マンガンは，反応を速めただけで自分自身は反応によって変化していない。発生した酸素は二酸化マンガンが分解して生じたという可能性も考えられるけど，そうではないんだ。その証拠に，二酸化マンガンの質量は反応の前後で変わっていない。

　二酸化マンガンのように，**自分自身は反応の前後で変化せず，化学反応だけを促進する物質**を触媒っていうんだ。いわば化学反応のお助けマンだね。ガスバーナーで加熱して高温にしないと進まないような反応でも，触媒があれば体温くらいの温度で反応が進むんだ。

　これを化学的に言うと，**触媒が活性化エネルギーを下げる**という表現になる。活性

化エネルギーとは，化学反応が進行するうえで障壁となるエネルギーの山だ。いわば反応のハードルだね。触媒はこのハードルを下げることで，化学反応を促進するんだ。

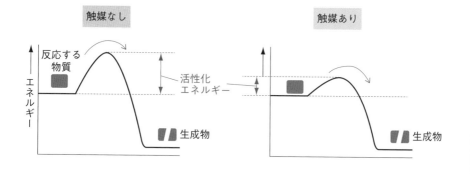

《POINT⑩》触媒とは

◎触媒 ➡ 自身は変化せず，化学反応を促進する物質

2　酵　素 〉★★★

生体内にも触媒はあって，生体内で起こる化学反応（これを**代謝**という）のほとんど全てに関係している。というか，代謝は触媒なくしてはあり得ない。

このような生体内の触媒のことを**酵素**と呼ぶ。**酵素はタンパク質でできている**ため，二酸化マンガンのような無機触媒とは違った性質をもっているよ。ここでは酵素の性質について学んでいくけど，まずは用語を覚えよう。

例えば，私たちの体の中には，二酸化マンガンと同じ働きをする**カタラーゼ**という酵素が存在する。カタラーゼは，細胞の老廃物の一種である過酸化水素を水と酸素に分解するんだ。この場合，カタラーゼが働きかける相手，つまり過酸化水素のことを**基質**といい，反応で生じる水と酸素を**生成物**という。

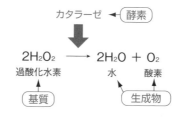

《POINT⑪》 酵素とは

◎酵素 ➡ 生体内の触媒。主成分は，タンパク質

次に，酵素がどうやって化学反応を進めるのかを説明しよう。

① 酵素反応のしくみ

酵素反応が起こるときには，まず酵素と基質が結合して**酵素‐基質複合体**をつくる。下の図のように，酵素には基質をくわえ込むポケットのような部分があり，この部分を**活性部位**という。

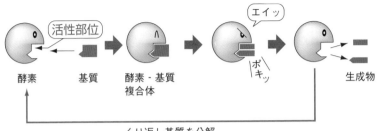

くり返し基質を分解

活性部位のポケットの中では，基質の反応が進みやすくなり，反応が終わると生成物となって酵素から離れる。すると，酵素の活性部位は空になるので，次の基質と結合することができる。酵素は，基質がある間は，これをくり返すんだ。

② 基質特異性

さて，いよいよ酵素の性質について学ぶよ。酵素の活性部位は複雑な立体構造をしていて，この形状にぴったりはまる物質（＝基質）としか結合しない。これはカギ穴とカギの関係に例えられるほど厳密なので，1つの酵素がさまざまな物質と結合することはない。つまり，**酵素は決まった物質とだけ結合して，1つの化学反応だけを進める**。このように，酵素が特定の基質だけに働きかける性質を**基質特異性**という。

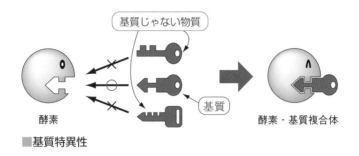

■**基質特異性**

③ 最適温度

　一般に，化学反応は温度が高くなるにつれて，その速度も大きくなっていく。この化学的原則は，触媒が存在する場合にもあてはまる。

　しかし，酵素の場合は注意しなければならないことが１つある。それは**酵素はタンパク質でできているために，温度が高すぎると変性してしまう**ということだ。タンパク質は，変性すると活性部位が変形してしまうため，基質と結合できなくなる。つまり，触媒能力（活性）を失う。これを酵素の失活という。

　以上のような理由のため，結果として，酵素反応と温度の関係をグラフにすると，Point 12 の図のような山形になる。

　山のピークになる横軸の値は，酵素が最も働きやすい温度を示している。これを酵素の最適温度というよ。

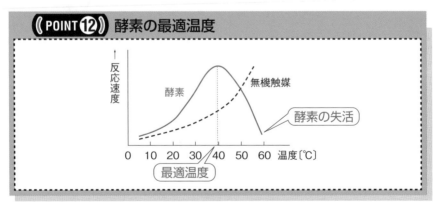

POINT⑫ 酵素の最適温度

　一般に，**動物の酵素の最適温度は30〜40℃**で，60℃くらいになると失活するよ。

④ **最適 pH**

　酵素は，pH（酸性かアルカリ性かを示す度合い）の影響を受けて，活性が変化する。酵素には最も働きやすい pH があり，これを**最適 pH** という。最適 pH は，酵素によって違う。例えば，細胞内で働く酵素の最適 pH は，中性付近であることが多い。一方，消化酵素など細胞外で働く酵素は，働く場所（器官）によって最適 pH がずいぶんと違うんだ。

　ペプシンとトリプシンは，ともにタンパク質分解酵素だけど，胃で働くペプシンは**pH 2** の強酸性が最適 pH となり，一方，小腸で働くトリプシンは**pH 8** の弱アルカリ性が最適 pH となるんだ。

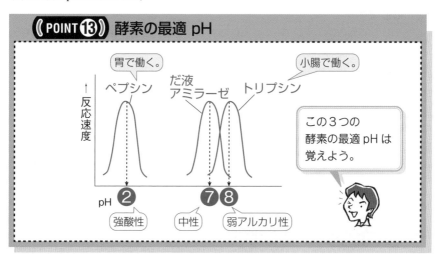

《 POINT ⑬ 》 酵素の最適 pH

《 POINT ⑭ 》 酵素の性質

　◎基質特異性 ➡ 酵素が特定の基質にだけ，働きかける性質
　◎最適温度 ➡ 酵素が最も働きやすい温度
　◎最適 pH ➡ 酵素が最も働きやすい pH

3　いろいろな酵素 ＞★☆☆

　基質特異性のおかげで，1 つの化学反応が進むためには 1 種類の酵素が必要になる。そのため，生体内には実にたくさんの種類の酵素が存在するんだ。例として，ヒトの消化酵素をあげておくよ。

■いろいろな消化酵素

酵　素　名	基　　質	生　成　物
アミラーゼ	デンプン ──────→ マルトース（麦芽糖）	
マルターゼ	マルトース ──────→ グルコース（ブドウ糖）	
ペプシン	タンパク質 ──────→ ポリペプチド	
トリプシン	タンパク質 ──────→ ポリペプチド	
ペプチダーゼ	ポリペプチド ──────→ アミノ酸	
リパーゼ（すい液）	脂　肪 ──────→ 脂肪酸 ＋ モノグリセリド	

問題 1　酵素の性質　★★★

　過酸化水素水の入った A〜H の試験管に，それぞれ次の表のような材料と薬品を加えた。盛んに気泡（酸素）を発生する試験管を，A〜H から全て選びなさい。

試　験　管	A	B	C	D	E	F	G	H
ブタ肝臓片	○	煮沸	○	○	－	－	－	－
二酸化マンガン	－	－	－	－	○	煮沸	○	○
塩　酸	－	－	○	－	－	－	○	－
水酸化ナトリウム水溶液	－	－	－	○	－	－	－	○

○：加えた　　－：加えない
煮沸：ブタ肝臓片または二酸化マンガンを煮沸したものを加えた。

《《《✓解説》》》

　これは過酸化水素が触媒によって分解され，酸素が発生するかどうかを確かめる実験だ。ブタの肝臓は，何のために加えたのかわかるかな？　じつは，**肝臓にはカタラーゼ（▶p.207）が含まれているんだ。**つまり，肝臓片は二酸化マンガン同様，過酸化水素を水と酸素に分解する反応を促進することができる。肝臓のかわりに大根でも同じ働きをするよ。カタラーゼは動物，植物を問わず，いろんな細胞に含まれているんだ。

　じゃあ，塩酸は何のために加えたのかな？　これは反応液を酸性にするためだね。水酸化ナトリウム水溶液は，逆にアルカリ性にするために加えたんだ。カタラー

ゼの最適 pH は中性付近なので，酸性やアルカリ性のもとでは，ほとんど働くことができない。したがって，CとDは酸素を発生しない。また，煮沸によりカタラーゼが変性してしまうので，Bも酸素を発生しない。

　一方，二酸化マンガンは，煮沸しようが酸やアルカリを加えようが，影響を受けない。つまり，触媒作用を失わないんだ。

=======《《《 ⬚解答 》》》=======

A, E, F, G, H

COLUMN コラム

いろいろな酵素の利用

　一般的に，酵素は60℃以上では変性により失活するけど，温泉などに生息する細菌がもっている酵素には，80℃以上でも変性せず，活性を失わないものがある。

　このような酵素は工業的に利用できるかもしれない。そのため，多くの研究者によって極端な環境に住むさまざまな細菌のもつ酵素が調べられている。

　最近，普及が広がっている家庭用食器洗い機は，食器洗い機専用の洗剤を用いるものが多い。ふつうの食器用洗剤との違いは，汚れを落とす界面活性剤が少なく，そのかわりに酵素が入っている点だ。それらの酵素は，脂肪やタンパク質の分解酵素などで，最適温度が50℃以上のものが使われている。

　食器洗い機は汚れを洗い流すのではなく，酵素によりじっくりと分解する方式なので，少ない水でも食器がキレイになるのが特長だ。

STORY **2** 　酵素の反応速度

1 時間と生成物量の関係 〉★★★

　酵素反応が時間とともにどのように変化するか見てみよう。一定量の基質に酵素を加えて反応をスタートさせ，反応開始からの時間と生成物量の関係をグラフにすると，たいてい右の図のようになるよ。

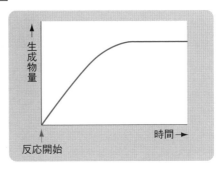

　はじめのうちは，時間とともに生成物量も増えていくけど，途中から増えなくなるのはなぜですか？

　それは重要な質問だ。いっしょに考えてみよう。

　はじめの反応液の中には，**基質**と**酵素**しか入ってなかったんだよ。酵素は反応によって消費されたり変化したりしないのだから，原因は基質にあると考えられる。つまり，反応液中の**基質が全て分解されてしまったから**なんだ。基質がなければ酵素も働かない。だから，生成物も増えないってわけだよね。
　ここまでの話を "例え話" でもう一度理解してみよう。コンサート会場の入り口などで，チケットがちぎられることに例えてみるよ。チケット＝**基質**，スタッフ（ちぎる係の人）＝**酵素**，ちぎられたチケットの半券＝**生成物**だ。

開場と同時に**スタッフ（酵素）がチケット（基質）をちぎり始める。**はじめのうちは，**ちぎられたチケット（生成物）**は，時間とともに増加するけど，やがて全てのチケットを処理し終えると，もうそれ以上は増加しなくなるよね。スタッフ（酵素）は，仕事がなくてヒマをもてあましている状態だ。

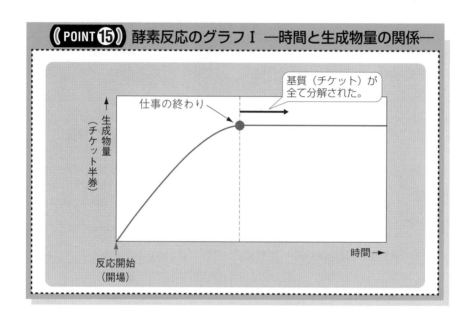

じゃあ，ここで質問だ。**基質の量はそのままで，酵素の量を2倍に増やすとグラフはどう変化するだろう？**　10人だったスタッフを20人にするってことだよ。

> 全てのチケット（基質）を処理し終えるまでの時間が半分になります。

その通り。じゃあ，生成物の量はどうなるかな？

> えーっと……，チケット（基質）の量は変わらないのだから，その半券（生成物）の量も変わらない……。

正解。グラフは次のページの図のようになるよね。

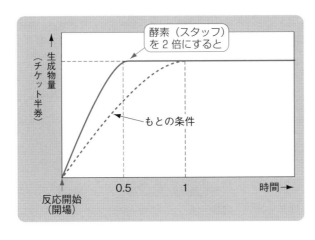

問題 2　**時間と生成物量の関係** ★★★

　一定量のタンパク質にトリプシンを作用させると，タンパク質の分解量は右の図の実線のようになった。温度37℃，pH 8で実験した。

　次の各問いについて，答えを右の図の①～④から一つずつ選びなさい。

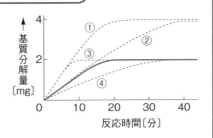

問1　ほかの条件は変えずに，トリプシンの濃度を2倍にすると，どのようなグラフになるか。

問2　ほかの条件は変えずに，基質となるタンパク質の濃度を2倍にすると，どのようなグラフになるか。

問3　ほかの条件は変えずに，pHだけを7に変えると，どのようなグラフになるか。

《《《☑解説》》》

問1　**トリプシンはタンパク質を分解する酵素**だ（211ページを参照しよう）。酵素量を2倍にすると，基質を全て分解し終わるまでの時間は $\frac{1}{2}$（10分）になるけど，生成物の量は変化しない（2 mg）よね。だから，③。

問2　例え話でいくと，さばくべきチケットの量は2倍になるけど，スタッフの人数

は変わらないということだよね。当然、全てのチケット（基質）を処理し終わるまでの時間は2倍（40分）になる。また、生じるチケットの半券（生成物）の量も2倍（4 mg）になるよね。だから、②。

問3　トリプシンの最適pHは8だから、pH7ではトリプシンの働きが少し鈍ると考える。例え話でいうと、とても寒い日は、スタッフの手がかじかんでしまい、チケットをちぎる効率が落ちてしまうようなものだね。でも、ふだんより遅いながらも、スタッフ（酵素）はチケット（基質）を最後まで処理するから、最終的な半券（生成物）の量は変わらない。だから、④。

===== 解答 =====

問1　③　　問2　②　　問3　④

2　基質濃度と反応速度の関係 ＞★★★

次に、基質濃度と酵素反応の速度との関係について学ぼう。酵素量が一定のとき、基質濃度を変化させると、反応速度は右のグラフのように変化する。

酵素の反応速度は、基質が一定の濃度になるまでは増加するけど、基質濃度がそれ以上になると増加しなくなるんだ。

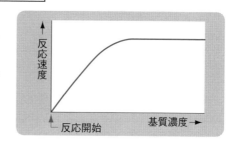

ここでもグラフが頭打ちになる理由を考えてみたい。いったいどうして、反応速度が増加しなくなるんだろう？

わかった！　全ての基質が分解されるからです。

バツ！！　これは「時間と生成物量のグラフ」（▶p.214）ではないんだ。縦軸と横軸が示すものが違うよね。**形は似てるけど、まったく別のグラフ**だから注意しよう。

このグラフは、基質濃度が低いうちは、基質と酵素が出会う頻度（単位時間での衝突回数）が基質濃度に比例して大きくなるけど、基質濃度が十分高くなると、**全ての酵素が基質と結合して酵素−基質複合体を形成してしまうから**なんだ。つまり、全ての酵素が仕事中の状態になると、それ以上反応速度は大きくならないんだ。

これもチケットの例え話で理解してみよう。**スタッフ**（酵素）が10人いたとしよう。チケット（基質）が1枚しかなかったら、スタッフ1人だけが働いて、ほかのスタッフは手が空いた状態となる。**チケット**（基質）を2枚に増やすと、スタッフ2人が同時に働くので、**チケット**（基質）をさばく速度は2倍になるよね。

同様に、**チケットの量**（基質濃度）を増やしていくと、同時に働くスタッフ（酵素‐基質複合体となった酵素）の人数も増えていくため、速度は増加していく。

しかし、**チケットの量**（基質濃度）が10枚を超えると、いくら**チケット**（基質）を増やしても、それ以上速度は増加しない。

なぜなら、10人のスタッフ全員がチケットを手にすると、それぞれが手にあるチケットを処理してからでなければ次のチケットを受け取れないからだよ。つまり、スタッフの処理速度が最大になるんだ。

グラフを極端にかくと、下の図のようになる。

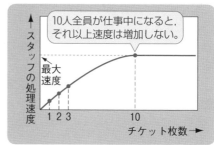

((POINT ⑯)) 酵素反応のグラフⅡ ―基質濃度と反応速度との関係―

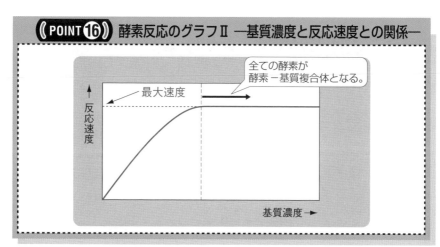

3 酵素反応の阻害 ＞★★★

酵素に結合してその働きを邪魔する（阻害する）物質を、酵素の阻害物質という。阻害物質が酵素の働きを阻害するやり方には、次の2通りがある。

① 競争的阻害

基質と構造がよく似た物質（阻害物質）が存在すると、その物質が基質と酵素の活

性部位を奪い合うように結合して，酵素が基質と結合するのを妨げる。このような作用を**競争的阻害**という。

活性部位

基質

競争的阻害物質

酵素の活性部位と結合した阻害物質は，基質じゃないから反応が進むことはない。また，いったん阻害物質と結合した酵素でも，阻害物質が活性部位から離れれば，再び活性を取り戻すんだ。

一定量の阻害物質があるとき，基質濃度が低いと阻害物質の効果は強く現れ，基質濃度が高くなると弱くなる。

これを先の例え話で説明すると，破ることのできない偽物のチケット（阻害物質）に対して本物のチケット（基質）の割合が少ないと，スタッフ（酵素）は偽物をつかむ率が高くなるけど，偽物に対して本物の割合が高くなると，本物をつかむ率が高くなる，ということなんだ。

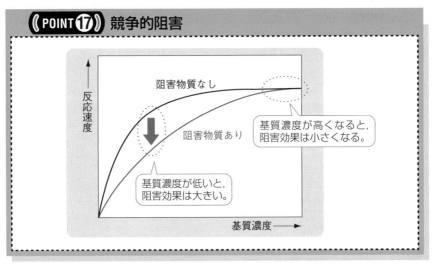

POINT 17 競争的阻害

反応速度

基質濃度

阻害物質なし

阻害物質あり

基質濃度が高くなると，阻害効果は小さくなる。

基質濃度が低いと，阻害効果は大きい。

② 非競争的阻害

阻害物質が，酵素の活性部位とは異なる部分に結合して，酵素反応を低下させる場合，このような作用を**非競争的阻害**という。

非競争的阻害では，ふつう，阻害物質の効果は，基質濃度にかかわらず一定の割合で現れるんだ。なぜなら，阻害物質は活性部位とは異なる部位に結合するため，基質

濃度とは関係なく常に酵素と結合し，その働きを阻害し続けるためだ。

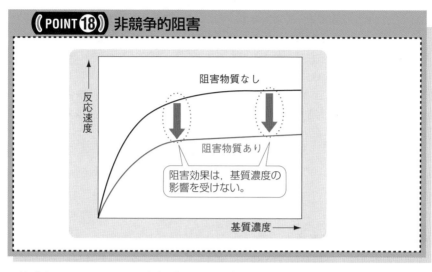

POINT 18 非競争的阻害

阻害物質なし

反応速度

阻害物質あり

阻害効果は，基質濃度の
影響を受けない。

基質濃度

　後述するアロステリック酵素（▶p.224）が抑制される現象は，この非競争的阻害
によるものなんだ。

問題 3 基質濃度と反応速度との関係 ★★★

　右の図の実線は，酵素濃度が一定の
ときの基質濃度と酵素反応速度の関係
を示したものである。測定は酵素の最
適条件下で行われた。

反応速度

ア

イ

A

基質濃度

問1　基質濃度がＡより高くなっても，
反応速度が大きくならないのはなぜか。一つ選びなさい。
　① 基質濃度が高すぎたため，酵素が変性した。
　② 全ての基質が分解されて，生成物になった。
　③ 全ての酵素が基質と結合し，酵素－基質複合体を形成した。
　④ 反応によって生じた生成物によって酵素反応が阻害された。

問2　基質濃度がＡより高いとき，反応速度をさらに上げるためにはどう
すればよいか。

問3　このグラフ（図の実線）がコハク酸デヒドロゲナーゼ（脱水素酵素）
とその基質であるコハク酸のものであった場合，コハク酸によく似たマ
ロン酸を一定量加えると，図の**ア**と**イ**のどちらのグラフになると考えられ
るか。

問2　全ての酵素が酵素−基質複合体を形成した状態というのは，いわばスタッフ全員（全ての酵素）が仕事中となり，働き手が不足している状態なんだ。だから，それ以上速度を上げるには，働き手であるスタッフ（酵素）を増やせばいいんだ。

問3　マロン酸は，コハク酸によく似ているのだから，コハク酸デヒドロゲナーゼに対して，**競争的阻害**の効果を与えると考えられる。したがって，基質濃度が低いときは阻害効果が大きく，基質濃度が高くなると阻害効果が小さくなる**ア**を選ぶ。

問1　③　　問2　酵素の濃度を高くする。　　問3　ア

4　補酵素 〉★★★

酵素の中には，タンパク質の本体だけでは働くことができず，**補酵素**という低分子の有機物と**結合してはじめて活性部位が完成し，基質と結合できる**ようになるものがある。

例えば，呼吸に関係する**脱水素酵素（デヒドロゲナーゼ）**は，補酵素として NAD^+（ニコチンアミドアデニンジヌクレオチド）という分子を必要とする。デヒドロゲナーゼの働きによって基質から奪われた水素 [H] は，NAD^+ とくっついてそのまま活性部位から離れていく。そして，別の反応系まで水素をもっていく。つまり，補酵素 NAD^+ は水素の"運び屋"となるんだ。

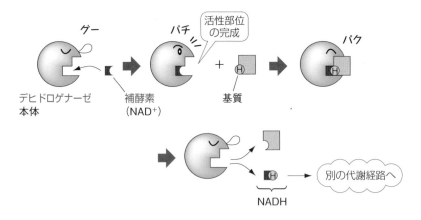

酵素から補酵素を分離するためには，透析という方法が用いられる。セロハンのような半透膜の袋に酵素液を入れて，一晩水に浸しておくと，分子サイズの小さい補酵素だけが，袋の外に出ていくんだ。**補酵素を失った酵素は，働きも失ってしまう。**

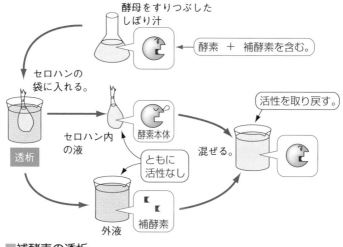

■補酵素の透析

補酵素を失った酵素は，もう二度と働けないのですか？

　いや，補酵素を含んだ液といっしょにすることで，また活性を取り戻すよ。酵素と補酵素はゆるく結合していて，くっついたり離れたりが簡単にできるんだ。
　酵素に補酵素が結合すると，活性部位が完成し，酵素は再び基質と結合できるようになるんだ。

補酵素も熱で変性したりするのですか？

　いや，ふつうのタンパク質が変性する60℃くらいでは変性しない。そもそも**補酵素はタンパク質ではないので，熱に強いんだ。**補酵素は，ビタミン B_2 やニコチン酸などのビタミン類がもとになっているんだ。

どのような酵素が補酵素を必要とするのですか？

呼吸（▶p.237）に関係する酵素の多くは酸化還元酵素っていうんだけど，**酸化還元酵素には補酵素を必要とするものが多い。**

一方，消化酵素（▶p.211）などの加水分解酵素は，補酵素がいらないんだ。

《POINT⑲》 補 酵 素

◎補酵素 ➡ 低分子の有機化合物。熱に強い。
　　　　　透析によって酵素本体より分離できる。

問題 4 酵素の透析 ★★★

酵母をすりつぶしてしぼり汁をとり，それにグルコース（ブドウ糖）を加えるとアルコール発酵が活発に起こることが知られている。このしぼり汁をセロハンの袋に入れ，一定時間水の入ったビーカーに浸したあと，袋の中に残ったA液とビーカー内のB液から以下のような溶液を調整し，それぞれにグルコースを加えた。発酵が起こるものを全て選びなさい。

① A液のみ
② B液のみ
③ A液とB液を混ぜたもの
④ A液と煮沸したB液を混ぜたもの
⑤ B液と煮沸したA液を混ぜたもの

酵母が行うアルコール発酵については，257ページで詳しく学ぶよ。呼吸や発酵に関係する酵素はたいてい補酵素をもつので，透析によって酵素本体と補酵素に分離できるんだ。

補酵素の方が分子が小さいので，

   A 液 ＝酵素本体

   B 液 ＝補酵素

であることはわかるよね。**A 液**だけ，**B 液**だけでは発酵は起こらないけど，2 つを混ぜると発酵が起こるんだ。

でも，

   煮沸した A 液 ＝変性した酵素本体

   煮沸した B 液 ＝補酵素（性質は煮沸前と変わらない。）

だから，

④ **A 液** ＋ **煮沸した B 液** ──→発酵が起こる。

⑤ **B 液** ＋ **煮沸した A 液** ──→発酵が起こらない。

〒 解答

③，④

　酵素の中には，最終産物などによってその働きが調節されるものがある。このような酵素は，基質と結合する活性部位のほかに，最終産物が結合する**アロステリック部位**をもっているため，**アロステリック酵素**というんだ。

　最終産物とは，代謝経路（いくつもの酵素反応からなる順路）の最後に生じる生成物だ。よく見られるのは，代謝経路の最初に働く酵素が，最終産物によって抑制される現象で，これを**フィードバック調節**というんだ。

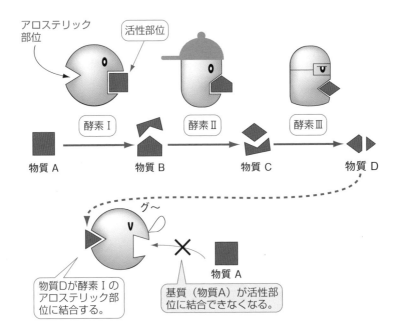

アロステリック部位

活性部位

酵素Ⅰ　酵素Ⅱ　酵素Ⅲ

物質A　物質B　物質C　物質D

グ〜

物質A

物質Dが酵素Ⅰのアロステリック部位に結合する。

基質（物質A）が活性部位に結合できなくなる。

　アロステリック部位に最終産物が結合して働きが抑制された酵素も，最終産物の濃度が下がると，抑制が解除され，再び働けるようになる。そのため，**ムダにたくさんの最終産物がつくられることなく，その濃度はいつも一定になるように保たれる**んだ。

《POINT⑳》 アロステリック酵素

◎活性部位とは別にアロステリック部位をもつ。

◎代謝経路の最終産物が，その代謝に関わるアロステリック酵素の働きを調節することをフィードバック調節という。

◎アロステリック酵素の働きで，最終産物の濃度が一定に保たれる。

第4章 いろいろなタンパク質

残高不足

▲チャネルはゲートが開いたときだけ物質を通す。

タンパク質は，その複雑な立体構造を活かして，生体内でいろいろな働きを担っている。ここではその例をいくつか見ていくことにしよう。

STORY 1 物質を輸送するタンパク質

すでに述べたように，生体膜には**イオンチャネル**や**イオンポンプ**，**輸送体（担体）**といった膜タンパク質が存在し，物質の輸送に関係している（▶p.194）。しかし，一言でチャネルといっても単にイオンを素通りさせるだけのものから，ふだんはイオンを通さないけど，膜電位の変化や化学物質（リガンドという）による刺激を受けたときにイオンを通すようになるものなど，さまざまな種類がある。また，ポンプはチャネル部分のタンパク質にATP分解酵素がくっついた形をしていることから，チャネルの進化型と考えることができるんだ。193～195ページでも学んだように，**チャネルは受動輸送に，ポンプは能動輸送に**関与している。

1 受動輸送に関係する膜タンパク質 ★★★

● **イオンチャネル** ➡ イオンを濃度勾配に従って通す。

　　例　Na^+チャネル，K^+チャネル，Ca^{2+}チャネル，Cl^-チャネル

● **アクアポリン**（水チャネル）➡ 水分子だけを通す。

● **輸送体（担体）** ➡ 糖やアミノ酸などと結合し，これらを輸送する。変形を伴う。

　　例　グルコース輸送体（GLUT）

① **漏洩チャネル**

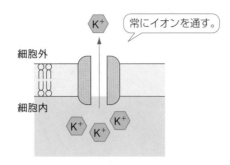

② **電位依存性イオンチャネル**

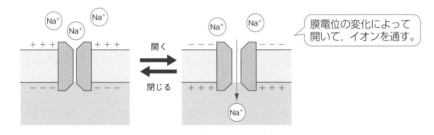

③ **リガンド依存性イオンチャネル**

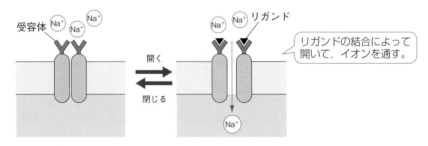

④ 輸送体（担体）

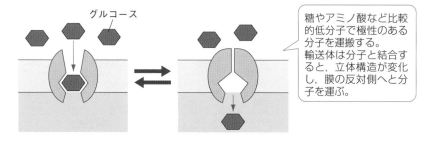

グルコース

糖やアミノ酸など比較的低分子で極性のある分子を運搬する。輸送体は分子と結合すると，立体構造が変化し，膜の反対側へと分子を運ぶ。

2 能動輸送に関係する膜タンパク質 ＞★★★

● **イオンポンプ** ➡ イオンを濃度勾配に逆らって輸送する。エネルギーを必要とする。

　　例 ナトリウムポンプ，カルシウムポンプ，プロトン（H^+）ポンプ

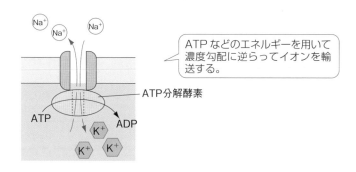

ATP分解酵素

ATPなどのエネルギーを用いて濃度勾配に逆らってイオンを輸送する。

3 エンドサイトーシスとエキソサイトーシス ＞★★★

　チャネルや輸送体を通れないほど大きい物質は，細胞膜がくびれて分離したり，逆に膜が融合したりすることで細胞内外を移動する。

第1編　生物の進化

第2編　生命現象と物質

第3編　遺伝情報の発現と発生

第4編　生物の環境応答

第5編　生態と環境

① エンドサイトーシス（飲食作用）

　細胞膜が内部に陥入して分離することで小胞をつくり，細胞外の大きな分子や細菌などの異物を細胞内に取り込む。

　　例　マクロファージの食作用

② エキソサイトーシス

　ゴルジ体などから分離した小胞が，細胞膜と融合し内部の物質を細胞外へ放出する。

　　例　内分泌腺のホルモン分泌

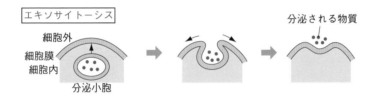

STORY 2　情報の伝達に関わるタンパク質

　個体を構成する細胞どうしは，たがいにコミュニケーションをとることで，個体としての統率がとれている。ある細胞が信号となる物質を発し，別の細胞がそれを受信するということが行われているんだ。信号となる物質には**ホルモン**や**神経伝達物質**などがあり，これらをまとめて**情報伝達物質（シグナル分子）**という。情報伝達物質を受け取る細胞を**標的細胞**といい，情報伝達物質を受け取るための**受容体（レセプター）**をもつ。受容体は情報伝達物質と特異的に結合するタンパク質で，これに伝達物質が結合すると，それに応じて細胞の活動が調節されるんだ。

1 　情報の伝達様式 〉★★★

情報の伝達様式には，大きく次の4つがある。

① 　内分泌型

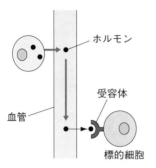

情報伝達物質（ホルモン）が血液によって標的細胞へ運ばれる。

② 　神経型

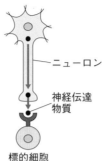

シナプスで情報伝達物質（神経伝達物質）が分泌され，標的細胞に作用する。

③ 　傍分泌型

細胞から分泌された情報伝達物質が局所的に近くの細胞に作用する。

④ 　接触型

細胞の表面に提示した情報伝達物質が，接触する細胞に伝達される。

2 　ホルモンによる情報伝達 〉★★★

　ホルモンの標的細胞にある受容体には，細胞内にあるものと，細胞膜の表面にあるものがある。これらの違いは，ホルモンの化学的性質の違いに基づいている。糖質コルチコイドや鉱質コルチコイドのような**ステロイドホルモン**（脂質から合成されるホルモン）は，脂溶性なので脂質からなる細胞膜を通過できる。そのため，ステロイドホルモンの受容体は細胞内にある。一方，アドレナリンのような水溶性のホルモンは，細胞膜を通過できないので，その受容体は細胞膜の表面にあるんだ。

① 細胞内に入るホルモン

❶ ホルモンが細胞内の受容体と結合する。

❷ ホルモンと受容体の複合体は核内に移動し，調節タンパク質として働く。

❸ 特定の遺伝子の転写調節領域に結合し，遺伝子の発現調節を行う。

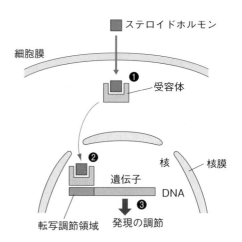

② 細胞膜で受容されるホルモン

❶ ホルモン（下図ではアドレナリン）は細胞膜上の受容体と結合する。

❷ 受容体がタンパク質を介して酵素Ⅰを活性化する。

❸ 酵素Ⅰの働きで，ATPからcAMP（サイクリックAMP）という物質が大量につくられる。cAMPは細胞内での情報伝達に関わるため，セカンドメッセンジャーと呼ばれる（これに対して，ホルモンなど細胞外の情報伝達物質をファーストメッセンジャーという）。

❹ cAMPは酵素Ⅱを活性化し，酵素Ⅱの働きにより，グリコーゲンがグルコースに分解される。

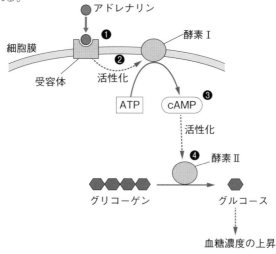

参考　受容体にくっつくのはリガンドだけではない

　情報伝達物質のように，受容体に結合する本来の物質を**リガンド**という。リガンドと受容体は，ブロックのピースのようにたがいにぴったり合うような立体構造をしている。だから，リガンドに形がそっくりな物質が存在する場合には，そのような"ニセモノ"と受容体が結合してしまうことがある。

　"ニセモノ"のなかでも，受容体と結合して本物のリガンドと同じような作用を引き起こす物質を**アゴニスト**といい，反対に受容体と結合してリガンドの作用を消失させてしまうものを**アンタゴニスト**という。

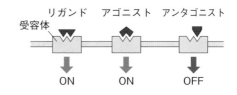

　ここで1つの例を紹介しよう。瞳孔にはアセチルコリン受容体が存在し，リガンドであるアセチルコリンが結合することで瞳孔が収縮する。ある毒キノコからとれるムスカリンという物質は，アセチルコリン受容体に結合すると瞳孔が収縮することから，ムスカリンはアゴニストとして働くことがわかる。これに対して，アトロピンという薬物は，アセチルコリン受容体に結合して瞳孔を拡大させることから，アンタゴニストである。

　アトロピンは，病院の眼科で網膜の検査などをするときに使われる点眼薬に含まれている。つまり，薬というのは，その多くが特定の受容体をねらい撃ちするアゴニストかアンタゴニストなんだ。だから，薬は量を間違えると毒にもなり得るんだよ。

　また，体外から取り込む薬物や毒物ではなく，体内でつくられる抗体がアゴニストとなる場合もある。甲状腺には，甲状腺刺激ホルモン（TSH）の受容体が存在する。この受容体には，脳下垂体でつくられる甲状腺刺激ホルモンが結合し，これが信号となり甲状腺がチロキシン（代謝を促進させるホルモン）を産生・分泌するようになる。しかし，どういうわけか，リンパ球がこの受容体を異物とみなすと，受容体に対する抗体がつくられてしまうことがある。この抗体は，甲状腺刺激ホルモンの**アゴニスト**として働くため，受容体に結合すると，甲状腺を刺激し続け，必要以上にチロキシンを分泌させる。これが，バセドウ病が起こるしくみだ。

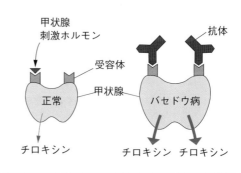

第5章

代謝とエネルギー,呼吸

エネルギーの放出!!

▲生体がエネルギーを放出したり,ためこんだりすることを勉強しよう!

STORY 1 　代　謝

　生体内で起こる化学反応のことを**代謝**という。代謝は大きく**同化**と**異化**とに分けられる。**同化**とは,小さい分子から大きな分子を組み立てる**合成反応**だ。一方,**異化**とは,大きな分子を小さい分子に壊す**分解反応**だ。

　たいていの場合,代謝にはエネルギーの出入りが伴う。同化はエネルギーを必要とする反応で,逆に,異化はエネルギーが出てくる反応だ。別の表現では,**同化はエネルギー的に起こりにくい反応**,**異化はエネルギー的に起こりやすい反応**ということができる。

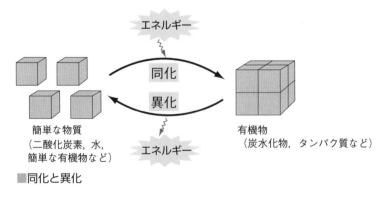

エネルギー

同化

異化

エネルギー

簡単な物質
(二酸化炭素,水,
簡単な有機物など)

有機物
(炭水化物,タンパク質など)

■同化と異化

STORY 2 / 代謝とエネルギー

1 ATP ＞ ★★★

　代謝とともに出入りするエネルギーの受け渡しは，**ATP** という物質によって仲介される。例えば，異化で生じたエネルギーは，いったん ATP に蓄えられたあとで，エネルギーを必要とする生命活動に使われる。そうすることで，エネルギーを貯めておいて，あとで使うことができる。すなわち，**ATP は充電式の電池のような働きをする**んだ。

> ATP はどのようにしてエネルギーを蓄えるのですか？

　ATP の分子を次に示そう。糖にアデニンという塩基が結合した構造（アデノシンという）に，リン酸が 3 つくっついているので，正式名称を**アデノシン三リン酸**という。
　エネルギーは，リン酸とリン酸をつなぐ結合（**高エネルギーリン酸結合**という）に蓄えられていて，この**結合が加水分解されるときにエネルギーが放出される**。つまり，**ATP** は，**ADP（アデノシン二リン酸）とリン酸に分解するときにエネルギーを生じる**んだ。

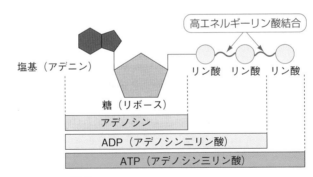

高エネルギーリン酸結合

塩基（アデニン）

糖（リボース）

リン酸　リン酸　リン酸

アデノシン

ADP（アデノシン二リン酸）

ATP（アデノシン三リン酸）

■ATP の構造

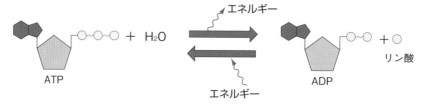

■ATP がエネルギーを仲立ちするしくみ

逆に，ADP とリン酸は，エネルギーを受け取ることで高エネルギーリン酸結合をつくり，ATP に戻るんだ。充電式電池でいうと，ATP がフル充電された状態で，ADP はエネルギーを消費した状態ということになる。

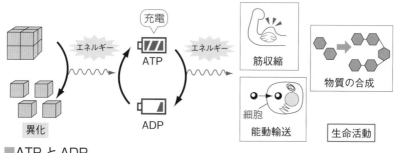

■ATP と ADP

《POINT㉑》 代謝と ATP

◎同化 ➡ 合成反応（エネルギーを必要とする）
◎異化 ➡ 分解反応（エネルギーを放出する）
◎ATP ➡ エネルギーの出入りを仲介する物質
　　ATP ⟶ ADP ＋ リン酸　の反応でエネルギーを放出する。

問題 1　ＡＴＰ ★★★

問1　ATP の正式名称を何というか。
問2　ATP が加水分解したときに生じる物質を 2 つあげなさい。
問3　エネルギーは ATP のどこに蓄えられるか。その結合の名称を答えなさい。

═══《▽解答》═══

問1　アデノシン三リン酸　　問2　ADP，リン酸

問3　高エネルギーリン酸結合

発展　反応の共役（カップリング）

　ATPがADPとリン酸から合成される反応は，一種の**同化**でありエネルギー的には起こりにくい。ところが，ほかのエネルギー的に起こりやすい反応と組み合わさることでATP合成反応が進行する。このように，細胞の中で起こる種々の**エネルギー的に起こりにくい反応（同化）は，エネルギー的に起こりやすい反応（異化）と結びつけられることで進行する**んだ。これを**反応の共役（カップリング）**というよ。

　例えば，よく「呼吸」は異化であると言われるけど，実際にはそれほど単純ではない。大きく見れば，「呼吸」は有機物を分解するので異化なんだけど，部分的にはATPを合成したりするので同化も伴っているんだ。

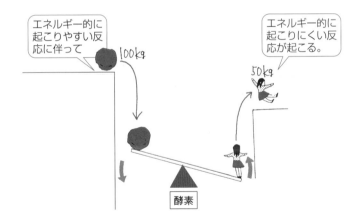

　同化は，部分的に見るとエネルギー的に逆らっているように見えるけど，いっしょに進行する異化のエネルギー放出の方が必ず大きくなる。すなわち，反応全体では物質がもつ化学エネルギーは小さくなる方向へ進むんだ。

参考 **酸化還元反応**

化学反応（代謝）を，酸化と還元という観点で分けることもできる。酸化は，物質が酸素と化合したり水素を失ったりする反応で，還元は，物質が酸素を失ったり水素と化合したりする反応だ。これらの反応には，電子（e^-）の授受が伴うので，酸化は電子を失う反応，還元は電子を得る反応ということもできる。

酸化と還元は表裏一体の関係で，ある物質が酸化すれば，それとともに別の物質が還元されるんだ。

$$\text{Ⓐ} + [\text{O}] \longrightarrow \text{Ⓐ}-\text{O}$$
酸素

$$\text{Ⓐ}-\text{H} \longrightarrow \text{Ⓐ} + \text{H}$$
水素

Ⓐは酸化された。

$$\text{Ⓐ}e \longrightarrow \text{Ⓐ}^+ + e$$
電子

$$\text{Ⓑ}-\text{O} \longrightarrow \text{Ⓑ} + \text{O}$$

$$\text{Ⓑ} + [\text{H}] \longrightarrow \text{Ⓑ}-\text{H}$$

Ⓑは還元された。

$$\text{Ⓑ}^+ + e^- \longrightarrow \text{Ⓑ}e$$

2 NAD$^+$，FAD，NADP$^+$ ★★★

生体内で起こる多くの酸化還元反応では，水素（電子）の受け渡しが**補酵素**（▶ p.220）を仲立ちとして行われる。呼吸に関わる補酵素には **NAD$^+$** や **FAD** が，光合成に関わる補酵素には **NADP$^+$** がある。**NAD$^+$** と **FAD** は，有機物の酸化分解に伴って水素を受け取り，**還元型補酵素**（**NADH** と **FADH$_2$**）になる。**NADP$^+$** は光エネルギーの吸収に伴い放出される電子を受け取って還元型の **NADPH** になる。これら還元型補酵素が再び酸化型に戻るとき，電子とエネルギーを放出し，そのエネルギーによって **ATP** が合成されたり，物質が還元されたりするんだ。

還元型		酸化型		
NADH	⇄	NAD$^+$	$+ \text{H}^+ + 2e^- +$ エネルギー	ATP の合成
FADH$_2$	⇄	FAD	$+ 2\text{H}^+ + 2e^- +$ エネルギー	ATP の合成
NADPH	⇄	NADP$^+$	$+\text{H}^+ + 2e^- +$ エネルギー	→ 物質の還元

　有機物を，酸素を用いて無機物にまで分解し，**ATP** を合成する過程を呼吸という。呼吸は大きく，解糖系(かいとうけい)，クエン酸回路，電子伝達系の 3 つの過程からなる。このうち，**解糖系**は細胞質基質で，**クエン酸回路**と**電子伝達系**はミトコンドリアで進行する。

　生物が呼吸を行う目的は ATP をつくることだ。ATP のつくり方には大きく 2 つのやり方がある。1 つは，高いエネルギーとリン酸基をもつ物質からリン酸基を ADP に移しかえる方法（**基質レベルのリン酸化**）。もう 1 つは，還元型補酵素（**NADH** や **FADH$_2$**）が酸化されるときに生じるエネルギーを利用する方法（**酸化的リン酸化**という。▶p.245）だ。解糖系とクエン酸回路では，ATP は基質レベルのリン酸化によってつくられる。一方，電子伝達系では，解糖系とクエン酸回路でつくられた還元型補酵素を利用して，酸化的リン酸化で ATP がつくられる。

　下の表は，グルコース 1 分子が呼吸で消費されるときの ATP と還元型補酵素の数を示したものだ。

	場　　所	つくられる還元型補酵素	つくられる ATP	
解 糖 系	細胞質基質	2NADH ＋2H$^+$	2ATP	基質レベルのリン酸化
クエン酸回路	ミトコンドリアのマトリックス	8NADH ＋8H$^+$ 2FADH$_2$	2ATP	
電子伝達系	ミトコンドリアのクリステ	酸化的リン酸化	→ 34ATP	

　呼吸により，グルコース 1 分子が酸化分解されたときの反応式をまとめると次のようになる。

$$C_6H_{12}O_6 + 6O_2 + 6H_2O \longrightarrow 6CO_2 + 12H_2O ＋エネルギー（\textbf{38ATP}）$$

　グルコースが水と二酸化炭素になっている。完全燃焼と同じ反応式ですね。

その通り。呼吸を反応式で表すと，燃焼と同じ式になる。でも，次の点で燃焼とは異なっているんだ。

- 反応が一気に進むのではなく，いくつもの段階を経て徐々に酸化されていく。
- グルコースのもつエネルギーが，光や高い熱として放出されずに，**ATPの化学エネルギーとして蓄えられる。**

ここで，次の例題を考えてみよう。

〔例　題〕　1モルのグルコースが完全に酸化分解するときに発生するエネルギーは2850 kJである。細胞内で1モルのグルコースが呼吸によって酸化分解されると，最大38モルのATPがADPより生成される。1モルのADPからATPを生成するには30 kJのエネルギーが必要であるものとして，呼吸により生成されるATPのエネルギー効率を求めよ。

〔解　法〕

ここでいうエネルギー効率とは，「**グルコースがもつ全エネルギーのうち何％がATPの化学エネルギーとして蓄えられるか？**」ということだ。

 グルコースのエネルギーの全てがATPに蓄えられるんじゃないんですか？

いや，そうではないんだ。呼吸に限らず，**物質のもつエネルギーを取り出して利用しようとすると，必ず一部のエネルギーが熱エネルギーとして失われる**んだ。例えば，ガソリン自動車のエネルギー効率はおよそ16％と言われている。つまり，ガソリンのもつエネルギーの16％が動力（人や物の運搬）に利用されるけど，残りは熱エネルギーとなって失われているんだ。

では，本題に戻ろう。

38モルのATPを生成するためには38 × 30 kJ必要なので，

$$\frac{38 \times 30 \text{ kJ}}{2850 \text{ kJ}} \times 100 = 40 \text{〔％〕}$$

となる。つまり40％がATPのエネルギーとして蓄えられ，残り60％が熱エネルギーとなって逃げていくという計算結果だ。

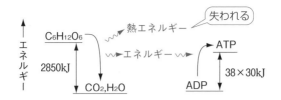

なんだか，思っていたより少ないというか，熱となって
ムダになるエネルギーの方が多いんですね。

　まあね。でも，こうして生じた熱エネルギーが体温の維持に一役買っているということができる。体温があるおかけで，酵素反応は速くなり代謝が円滑に進行するんだ。

===《《《 ✓解答 》》》===

40%

　それでは呼吸の3つの過程，解糖系・**クエン酸回路・電子伝達系**をそれぞれ詳しく見ていくことにしよう。

1　解糖系（第1段階）　＞★★★

　解糖系では，グルコースが徐々に酸化分解され，2分子の**ピルビン酸**になる。"酸化"といっても**酸素は結合せず，水素が引き抜かれる反応**で，2分子の**NADH＋H⁺**（Hが4個分）が生じる。また，最初の反応では**2分子のATPが消費**され，あとで**4分子のATPが生成**（基質レベルのリン酸化により）される。

2分子のATPが消費される？？
解糖系ではATPがつくられるだけじゃないんですか？

　そう。まずATPが消費されるんだ。これは安定なグルコース分子に，ATPがもつリン酸基とエネルギーを与えて（**リン酸化という**），グルコースを反応しやすい状態にするためだ。要するに，あとで見返りが期待できるエネルギー投資だ。例えるなら，アルコールランプに火をつけるために消費するマッチ棒のようなものだね。**2 ATP消費して4 ATP生成するので，差し引き2 ATPの利益が得られる**というわけだ。

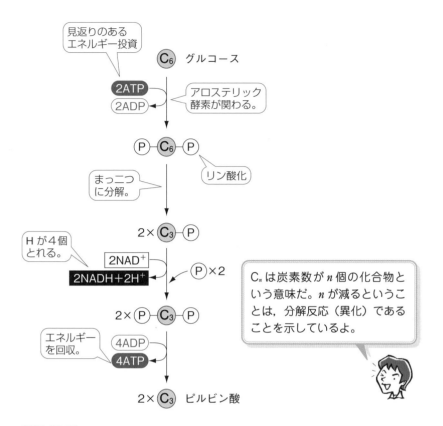

■解 糖 系

以上の反応をまとめると下式のようになる。

$$\text{解糖系} \quad C_6H_{12}O_6 + 2NAD^+ \longrightarrow 2C_3H_4O_3 + 2(NADH + H^+) + 2ATP$$

　ちなみに，解糖系のはじめの方の反応に関わる酵素（ホスホフルクトキナーゼ）は**アロステリック酵素**（▶p.224）だ。**解糖系で働くアロステリック酵素のエフェクター（アロステリック部位に結合する物質）の1つはATPで，ATPと結合すると酵素活性が抑えられるしくみになっている。**すなわち，細胞内にATPがたくさんあると，解糖系の反応が遅くなるんだ。このしくみには，**ATPが足りているときに，ムダにグルコースを消費することなく，細胞内のATP濃度を一定に保つ効果がある**んだ。

《 POINT㉒ 》 解 糖 系

◎呼吸の第一段階，解糖系は細胞質基質で進行する。

◎解糖系では，酸素が消費されることなくグルコースがピルビン酸に分解する。

◎解糖系では，1分子のグルコースから2分子の ATP と2分子の $NADH + H^+$（H が4個分）が生じる。

2　クエン酸回路（第2段階）＞★★★

　解糖系で生じたピルビン酸は，ミトコンドリアの2枚の膜を通って**マトリックス**に取り込まれる。ここで，多くの種類の**脱炭酸酵素**や**脱水素酵素**（デヒドロゲナーゼ）の働きで，次々に二酸化炭素と水素に分解されていく。この一連の反応経路を**クエン酸回路**という。

　では，クエン酸回路を順に見ていくことにしよう。

❶　ピルビン酸は，脱炭酸酵素の働きで CO_2（二酸化炭素）**が取り除かれる**。また，脱水素酵素の働きで水素が奪われるとともに $NADH + H^+$ **が生じる**。

❷　❶で炭素数3（C_3）のピルビン酸から CO_2 が取り除かれて C_2 化合物が生じる反応は，分解反応なのでエネルギーを生じるはずだ。でも，このエネルギーは ATP 生成には使われず，C_2 化合物と **CoA**（補酵素 A）の結合に使われ，**アセチル CoA**（C_2）というエネルギーの高い分子ができる。

❸　アセチル CoA（C_2）は，**オキサロ酢酸**（C_4）と化合して**クエン酸**（C_6）になる。**この反応は同化であることに注意してほしい**（炭素数に注目！）。ここで必要なエネルギーは，アセチル CoA 自身がもっていたもので，CoA を切り離すときに放出されるエネルギーが利用される。

❹　クエン酸は，段階的に脱水素・脱炭酸されながら α-ケトグルタル酸（C_5），コハク酸（C_4），フマル酸（C_4）などの中間産物を経て**オキサロ酢酸**（C_4）に戻る。この過程で生じるエネルギーで **2 ATP が生成する**（基質レベルのリン酸化により）。また，脱水素反応では $NADH + H^+$ のほかに $FADH_2$ が生じる。$FADH_2$ は $NADH + H^+$ と同様に，水素の"運び屋"となる分子だ（NAD^+ との違いは，FAD は内膜にくっついている点だ）。

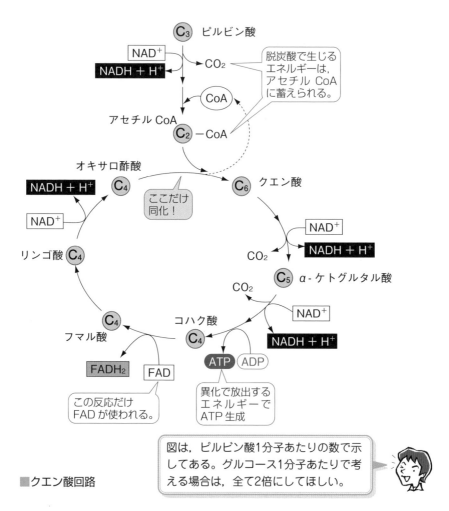

■クエン酸回路

　最終的にクエン酸回路では，2分子のピルビン酸（1分子のグルコース）あたり，**2ATP**，**8NADH＋8H⁺**，**2FADH₂**，**6CO₂** が生じる。その一方で，$6H_2O$ が消費されているよ。これを反応式にまとめると次のようになる。

クエン酸回路　　$2C_3H_4O_3 + 6H_2O + 8NAD^+ + 2FAD$

　　　　　　　　　$\longrightarrow 6CO_2 + 8(NADH + H^+) + 2FADH_2 + 2ATP$

クエン酸回路は，多くの反応からなる複雑な経路だけど，その割には2ATPだけしか得られず，効率が悪いように思えます。

　いや，クエン酸回路はATPを生成するための経路ではなく，**水素を集めるための反応経路**なんだ。水素は酸素と結びつくことで莫大なエネルギーをうむからね。実際に水素と酸素を結びつけるのは，次の段階の**電子伝達系**の仕事だけど，**その前段階としてクエン酸回路がある**んだ。

　ただし，ピルビン酸（$C_3H_4O_3$）から直接水素（H）だけを引き抜くことはできないので，水（H_2O）を加えながら，ちょっとずつ水素とCO_2に分解していくんだ。生じたCO_2はエネルギーとしての価値がないので，ここで捨てられる。つまり呼吸で発生するCO_2は，クエン酸回路から生じるものだ。

　結局，1個のピルビン酸は3個のCO_2に分解され，この過程で1ATPと10個分のH（水素）に相当する還元型補酵素がつくられるよ。

《POINT 23》 クエン酸回路

◎クエン酸回路は，ミトコンドリアのマトリックスで進行する。
◎2個のピルビン酸が，脱水素・脱炭酸される過程で，2ATP および
　8（NADH＋H^+）と2$FADH_2$が生成する（グルコース1分子あたり）。

3　電子伝達系（第3段階） ＞★★★

　解糖系とクエン酸回路で生じたNADH＋H^+や$FADH_2$を，ATPに"両替"するのが**電子伝達系**だ。電子伝達系は，**ミトコンドリアの内膜**に埋め込まれた数種の酵素とシトクロムと呼ばれるタンパク質によって進行する。内膜は面積をかせぐためにひだ状に折りたたまれて**クリステ**という構造をとっている。

　電子伝達系では，これまで見てきたATPの生成（基質レベルのリン酸化）とはまったく違った方法でATPが生成される。これを順を追って説明しよう。

❶ 内膜のタンパク質の働きで，還元型補酵素から H（水素）が切り離され，さらにこれが H^+（水素イオン）と e^-（電子）に分かれる（$NADH + H^+$ からの e^- はタンパク質複合体Ⅰから，$FADH_2$ からの e^- は，それより後ろのタンパク質複合体Ⅱから，電子伝達系に入る）。

❷ e^- はタンパク質複合体やシトクロム c の間を次々に受け渡される。この過程で，電子のもつエネルギーを使って H^+（水素イオン）がマトリックスから膜間腔（内膜と外膜の間のスペース）に輸送され，H^+ の濃度勾配が形成される。

❸ 仕事をしてエネルギーの減った e^- は，H^+ とともに**最終的に O_2（酸素）と結合して H_2O（水）になる**。

❹ 一方，膜間腔に貯まっている H^+ は，H^+ 濃度の低いマトリックス側へ戻ろうとする。**H^+ が，膜を貫く ATP 合成酵素の中を通り抜けてマトリックス側へ流出するときの勢いで ATP が合成される**。例えるなら，水を蓄えたダムの放水によって発電機が回るようなイメージだ。

　1分子の $NADH + H^+$ がもつエネルギーは最大 3 ATP に，1分子の $FADH_2$ がもつエネルギーは最大 2 ATP に "両替" される。したがって，**グルコース1分子分（10（$NADH + H^+$）と $2FADH_2$）から最大34ATP** が生成する。

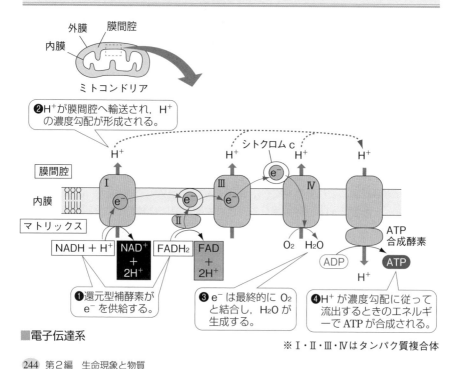

外膜　膜間腔
内膜
ミトコンドリア

❷H^+ が膜間腔へ輸送され，H^+ の濃度勾配が形成される。

シトクロム c

膜間腔

内膜

マトリックス

$NADH + H^+$　$NAD^+ + 2H^+$　$FADH_2$　$FAD + 2H^+$　O_2　H_2O

ATP 合成酵素

ADP　ATP

❶還元型補酵素が e^- を供給する。

❸e^- は最終的に O_2 と結合し，H_2O が生成する。

❹H^+ が濃度勾配に従って流出するときのエネルギーで ATP が合成される。

■電子伝達系

※Ⅰ・Ⅱ・Ⅲ・Ⅳはタンパク質複合体

電子伝達系を反応式にまとめると，次のようになる。

$$電子伝達系 \quad 10(NADH + H^+) + 2FADH_2 + 6O_2$$
$$\longrightarrow 10NAD^+ + 2FAD + 12H_2O + 34ATP（最大）$$

このように，**電子伝達系では NADH などが酸化される（e^- を失う）過程で生じるエネルギーで ATP がつくられる。**このような ATP 生成の方法を酸化的リン酸化という。現在の大気のように酸素が豊富にある環境において，酸化的リン酸化は，基質レベルのリン酸化よりも効率のいい方法だと考えられているよ。

電子伝達系で放出されるエネルギーが，いったん H^+ の濃度勾配という形で蓄えられたあと，ATP が合成されるという考えは**化学浸透圧説**と呼ばれ，1960年代にミッチェルにより提唱された。あまりにも画期的なこの学説は，その後，約10年にも及ぶ論争を経てやっと認められたんだ。

《POINT 24》 電子伝達系

◎電子伝達系は，ミトコンドリアの内膜（クリステ）で進行する。
◎電子伝達系では，酸素（O_2）が消費される。
◎電子伝達系では，酸化的リン酸化により最大34ATPが生成される。

以上が，呼吸の全ての過程だ。ここまでのところを簡単にまとめておこう。

《POINT 25》 呼吸の反応式

$$C_6H_{12}O_6 + 6O_2 + 6H_2O \longrightarrow 6CO_2 + 12H_2O$$

電子伝達系へ　　　　　　　　　　クエン酸回路から
　　　　　クエン酸回路へ　　　　　　　　　電子伝達系から

分子がどの過程に入って，
どの過程から出てくるのかも重要だ！

問1　呼吸で酸素が使われる反応は，細胞内のどこで行われているか。一つ選びなさい。

①　核　　②　液胞　　③　ミトコンドリア　　④　ゴルジ体

問2　次の(1)～(4)の各文章について，「解糖系」にあてはまるものにはA，「クエン酸回路」にあてはまるものには B，「電子伝達系」にあてはまるものには C と答えなさい。

(1)　直接酸素を消費する。

(2)　二酸化炭素を生じる。

(3)　グルコースからピルビン酸を生じる。

(4)　水素を酸化して水を生じる。

✓解説

問1　「呼吸で酸素が使われる反応」＝電子伝達系　だよね。だから，ミトコンドリアだ。

問2　(4)の「水素を酸化して……」とは，還元型酵素がもつ水素に酸素を結びつけるという意味だ。

✓解答

問1　③

問2　(1)　C　　(2)　B　　(3)　A　　(4)　C

4　グルコース以外の呼吸基質の分解経路 ★★☆

　ここでは，グルコース以外の呼吸基質がどのように呼吸に使われるかを見ていくことにしよう。

①　タンパク質（アミノ酸）

　まず，タンパク質はアミノ酸にまで分解される。アミノ酸のアミノ基は，いらないので取り除かれて（脱アミノ反応）アンモニアとなる。哺乳類では，アンモニアは肝臓で無毒の尿素に変えられたあと，尿とともに排出される。残りの部分は有機酸となって，クエン酸回路に入っていき，呼吸に使われるんだ。

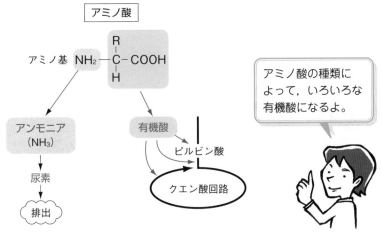

アミノ酸

アミノ基 NH_2

R
$|$
$-C-COOH$
$|$
H

アンモニア
(NH_3)

有機酸

ピルビン酸

クエン酸回路

アミノ酸の種類に
よって，いろいろな
有機酸になるよ。

尿素

排出

② 尿素の生成

　肝臓での尿素の生成は，一種の同化なのでエネルギーが必要だ。そして，このエネルギーには ATP を分解したときに生じるエネルギーが使われる。

　アンモニアって老廃物なんでしょ？
　なんで，わざわざ尿素に合成するの？

　そう。アンモニアは老廃物だから捨てられるべきものだね。だけど**アンモニアは有毒**なため，もしアンモニアのままで捨てようとしたら，体内で高い濃度になる前に，尿として捨てなければならないんだ。これだと水がたくさん必要になる。

　だけど，アンモニアを**毒性の少ない**尿素に変えれば，体内にある程度の濃度になるまで貯めておいて，少ない尿で排出できる。そのため，陸上動物のように，**水を得ることが難しい動物には有利**なんだ。

　また，哺乳類では胎児が胎盤を通して老廃物を母体に受け渡す必要がある。このような場面にも，**胎盤を通過する尿素だと都合がいい**んだ。

　尿素は，**肝臓の尿素回路（オルニチン回路）**で合成される。2 分子のアンモニアと 1 分子の CO_2 から，1 分子の尿素がつくられる。このとき，3 ATP が消費される。

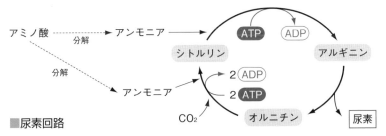

アミノ酸 ········→ アンモニア

分解

ATP　ADP

シトルリン

アルギニン

分解

アンモニア

2 ADP

2 ATP

CO_2

オルニチン

尿素

■尿素回路

((POINT 26)) 尿素の生成

◎尿素は肝臓の尿素回路で合成される。

COLUMN コラム

尿素回路もクエン酸回路も発見したクレブス

　尿素回路は，1932年，H. A. クレブスらによって発見された。
　クレブスは，その5年後，クエン酸回路を明らかにした。そして，その功績により，ノーベル賞を受賞したんだ。

③ 脂　　肪

　脂肪はグリセリンと脂肪酸に分解される。長い炭素鎖からなる**脂肪酸**は，端から炭素2個ずつに切り分けられ，CoA と結合して**アセチル CoA**（C_2）になり（この反応をβ**酸化**という），クエン酸回路に取り込まれる。一方，**グリセリン**（C_3）は解糖系に取り込まれる。つまり，脂肪酸とグリセリンはともに ATP をつくるための燃料となり，最終的に CO_2 と水にまで分解されるんだ。

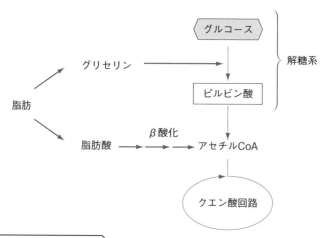

5 呼 吸 商 ＞ ★★★

　呼吸で吸収される酸素（O_2）と放出される二酸化炭素（CO_2）の体積（またはモル）比を**呼吸商**という。

《POINT 27》 呼 吸 商

$$呼吸商 = \frac{放出されるCO_2 量}{吸収されるO_2 量} \quad (体積またはモル)$$

呼吸商を調べることで，何を呼吸基質に使っているかがわかるんだ。

どうして，呼吸商で呼吸基質の種類がわかるんですか？

呼吸商が，呼吸基質によって異なるからなんだ。

次の化学反応式を見てほしい。それぞれ，炭水化物，脂肪，タンパク質（アミノ酸）が呼吸で分解されるときの式だ。

炭水化物：
$C_6H_{12}O_6 + 6O_2 + 6H_2O \longrightarrow 6CO_2 + 12H_2O$
グルコース

➡ 呼吸商 $= \dfrac{6}{6} = 1.0$

脂　肪：
$2C_{57}H_{110}O_6 + 163O_2 \longrightarrow 114CO_2 + 110H_2O$
トリステアリン

➡ 呼吸商 $= \dfrac{114}{163} ≒ 0.7$

タンパク質：
$2C_6H_{13}O_2N + 15O_2 \longrightarrow 12CO_2 + 10H_2O + 2NH_3$
ロイシン

➡ 呼吸商 $= \dfrac{12}{15} = 0.8$

呼吸商は，それぞれの式の CO_2 の係数を O_2 の係数で割ることで求められるよ。

なんで，体積じゃなくて，係数で計算したの？

化学式の係数は，モル比を表すことは知っているかな？　これは化学の知識なんだけど，どんな種類の気体でも，同じモル数なら一定の体積（0℃，1 気圧で22.4 L）になるんだ。だから，体積またはモルのどちらでも**呼吸商が計算できる**んだ。

呼吸基質	呼吸商
炭水化物	1.0
脂　肪	0.7
タンパク質	0.8

次に，呼吸商の問題をのせるけど，難しかったら，解説を読んでいっしょに考えながら解いてみよう。

問題 3　　呼吸商の測定　★★★

　発芽した種子の呼吸商を調べるために，次の実験を行った。この種子の呼吸商を求めなさい。

〔実　　験〕

1．図のような装置を2つ（AとB）用意し，装置Aのビーカーには水を，装置Bのビーカーには水酸化ナトリウム（NaOH）水溶液を入れた。
2．それぞれの装置内に，同じ量の発芽種子を入れた。
3．活栓を閉じて，20分後のガラス管の中の水滴の移動より，気体の体積の減少量を測定した。
4．それぞれの結果は，装置Aが2.4 mL，装置Bが8.4 mLであった。

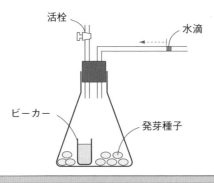

活栓　　水滴　　ビーカー　　発芽種子

=== ✓解説 ===

　発芽しかけの種子というのは，盛んに呼吸する（光合成はまだしていないよ）。この装置では，呼吸によって吸収した O_2 量と排出した CO_2 量を，それぞれ測定できるんだ。

まず，水滴の移動が何を意味するのか考えてみよう。

活栓を閉じると，この装置（フラスコ）内は**密閉状態**となる。そのため，もし装置内の気体の体積が減少すると，水滴は左方向へ移動し，増加したら右方向に移動する。そして，その移動距離から，気体の体積の減少量や増加量がわかるんだ。

次に，呼吸のガス交換によって，水滴がどのように移動するのか考えてみよう。

実際には，発芽種子の O_2 吸収と CO_2 排出は同時に起こっているんだけど，ここでは，次のように考えてみることにするよ。

「種子は，まず，まとめて O_2 だけを吸って，次に CO_2 だけを吐き出す。測定時間（20分間）内に，この"吸って""吐いて"を1回だけやる」と考えるんだ。

装置Aの場合は，ビーカーの中の水はなんにもしないので，次のようになる。

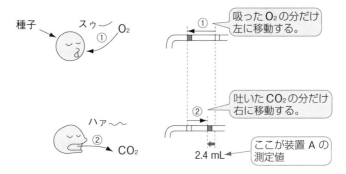

つまり，**装置Aの気体の体積の減少量 = 2.4 mL** は，**吸収した O_2 と排出した CO_2 の差を表している**んだ。

一方，**装置Bの水酸化ナトリウム溶液には CO_2 を吸収する性質がある**。そのため，装置Bでは，種子が吐き出した CO_2 は NaOH 水溶液に吸収されてしまう。

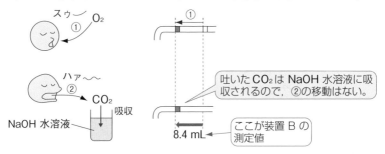

だから，装置Bでは種子が吸収した O_2 の量だけが測定できる。

これらの結果を利用して，種子が排出した CO_2 量を，計算で求めることができる。

$\begin{cases} 装置Aの値 ⇒ \textbf{2.4 mL} = O_2 吸収量 - CO_2 排出量 \\ 装置Bの値 ⇒ \textbf{8.4 mL} = O_2 吸収量 \end{cases}$

$$\therefore \quad CO_2 \text{排出量} = 8.4 - 2.4 = 6.0 \text{mL}$$

したがって，呼吸商 $= \dfrac{CO_2}{O_2} = \dfrac{6.0}{8.4} = 0.71$ ……，つまり約**0.7**となる。

呼吸商が0.7ということから，この種子は呼吸基質として脂肪を使っているということがわかる。**ゴマやアブラナなどの脂質を蓄えた種子**（脂肪種子という）では，このような値になるんだ。

=====《 √ 解 答 》=====

呼吸商＝0.7

 ところで，呼吸商って必ず1より小さくなるのですか？

いや，そうとはかぎらないんだ。酵母などが行うアルコール発酵（▶p.257）では，呼吸商が極端に大きな値になることがある。なぜなら，アルコール発酵では，O_2が吸収されず，CO_2だけが放出されるからね。

つまり「**呼吸商が1より大きい場合は，アルコール発酵が行われていることを疑え**」ってことだね。

6 脱水素酵素の働きを調べる実験 ＞★★★

ここで，**ツンベルク管**を使った実験について説明しよう。

ツンベルク管は，次の図のガラス器具で，反応させたい2種類の液を，それぞれ主室と副室に分けて入れておく。次に，器具を傾けると副室の液が主室に流れ込んで2種類の液が混ざるしくみになっている。

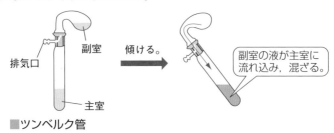

排気口　副室　傾ける。　副室の液が主室に流れ込み，混ざる。

主室

■ツンベルク管

 2種類の液を混ぜるだけなら，ふつうの試験管でもよさそうだけど……。

酸化還元反応を確認するような実験では，空気中の酸素がじゃまになることがあるんだ。そんなときには，このツンベルク管を使う。ツンベルク管の排気口にアスピレーター（吸気装置）をつなぎ，空気を抜いたところで副室を回して閉じる。これで管の中が真空になるんだ。

〔実　験〕
❶　ニワトリの胸筋を乳鉢にとり，石英砂[*1]と緩衝液[*2]を加えてすりつぶし，これをガーゼでこして，そのろ液を酵素液とする。
❷　酵素液をツンベルク管の主室に入れ，副室にはコハク酸ナトリウム溶液[*3]とメチレンブルー溶液[*4]を入れる。
❸　アスピレーターで十分排気してから，副室を回して密閉する。
❹　これを37℃の温水中に浸し，ツンベルク管を傾けて副室の液を主室に流入させてよく混合する。
❺　その後，37℃で保温したまま，メチレンブルーの色の変化を観察する。

〈＊1〜＊4の物質は，それぞれ次のような役割をもつ〉
＊1：**石英砂** ➡ 材料であるニワトリの胸筋をよくすりつぶすために混ぜる砂。反応には関係しない。
＊2：**緩衝液** ➡ 溶液の **pH** を一定に保つために使用する溶液。酵素反応には欠かせない。
＊3：**コハク酸ナトリウム溶液** ➡ 反応の主役，つまり**基質**だ。
＊4：**メチレンブルー溶液** ➡ 反応が起こったかどうかを確かめる溶液。**反応指示薬**というよ。

コハク酸ナトリウムは，何という酵素の基質になるのですか？

ニワトリの胸筋中のミトコンドリアにある，**コハク酸脱水素酵素（コハク酸デヒドロゲナーゼ）**という酵素だよ。コハク酸脱水素酵素は，クエン酸回路で働く酵素で，基質であるコハク酸（コハク酸ナトリウム）から水素を奪い，それを補酵素 FAD にくっつけて FADH₂ にするんだ。

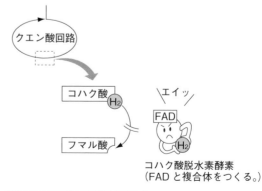

■**コハク酸脱水素酵素の働き**

でも，どうやって，この反応がツンベルク管の中で起こったかどうかがわかるの？

　脱水素酵素が基質から水素を奪うという反応（**酸化**）は，ある意味"ジミ"でわかりにくい。そこで，**メチレンブルー**のような反応指示薬を使うんだ。
　メチレンブルー（Mb）は，通常青色をしているんだけど，水素（H）を受け取って還元型メチレンブルー（Mb・H_2）になると，無色になる性質があるんだ。

メチレンブルーに水素を与えるのが，$FADH_2$ なんですね。

　そのとおり！　コハク酸脱水素酵素は，コハク酸から水素を奪い $FADH_2$ をつくる。さらに，その水素をメチレンブルーに与える。その結果，溶液は無色になるんだ。

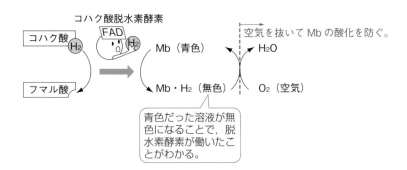

じゃあ，この実験を，空気があるところで行うと，どうなるの？

　反応の結果で生じた還元型メチレンブルー（Mb・H₂）が，空気中の酸素によって酸化され（水素が奪われ），またもとのメチレンブルー（Mb）に戻ってしまうんだ。つまり，溶液は青いままなので，反応が起こったかどうかわからないんだ。

《POINT29》脱水素酵素の実験

◎ツンベルク管 ➡ 空気のない状態で酵素反応を行わせるためのガラス密閉容器
◎メチレンブルー ➡ 反応指示薬　ふだん（Mb）は青色，還元型（Mb・H₂）は無色。脱水素酵素が働くと，青色 ➡ 無色

問題 4　脱水素酵素の働きを調べる実験　★★★

　ニワトリの胸筋に緩衝液を加えてよくすりつぶし，ガーゼでこして，そのろ液を酵素液とした。ツンベルク管3本（A，B，C）を用意し，表にしたがって主室と副室に液を入れ，排気口からツンベルク管内の空気を排除したあと，副室の液を主室に入れて37℃で反応させた。

ツンベルク管		A	B	C
主室	緩衝液のみ	3 mL	−	−
	酵素液	−	3 mL	−
	煮沸した酵素液	−	−	3 mL
副室	メチレンブルー溶液	1 mL	1 mL	1 mL
	コハク酸ナトリウム溶液	1 mL	1 mL	1 mL

問1　この酵素反応の基質は何か。
問2　(1)　液の色の変化が起こるツンベルク管はどれか。
　　　(2)　色はどのように変化するか。
問3　反応前にツンベルク管内の空気を排除するのはなぜか。
問4　(1)　この反応で働く酵素は何か。
　　　(2)　この反応に最も関係が深い代謝経路は何か。

═══ ◀《✓解説》▶ ═══

問2　Aは緩衝液だけで，酵素が入っていないので，反応は起こらない。また，Cは
煮沸（しゃふつ）によって酵素が変性しているので，反応は起こらないよ。

═══ ◀《✓解答》▶ ═══

問1　コハク酸ナトリウム

問2　⑴　B

　　　⑵　青色から無色になる。

問3　メチレンブルーが，空気中の酸素によって酸化されるのを防ぐため。

問4　⑴　コハク酸脱水素酵素（コハク酸デヒドロゲナーゼ）

　　　⑵　クエン酸回路

STORY 4　発酵と解糖

　有機物を，酸素を用いずに分解し，ATP を合成する過程を発酵という。発酵は微生物が行う代謝だけど，同様の代謝は，植物の種子や動物の筋肉などでも見られる。

　発酵では，有機物の分解が不完全なため，生成物として有機物が生じ，つくられるATP も呼吸に比べると少ない。発酵の過程では酸素を使わないので，ミトコンドリアは関係せず，全て細胞質基質だけで進行する。

発酵の特徴

● 酸素を使わずに有機物が分解される。

● 生成物として有機物が生じる。

● 生じる ATP は呼吸に比べると少ない（グルコース 1 分子あたり 2 ATP）。

● 細胞質基質で進行する。

　さらに，発酵は，つくられる有機物の種類によって**乳酸発酵**や**アルコール発酵**に分けられる。それぞれ詳しく見ていくことにしよう。

1 アルコール発酵 ＞★★★

　酵母は，グルコースをエタノールと二酸化炭素に分解する過程で**ATPを得る**ことができる。これをアルコール発酵という。アルコール発酵で生じるエタノールはお酒づくりに，二酸化炭素はパンを膨（ふく）らませるのに利用されているよ。

　酵母は，グルコースを取り込むと**ピルビン酸**にまで分解し，この過程で2ATPを得る。生じ

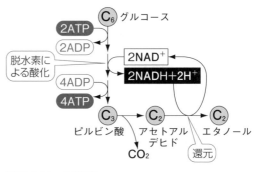

■アルコール発酵

たピルビン酸は，脱炭酸酵素の働きで CO_2 が取り除かれアセトアルデヒド（C_2）となり，次に $NADH + H^+$ から水素を受け取って（還元されて）エタノール（C_2）となる。

> グルコースからピルビン酸までは，呼吸の第1段階（解糖系）と似ていませんか？

　その通り。似ているというか解糖系そのものだ。**解糖系は，呼吸と発酵に共通の過程**なんだよ。だから，発酵でつくられる2ATPは，解糖系でつくられるものなんだ。

アルコール発酵　$C_6H_{12}O_6 \longrightarrow 2C_2H_5OH + 2CO_2 + 2ATP$
　　　　　　　　　　　　　　エタノール

　酵母が行うアルコール発酵に関して，カン違いしやすい点があるので，下にまとめておこう。

● **酵母は，アルコール発酵しかできないのではなく，酸素があれば呼吸も行う。**
　　酵母は真核生物なので，ミトコンドリアをもつ。酸素が十分にあるときは，ATP生産効率の高い呼吸を行う。このように，酵母は酸素濃度に応じてアルコール発酵を行うか，呼吸を行うかを調節している。酸素がある条件下でアルコール発酵が抑制される現象は，**パスツール効果**と呼ばれているよ。

● **植物にもアルコール発酵と同等の代謝を行う能力がある。**
　　例えば，イネのように水中で発芽する種子は，酸素がない状況でATPを得るために，グルコースをエタノールに分解するしくみをもっている。植物のこのような能力も，酸素がある条件では抑制されるよ。

2 乳酸発酵 〉★★★

ヨーグルトや漬け物のすっぱさの正体は，乳酸菌がつくりだす乳酸（C_3）だ。乳酸菌が行う**乳酸発酵**では，グルコースを分解して乳酸にする過程でATPが生じ，これを利用して乳酸菌は生活しているんだ。

乳酸菌は，グルコースを取り込むと**ピルビン酸**にまで分解し，この過程で**2ATP**を得る。ここまでは解糖系だ。生じたピルビン酸は，$NADH + H^+$から水素を受け取って（還元されて）**乳酸**（C_3）となる。

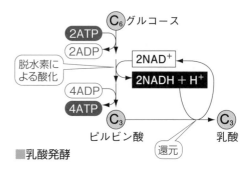

■乳酸発酵

そして，これを化学式にまとめると次の式になる。

乳酸発酵　$C_6H_{12}O_6 \longrightarrow 2C_3H_6O_3 + 2ATP$
　　　　　　　　　　　　　乳酸

3 解　糖 〉★★★

動物の筋肉でも，酸素を使わずに有機物が分解されATPがつくられる。これを**解糖**という（解糖系ではないので注意しよう）。解糖では，グルコースやグリコーゲンが分解されて乳酸がつくられる。この反応は**乳酸発酵と同じ過程**をたどる。だからといって，決して筋肉中に乳酸菌がすみついているのではなく，筋肉自体が，乳酸菌と同じ反応を行うんだ。

 解糖は，どんなときに行われるのですか？

短距離走や，重いバーベルを持ち上げるなどの激しい運動をすると，**骨格筋**ではたくさんのATPが消費される。これを全て呼吸だけでまかなうのにはムリがあるんだ。**酸素がすぐに不足する**からね。そんなときに，解糖が行われる。解糖なら，酸素がなくてもATPをつくることができるからだ。

また，**赤血球**でも解糖が行われている。なぜなら，赤血球にはミトコンドリアがなく，呼吸ができないため，必要なATPは解糖でつくられるんだ。

参考 **乳酸のゆくえ**

「筋肉などでつくられた乳酸はその後
どうなるのか？」について，少し触れ
ておこう。

乳酸は血しょう中に出て，そのまま
血流に乗って肝臓にまで運ばれる。肝
細胞に取り込まれた乳酸の約20％は，
ピルビン酸に戻されたあと，ミトコン
ドリアに入って呼吸の過程で二酸化炭

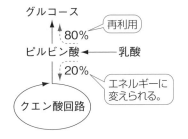

素と水に分解される。その過程で生じた ATP を使って，残りの80％の乳酸が
グルコースやグリコーゲンにまで戻される。そして，グルコースは肝臓から血
中に放出され，血糖として再利用されるんだ。まったくムダを出さないシステ
ムだね。

---

4 **NAD^+ の再生 ＞ ★★☆**

発酵や解糖では，ATP は解糖系だけでつくられますよ
ね。それなのに，どうしてピルビン酸をエタノールや
乳酸に変える反応が必要なのですか？

それはちょっと難しい話になるよ。

解糖系には，脱水素酵素（デヒドロゲナーゼ）が基質から水素を奪う過程があった
よね。水素は補酵素 NAD^+ が受け取り $NADH + H^+$ となって，酵素の活性部位から
離れていく（220ページを見てね）。

細胞内の NAD^+ の数には限りがあるので，もし解糖系だけが進むと，全ての NAD^+
が水素と結合した状態（$NADH + H^+$）となってしまい，NAD^+ が不足してしまうん
だ。補酵素である NAD^+ を失うと，脱水素酵素が働けなくなるので，やがて解糖系
が止まってしまうおそれがある。

そこで，**$NADH + H^+$ の水素をピルビン酸にくっつけて（還元して），NAD^+ を再
生するための経路が必要**となる。それが，ピルビン酸から後半の過程だ。

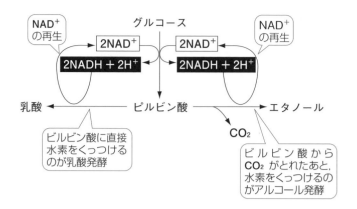

ビルビン酸に直接水素をくっつけるのが乳酸発酵

ビルビン酸から CO_2 がとれたあと、水素をくっつけるのがアルコール発酵

5 動物の筋肉で見られる呼吸と解糖 ＞★★☆

　NAD$^+$ の循環が重要なのは、呼吸でも同じだ。動物の筋肉において、酸素があるときと、酸素が不足したときの NAD$^+$ の循環を見てみよう。

　酸素（O_2）が十分にあるときは、解糖系やクエン酸回路で生じた NADH ＋ H$^+$ は、全て電子伝達系で処理され NAD$^+$ が再生する。そして、NAD$^+$ は再び水素を受け取るために脱水素酵素のもとに戻る、という循環ができている。

　ところが、激しい運動で酸素が不足したときは、**酸素を直接必要とする電子伝達系が止まってしまう（遅くなる）**ため、

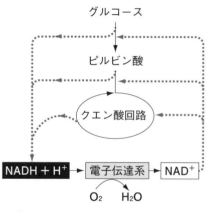

■酸素があるときの補酵素の循環

NADH ＋ H$^+$ が処理できなくなってしまう。そこで、解糖を行い、解糖系で生じた H$^+$ を、ピルビン酸にくっつけるという処理が行われるんだ。

　しかし、クエン酸回路から生じる NADH ＋ H$^+$ は、水素を何かに押しつけて NAD$^+$ を再生することができない。そのため、酸素不足の条件では、ミトコンドリアの中の NAD$^+$ が不足していしまい、多くの脱水素酵素が働く**クエン酸回路までが止まって（遅くなって）**しまうんだ。

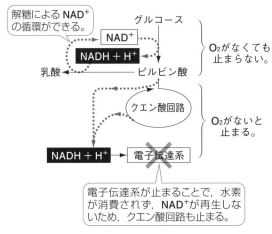

■酸素がないときの補酵素の循環

《 POINT 30 》 酸素の有無と呼吸・発酵

◎酸素がなくても進行する ➡ 解糖系 (乳酸発酵, 解糖, アルコール発酵)

◎酸素がないと止まる ➡ クエン酸回路, 電子伝達系

　　酵母のなかまの多くはアルコール発酵（以下，発酵）によってエネルギーを得ることができる一方，酸素を用いた呼吸によりエネルギーを得ることもできる。そのうちの多くの種では，グルコースが十分に存在すると，酸素の存在下でも発酵によってエネルギーを得る。その理由に関する次の考察文中の　ア　～　ウ　に入る語句として最も適当なものを，それぞれ①または②から選びなさい。

　　グルコース1分子当たりに合成されるATP量は発酵のほうが呼吸よりも　ア　〔①多い／②少ない〕。また，グルコースが十分に存在する条件でのATP合成の最大速度（単位時間当たりに合成可能なATP量）は，発酵のほうが呼吸よりも速い。このため，細胞分裂の頻度が　イ　〔①高い／②低い〕ときなど，単位時間当たりに獲得できるエネルギー量が重要となる条件では，たとえ酸素が存在する条件であっても，呼吸よりも発酵でエネルギーを得るほうが有利になると考えられる。ただし，発酵により解糖系の産物が　ウ　〔①酸化／②還元〕されてできたエタノールは，多くの微生物の生育を阻害するため，ほかの微生物との競争関係において発酵を行うことが利点になっている可能性も考えられる。

〈共通テスト・改〉

==========✓ 解 説==========

　　グルコース1分子当たりに合成されるATP量は，発酵が2ATP，呼吸が最大38ATPだったよね。したがって，　ア　は〔②少ない〕が入る。

　　発酵は，呼吸に比べて合成されるATP量は少ないけど，ATP合成の速度は速いので，単位時間当たりに獲得できるエネルギー量が重要となる条件，すなわち細胞分裂の頻度が高いときには，発酵が行われるというわけだ。したがって，　イ　は〔①高い〕が入る。

　　エタノールは，解糖系の産物（ピルビン酸）がアセトアルデヒドを経て還元されてできるんだったよね（▶p.257　アルコール発酵）。したがって，　ウ　は〔②還元〕が入る。

==========✓ 解 答==========

ア―②　　イ―①　　ウ―②

第6章 同 化

▲生体が巨大分子を組み立てるしくみを勉強しよう。

STORY 1 炭酸同化

　生物が，二酸化炭素を取り込み有機物を合成する働きを**炭酸同化**という。炭酸同化を行う生物は，自分で栄養をつくり出すことができるので，ほかの生物を食べることはない。そのため**独立栄養生物**と呼ばれている。これに対して，ヒトのように，ほかの生物がつくった有機物を食べて生きている生物を**従属栄養生物**と呼ぶ。

> 独立栄養生物 ➡ 炭酸同化を行う生物
> 従属栄養生物 ➡ ほかの生物がつくった有機物を取り入れる生物

　ロウソクや紙などを燃やしたときに出る二酸化炭素からデンプンなどの有機物が合成されるわけだから，炭酸同化は，たくさんのエネルギーを必要とする。このエネルギーをどのように調達するかによって，炭酸同化はさらに**光合成**と**化学合成**（▶ p.288）に分類される。

《POINT 31》炭酸同化

◎炭酸同化
- 光合成 ➡ 光エネルギーを利用して有機物を合成。植物や藻類・一部の細菌が行う。
- 化学合成 ➡ 化学エネルギーを利用して有機物を合成。一部の細菌が行う。

STORY 2 光合成

1 光合成が行われる場所 ＞★★★

光合成を行う細胞には，葉緑体がある。この葉緑体が，**光合成が行われる**場所だ。

葉緑体は，二重の膜で包まれた粒状の細胞小器官で，内部に**チラコイド**と呼ばれる扁平(へんぺい)な袋状の膜構造をもっている。チラコイドには，光エネルギーを吸収するための**光合成色素**が存在する。

また，チラコイドの間を満たしている液体部分は**ストロマ**と呼ばれ，有機物を合成するための酵素をたくさん含んでいるよ。

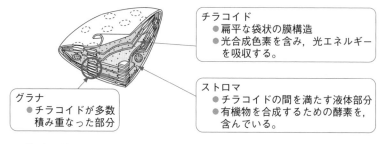

チラコイド
- 扁平な袋状の膜構造
- 光合成色素を含み，光エネルギーを吸収する。

グラナ
- チラコイドが多数積み重なった部分

ストロマ
- チラコイドの間を満たす液体部分
- 有機物を合成するための酵素を，含んでいる。

■葉緑体

2 光合成色素 ＞★★☆

チラコイドの膜には，**クロロフィル a**，**クロロフィル b**，**カロテン**，**キサントフィル**などの光合成色素が存在し，これらに吸収された光エネルギーが光合成に使われる。

なかでも，クロロフィル a は**主色素**と呼ばれ，一番量が多く，どんな植物も必ずもっている色素だ。

そのほかの色素は**補助色素**と呼ばれ，主色素が吸収しないような色の光を吸収して，エネルギーを主色素に渡す役割がある。

植物の緑色と光合成に利用される光の色との間には，関係があるのかなぁ？

おおいに関係があるんだ。植物が緑に見えるということは，緑色光を吸収せずに反射しているからなんだ。一方，可視光に含まれる緑色以外の色の光（赤や青）は，植物に吸収されているため目には届かない。右の図を見てほしい。これは，**作用スペクトル**といって，**植物にいろいろな色（波長）の光を当てて光合成速度を測定したもの**だ。緑色の付近は光合成速度が下がっていて，緑色光は**あまり光合成に利用されていないこ**とがわかる。

そのかわり，赤色と青紫色の光を当てたときは，光合成速度が大きくなっている。つまり，**光合成には赤色光と青紫色光がよく利用される。**

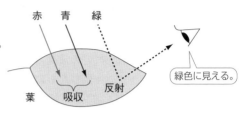

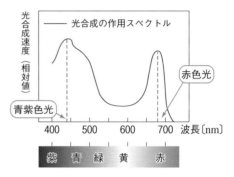

■作用スペクトル

下の図はクロロフィルａとクロロフィルｂ，カロテンの吸収スペクトルだ。**クロロフィルやカロテンにいろいろな色（波長）の光を当てて，どの色の光をよく吸収するのかを調べたもの**だ。よく吸収する色ほど，値は大きくなるよ。これを見ると，**クロロフィルは赤色光と青紫色光をよく吸収している**ことがわかる。

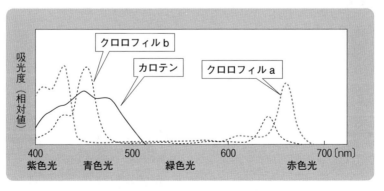

■クロロフィルa，クロロフィルb，カロテンの吸収スペクトル

作用スペクトルとクロロフィルの吸収スペクトルは，ともに赤色光と青紫色光にピークをもち，似たような曲線を描いているよね。これは，**クロロフィルに吸収された光が光合成に使われている**という間接的な証拠になるんだ。

((POINT 32)) 作用スペクトルと吸収スペルトル

◎作用スペクトル ➡ 各波長（色）での光合成速度
◎吸収スペクトル ➡ どの波長（色）の光をどの程度吸収するのかを表したもの
◎クロロフィルは，赤色と青紫色の光をよく吸収する。
◎植物は，赤色と青紫色の光を与えたときに光合成速度が大きくなる。

3 光合成色素の抽出 ―薄層クロマトグラフィー― 〉★☆☆

クロロフィルなどの光合成色素は，水に溶けにくく，有機溶剤に溶けやすい性質があるので，アセトンなどを使って葉から抽出できる。抽出液に溶け込んだ色素は，薄層クロマトグラフィーという方法で，各色素に分離することができる。

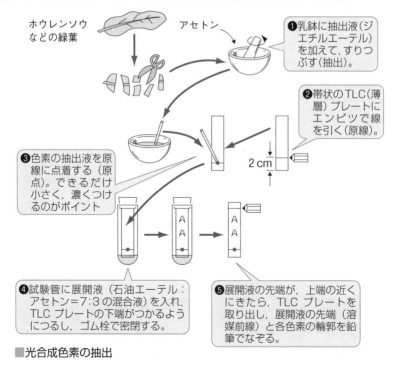

ホウレンソウなどの緑葉　アセトン

❶乳鉢に抽出液（ジエチルエーテル）を加えて，すりつぶす（抽出）。

❷帯状のTLC（薄層）プレートにエンピツで線を引く（原線）。

2 cm

❸色素の抽出液を原線に点着する（原点）。できるだけ小さく，濃くつけるのがポイント

❹試験管に展開液（石油エーテル：アセトン＝7：3の混合液）を入れ，TLCプレートの下端がつかるようにつるし，ゴム栓で密閉する。

❺展開液の先端が，上端の近くにきたら，TLCプレートを取り出し，展開液の先端（溶媒前線）と各色素の輪郭を鉛筆でなぞる。

■光合成色素の抽出

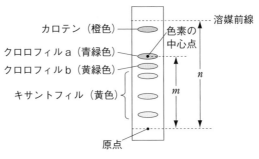

カロテン（橙色）

クロロフィルa（青緑色）

クロロフィルb（黄緑色）

キサントフィル（黄色）

色素の中心点

溶媒前線

n

m

原点

■薄層クロマトグラフィーの結果

展開された色素の名前は，どうやってわかるの？

Rf 値を求めることで，その色素が何なのかを決めることができるよ。Rf 値とは Rate of Flow の略で，その色素の移動度を示す値だ。Rf 値は次の式で求められるよ。

$$●Rf 値 = \frac{原点から色素の中心までの距離}{原点から展開液の先端までの距離}$$

例えば，上の図のクロロフィル a の Rf 値は，以下のようにして求められる。

$$Rf 値 = \frac{m}{n}$$

ろ紙や展開液の溶媒，温度などの条件が同じなら，色素の Rf 値は一定になるので，資料と比較して色素を推定することができる。

次の表は，色素の種類とその色，およその Rf 値を示したものだ。

■おもな光合成色素と Rf 値

色　　素	色	Rf 値
カロテン	橙　色	0.98
クロロフィル a	青緑色	0.80
クロロフィル b	黄緑色	0.71
キサントフィル類	黄　色	0.65
	黄　色	0.49

数値までは覚える必要はないよ。

表の Rf 値を覚える必要はないけど，色素と色の関係は覚えておこう（展開液の溶媒の種類によっては，上記の並び順にならないこともある）。

《POINT❸❸》 Rf 値

◎ Rf 値 ＝ $\dfrac{\text{原点から色素の中心までの距離}}{\text{原点から展開液の先端までの距離}}$

●《参│考》 **エンゲルマンの補色適応説** ●

　19世紀の植物学者エンゲルマンは，藻類の体色と，吸収する色（吸収スペクトル）が補色の関係にあること，また，そのことが水深に応じて生息する藻類が異なることに関連していると説明した。

　海水は，日光に含まれる赤色をよく吸収し，緑色はあまり吸収しない。そのため，赤色をよく吸収する緑藻類は赤色が届く浅いところを好み，緑色を吸収できる紅藻類は深いところにすむことができる。その結果，浅いところから深い所にかけて，緑藻類→褐藻類→紅藻類のすみわけが成立するというわけだ。

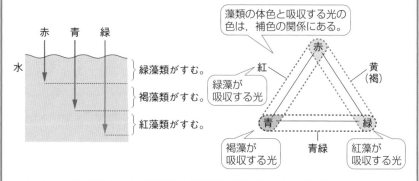

　しかし，実際には各々の藻類にも適応の幅があり，ここまではっきりとすみわけが行われているわけではないようだ。

4　光合成の反応過程 〉★★★

光合成を化学反応式で表すと，次のようになる。

$$6CO_2 + 12H_2O + 光エネルギー \longrightarrow (C_6H_{12}O_6) + 6O_2 + 6H_2O$$
有機物

この式の"有機物"とは，スクロースやデンプンなどの炭水化物を指す。この"有機物"の項を便宜的に"グルコース"に置き換えてみると，呼吸の反応式（▶p.249）と似ていることに気づくだろうか。すなわち，光合成と呼吸は，たがいに逆向きの反応と見ることができるんだ。そのためか，光合成と呼吸では，よく似た反応過程を見つけることができるんだ。

　光合成も呼吸と同じく，いくつもの反応が段階的に進んでいく。それぞれについて学んでいくことにしよう。

　光合成は，大きく**チラコイドで起こる反応とストロマで起こる反応**とに分けることができる。それぞれの反応で起こることをまとめると次のようになる。

■光合成の過程

チラコイド で起こる反応	❶ 光合成色素による光エネルギーの吸収 ❷ 水の分解（O_2 の発生） ❸ ATP の生成 ❹ NADPH $+$ H$^+$ の生成
ストロマ で起こる反応	❺ CO_2 の固定，有機物の合成

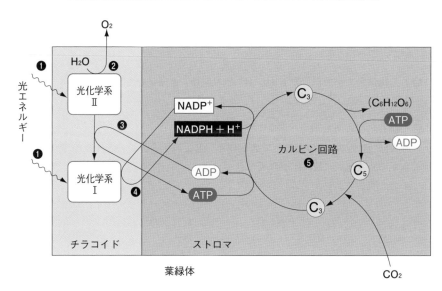

第1編　生物の進化

第2編　生命現象と物質

第3編　遺伝情報の発現と発生

第4編　生物の環境応答

第5編　生態と環境

① チラコイドで起こる反応

チラコイド膜上には**光化学系Ⅰと光化学系Ⅱ**と呼ばれる2種類の反応系，および**電子伝達系**があり，これらが"主役"となって反応が引き起こされる。**光化学系**は，数百個のクロロフィル a やクロロフィル b，カロテノイドなどの光合成色素がタンパク質とともに複合体を形成したものだ。**電子伝達系**は，電子の受けわたしをするタンパク質でできた反応系だ。では，チラコイドで起こる反応を順を追って説明しよう。

---

❶ 光化学系Ⅰ，Ⅱの光合成色素が吸収した光エネルギーは，反応中心にあるクロロフィルに集められる。

❷ 反応中心にあるクロロフィルがエネルギーを受け取ると，**エネルギーの高い e^-（電子）を放出する**。反応中心は e^- を失って，不安定な状態になる。

❸ 失った e^- を埋め合わせるために，光化学系Ⅱでは**チラコイド内の水を分解して生じる e^- を受け取って元に戻る**。この過程で O_2（酸素）が生じる。一方，光化学系Ⅰは電子伝達系から流れてきた e^- を受け取って元に戻る。

❹ 光化学系Ⅱが放出した e^- は電子伝達系を受け渡され，その間に，e^- のもつエネルギーを利用してプロトンポンプが，**ストロマにある H^+ をチラコイド内腔に輸送する**。これにより，チラコイド内腔とストロマとの間に H^+ の濃度勾配が形成される。

❺ 光化学系Ⅰが放出した e^- は，**H^+ と $NADP^+$ を還元して，$NADPH + H^+$ を生じる**。（$NADP^+$ は NAD^+ と同様，水素の受容体（補酵素）だ。）

❻ ❹で形成された H^+ の濃度勾配を解消するように，**H^+ がチラコイド膜にある ATP 合成酵素の中を通ってストロマへと流出する。このとき放出されるエネルギーを使って ATP が合成される**。このように光エネルギーを利用して ATP が合成される反応を光リン酸化という。

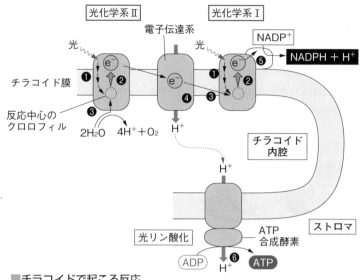

■チラコイドで起こる反応

　チラコイドで起こる反応を大きくまとめてみると，結局のところ H_2O（水）が壊され，ATP や NADPH + H^+ といったエネルギーの高い（還元力の強い）分子ができている。これは，ふつうには起こらない反応だ。このように起こりにくい反応を可能にしているのが，光化学系。光化学系は光エネルギーを利用して e^- のエネルギーを引き上げていると言えるんだ。

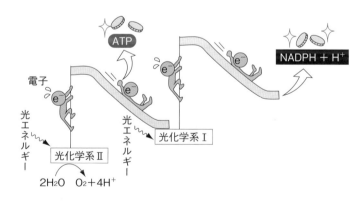

◎e⁻（電子）は，光化学系Ⅱから光化学系Ⅰへと伝達される。
◎H_2O（水）を分解するのは光化学系Ⅱ
◎$NADPH + H^+$を生成するのは光化学系Ⅰ

▲光化学系Ⅱが投げた電子を光化学系Ⅰが受け取る。

葉緑体での ATP のつくられ方（光リン酸化）が，ミトコンドリアの酸化的リン酸化と似ているなぁ。

　そう。確かに H^+ の濃度勾配を利用して，**ATP 合成酵素が ATP をつくる方法は，葉緑体とミトコンドリアに共通している**よね。その一方で，ミトコンドリアでの水素受容体は NAD^+ だけど，葉緑体では NAD^+ ではなく $NADP^+$ だ。似ているけど違うところもある。ここで，ミトコンドリアの電子伝達系で起こる反応と，葉緑体のチラコイドで起こる反応の違いをまとめておこう。

《POINT 35》 酸化的リン酸化と光リン酸化の違い

	ミトコンドリアの電子伝達系	葉緑体のチラコイド
補酵素	NAD^+	$NADP^+$
酸化還元反応	補酵素が酸化される（$NADH + H^+$ が NAD^+ になる）。	補酵素が還元される（$NADP^+$ が $NADPH + H^+$ になる）。
水	生成する。	分解される。

問題 1 チラコイドで起こる反応 ★★☆

次の文章中の ア ～ ウ に入る物質名を〔語群〕から選びなさい。

光のエネルギーを受けて光化学系Ⅱのクロロフィルから放出された電子は，光化学系Ⅰに受け渡され， ア の合成に使われる。電子を放出した光化学系Ⅱのクロロフィルが還元される際には，チラコイド内の水分子が分解され，酸素と イ が生じる。また，光化学系Ⅱで生じた電子が光化学系Ⅰに伝達される過程で，ストロマ側の イ がチラコイドの内側に輸送される。チラコイド内に蓄積された イ が，ある酵素を通ってストロマ側に移動するときに ウ が合成される。このように合成された ア や ウ は，二酸化炭素を固定する反応で使われる。

〔語群〕 ATP　　NADP$^+$　　NADPH　　H$^+$

〈センター試験・改〉

=====《☑解説》=====

光化学系Ⅰに受け渡された e$^-$ からつくられる ア は，NADPH ＋ H$^+$ だったよね。ここでは，NADPH を選択すればいい。

光化学系Ⅱが水を分解すると生じるのは，酸素，H$^+$，電子だから， イ は，語群にある H$^+$ を選ぶ。

H$^+$ が，ある酵素（＝ ATP 合成酵素）を通って，チラコイド内からストロマ側に移動するときにつくられる ウ は，ATP だ。

=====《☑解答》=====

ア－ NADPH
イ－ H$^+$
ウ－ ATP

② ストロマで起こる反応

チラコイドでつくられた ATP と NADPH + H$^+$ を利用して，ストロマでは CO_2（二酸化炭素）から炭水化物などの有機物がつくられる。この反応経路は回路を形成していることから，発見者の名前にちなんで**カルビン回路（カルビン・ベンソン回路）**と呼ばれている。ここではカルビン回路を順を追って説明しよう。

❶ 葉緑体に取り込まれた CO_2 は，**RuBP**（リブロースニリン酸）という物質と化合して **PGA**（ホスホグリセリン酸）になる。この反応での分子の比は，CO_2 と **RuBP**（C_5）が **1 分子ずつに対して PGA（C_3）が 2 分子できる**。炭素数 5 の RuBP に CO_2 が化合するのだから，一時的に炭素数 6 の化合物ができるんだけど，すぐに分解して炭素数 3 の PGA になる。分解反応を伴うことで，CO_2 を取り込みやすくするんだ。この反応を触媒するのは，**ルビスコ（RuBP カルボキシラーゼ／オキシゲナーゼ）**と呼ばれる酵素だ。ちなみに，ルビスコは地球上で最も多いタンパク質と考えられているよ。

❷ PGA は，チラコイドでつくられた **ATP** と **NADPH + H$^+$** を使って，どんどんエネルギー的に高い（還元力の強い）物質に変えられていく。この過程を例えるなら，遊園地のジェットコースターが出発直後に高い所に引き上げられる過程ということができる。

❸ エネルギーを蓄えた C_3 化合物（GAP）の一部 $\left(\dfrac{1}{6}\right)$ は，リン酸基を切り離すときに放出されるエネルギーを使って**糖などの C_6 化合物になる**。これは，頂点に達したジェットコースターが，貯めこんだ位置エネルギーを使って下りながら一気に加速することに相当するよ。C_6 化合物は "完成品" として回路から出ていき，貯蔵されるなどする。

しかし，全ての C_3 化合物が C_6 化合物になるわけではなく，**C_3 化合物の $\dfrac{5}{6}$ が C_5 化合物になり，回路に残る**。

❹ C_5 化合物は，炭素数が足りない，いわば "失敗作" ではあるけど，**ATP からエネルギーをもらい RuBP となる**ことで，再び新しい CO_2 と反応するチャンスが得られる。つまりリサイクルすることで，ムダを出さないようになっているんだ。

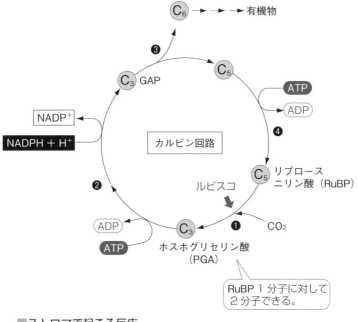

$C_6 \rightarrow \rightarrow \rightarrow$ 有機物

❸

C_3 GAP

C_5

ATP

ADP

NADP$^+$

NADPH + H$^+$

カルビン回路

④

❷

C_5 リブロース
ニリン酸 (RuBP)

ルビスコ

ADP

ATP

C_3

❶ CO_2

ホスホグリセリン酸
(PGA)

RuBP 1 分子に対して
2 分子できる。

■ストロマで起こる反応

《POINT 36》 ストロマで起こる反応

◎CO_2 を取り込んで有機物にする反応経路をカルビン回路という。

◎CO_2 をカルビン回路に取り込む酵素をルビスコという。

◎CO_2 は RuBP（C_5）と化合して，2 分子の PGA（C_3）となる。

◎PGA（C_3）は，ATP と NADPH + H$^+$ を受け取って RuBP（C_5）
に戻る。一部は回路を出て糖（C_6）などの有機物になる。

問題 2　光合成の過程　★★★

次の(1)〜(6)は，光合成のチラコイドでの反応（A）とストロマでの反応（B）のいずれにあてはまるか。
(1)　二酸化炭素の固定と糖の合成
(2)　水の分解
(3)　光エネルギーの吸収
(4)　酸素の発生
(5)　光の影響を，直接受けない。
(6)　クロロフィルなどの光合成色素が関与する。

▽ 解答

(1)　B　　(2)　A　　(3)　A
(4)　A　　(5)　B　　(6)　A

5　光合成に関する実験 ＞★★☆

① ヒルの実験

1930年代，ヒルは光合成によって発生する酸素（O_2）は，CO_2 の分解で生じるのではなく H_2O の分解で生じることを実験で示した。

❶　緑葉から葉緑体片を取り出し，CO_2 がない条件で光を照射する。➡ O_2 が発生しない。

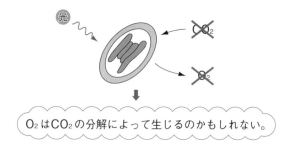

O_2 は CO_2 の分解によって生じるのかもしれない。

❷ 電子（e⁻）を受け取りやすい物質であるシュウ酸鉄（Ⅲ）を加えて，同様の実験を行う。➡ O_2 が発生する。

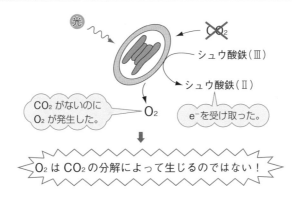

この実験結果は，**光エネルギーによって水が分解することで O_2 が発生した**可能性を示しているんだ。このような光エネルギーによって水が分解する反応を**ヒル反応**というよ。また，このことから，水の分解には実験のシュウ酸鉄（Ⅲ）のような**電子（e⁻）を受け取りやすい物質**が必要だということがわかるよね。

 電子 e⁺ を受け取りやすい物質というのは，葉緑体内では $NADP^+$ のことですか？

そう！　ヒルの実験のあと，シュウ酸鉄（Ⅲ）の役割をするのが，葉緑体内では $NADP^+$ だってことがわかったんだ。

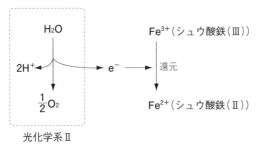

光化学系Ⅱ

《 POINT 37 》 ヒルの実験

◎光合成で発生する O_2 は，CO_2 ではなく，水に由来する。

② ルーベンの実験

1940年代，ルーベンは，酸素の同位体 ^{18}O からなる水（$H_2{}^{18}O$）と，^{18}O からなる二酸化炭素（$C^{18}O_2$）を別々のクロレラに与えて光合成を行わせた。その結果，$H_2{}^{18}O$ を与えた場合は $^{18}O_2$ が発生したが，$C^{18}O_2$ を与えた場合は普通の O_2 が発生した。この実験により，光合成で発生する酸素は，水の分解で生じることが直接的に示された。

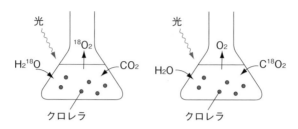

③ カルビンらの実験

カルビン回路は，数々の実験がもとになって明らかになった。

❶ クロレラなどの緑藻に，炭素の**放射性同位体**である ^{14}C からなる $^{14}CO_2$ を与えて光合成を行わせる。

↓

時間を変えて反応を止める

^{14}C がどんな化合物に取り込まれているかを，二次元ペーパークロマトグラフィーで調べる。

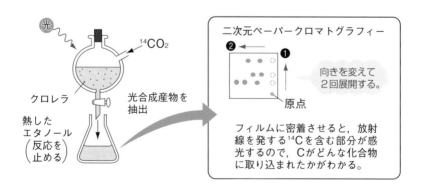

■**カルビンらの実験**

いろいろな化合物に取り込まれた ^{14}C の割合が，時間とともにどのように変化したのかを示したのが右の図だ。

　このグラフを見ると，初期に PGA（ホスホグリセリン酸（C_3））が多くの ^{14}C を取り込んでいることがわかるよね。つまり，**$^{14}CO_2$ はまず PGA に取り込まれ**，ついで糖の一種を経て，最終的にスクロースなどになることがわかった。

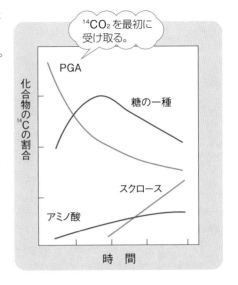

❷　十分な CO_2 と光のもとで光合成を行っているときに，急に CO_2 だけをゼロにする。

　右の図が実験結果だ。

　CO_2 をゼロにしたとたん，RuBP（リブロースニリン酸（C_5））が蓄積しているよね。これは **RuBP が CO_2 と化合する**ことを示しているんだ。CO_2 がなくなると RuBP は PGA になれないけど，PGA は RuBP になれる。そのため RuBP が貯まってしまうと考えられるからだ。

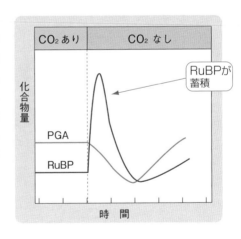

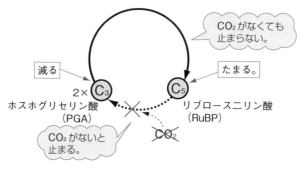

■ CO_2 を必要とするところ

---

❸ 十分な CO_2 と光のもとで光合成を行っているときに，急に暗くする。

右の図が，その実験結果だ。明から暗にすると今度は PGA が蓄積して，RuBP が減少しているね。これは，**PGA が次の化合物に変化するためには光が必要**だけど，RuBP が PGA になるのには光が必要ないことを示しているんだ。

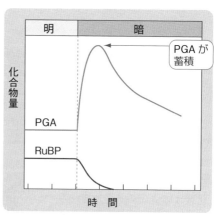

■光を止めた場合の物質の変化

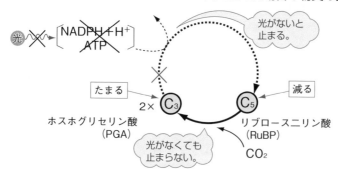

■光を必要とするところ

《 POINT 38 》 カルビンらの実験

◎ $^{14}CO_2$ はまず PGA に取り込まれることを示した。
◎ CO_2 をゼロにすると，RuBP が蓄積 ➡ RuBP が CO_2 と化合する。
◎ 明から暗にすると，PGA が蓄積 ➡ PGA が次の物質になるのには
　光が必要。

問題 3　光合成の過程　★★☆

次の図は，細胞から取り出した葉緑体の CO_2 吸収速度（光合成速度）を，
①～③のように，条件を変えて調べたものである。

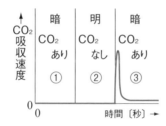

問1　次の文の（ア），（イ）に適する語句を下の〔語群〕より選びなさい。
　　③で一時的に CO_2 が吸収されたのは，②で光によってつくられた
　　（ ア ）と（ イ ）が葉緑体内にわずかに蓄積していたため，これらを
　　使って CO_2 が固定されたためである。

〔語群〕　水　　　NADPH + H⁺　　　酸素　　　ATP

問2　カルビン回路にみられる物質で，②の条件で葉緑体内に蓄積している
　　と考えられる化合物の炭素数はいくつか。

《 ✔ 解説 》

これは，ベンソンの実験（1949年）からの出題だ。

問1　②では，光があるためチラコイドでの反応はわずかに進むが，CO_2 がないため
　　カルビン回路が止まり，光合成全体の反応が停止した状態にある。
　　　このとき，チラコイドでの反応でつくられた **NADPH + H⁺** や **ATP** がわずかに
　　貯まっていたため，③では光がなくても CO_2 を与えることで，カルビン回路が少

しだけ回ったと考えられる。

問2　②では，CO_2がないためCO_2と化合してPGA（C_3）となる物質，つまり**RuBP（リブロース二リン酸（C_5））が蓄積している**と考えられる。

══════════════《《《 ▽解答 》》》══════════════

問1　ア，イ－ NADPH＋H^+，ATP（順不同）　　問2　5つ

6　**光合成の限定要因 〉★★☆**

光合成の測定

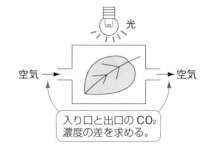

光合成の速度を測定するには，葉を右の図のようなケース（チャンバーという）に入れて空気を流し，入り口と出口の二酸化炭素の濃度の差を求めるんだ。

入り口と出口の CO_2 濃度の差を求める。

でも，この方法で測定できるのは，本当の光合成速度ではない。**光合成による二酸化炭素の吸収と，呼吸による二酸化炭素の放出の差を測定している**ことになるんだ。だから，これを本当の光合成速度とは呼ばず，見かけの光合成速度と呼ぶ。

　じゃあ，本当の光合成速度はわからないんですか？

いや，単純な方法で知ることができる。装置の電灯を消して，光を当てずに測定するんだ。ミトコンドリアは暗黒下でも，呼吸を続けるので，これで呼吸速度が測定できる。そして，**見かけの光合成速度に呼吸速度をたせば**，それが本当の光合成速度になるんだ。

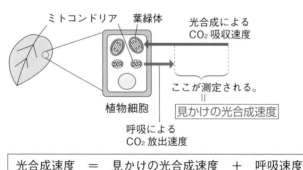

光合成速度　＝　見かけの光合成速度　＋　呼吸速度

光の強さを 0 （暗黒）か
ら徐々に強くしていき，そ
のときの二酸化炭素の吸収
速度（見かけの光合成速
度）を測定すると，右の図
のようになる。このグラフ
を**光－光合成曲線**というよ。

右の図で，見かけの光合
成速度＝ 0 となる光の強さ
を**光補償点**という。光補
償点では，**光合成による二
酸化炭素の吸収速度**と，**呼
吸による二酸化炭素の放出
速度が等しい**。そのため，
光補償点以下の明るさでは，植物は長く生きられないんだ。

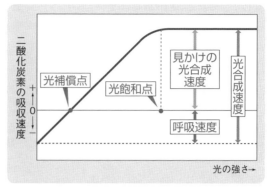

＊二酸化炭素吸収速度がマイナス（負）というのは，二酸化
炭素を放出したことを意味する。

■光－光合成曲線

光合成速度は，光の強さとともに大きくなっていくけど，ある強さ以上では一定に
なってしまって，それ以上は大きくならない。この光の強さを**光飽和点**という。光
飽和点以上の明るさでは，温度を上げるか，二酸化炭素濃度を上げるかしないと光合
成速度は大きくならないんだ。

《《POINT 39》》 光－光合成曲線

◎光合成速度 ＝ 見かけの光合成速度 ＋ 呼吸速度
◎光補償点 ➡ 光合成による CO_2 吸収速度と，呼吸による CO_2 放出
速度が等しくなる光の強さ
◎光飽和点 ➡ それ以上光を強くしても，光合成速度が増加しない光
の強さ

発展 光の強さ以外の光合成の限定要因

光合成速度は，**光の強さ**以外にも，**二酸化炭素濃度**や**温度**の影響を受ける。これら
の環境要因の中で 1 つでも不足するものがあると，ほかの要因を大きくしても，光合
成速度は大きくならない。例えば，光がとても弱いと，光の強さが光合成速度を制限

第6章 同 化 **283**

してしまうので，二酸化炭素濃度や温度を上げても光合成速度は大きくならないんだ。

　このように，光合成速度を決定する要因（いわば，光合成の足を引っ張っている要因）を限定要因という。

　限定要因の考え方を，例え話にしてみよう。

　3つのコックが直列についた水道の蛇口を想像してほしい。蛇口から流れる水の速度は，3つのうちで一番閉まっているコックによって制限されている。もっと水の出をよくしたければ，ほかの2つのコックを開くのではなく，一番閉まって

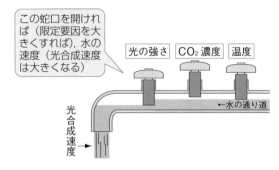

いるコックを開くべきだよね。ここでいう，水の速度が**光合成速度**，3つのコックはそれぞれ，**光の強さ・二酸化炭素濃度・温度**，一番閉まっているコックが**限定要因**だ。

1．温度と光合成速度

　光が弱い（下図の **A** の部分）と，10℃も30℃も同じ光合成速度になっている。つまり，温度の影響を受けないことを示しているんだ。この部分では，光の強さを大きくすれば光合成速度が大きくなるので，限定要因は**光の強さ**だ。同じことが，図の **D** の部分からも読み取れる。

　また，光の強さが十分強い（図の **B** の部分）と，グラフは水平になってしまうので，光の影響を受けないことがわかる。この部分では，**温度**が限定要因となっているんだ。同じことが，図の **C** の部分からも読み取れるよ。

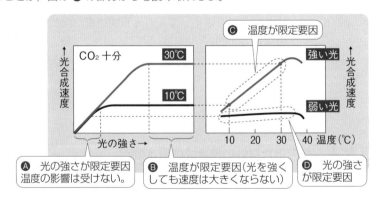

２．二酸化炭素濃度と光合成速度

　二酸化炭素濃度が低い（下図の **E** の部分）と，光の強さの影響を受けず，限定要因は**二酸化炭素濃度**となる。二酸化炭素濃度が十分高い（下図の **F** の部分）と，光の強さの影響を受けるようになり，限定要因は**光の強さ**となる。

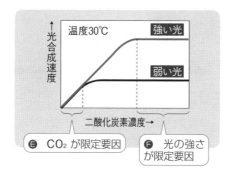

《 POINT 40 》 限定要因

◎限定要因 ➡ 光合成速度を制限する環境要因。たいていの場合，光の強さ・二酸化炭素濃度・温度のうち，最も不足しているものが限定要因となる。

7　強い光や乾燥に強い植物 〉★★☆

① C₄植物

　熱帯地方のように光が強く，気温が高いところでよく育つ**トウモロコシ**や**サトウキビ**は，カルビン回路とは別に CO_2 を取り込む回路（**C₄回路**という）をもっている。この回路をもつ植物では，取り込んだ CO_2 を，いったんオキサロ酢酸などの **C₄化合物**にするため **C₄植物**と呼ばれる。C₄植物に対して，取り込んだ CO_2 をカルビン回路に取り込む普通の植物を **C₃植物**という。

　C₄植物は，気孔から取り入れた CO_2 を**葉肉細胞**で C₄化合物にし，これを**維管束鞘細胞**に移送したあと，分解して CO_2 を取り出す。この CO_2 がカルビン回路に取り込まれて炭酸同化に用いられるんだ。

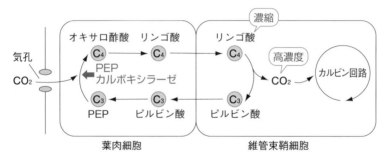

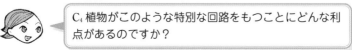

C₄植物がこのような特別な回路をもつことにどんな利点があるのですか?

　光も温度も十分な熱帯地方では，大気のCO_2濃度が光合成の限定要因になりやすい。このような環境では，CO_2濃度を上げる工夫（＝ C₄回路）があることで，**光をムダにすることなく光合成速度を増加させることができる**んだ。C₄回路で働く，CO_2を取り込む酵素（PEP カルボキシラーゼ）は，カルビン回路で働くルビスコよりもCO_2を固定する能力が高い。そのため，CO_2濃度が低い状況でもCO_2を取り込んでC₄化合物にすることができ，これを濃縮後に分解して，高濃度のCO_2をカルビン回路に提供することができるんだ。

　また，低CO_2濃度でも光合成ができるということは，もう1つの利点がある。それは，気孔を少し閉じた状態でも光合成を続けることができるということだ。光合成をするときに気孔を開くことは，CO_2を取り込むために必要なことだけど，同時に蒸散量が増えるため枯れるリスクが高まってしまう。C₄植物は，気孔を少し閉じぎみにすることで蒸散量を減らしながら光合成を行うことができるので，**乾燥に強い**という特徴があるんだ。

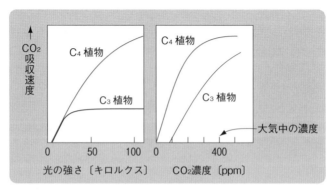

■C₄植物とC₃植物の比較

② CAM植物

C_4植物の乾燥に強いという性質をさらに強化したのが，**ベンケイソウやサボテン**などの **CAM植物**だ。CAM植物もC_4植物と同様，CO_2をC_4化合物として取り込む回路（CAM回路）をもつ。でも，C_4植物と違うのは，**CAM回路が働くのは夜間で，カルビン回路が働くのは昼間**というところだ（C_4植物のC_4回路とカルビン回路はともに昼間働く）。これは，砂漠のような乾燥した場所では，昼間に気孔を開くと蒸散によって水が失われてしまうので，**気孔を閉じたまま光合成を行うための適応**なんだ。**気温の低い夜間に気孔を開いてCO_2を取り込み**，C_4化合物の形で液胞に貯蔵しておき，昼間これを分解してCO_2を取り出し，カルビン回路に送り込んで光合成を行うんだ。なお，CAM回路によるCO_2の固定と，カルビン回路による有機物の合成は同じ細胞内で行われるよ。

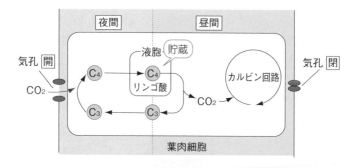

《POINT 41》 C_4植物とCAM植物

◎C_4植物 ➡ 強光・高温・乾燥した環境に適応した植物
　　　　例 トウモロコシ，サトウキビ
◎CAM植物 ➡ 乾燥した環境に適応した植物
　　　　例 ベンケイソウ，サボテン

発展　光呼吸

カルビン回路で働く**ルビスコ**は，ちょっと"いい加減"な性質をもっていて，**CO_2濃度が低くなるとCO_2の代わりにO_2を RuBP に付加してしまう**。当然，生じるのは PGA ではなく，ホスホグリコール酸という物質で，これが別の代謝経路に入ると分解されて CO_2 を放出する。O_2 を取り込んで CO_2 を放出することから，この現象は**光呼吸**と呼ばれる。

光呼吸がふつうの呼吸と違うのは，ATP を産生するどころか消費してしまうところだ。すなわち，光呼吸は植物にとって，まったく利益を生まない "いいことなし" の代謝といえる。

　気温が高く乾燥した条件下では，植物は気孔を閉じるため，この光呼吸が起こりやすくなる。しかし，C_4 植物は高い CO_2 固定能力をもつため，ルビスコが働く維管束鞘細胞の CO_2 濃度が下がらず，光呼吸が起こりにくいという "強み" をもっているんだ。

8　細菌の炭酸同化 〉★★☆

① 光合成細菌

　光合成を行うのは，何も植物だけとはかぎらない。細菌の中にも光合成を行うものがいて，これを光合成細菌というんだ。光合成細菌には，紅色硫黄細菌や緑色硫黄細菌といった種類のものがいる。

　光合成細菌による光合成が，植物の光合成と決定的に違うのは，**光合成に必要な水素を H_2O（水）を分解して得るのではなく，H_2S（硫化水素）を分解して得る**というところだ。そのため光合成の結果，O_2（酸素）ではなく S（硫黄）が生じるんだ。

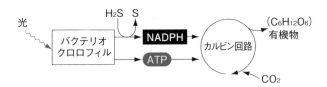

$$6CO_2 + 12H_2S + 光エネルギー \longrightarrow (C_6H_{12}O_6) + 12S + 6H_2O$$

硫化水素　　　　　　　　　　　　　　有機物　　硫黄

　光合成細菌が，H_2O を利用できない理由は，光合成色素としてクロロフィルをもたず，かわりにバクテリオクロロフィルをもつためなんだ。バクテリオクロロフィルは，光化学系を１つしかもたず，H_2O を分解できるほどの酸化力がないんだ。

② 化学合成

　光エネルギーを用いずに，CO_2 からグルコースをつくることを化学合成という。

　化学合成では，炭酸同化に必要なエネルギーとして，**無機物の酸化で生じる化学エネルギーを用いる**。化学エネルギーを利用して，ATP や NADPH を合成し，**カルビン回路**を回すことで CO_2 から有機物を合成するんだ。

化学合成を行う生物は，一部の細菌類に限られる。これらの細菌は，酸化する無機物の種類で分類されている。

①　亜硝酸菌

アンモニウムイオンを酸化したときに生じる化学エネルギーを用いて，グルコースを合成する。

亜硝酸イオンを
生じるから亜硝酸菌

$$2NH_4^+ \ + \ 3O_2 \longrightarrow 2NO_2^- \ + \ 4H^+ \ + \ 2H_2O$$

アンモニウムイオン　　　　　　　　　　　亜硝酸イオン

化学エネルギー〜〜〜〜〜→　　　　　　→ 有機物

　　　　　　　　　　　　　　　　← CO_2

②　硝 酸 菌

亜硝酸イオンを酸化したときに生じる化学エネルギーを用いて，グルコースを合成する。

$$2NO_2^- \ + \ O_2 \longrightarrow 2NO_3^-$$

亜硝酸イオン　　　　　　硝酸イオン

硝酸イオンを
生じるから硝酸菌

化学エネルギー〜〜〜〜〜→　　　　　　→ 有機物

　　　　　　　　　　　　　　　　← CO_2

③　硫黄細菌

硫化水素を酸化したときに生じる化学エネルギーを用いて，グルコースを合成する。

硫黄を生じる
から硫黄細菌

※硫黄を酸化するタイプの硫黄細菌もいる。

$$2H_2S \ + \ O_2 \longrightarrow 2S \ + \ 2H_2O$$

硫化水素　　　　　　　硫黄

化学エネルギー〜〜〜〜〜→　　　　　　→ 有機物

　　　　　　　　　　　　　　　← CO_2

亜硝酸菌と硝酸菌をまとめて硝化細菌という。硝化細菌は，土壌のいたるところにいるよ。

　生物の遺体や排出物が腐ると（これは腐敗菌による），**アンモニウムイオン**が生じる。すると，これを**亜硝酸菌が酸化して亜硝酸イオン**にし，これをさらに**硝酸菌が酸化して硝酸イオンにする**，という反応が立て続けに起こるんだ。これを，硝化細菌による**硝化作用**というよ。

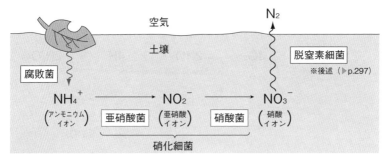

■硝化作用

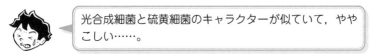

光合成細菌と硫黄細菌のキャラクターが似ていて，ややこしい……。

　確かに，両方とも独立栄養生物で，H_2S を必要とするところが似ているよね。でも，両者は H_2S の使い方が違うんだ。**光合成細菌は H_2S を水素源（NADPH の原料）として利用する**。そして，炭酸同化に必要なエネルギーは光エネルギーを用いる。一方，**硫黄細菌は H_2S を酸化してエネルギーを得るための"燃料"として用いる**んだ。

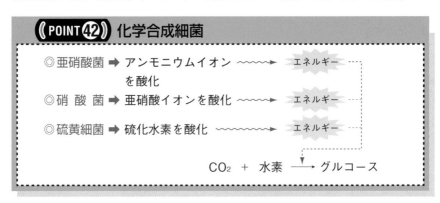

問題 4 炭酸同化 ★★★

生物が行う次の反応 a〜e について，下の問いに答えなさい。

a 二酸化炭素 ＋ 水素 ⟶ グルコース ＋ 水

b 水 ⟶ 水素 ＋ 酸素

c 硫化水素 ＋ 酸素 ⟶ 硫黄 ＋ 水

d 硫化水素 ⟶ 水素 ＋ 硫黄

e 亜硝酸イオン ＋ 酸素 ⟶ 硝酸イオン

光合成細菌あるいは化学合成細菌が行う反応の組み合わせとして適当なものを指定された数だけ，下から選びなさい。

(1) 光合成細菌（1つ）

(2) 化学合成細菌（2つ）

① a と b   ② a と c   ③ a と d   ④ a と e

⑤ c のみ   ⑥ e のみ

〈センター試験・改〉

=== ✓解説 ===

a〜e は，それぞれ，

a：炭酸同化の一部（カルビン回路）

b：植物の光合成の一部（チラコイドでの反応）

c：硫黄細菌の化学合成の一部

d：光合成細菌の光合成の一部

e：硝酸菌の化学合成の一部

だってことは，わかったかな？　反応式中の"水素"とは補酵素と結合した水素，すなわち NADPH と考えてほしい。

a は炭酸同化の要だから，光合成でも化学合成でも必要な反応だ。したがって，光合成細菌は d → a を行う。化学合成細菌は，硫黄細菌なら c → a，硝酸菌なら e → a を行うよ。

=== ✓解答 ===

(1) ③

(2) ②，④

参考 シアノバクテリアはなぜ水を分解する ように なったのか

　光合成細菌がもつ**バクテリオクロロフィル**は水を分解することができないが、シアノバクテリアがもつ**クロロフィル a** は、水を分解することができる。これは、バクテリオクロロフィルは光化学系を 1 つしかもたないため、化学的に安定な水（H_2O）から水素を奪うだけの電子の流れを生まないが、クロロフィル a では 2 つの光化学系が直列につながることで、水から水素を奪うのに十分な電子の流れが生じるためだ。

　なぜ、シアノバクテリアが光化学系を 2 つもつようになったのかについては、さまざまな説があるが、光合成細菌の紅色硫黄細菌と緑色硫黄細菌の間で遺伝子の水平伝播が起こり、それぞれの光化学系が併存するようになったとする説があるんだ。

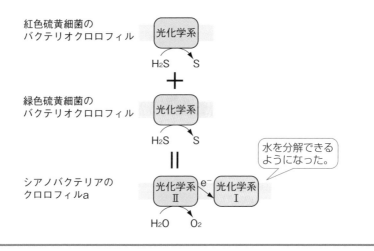

紅色硫黄細菌の
バクテリオクロロフィル　　光化学系

H_2S　　　S

＋

緑色硫黄細菌の
バクテリオクロロフィル　　光化学系

H_2S　　　S

水を分解できる
ようになった。

＝

シアノバクテリアの
クロロフィルa　　　光化学系II　e^-→　光化学系 I

H_2O　　　O_2

COLUMN コラム

逆回転するクエン酸回路

　細菌でも，炭酸同化を行うためには，二酸化炭素を取り入れる回路が必要だ。光合成細菌やたいていの化学合成細菌では，植物と同様，カルビン回路がその役割を果たしている。ところが，温泉地などを好む古細菌の中には，カルビン回路をもたず，なんとクエン酸回路を逆回転させて二酸化炭素を取り込むものがいるんだ。

　しかし，これがクエン酸回路の起源だと考えられている。つまり，もともとクエン酸回路は，二酸化炭素を発生するためのものではなく，取り込むための回路だったというわけだ。

　同じ代謝経路でも，大昔，酸素がなくて二酸化炭素が豊富にあった頃には，炭酸同化に使い，逆に二酸化炭素が減って酸素が増えた現在では，呼吸に使うようになったんだ。

STORY 3 　窒素の代謝

1 窒素固定 ＞★★★

　空気中には約80％もの窒素（N_2）が含まれているけど，たいていの生物はこの窒素を利用できない。窒素分子はとても安定しているので，ほかの物質となかなか反応しないためだ。しかし，ある種の細菌は，**空気中の窒素（N_2）を還元して，アンモニウムイオン（NH_4^+）に変える**ことができる。このような働きを**窒素固定**という。窒素固定ができる生物は限られているので，入試問題では生物名がよく問われる。覚えておこう。

窒素固定を行う生物
- **アゾトバクター** ➡ 好気性細菌。単独で窒素固定を行う。
- **クロストリジウム** ➡ 嫌気性細菌。単独で窒素固定を行う。
- **根粒菌**（こんりゅうきん） ➡ 細菌。マメ科の植物と共生して窒素固定を行う。
- **ネンジュモ** ➡ シアノバクテリアの一種。

全て原核生物だ。

アゾトバクターのように，窒素固定はできるけど炭酸同化はできない生物（従属栄養生物）は，栄養分として**無機窒素化合物は必要ないけど，糖などの有機物が必要**だ。

一方，植物のように，炭酸同化はできるけど窒素固定はできない生物は，栄養分として**糖は必要ないけれど，無機窒素化合物は必要**になる。

じゃあ，おたがいに手を組めばいいのに……。

その例がすでにあるんだ。マメ科の植物と根粒菌は，おたがいに足りない栄養分を補い合うような共生関係を結んでいる。根粒菌は，マメ科植物の根の細胞内に入り込んで根粒と呼ばれるコブをつくる。そして窒素固定を行い，つくったアンモニウムイオンをマメ科植物に提供するかわりに，植物から有機物をもらっているんだ。

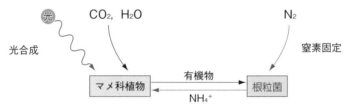

■マメ科植物と根粒菌の共生

ダイズなんかは，特に窒素肥料を与えなくても育つうえに，「畑の牛肉」と呼ばれるほどタンパク質が豊富だ。それは根粒菌が生み出すアンモニウムイオンのおかげで，窒素同化をたっぷりできるからなんだ。

《POINT 43》 窒素固定

◎窒素固定 ➡ 空気中の窒素（N_2）をアンモニウムイオン（NH_4^+）に変える働き

◎窒素固定を行う生物 ➡ アゾトバクター，クロストリジウム，根粒菌，ネンジュモ

2 植物の窒素同化 > ★★★

タンパク質，核酸，**ATP**，**クロロフィル**などの窒素を含む有機物を**有機窒素化合物**といい，これらの有機窒素化合物を合成する反応を**窒素同化**という。

植物は有機物を摂取しないので，**アンモニウムイオンや硝酸イオンなどの無機窒素化合物を材料として，窒素同化を行う。**

土中のアンモニウムイオンや硝酸イオンは，雨水とともに植物の根から吸収され，道管を通って葉まで運ばれる。そこで細胞に取り込まれて窒素同化に使われる。では，窒素同化の過程を順を追ってみていこう。

❶ 細胞に取り込まれた硝酸イオン（NO_3^-）は，**硝酸還元酵素**により亜硝酸イオン（NO_2^-）に還元される。亜硝酸イオン（NO_2^-）は葉緑体に取り込まれ，**亜硝酸還元酵素**によりアンモニウムイオン（NH_4^+）にまで還元される。これらの還元反応には葉緑体のチラコイドでつくられる NADPH が使われる。

❷ アンモニウムイオン（NH_4^+）は，**グルタミン合成酵素**の働きで，アミノ酸の一種である**グルタミン酸**と化合して**グルタミン**になる。この反応に必要となる ATP は，チラコイドから供給される。

❸ グルタミンがもつアミノ基は，**グルタミン酸合成酵素**の働きで，**α-ケトグルタル酸**に移しかえられ，2分子の**グルタミン酸**が生じる。生じたグルタミン酸のうち，1分子は再び❷の反応に使われる。

❹ もう一方のグルタミン酸は，**アミノ基転移酵素（トランスアミナーゼ）**の働きで，グルタミン酸のアミノ基が各種の有機酸に移しかえられる。その結果，各種のアミノ酸がつくられる。

❺ これらのアミノ酸を使って，タンパク質や核酸，ATP，クロロフィルなどの**有機窒素化合物**がつくられる。

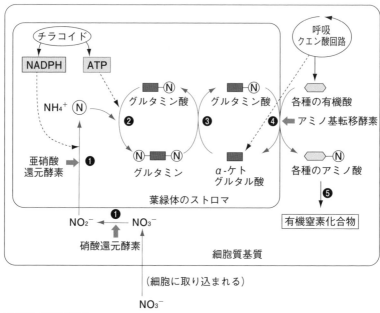

■植物の窒素同化

　窒素同化で必要となる α-ケトグルタル酸や各種の有機酸は，**クエン酸回路から供給される**。また，ATP や NADPH は，**チラコイドで起こる反応から供給される**（そのため，窒素同化も昼間に進行する）。すなわち，**窒素同化には，呼吸と光合成が関わっている**んだ。窒素同化では，まったくの無機物から有機物を合成しているわけではなく，あらかじめ細胞内にある有機物に，取り込んだアンモニウムイオンをくっつけているに過ぎないんだ。

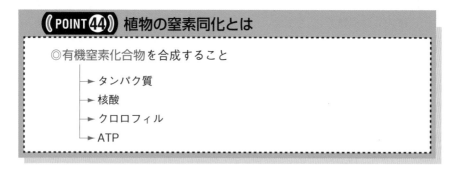

3 動物の窒素同化 〉★☆☆

　動物は，アンモニウムイオンのような無機窒素化合物を利用することができず，タンパク質などの有機窒素化合物を摂食によって取り込む。タンパク質は消化管内でアミノ酸にまで分解されて吸収される。吸収された**アミノ酸は細胞に取り込まれると，遺伝情報に従ってタンパク質や核酸などの有機窒素化合物につくり変えられる。**

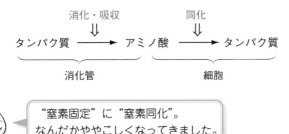

$$\text{タンパク質} \xrightarrow{\;\;\text{消化・吸収}\;\;} \text{アミノ酸} \xrightarrow{\;\;\text{同化}\;\;} \text{タンパク質}$$

消化管　　　　　　　　細胞

> "窒素固定" に "窒素同化"。
> なんだかややこしくなってきました。

　では，ここで窒素の代謝をまとめておこう。地球上にはさまざまな生物がいるけど，それぞれの生物が利用できる "窒素の形" というのが決まっている。それぞれの生物が利用できる "窒素の形" に注目しながら覚えよう。

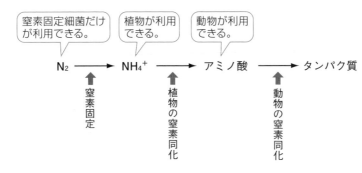

| 窒素固定細菌だけが利用できる。 | 植物が利用できる。 | 動物が利用できる。 |

$$N_2 \longrightarrow NH_4^+ \longrightarrow \text{アミノ酸} \longrightarrow \text{タンパク質}$$

窒素固定　　　植物の窒素同化　　　動物の窒素同化

4 脱　窒 〉★★★

　土壌中にいる脱窒素細菌は，NO_2^- や NO_3^- の酸素原子を呼吸に利用し，不要になった窒素を N_2（分子窒素）として空気中に放出する。この反応を脱窒という。

　動植物の遺体や動物の排泄物は，腐敗してアンモニウムイオン（NH_4^+）を生じる。NH_4^+ は，亜硝酸菌や硝酸菌の作用により NO_2^- や NO_3^- になったあと，一部が脱窒素細菌により N_2 となって空気中に戻される。このような硝化細菌や脱窒素細菌の働きは，下水処理などに利用されているよ。

問題 5　窒素同化・窒素固定　★★★

問1　植物が合成する有機窒素化合物の組み合わせとして正しいものはどれか。一つ選びなさい。
① タンパク質　グルコース　モノグリセリド　マルトース
② タンパク質　核　酸　　　クロロフィル　　ATP
③ タンパク質　ピルビン酸　エタノール　　　ATP
④ タンパク質　グルコース　モノグリセリド　クロロフィル

問2　窒素固定に関する文として誤っているものはどれか。一つ選びなさい。
① マメ科植物は根粒菌の助けがなくても，硝酸イオンがあれば生育できる。
② 根粒菌はマメ科植物の根粒の中でないと増殖できない。
③ クロストリジウムは根粒菌ではないが，窒素固定を行う。
④ 土壌中には，アゾトバクターがすむ。

〈センター試験・改〉

=== ✓解説 ===

問1　選択肢の物質の中で，有機窒素化合物は，タンパク質，核酸，クロロフィル，ATP だよね。ちなみに，グルコースとマルトースは糖だから窒素を含まない。ピルビン酸とエタノールは，グルコースの分解産物だから，やはり窒素を含まないよ。モノグリセリドは脂肪の分解産物で，これも窒素を含まない。

問2　① マメ科植物は，硝酸イオンなどの無機窒素化合物が十分ある場合には，根粒菌と共生関係を結ばず，土壌中の硝酸イオンを根から吸収して生育できるんだ。
② 根粒菌は土壌中で単独で生活できる。でも，その場合には窒素固定を行わないよ。**マメ科植物の根に入り込んではじめて窒素固定を行う**ようになるんだ。
③，④ クロストリジウムもアゾトバクターも，土壌中にすむ窒素固定細菌だ。

=== ✓解答 ===

問1　②
問2　②

第 3 編

遺伝情報の発現と発生

第1章

遺伝子の複製

▲生命のもつ二重らせんの神秘について学ぶよ。

STORY 1 遺伝子とDNA

　ここからは，「遺伝子」について，学ぶことにしよう。まず，なにかと混同しがちな「遺伝子」と「DNA」の意味から説明していこう。

　遺伝子とは，生物の形質（色や形などの特徴）を伝える因子として，メンデルが1800年代後半に，すでにその存在を予言していたものだ。これに対して**DNAというのは，物質の名前**なんだ（あとで，詳しく説明するよ）。

　「遺伝子」と「DNA」の関係を**巻物**に例えてみると，「DNA」は巻物の素材である**紙**に相当し，「遺伝子」はそこに記述されている**文章**，あるいは**情報**に相当する。つまり，DNA は遺伝子の情報が記述される媒体なんだ。DNA は細くて長い糸なので，**こんが**

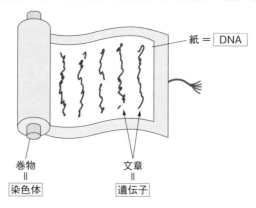

紙 ＝ DNA

巻物
＝
染色体

文章
＝
遺伝子

らがらないようにタンパク質に巻きとられて，さらに折りたたまれた状態になる。これが「染色体」だ。

　DNAには遺伝子が存在しない領域が存在し，驚くべきことに，ヒトのDNAではそのような領域が98％以上も占める。つまり，長いDNAのうち，遺伝子として使われている領域はごくわずかで，それが約22000か所に散らばって存在している。巻物でいうと，多くの部分は何も記載がないまっさらな状態で，文章がかなり離れてちょこちょこっと記述されているような状態だ。紙の使い方としてはとても不経済なんだ。

STORY 2　核酸の構造

1　ヌクレオチド 〉★★★

　DNAは核酸の一種だ。核酸にはDNAと，これによく似たRNAの2種類がある。DNAもRNAも，糖・塩基・リン酸が1つずつ組み合わさったヌクレオチドと呼ばれる構造単位が，多数つながった鎖状の分子だ。

　ヌクレオチドの塩基は4種類あり，これが遺伝情報を記述するための"文字"となり，塩基の並び方によって意味のある"言葉"がつくられるしくみだ。ただし，この塩基の"文字"はDNAとRNAでは少し違う。DNAでは，アデニン（A），グアニン（G），シトシン（C），チミン（T）の4種類だけど，RNAでは，チミン（T）のかわりにウラシル（U）が使われる。

　また，DNAとRNAでは糖にも違いがある。DNAの糖はデオキシリボースであるのに対して，RNAの糖はリボースだ（ともに五炭糖）。DNAの正式名称はデオキシリボ核酸，RNAはリボ核酸というんだけど，それぞれの頭文字"D"と"R"は糖の名前に由来しているんだ。

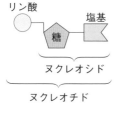

	糖	塩基			
DNA	デオキシリボース	A アデニン	T チミン	G グアニン	C シトシン
RNA	リボース	A アデニン	U ウラシル	G グアニン	C シトシン

　ヌクレオチドが連結するときには，糖の3′炭素（糖の炭素には番号がついている）と，次のヌクレオチドのリン酸との間に結合ができる。この結合をつくるのに必要な

エネルギーは，材料となるヌクレオシド三リン酸（ヌクレオチドにさらにリン酸が2個ついたもの）自身がもっている。ヌクレオシド三リン酸から2個のリン酸がとれるときに放出されるエネルギーによって，ヌクレオチドが鎖の端に付加するんだ。これをくり返すことでヌクレオチドの鎖が伸びていく。

ヌクレオチド鎖はその構造から，両端を区別することができる。**糖の3′炭素が結合をつくらずに残っている端を3′末端**と呼び，**リン酸が結合をつくらずに残っている端を5′末端**と呼ぶよ。

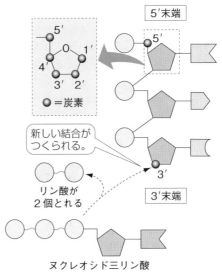

■3′末端と5′末端

2 　二重らせん構造 ＞★★★

DNA鎖とRNA鎖とでは，立体構造にも少し違いがある。RNAは1本の鎖として存在することが多いけれど，DNAは互いに逆向きの2本の鎖が平行に並び，塩基どうしで結合したはしごのような構造がねじれた形をしている。これを**二重らせん構造**という。

2本の鎖を結びつけるのは，塩基どうしの間にできる**水素結合**だ。塩基どうしの結合には規則性があって，**アデニンはチミン（A−T），グアニンはシトシン（G−C）**というように，おたがいに結合する相手が決まっているんだ。このような性質を**塩基の相補性**というよ。

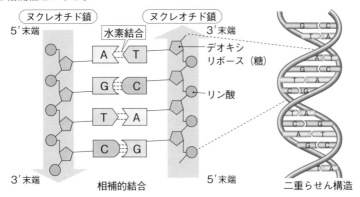

■ DNA の塩基 A と T, G と C の組み合わせでカップルをつくる。

　塩基の間にできる水素結合は，糖とリン酸の結合に比べて"弱い"ので，95℃くらいの水溶液中で簡単にほどけて 1 本鎖になる（糖とリン酸の結合は切れない）。でも，温度を下げると，おたがいの鎖がみずから"より"を戻すようにして，再びらせんを巻くんだ。

DNA

3 　塩基の相補的結合 ＞★★★

　A（アデニン）と T（チミン），G（グアニン）と C（シトシン）がそれぞれ相補的な結合をつくる理由は，水素結合の数にある。A と T の間には 2 つの水素結合ができ，G と C の間には 3 つの水素結合ができる。だから，A と C のような，水素結合の数が違う塩基の間では対をつくらないんだ。

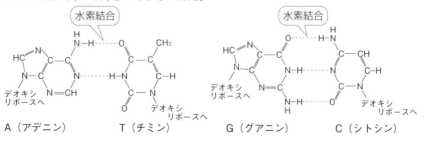

水素結合の数は，2本鎖の"ほどけやすさ"に関係する。例えば，遺伝子の読み出し開始に関わるプロモーター（▶p.325）には，水素結合が少ないAとTの塩基対が集中していることが多い。これにより，2本鎖がほどけやすくなり，遺伝子発現に関わるタンパク質がDNAに容易に結合できるようになるんだ。

　これとは対照的に，熱水噴出孔（▶p.13）のような高温の環境にすむ細菌のDNAは，GとCの塩基対の割合が極端に高いことが知られている。これは，熱でDNAの2本鎖が簡単にほどけてしまわないようにするための適応と考えられているよ。

《《POINT❶》》 DNA の構造Ⅰ

- ◎DNA は，ヌクレオチドが多数つながった鎖からなる。
- ◎ヌクレオチドは糖（デオキシリボース），塩基，リン酸からなる構造単位である。
- ◎DNA は，通常2本鎖が対になり，二重らせん構造をとる。
- ◎DNA の塩基は，アデニンがチミン（A−T）と，グアニンがシトシン（G−C）と対になり，水素結合をつくる。

4 DNAの構造発見のヒントになった塩基の規則性 〉★★☆

　DNA の二重らせん構造は，1953年ワトソンとクリックによって明らかにされた。ワトソンとクリックが DNA の構造を思いつくきっかけとなったのが，1949年に，シャルガフによって発見された塩基の規則性だ。

　シャルガフは，いろいろな生物の DNA から塩基を抽出して，A，G，C，T の数の割合（塩基組成という）を調べたんだ。次の表がそのデータの一部だ。

■ DNA の塩基組成〔%〕

材料＼塩基	A	G	C	T
ウシの肝臓	28.8	21.0	21.1	29.0
ウシの腎臓	28.3	22.6	20.9	28.2
ヒトの肝臓	30.3	19.5	19.9	30.3
ニワトリの赤血球	28.8	20.5	21.5	29.2

どの DNA でも
A〔%〕＝ T〔%〕，
G〔%〕＝ C〔%〕
が成り立っている。

この表を見ると，どんな生物の試料にも，アデニン（A）とチミン（T），グアニン（G）とシトシン（C）がそれぞれ等しい割合で含まれているってことがわかるよね。

このデータをもとに，ワトソンとクリックは，AとT，GとCがそれぞれ結合をつくるというアイデアを思いついたんだ。

《POINT②》DNA の構造Ⅱ

◎DNA の分子に含まれる塩基の数の割合は，
A〔%〕＝ T〔%〕　　G〔%〕＝ C〔%〕が成り立つ。

問題①　DNA の構造 ★★★

DNA は，（ ア ）と呼ばれる単位が多数つながった２本の鎖が，それぞれらせんを描いた形をしているため，DNA の構造は（ イ ）構造と呼ばれる。DNA の（ ア ）は，（ ウ ），塩基，リン酸の３つの成分から構成されている。DNA の２本の鎖の間で，塩基どうしが結合をつくっており，アデニンと（ エ ）が，グアニンと（ オ ）がそれぞれ対になっている。

問1　（ ア ）～（ オ ）に適する語句を書きなさい。

問2　あるDNAの塩基組成を調べると，アデニン(A)の数の割合が27.3％だったとすると，グアニン(G)の数の割合はいくらか。

✓解説

問2　A＝Tなので，A＋T＝27.3＋27.3＝54.6〔%〕となる。

$\quad$ G＋C＝100－（A＋T）＝100－54.6

$\qquad\qquad\quad$ ＝45.4〔%〕

G＝Cなので，

$\quad$ G＝45.4÷2

$\qquad$ ＝**22.7〔%〕**

AとG，TとCのように，対にならない塩基どうしは，たすと50％になるんだよ。

問1　アーヌクレオチド　　　　　　　イー二重らせん

　　　ウーデオキシリボース（糖）　エーチミン　　　　　　オーシトシン

問2　22.7％

5　細胞内でDNAはどのように存在するのか 〉★★☆

　DNA の存在のしかたは，原核細胞と真核細胞では大きく異なる。次の表はその違いをまとめたものだ。

■ DNA の存在のしかたの比較

	真核細胞の DNA	原核細胞（細菌）の DNA
存在のしかた	**核膜でしきられた中に**，存在する。	核膜のようなしきりはなく，**細胞質中に存在する**。
結合タンパク質	ヒストンに結合している。	ヒストンに結合せず，ほぼ**裸の状態で存在**する。
形　　状	端のある**直鎖**が何本もある。 	ひとつながりの鎖が**環状に**なっている。

　ヒトの場合，細胞内の DNA は46本に分かれていて，それらを合計した長さは 2 m にも及ぶ。このような長い DNA の鎖が，からまったりあるいは切れたりしないように，真核細胞の DNA は**ヒストンと呼ばれるタンパク質に巻きついて**，"真珠のネックレス"のような状態になっている。このような DNA がヒストンに巻きついた構造を**ヌクレオソーム**という。

　ヌクレオソームはさらに折りたたまれて**クロマチン繊維（クロマチン構造）**を形づくる。細胞分裂の際には，クロマチン繊維がさらに幾重にも折りたたまれて，太く短いひも状の染色体（厳密には染色分体という）が 2 本並んだ形ができあがる。この 2 本の染色体は，たがいに複製された DNA 分子から形づくられているので，まったく同じ遺伝情報をもつ。

　つまり，分裂期に見られる**染色体（染色分体 2 本分）**は，遺伝情報をきちんと娘細胞に分配するために，長い DNA をいったんコンパクトにした形態と言えるんだ。

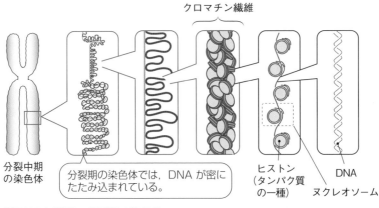

クロマチン繊維

分裂中期
の染色体

分裂期の染色体では，DNA が密に
たたみ込まれている。

ヒストン
（タンパク質
の一種)

DNA

ヌクレオソーム

■DNAと間期，分裂期の染色体

((POINT 3)) DNAの存在様式

◎真核細胞の DNA ➡ ヒストンに巻きつく。分裂期には染色体構造
をとる。

◎原核細胞の DNA ➡ 細胞質中にほぼ裸で存在する。環状構造をとる。

6 真核細胞の核の外にあるDNA 〉★☆☆

前にも説明したとおり，真核細胞の DNA はほとんどが核の中に存在する。でも，
核以外のミトコンドリアや葉緑体にも，少しだけ **DNA が含まれている**んだ。これら
は，原核細胞の DNA のように環状なので，**共生説**（▶p.20）の根拠になっているよ。

STORY 3 DNAの複製

1 DNAの複製の方法 ★★★

細胞が分裂によって増えるとき，DNAとその遺伝情報は，複製されて娘細胞に分配される。DNAの遺伝情報は，A，T，G，Cの並び順であるため，DNAが複製されるときには，この塩基の並び順を保ったまま新しいDNAの鎖を複製することが，とても重要なんだ。その複製のしくみを次に説明するよ。

❶ DNAの2本鎖の一部がほどけて1本鎖になる。

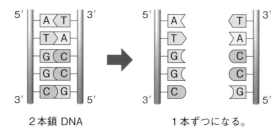

2本鎖DNA　　　　　　　　　　　1本ずつになる。

❷ それぞれの1本鎖の塩基と対をつくる塩基をもつヌクレオチドがやってきて，水素結合をつくる。このとき塩基の相補性により，**必ずAはTと，GはCと結合する**んだ。

❸ 隣り合うヌクレオチドどうしが，糖とリン酸の間で連結される。これを行う酵素を**DNAポリメラーゼ（DNA合成酵素）**という。

こうしてできた新しい2本のDNA鎖は、その塩基配列が元の鎖とまったく同じになるよね。

このように、元のDNA鎖の一方が、新しいDNA鎖の半分（2本鎖のうちの片方）をつくる複製方法を、半保存的複製というんだ。

《POINT❹》DNAの複製

◎半保存的複製 ➡ 元の DNA から一方の鎖をそのまま受け継いで、
元の鎖と新しい鎖とで2本鎖がつくられる。

2 　半保存的複製の証明 〉★★★

ワトソンとクリックが二重らせん構造を発表したときから、DNAの複製方法はおそらく半保存的複製だろうということは予想されていた。でも、それを実験で証明するのはなかなか難しかったんだ。

そんな中、この難題をみごとに解いてみせたのが、**メセルソン**と**スタール**だった。二重らせん構造の発表から5年後のことだよ。

メセルソンとスタールは、重さの異なる窒素の同位体（^{14}N と ^{15}N）を使って、大腸菌にDNAを複製させ、そのDNAの重さの違いから半保存的複製を証明したんだ。

この実験で重要なのは、とても微妙なDNAの重さの違いを検出する方法だ。大腸菌からわずかにしか採れないDNAの重さを、"はかり"や"天秤"で測定することはできない。そこで、メセルソンとスタールは密度勾配遠心法という方法を使ったんだ。

① 密度勾配遠心法の原理

　遠心管に塩化セシウムの溶液を入れて，重力の10万倍もの強い遠心力で遠心分離を行うと，塩化セシウムの分子が沈んで管の上から下に向かって直線的に濃度が高くなる溶液ができるんだ。

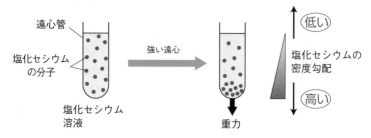

　このとき，遠心管に DNA もいっしょに入れておくと，DNA 分子も重力に引っ張られ沈んでいき，まわりの塩化セシウム溶液の密度と等しくなったところで止まる。溶液の密度は下にいくほど高いので，止まった位置で DNA の重さ（密度）がわかるというわけなんだ。

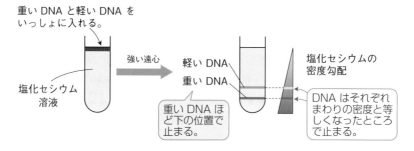

■DNA の重さの違いを調べる

② メセルソンとスタールの実験

❶ 通常の窒素（^{14}N）よりも重い^{15}N を含んだ培地で大腸菌を何世代も培養する。

⬇

大腸菌の DNA 分子中の窒素が^{15}N に置き換わる。

⬇ [DNA を取り出し，遠心する]

重い DNA（2 本鎖とも^{15}N からなる）が層をつくる。

❷ この大腸菌を，^{14}N を含んだ培地に移し 1 回分裂させた。

大腸菌は，^{14}N を材料として新しい DNA 鎖を複製する。

⬇ [DNA を取り出し，遠心する]

重い DNA と軽い DNA（2 本鎖とも^{14}N からなる）の**中間の重さの DNA** が 1 つの層をつくった。

❸ ^{14}N を含んだ培地に移してから 2 回分裂させた。

⬇ [DNA を取り出し，遠心する]

中間の重さの DNA と軽い DNA が，それぞれに層をつくった。

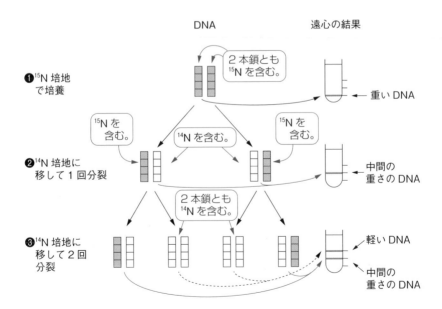

もし，DNA が半保存的複製じゃなかったら，この実験はどうなるんですか。

　例えば，元の DNA 鎖はそのままで，新しくつくられた鎖だけで2本鎖 DNA がつくられる，というような複製方法（これを「全保存的複製」という）を考えてみるよ。
　下の図を見てみよう。

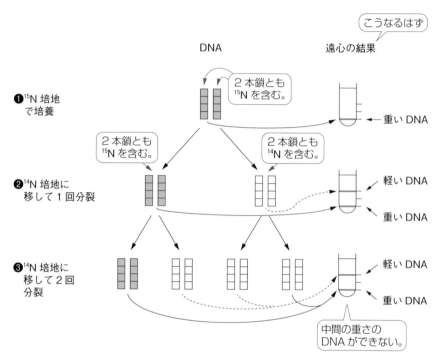

■もし全保存的複製だったとしたら

　上の図のように，もし全保存的複製だとすると，^{14}N 培地に移して1回分裂させたあとの大腸菌から取り出した DNA は，2つの層に分かれるはずだけど，実際の実験結果では，中間の重さを示すところに1つの層をつくったので，**全保存的複製は否定できる**んだ。
　では，もう1つ別の可能性を考えてみよう。それは，もとの DNA がヌクレオチドにまでバラバラに分解されて，新しい材料でつくられたヌクレオチドと混じり合い，新しい2本鎖 DNA を形成するというものだ（これを**断片的複製**という）。

もしDNAの複製が，断片的複製で行われるのであれば，下図のように^{14}N培地において，大腸菌は分裂のたびに^{14}Nを取り込んでDNAの材料とするので，もとのDNAに含まれていた^{15}Nの割合が $\frac{1}{2}$ ずつ低下していくはずだ。だから，^{14}N培地に移して1回分裂したあとの2つのDNAは，両方とも^{15}Nと^{14}Nを50％ずつ含むことになり，中間の重さを示すところに1つの層をつくる。この結果は，半保存的複製の場合と区別できない。しかし，^{14}N培地に移して2回分裂したあとのDNAを考えてみると，断片的複製では4つのDNAの全てが同じ重さになり，どれもが^{15}Nを25％含むことになるはずだ。実際の実験結果では，中間の層と軽い層に2種類のDNAが生じたのだから，**断片的複製は否定できる**んだ。

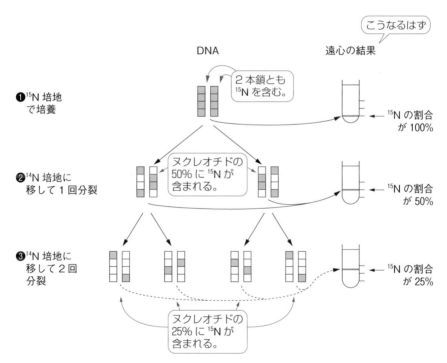

■もし断片的複製だったとしたら

［実験］　通常の窒素（^{14}N）よりも重い窒素同位体（^{15}N）のみを含む培地で大腸菌を何世代も培養し，大腸菌に含まれる窒素のほとんどを^{15}N に置き換えた。この大腸菌を^{14}N のみを含む培地に移して1回分裂したあと，大腸菌からDNAを取り出して重さを調べたところ，^{15}N だけからなる（重いDNA）:（中間の重さのDNA）:（^{14}N だけからなる軽い DNA）の比率が 0:1:0 であった。

問1　^{14}N のみを含む培地に移してから3回分裂したあとの大腸菌からDNAを取り出し，重さを調べるとどのような結果になるか。（重いDNA）:（中間の重さのDNA）:（軽いDNA）の比で答えなさい。

問2　この実験から明らかになったDNAの複製方法を何というか。

===== 解 説 =====

問1　この手の問題は，実際に DNA の図をかいてみるのが近道だ。

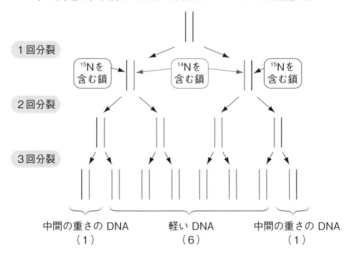

上の図より，重い DNA:中間の重さの DNA:軽い DNA = 0:2:6 であることがわかるよね。簡単にして，0:1:3 となる。

===== 解 答 =====

問1　0:1:3　　問2　半保存的複製

3 DNAの複製のしくみ 〉★★☆

DNAの複製には，**DNAポリメラーゼ（DNA合成酵素）**が関わっている。**DNAポリメラーゼは，鋳型となる鎖の塩基に相補的な塩基をもつヌクレオチドを付加して，新しい鎖を伸ばしていく。**ただし，DNAポリメラーゼには，ちょっと"気難しい"性質があるので，それをあげておこう。

DNAポリメラーゼの性質

1. **DNA鎖の 5′→3′ の方向にしか合成できない**（3′末端にしかヌクレオチドを付加しない）。
2. **すでにあるヌクレオチド鎖の 3′末端の続きを伸ばすことしかできない**（鋳型鎖だけでは相補鎖を合成できない）。

> すでにある鎖の続きを伸ばすことしかできない？
> じゃあ，最初はどうするの？

複製の最初だけは，DNAポリメラーゼとは，別の酵素（**DNAプライマーゼ**）が，**プライマー**と呼ばれる短いRNA鎖を形成するんだ。このプライマーをきっかけとして，DNAポリメラーゼが，続きのDNA鎖を合成していく。そして，最終的にプライマーは分解されてDNAに置き換えられる。

では，順を追って見ていくことにしよう。

❶ DNAの複製は，**複製起点**と呼ばれる決まった場所から始まる。この複製起点からDNAヘリカーゼによって2本鎖がほどかれ，1本鎖が露出していく。1本鎖になった部分に**プライマー**が形成される。

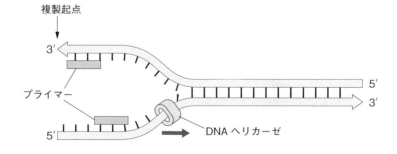

❷ DNAポリメラーゼが，プライマーの3′末端にDNAのヌクレオチドを付加していくことで，新しい鎖が伸長していく。このとき一方の鎖は，**伸長する方向と，2本鎖がほどけていく方向が一致するため，DNAポリメラーゼが"一筆書き"のようにして鎖を伸ばしていくことができる。**このようにして，連続的に合成される長い鎖をリーディング鎖という。

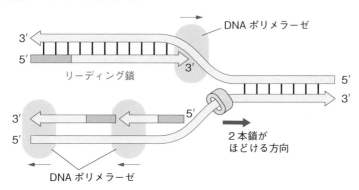

❸ もう一方の鎖では，**DNAポリメラーゼが鎖を伸ばす方向と，2本鎖がほどけていく方向が逆になる。**そのため，少しほどけるとプライマーがつくられ，その続きをDNAポリメラーゼが伸ばし，また少しほどけるとプライマーがつくられ……，というような"返しぬい"がくり返される。その結果，いくつもプライマーの間を短いDNA鎖が断続的に合成されることになる。このように不連続に複製される鎖をラギング鎖という。この過程でつくられる短いDNA断片は，発見者（岡崎令治）の名前にちなんで岡崎フラグメントというよ。

　ラギング鎖は，プライマーが分解され，DNA鎖に置き換えられたあと，**DNAリガーゼという酵素によって1本につなぎ合わされ，新しい鎖が完成する。**

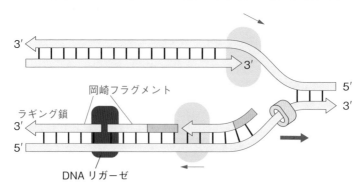

もう少し広範囲で見たようすは下図のようになる。

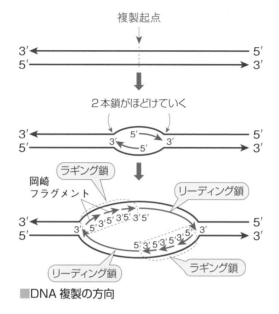

複製起点

2本鎖がほどけていく

岡崎
フラグメント

ラギング鎖

リーディング鎖

リーディング鎖

ラギング鎖

■DNA 複製の方向

《POINT❺》 DNAの複製のしくみ

◎DNA ポリメラーゼは，鎖を 5′末端→3′末端の方向へ伸ばす。

◎リーディング鎖 ➡ 連続的に合成される長い鎖

◎ラギング鎖 ➡ 不連続に合成される鎖。ラギング鎖のもとになる短い DNA 断片を岡崎フラグメントという。

4 原核細胞と真核細胞での複製起点の比較 ＞★☆☆

　DNAの複製は，複製起点から両方向へ進行していく。

　複製起点は，原核生物の環状DNAには1か所しかないけど，真核生物の染色体（長い線状DNA）には数十か所～数百か所あり，そこから同時に複製をスタートするので，原核生物に比べて長いDNAをもつ割には，染色体の複製が短時間で終わるんだ。

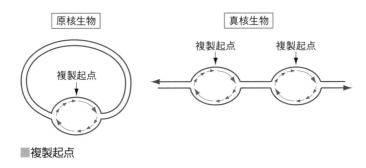

■複製起点

問題 3　DNAの複製 ★★★

　大腸菌におけるDNAの複製は，右の図のように複製起点と呼ばれる領域で始まり，そこからリーディング鎖とラギング鎖を合成しながら両側に進行する。大腸菌のもつDNAは450万塩基対の環状2本鎖DNAであり，複製起点が1つである。大腸菌のDNA合成酵素が1秒あたり1500ヌクレオチドの速度で合成するとき，大腸菌のDNAの1回の複製には何分かかるか。最も適当なものを，一つ選びなさい。

複製起点

① 　15　　② 　25　　③ 　30　　④ 　50　　⑤ 　150
⑥ 　250　　⑦ 　300　　⑧ 　1500　　⑨ 　3000

〈センター試験・改〉

◀◀◀ ✓解説 ▶▶▶

　この問題のポイントは，**リーディング鎖とラギング鎖の合成は同時に進行すること，**また，**DNA は複製起点から両方向に複製される**という 2 点だ。リーディング鎖とラギング鎖それぞれの DNA ポリメラーゼ（DNA 合成酵素）は，並行して 1 秒あたり 1500 ヌクレオチドを付加していくのだから，複製される 2 本鎖 DNA はそれぞれ**1秒あたり1500塩基対**（つまり，2 本鎖ぶん）**の速度で新たな塩基対を形成する**（ここでは $5' \to 3'$ の合成方向を意識する必要はない）。さらに，それが**両方向**（複製が進んでいる 2 か所）で同時に進行するのだから，**1 秒あたり 2 × 1500 ＝ 3000塩基対**が形成されることになる。これが，1 分あたりでは，60 秒× 3000 ＝ **18 万塩基対**/分となる。大腸菌の DNA は 450万塩基対からなるので，これが全て複製されるのに要する時間は，450万塩基対÷18万塩基対/分＝ **25 分**となる。

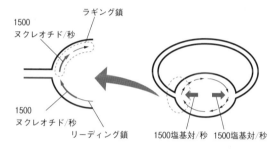

ラギング鎖
1500
ヌクレオチド/秒
1500
ヌクレオチド/秒
リーディング鎖
1500塩基対/秒　1500塩基対/秒

◀◀◀ ✓解答 ▶▶▶

②

5　テロメア 〉★☆☆

　ここまで見てきたように，ラギング鎖の複製では，プライマーに岡崎フラグメント
が付け加えられて進んでいく。ところが，合成がDNAの端まで進むと，プライマー
が分解されたあと，伸ばすべき3′末端がなくなってしまうため，DNAポリメラーゼ
はプライマーに置き換わるDNAを合成することができなくなる。そのため，合成さ
れたDNA鎖はプライマーの分だけ短くなってしまうんだ。

　このような染色体の短縮は，DNAが複製されるたびに起こる。多くの真核生物の
染色体の末端には，テロメアと呼ばれるTTAGGGのくり返し配列があり，染色体の
末端を安定化させるタンパク質と結合する。でも，細胞分裂のたびにテロメアが短く
なり，20〜30回の分裂でテロメアが完全に失われると，染色体が不安定になり，細胞
は分裂できなくなってしまう。このような観察から，テロメアは細胞の老化と関係が
あると考えられているんだ。

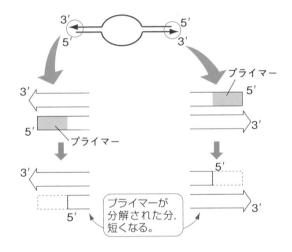

 テロメアを伸ばして細胞を若返らせる，なんてことはで
きないのかな？

　一応，テロメアを伸ばす酵素（テロメラーゼ）の存在が知られているよ。この酵素
は，ヒトのほとんどの体細胞では発現せず，精巣などの限られた組織では発現してい
る。そのため，精子のテロメアの長さは年齢によって変化しないんだ。この酵素をふ
つうの体細胞でも発現させるという実験は，培養細胞レベルでは行われているよ。た
だし，個体レベルで若返らせるまでには至っていないようだ。

DNA の間違いを修復する

DNA が複製されるときには，10 万塩基対に 1 個の割合で相補的でない塩基対ができてしまう。また，正しい塩基でも，紫外線などの影響により，塩基が化学的に変化して間違った塩基になることがある。これらのエラーを放っておくと，間違った遺伝情報をもった細胞が増えてしまい，生体の正しい働きが阻害されるだけでなく，ときには致命的になることさえある。

そこで，細胞には DNA のエラーを修復するしくみがいくつか用意されているんだ。

❶ 校正 ➡ まず DNA ポリメラーゼが，DNA 鎖を合成するときに間違った塩基があれば，これをすぐに修復する。

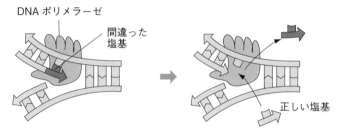

❷ ヌクレオチド除去修復 ➡ 紫外線などによる損傷がある場合，損傷した部分を含む周辺のヌクレオチドを除去したあと，DNA ポリメラーゼにより修復する。

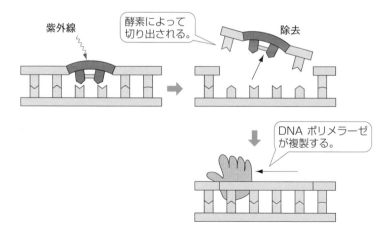

❸ ミスマッチ修復 ➡ ❶で見逃がされた間違った塩基対（ミスマッチ）を修復するしくみ。細胞の中にある酵素 a と酵素 b の複合体が，間違った塩基対を見つけ出す。次に酵素 c が 2 本の DNA のどちらが "原本" なのかを判断する（元の DNA にはメチル基がついている。▶p.342）。原本ではない間違った方の DNA を一部切り取り，DNA ポリメラーゼで正しい複製をつくりだす。

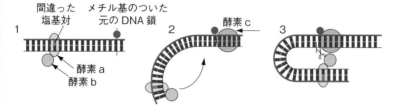

1

間違った　メチル基のついた
塩基対　　元の DNA 鎖

酵素 a
酵素 b

酵素 a, b の複合体が
間違った塩基対（ミス
マッチ）を見つける。

2

酵素 c

別の酵素 c が元の DNA につ
いているメチル基を見つける。

3

間違っている DNA 鎖が
切られる。

4

ミスマッチ部分までが
取り除かれる。

5

DNA ポリメラーゼがあいた部分
を複製する。

❶の校正は細胞周期の S 期に，❷と❸の修復は G_1 期の終わりや G_2 期の終わりに行われる。

　このような修復のしくみにより，エラーが残る確率は数十億塩基あたり 1 塩基にまで下がると言われているよ。

遺伝子の発現

tRNA →

リボソーム rRNA

mRNA

▲遺伝子の発現をみていこう。

STORY 1　遺伝子が働くということ

　遺伝子が働くとはどういうことだろう？

　この疑問に対する答えは、「**遺伝子が働くとタンパク質がつくられる**」だ。

　タンパク質には**生体をつくるタンパク質**のほかにも、酵素のように**機能をもったタンパク質**があったよね（「第2編　第3章『酵素とその働き』（▶p.206）」を見てね）。その機能によって、タンパク質以外の物質がつくられるし、生命活動も維持されているんだ。

　だから、遺伝子は、タンパク質をつくることによって、生体のタンパク質部分はもちろん、タンパク質ではない部分の**形質**（生物がもつ特徴）までも支配しているんだ。

　遺伝子が働くことを**遺伝子の発現**といい、それが形質に現れることを**形質の発現**というよ。

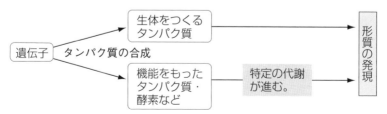

遺伝子からタンパク質が合成されるまで

DNAが働くと酵素などのタンパク質がつくられるとはいうものの，DNAから直接タンパク質がつくられるわけではない。

真核細胞の場合，まず核内でDNAの情報が，RNAに写しとられる。この過程を**転写**という。そして，このRNAが核の外に出て**リボソーム**とくっつき，そこで**遺伝情報をもとにタンパク質が合成される**んだ（この過程を**翻訳**という）。

例えるなら，まず巻物をほどいて，古文書の中から必要な一文をスマホカメラで撮影することが**転写**だ。そして次に，古文書の翻訳アプリを使って，現代の文章に変換する過程が**翻訳**といったところだ。

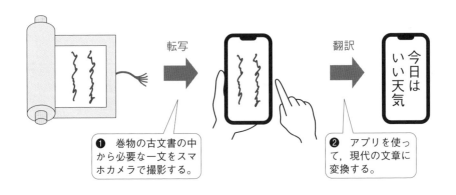

❶ 巻物の古文書の中から必要な一文をスマホカメラで撮影する。

❷ アプリを使って，現代の文章に変換する。

このように**遺伝情報は，DNA → RNA → タンパク質の順に伝えられる。**DNAの二重らせん構造を発見したクリックは，この遺伝情報の流れを**セントラルドグマ**（中心教義）と呼び（1958年），全ての生物に共通する性質と考えた。

でもその後，RNAウイルスの中には，RNAをもとにDNAを合成する（**逆転写**という）ものがいることがわかり，セントラルドグマは少し修正されたんだ。

((POINT 6)) セントラルドグマ

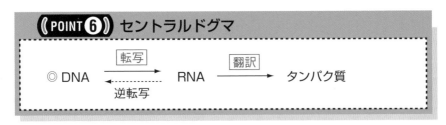

◎ DNA ——転写→← 逆転写 RNA ——翻訳→ タンパク質

「複製」と「転写」の違いがよくわからないなぁ。

　まず，「複製」は DNA 全域にわたって，2 本鎖ともが鋳型となるけど，「転写」は DNA の一部だけ，しかも 2 本鎖のうち一方だけが鋳型となるんだ。

　また，「複製」は DNA が DNA にコピーされるけど，「転写」は DNA が **RNA にコピーされる**という点が違うんだ。

STORY 3 　転　写

　転写は DNA の決まった位置から始まる。それは，DNA には**プロモーター**と呼ばれる領域があり，そこに**RNA ポリメラーゼ（RNA 合成酵素）** が結合することで転写が開始するためだ。つまり，**プロモーターは「ここから転写を始めてください」ということを RNA ポリメラーゼに指示する領域**なんだ。さらに，プロモーターは，

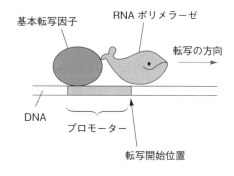

DNA の 2 本鎖のうち，どちらの鎖を鋳型にするのか（これにより転写の方向も決まる）ということも指示するんだ。

　原核細胞の場合，プロモーターに RNA ポリメラーゼが結合して，すぐに転写を始めることができるけど，真核細胞の場合は，これに加えて**基本転写因子**と呼ばれるタンパク質複合体が必要になる。

　真核細胞では，プロモーターにまず基本転写因子が結合し，これを認識した RNA ポリメラーゼがプロモーターに“がっちり”と結合して，転写を始めるんだ。

　では，次のページに転写の過程をまとめておこう。

転写の過程

❶ DNAのプロモーターに，（基本転写因子と）RNAポリメラーゼが結合する。
〔真核生物の場合〕

❷ RNAポリメラーゼは，DNAの二重らせんをほどいて1本鎖にする。

❸ プロモーターが指示する片方の鎖を鋳型として，RNAの材料となるヌクレオチドが，DNAと塩基対をつくって配列する。このとき，**DNAの塩基A，T，G，C**のそれぞれに対して，**RNAの塩基U，A，C，G**が相補的に結合する。
〔TではなくU！〕

❹ 配列したRNAのヌクレオチドは，糖とリン酸の間で結合をつくり，ヌクレオチド鎖となる。このときRNAヌクレオチド鎖は5′→3′の方向に伸びていく（鋳型DNA鎖の3′→5′の方向）。

❺ できたRNAヌクレオチド鎖は，DNAから離れていく。また，ほどけていたDNAは，元のDNAヌクレオチド鎖どうしで2本鎖に戻る。

❻ DNAには，転写の終結点となる配列がある。RNAポリメラーゼは終結点までくると，転写をやめてDNAから離れていく。

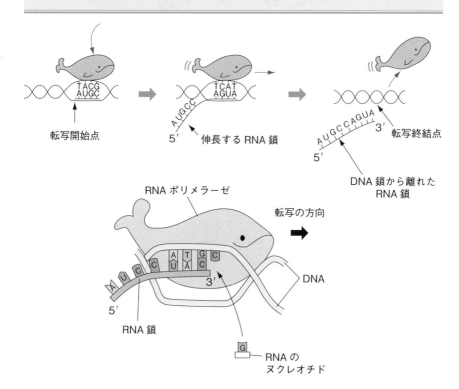

POINT 7 転写

◎転写に見られる塩基の相補性

DNA	A	G	C	T
	↓	↓	↓	↓
mRNA	U	C	G	A

DNA の 2 本鎖のうち，RNA に**転写される鎖をアンチセンス鎖**といい，**転写されない鎖をセンス鎖**という。DNA のセンス鎖の塩基配列と転写された RNA の塩基配列は，そっくりになる。違いは，センス鎖の T が，RNA 鎖では U になるという点だ。

POINT 8 アンチセンス鎖とセンス鎖

◎**アンチセンス鎖** ➡ DNA の 2 本鎖のうち RNA に転写される鎖
◎**センス鎖** ➡ DNA の 2 本鎖のうち転写されない鎖。転写された RNA 鎖の塩基配列は，センス鎖の T を U に置き換えたものに相当する。

STORY 4 スプライシング

真核生物では，転写によってつくられた RNA 鎖は，そのまま翻訳に使われることはなく，"加工と編集" が行われる。その一つが，**転写された RNA 鎖から，不要な部分が取り除かれる**という過程で，これを**スプライシング**という。スプライシングで取り除かれる部分に対応する DNA の領域をイントロンといい，それ以外の翻訳される領域をエキソンという。

スプライシングは核内で進み，スプライシングを終えて短くなった RNA 鎖は，核孔から細胞質へ出て翻訳に使われる。この**翻訳に使われる RNA 鎖を mRNA**（伝令

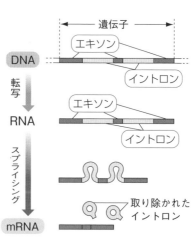

■スプライシング

RNA）という。これに対して，スプライシング前の RNA 鎖は "一次転写産物 RNA"
とか "mRNA 前駆体" などと呼ばれるよ。

《 POINT 9 》 真核生物の遺伝子とスプライシング

◎エキソン ➡ 翻訳される DNA 領域
◎イントロン ➡ 翻訳されない DNA 領域
◎スプライシング ➡ 転写直後の RNA 鎖から，イントロンに相当す
　　　　　　　　　る配列が取り除かれる過程。核内で進行する。

1 選択的スプライシング 〉★★★

> イントロンってムダに思えます。いったい，何のために
> あるのですか？

　確かに，イントロンは転写はされるけど翻訳はされない。エネルギーのムダに思え
るよね。この答えは，実のところよくわかっていないんだけど，スプライシングの過
程を経ることの利点もあるんだ。

　1つの遺伝子がいくつものイントロンで分断されている場合，**スプライシングのや
り方が変わることで，何種類もの mRNA がつくられる**ことがわかっているんだ（こ
れを**選択的スプライシング**という）。エキソンは，スプライシングの過程で必ず残る
というわけではなく，いくつかのエキソンがイントロンといっしょに削除されること
がある。しかも，削除されるエキソンは，組織や発生段階に応じて変わるんだ。mRNA
の種類が増えるということは，当然，合成されるタンパク質の種類が増えるというこ
とで，少ない遺伝子でもタンパク質のバリエーションを増やせるという利点がある。

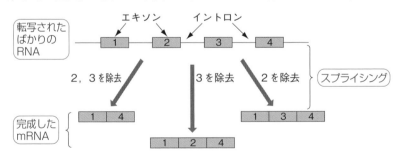

■選択的スプライシング

ヒトの遺伝子は約 22000 個だけど，ヒトのタンパク質は 10 万種もあると言われている。これは，ヒトでは選択的スプライシングが盛んに行われることで，遺伝子の種類以上のタンパク質がつくられるからなんだ。

2　イントロンの目印となる配列 〉★☆☆

　イントロンとエキソンの境い目には，スプライシングの目印となる塩基配列がある。スプライシングに関わる酵素が，目印となる GGUAA を含む配列（認識配列 1 ）と，UAAC・・・・AG（・は U か C が多い）を含む配列（認識配列 2 ）を認識すると，GU から AG までが切り落とされるしくみだ。

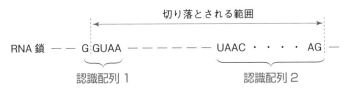

　このように，スプライシングはイントロンの両端だけを識別して行われる。だから，**仮に DNA のイントロンの中央部に 1 塩基の挿入や置換が起こったとしても，隣のエキソンにフレームシフト（▶p.27）のような影響が出ることはない。**

　でも，認識配列の部分に塩基の置換などが起こった場合には，スプライシングに関わる酵素が境界を認識できず，"エキソンの読み飛ばし" や "イントロンの翻訳" などの異常が起こることがあるんだ。

3　RNAの加工 〉★★☆

　転写されたばかりの RNA は，スプライシング以外の加工も行われている。それが，"5′キャップ形成" と，"ポリ A 尾部（ポリ A テール）の付加" だ。転写されたばかりの RNA 鎖（一次転写産物 RNA）の 5′末端には，特殊なグアニンヌクレオチドがくっつき "5′キャップ" と呼ばれる構造がつくられる。また，3′末端には A（アデニン）ばかりが 200 個程度くっつけられて伸ばされる。この構造を "ポリ A 尾部" という。"5′キャップ" や "ポリ A 尾部" は，分解しやすい RNA を保護したり，mRNA が核孔から出るのを助けたりするんだ。

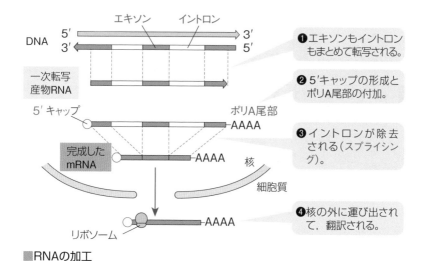

■RNAの加工

注）図では細胞質中の mRNA は直鎖状だが，通常，5′ キャップとポリ A 尾部が結合して環状となる。

STORY 5　翻　訳

　続いて，mRNA の塩基配列に基づいてタンパク質が合成される過程（翻訳）を見ていこう。翻訳はリボソームで進行する。

　リボソームは，タンパク質と RNA からなる複合体で，このリボソームを構成する RNA を特に **rRNA**（リボソーム RNA）という。リボソームは，大小 2 つのパーツ（サブユニット）が組み合わさった "ダルマ型" の分子だ。翻訳の開始とともに，この 2 つのサブユニットが mRNA をはさむように組み合わさり，翻訳の終了とともに離ればなれになる。

　リボソームには，2 つの "座席" があり，ここに座るのが **tRNA**（運搬 RNA，転移 RNA）だ。tRNA はクローバー形の分子で，鎖の端に**アミノ酸を 1 つ結合している**。

　遺伝情報は，核酸の塩基 3 つで 1 つのアミノ酸を指定するしくみになっている。mRNA の三つ組塩基を**コドン**といい，このコドンに相補的な三つ組塩基（**アンチコドン**という）をもつ tRNA が，リボソームの "座席" に座る。すなわち，ここにも**塩基の相補性**が関わっているんだ。次にリボソームの働きで，tRNA の

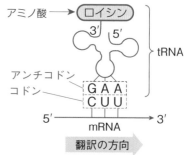

アミノ酸の間で**ペプチド結合**が形成される。これを順次くり返すことで，アミノ酸の鎖（ポリペプチド鎖）が伸びていくんだ。

これを図で詳しく見ていこう。

❶ mRNA 上の AUG（開始コドン）の位置で，リボソームの大小のサブユニットが組み合わさる。mRNA のコドン AUG に対して，アンチコドン UAC をもつ tRNA がメチオニンを運んでくる。

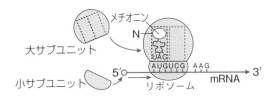

❷ 隣の"座席"に次のアミノ酸（図では"セリン"）をもった tRNA が座る。

❸ リボソームの働きで，隣り合うアミノ酸の間にペプチド結合がつくられる。

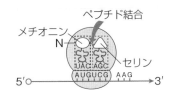

❹ リボソームが，mRNA に沿ってコドン1つ分（3塩基）移動する。これに伴い，はじめの tRNA は"座席"から押し出される。このとき tRNA とアミノ酸の結合は切られるけど，ペプチド結合は切れない。そして，新たに生じた"空席"には，次の tRNA がやってくる。

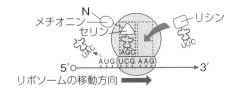

❺ mRNA の終止コドンが現れると，tRNA のかわりに終結因子というタンパク質が座る。これにより，翻訳は終わり，リボソームは大小のサブユニットに分かれ，ポリペプチド鎖も離れる。

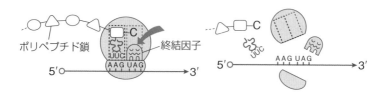

rRNA に tRNA ?
RNA って，何種類もあるんですか？

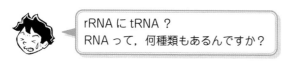

　そうなんだ。RNA は DNA とは違い，さまざまな働きをする。その働きに応じて異なる名前がつけられているんだ。ここまでに登場した RNA をまとめておこう。

mRNA （伝令 RNA）	tRNA （運搬 RNA，転移 RNA）	rRNA （リボソーム RNA）
DNA の遺伝情報を写し取り（**転写**），リボソームにまで運ぶ。**コドン**を含む。	1 つのアミノ酸を結合し，リボソームにまで運ぶ。**アンチコドン**を含む。	タンパク質とともにリボソームを構成する。
コドン	アミノ酸 アンチコドン	タンパク質　rRNA リボソーム

《POINT ⑩》 翻　訳

◎リボソーム ➡ タンパク質合成（翻訳）の場。タンパク質とrRNAからなる。

◎翻訳の過程 ➡ mRNAのコドンに対応したアンチコドンをもつtRNAが，アミノ酸をリボソームにまで運んでくる。リボソームの働きでアミノ酸の間にペプチド結合がつくられる。

参考　tRNAとアミノ酸の適切な関係

　翻訳がきちんと行われるためには，mRNAのコドンとtRNAのアンチコドンが正しく対応するだけでは不十分で，tRNAとアミノ酸の対応関係も正しくなければならない。tRNAの3′末端に，アンチコドンに対応したアミノ酸を結びつける酵素が，**アミノアシルtRNA合成酵素**だ。

　この酵素は，メチオニンにはアンチコドンUACをもつtRNAを結びつけ，トリプトファンにはアンチコドンACCをもつtRNAを結びつける，というようにアミノ酸ごとに異なるアミノアシルtRNAが用意されている。つまり，アミノアシルtRNAは全部で20種類あるというわけだ。

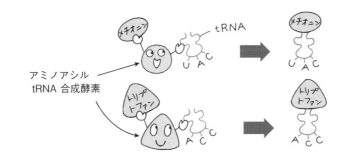

アミノアシル
tRNA合成酵素

遺伝暗号

すでに見たように，遺伝情報は，**核酸の塩基3つで1つのアミノ酸を指定する**しくみになっている。mRNAの塩基3つの組み合わせでつくられる64通りの遺伝暗号が，どのアミノ酸に対応するかは，1960年代に全て明らかにされた。その成果が次の表だ。これを**コドン表（遺伝暗号表）**というよ。

■コドン表

1番目の塩基	2番目の塩基				3番目の塩基
	U	C	A	G	
U	UUU␂フェニル UUC␂アラニン UUA␂ロイシン UUG	UCU␂ UCC␂セリン UCA␂ UCG	UAU␂チロシン UAC␂ UAA␂（終止） UAG	UGU␂システイン UGC␂ UGA（終止） UGG トリプトファン	U C A G
C	CUU␂ CUC␂ロイシン CUA␂ CUG	CCU␂ CCC␂プロリン CCA␂ CCG	CAU␂ヒスチジン CAC␂ CAA␂グルタミン CAG	CGU␂ CGC␂アルギニン CGA␂ CGG	U C A G
A	AUU␂イソロイシン AUC␂ AUA␂ AUG メチオニン(開始)*	ACU␂ ACC␂トレオニン ACA␂ ACG	AAU␂アスパラギン AAC␂ AAA␂リシン AAG	AGU␂セリン AGC␂ AGA␂アルギニン AGG	U C A G
G	GUU␂ GUC␂バリン GUA␂ GUG	GCU␂ GCC␂アラニン GCA␂ GCG	GAU␂アスパラギン酸 GAC␂ GAA␂グルタミン酸 GAG	GGU␂ GGC␂グリシン GGA␂ GGG	U C A G

＊：AUGは，メチオニンに対応するとともに，タンパク質合成の開始を指定する開始コドンである。このメチオニンは，タンパク質合成途中で切り離される。

コドン表からわかることや読むときのポイントをまとめておくよ。

---

❶ 表の塩基は**mRNAのコドン**で示されている。DNAやtRNAの塩基ではないので，注意しよう。

❷ 表中の**UAA，UAG，UGA**は終止コドンと呼ばれ，アミノ酸を指定しない。終止コドンには，対応するtRNAがないため，ペプチド鎖の合成がここで止まる。つまり，**翻訳の終止**を意味する。

❸ 1つのアミノ酸に対して，**何種類かのコドンが対応する**ものがある。特に，3番目の塩基が変わっても，同じアミノ酸を指定することが多い。

❹ この遺伝暗号は，**ほとんど全ての生物で共通**だ。したがって，ヒトの遺伝子を大腸菌に組み込んで，ヒトのタンパク質をつくらせるなんてこともできるんだ。

▲遺伝子情報は暗号

1 遺伝暗号の解読 ＞★★★

　遺伝暗号が3つの塩基で1つのアミノ酸を決めるしくみであることは，コドン表が解読されるよりも前に予想されていた。なぜかと言うと，**DNAの塩基は4種類**だが，これに対してタンパク質のアミノ酸は**20種類**あることは，早くから知られていたからだ。

　もし，塩基1つでアミノ酸を指定するしくみだと，塩基は4種類なので最大でも4種類のアミノ酸しか指定できない。では，塩基2つだとどうだろうか？　塩基2つの組み合わせは4×4＝16通りあるので，16種までのアミノ酸を指定できる。これでもまだ足りないよね。でも，塩基3つだと，その組み合わせは4×4×4＝64通りとなり，アミノ酸の20種類をカバーできる。そこで最低でも，アミノ酸を指定するには塩基3つが必要だということになるんだ。

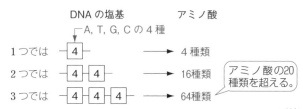

　では，コドンはどのようにして明らかにされたのか？

　1961年，ニーレンバーグは，すりつぶした大腸菌の抽出液（リボソームやtRNA，各種の酵素，アミノ酸が含まれて

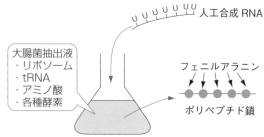

いる）に，ウラシルだけからなる人工的に合成した RNA（UUUU…）を加えたところ，**フェニルアラニン**だけからなるポリペプチド鎖ができた。これは，大腸菌のリボソームが人工 RNA を mRNA として翻訳するからだ。この実験により，**UUU はフェニルアラニン**を指定する暗号であることがわかった。

　また，コラーナは，U と G が交互にくり返す人工合成 RNA（UGUGUG…）を使って，上記と同様の実験を行ったところ，アミノ酸のシステインとバリンが交互に並んだポリペプチドが生じることを明らかにした（〔**実験 1**〕）。また，UGG のくり返し配列をもつ人工合成 RNA（UGGUGG…）からは，トリプトファン，グリシン，バリンのいずれかだけからなる 3 種類のポリペプチド鎖が生じることを示した（〔**実験 2**〕）。

〔**実験 1**〕

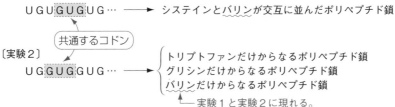

〔**実験 2**〕

〔**実験 2**〕で 3 種類のポリペプチド鎖ができるのは，開始コドンがないために読み枠が一定に決まらず，リボソームがはじめに読み始めた読み枠で，それ以降翻訳していくからだ。つまり，"UGG"，"GGU"，"GUG" の 3 通りの読み枠で翻訳されるんだ。さて，この 2 つの実験を見比べると，コドンでは "**GUG**" が，ポリペプチド鎖のアミノ酸には "**バリン**" が共通して現れる。すなわち，**GUG はバリンを指定するコドン**であることが決まるんだ。

STORY 7 転写と翻訳の実際

1 原核生物の転写と翻訳 ＞★★★

　大腸菌など原核生物の細胞には，核膜で仕切られた核がない。また，基本的に**遺伝子にはイントロンがなく，スプライシングが起こらない**。このような特徴から，**原核生物では転写と翻訳が同時に進行する**。すなわち，転写途中の mRNA にリボソームがくっついて，翻訳を始めるんだ。このように，原核生物では転写によってつくられた RNA は，何の加工・編集もされることなく mRNA として翻訳される。

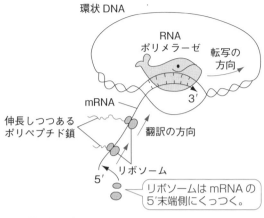

■原核生物の転写と翻訳

第1編 生物の進化
第2編 生命現象と物質
第3編 遺伝情報の発現と発生
第4編 生物の環境応答
第5編 生態と環境

環状 DNA

RNA
ポリメラーゼ

転写の
方向

mRNA

3'

伸長しつつある
ポリペプチド鎖

翻訳の方向

リボソーム

5'

リボソームは mRNA の
5'末端側にくっつく。

((POINT⑪)) 原核生物の転写と翻訳

◎原核生物では，転写と翻訳が同時に細胞質で進行する。

◎原核生物の遺伝子にはイントロンがなく，スプライシングが起こらない。

2 転写領域と翻訳領域 ＞★★☆

　DNA 上の転写領域と mRNA 上の翻訳領域は，一致しているわけではなく，**翻訳領域は転写領域の内側にある**のが普通だ。ここにも真核生物と原核生物で，ちょっとした違いがあるので見ておこう。

　真核生物では，転写された 1 本の mRNA には，翻訳開始点と翻訳終止点が 1 組だけ存在する。つまり，**1 本の mRNA からは 1 本のポリペプチド鎖**（タンパク質）が**翻訳される**（これをモノシストロニックという）。これに対して，**原核生物**では，mRNA 上に翻訳開始点と翻訳終止点が複数組存在することが多い。つまり，**1 本の mRNA から複数種のポリペプチド鎖が翻訳される**んだ（これをポリシストロニックという）。

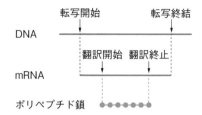

真核生物 モノシストロニック

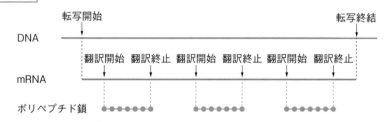

原核生物 ポリシストロニック

■真核生物と原核生物の翻訳領域

・参・考・ **抗体の多様性** ・

「生物基礎」では抗体の働きを学んだ。ここでは，抗体の多様性のしくみを遺伝子発現の観点から見ていくことにしよう。

1. 抗体の構造

B 細胞（正確には抗体産生細胞）がつくる抗体は，免疫グロブリンと呼ばれる Y 字の形をしたタンパク質だ。免疫グロブリンは， 4 本のポリペプチド鎖がS−S 結合（ジスルフィド結合）で束ねられた構造をしている。 4 本のポリペプチド鎖は 2 本ずつ同じもので，長くて折れ曲がっている 2 本を H 鎖（重鎖），短い 2 本を L 鎖（軽鎖）という。

　抗原と結合する部位は，Y字のてっぺんに当たる2か所で，抗体の種類によってアミノ酸配列が異なるために可変部と呼ばれる。これ以外の部分は定常部と呼ばれ，アミノ酸配列はどの抗体でも同じだ。

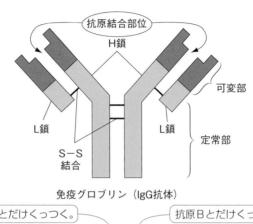

免疫グロブリン（IgG抗体）

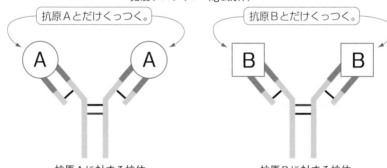

2. 抗体の多様性のしくみ

　抗体の可変部は非常に特異性が高く，特定の抗原とだけ結合するようにできている。そのため，私たちの体は，あらゆる病原体に対していろいろな可変部をもつ抗体を準備しておく必要がある。限られた遺伝子から，ほぼ無限ともいえる可変部のバリエーションが生まれるしくみは，1977年に利根川 進 によって解明された。

　抗体可変部の遺伝子はいくつかの遺伝子断片に分かれていて，それらが組み合わさってつくられる。

　次の図のように，H鎖の可変部の遺伝子は，V，D，Jという3つの遺伝子断片のグループからランダムに1つずつ遺伝子断片が選ばれて連結される。仮にVグループが40種類，Dグループが25種類，Jグループが6種類の遺伝子断片

を含んでいるとすると，その組み合わせは40×25×6＝6000通りにもなる。同じように，L鎖可変部も，V，Jという2つのグループからランダムに1つずつ遺伝子断片が選ばれて連結される。さらに，H鎖とL鎖の組み合わせもあるので，その組み合わせは膨大な数になるんだ。

未分化B細胞のH鎖DNA

V_1 — V_2 — V_3 … V_{40}　D_1 — D_2 … D_{25}　J_1 — J_2 … J_6　定常部

DNAの再編成

H鎖DNA　V D J　定常部

可変部

1つずつ遺伝子断片を選択

転写・スプライシング・翻訳

H鎖

L鎖

V D J　　J D V

V J　　　J V

未分化B細胞のL鎖DNA

V_1 — V_2 — V_3 … V_{40}　J_1 — J_2 … J_6　定常部

DNAの再編成

L鎖DNA　V J　定常部

可変部

転写・スプライシング・翻訳

■多様な抗体がつくられるしくみ

このような遺伝子の変化は遺伝子の再編成（遺伝子の再構成）と呼ばれ，B細胞が成熟する過程で見られるんだ。

ここで，何かと混同しがちな遺伝子の再編成とスプライシングの違いについて，はっきりさせておこう。

スプライシングはDNAから転写されたRNAで起こる切断と連結だよね。一方，遺伝子の再編成はDNAが切り貼りされる現象だ。いわば，大元の設計図を描き変えてしまう変化なんだ。再編成が起こる前の未熟B細胞はどれも同じゲノムをもつけど，遺伝子の再編成が終わった成熟B細胞になると，それぞれが違ったゲノムをもつようになる。その結果，**1つのB細胞は1種類の抗体しかつくらなくなる**んだ。決して1つのB細胞がいろんな種類の抗体をつくるわけではないんだよ。

第3章

遺伝子の発現調節

▲遺伝子は適材適所で発現する。

遺伝子はいつも働いている（発現している）わけではない。必要なときに，決まった組織で，必要な量だけ働くんだ。例えば，ヒトのいろいろな組織で働いている遺伝子は，ヒトゲノムに含まれる約22000個の遺伝子のうちの$\frac{1}{3}$程度だと考えられている。

ただし，遺伝子の発現が調節されているといっても，その方法は一通りではない。下図に示すように，DNAからタンパク質がつくられるまでの，あらゆる段階でいろいろな手段によって調節が行われるんだ。では，それぞれの調節を見ていこう。

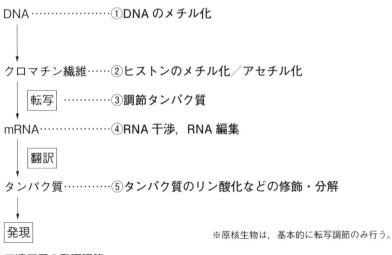

DNA ··················①**DNA のメチル化**

クロマチン繊維······②**ヒストンのメチル化／アセチル化**

転写 ·········③**調節タンパク質**

mRNA ··················④**RNA 干渉，RNA 編集**

翻訳

タンパク質··········⑤**タンパク質のリン酸化などの修飾・分解**

発現

※原核生物は，基本的に転写調節のみ行う。

■遺伝子の発現調節

DNAのメチル化

　DNAのシトシン（C）とグアニン（G）が連続して並ぶ部分（CpG配列）のCに，メチル基（−CH₃）がくっつくのが**DNAのメチル化**だ。**遺伝子のプロモーター**（▶p.325）**がメチル化されると，その遺伝子は発現できなくなる。**つまり，"カギ"がかかったような状態になるんだ。しかも，一度メチル化された遺伝子は元に戻ることはなく，細胞分裂を通してそのメチル化のパターンは娘細胞に受け継がれる。

　では，なぜメチル化で遺伝子発現が抑制されるのかというと，たくさんのメチル基がくっついているプロモーターには，基本転写因子もRNAポリメラーゼも結合できなくなるため，転写が始まらないからなんだ。

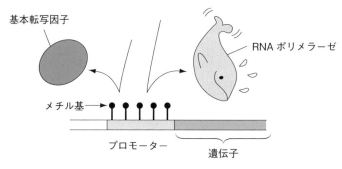

■メチル化

発展　メチル化をもっと詳しく

　ふつうDNAのメチル化は，発生の過程で使わなくなった遺伝子や，役割を終えた遺伝子などで見られる。しかし，遺伝子の中には，母親由来であるか，父親由来であるかによってメチル化されることが決まるものもある。例えば，胎児の成長に関わるホルモンの遺伝子は，母親由来のものはメチル化されて働かなくなり，父親由来のものだけが発現することが知られている。

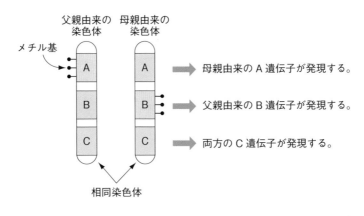

このようなメチル化が、染色体の全域で大規模に起こることがある。これが、哺乳類のメスに見られるX染色体の不活性化だ。この現象により、哺乳類のメスの体細胞では片方のX染色体のほとんど全ての遺伝子が不活性化されている。

　哺乳類の場合、一度決まったメチル化パターンが書き換えられるチャンスが、2回ある。生殖細胞が成熟する時期と、受精卵が着床する時期だ。この頃に、それまで蓄積していたメチル基の大部分が外され、細胞が分化していく過程であらためてメチル化が始まると考えられているよ。

STORY 2 ヒストンのアセチル化／メチル化

　ふだん DNA は**ヒストン**というタンパク質に巻きついて存在しているけど、このヒストンも遺伝子の発現調節に関与する。

　ヒストンを構成しているアミノ酸にアセチル基（$-COCH_3$）がつく（**アセチル化**という）と、クロマチン繊維の構造がゆるんで、転写に必要なタンパク質（基本転写因子や RNA ポリメラーゼなど）が DNA に近づきやすくなる。つまり、**転写が起こりやすくなる**んだ。これとは反対に、ヒストンにメチル基（$-CH_3$）がつく（**メチル化**）と、クロマチン繊維がぎゅっと、きつく折りたたまれた状態になり、転写に必要なタンパク質が DNA に近づけなくなる。つまり、**転写が起こりにくくなる**んだ。

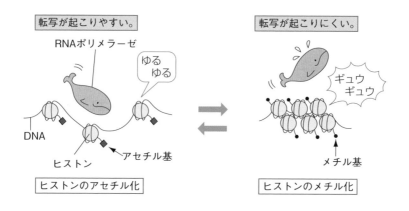

STORY 3 　調節タンパク質

1 　真核生物の調節タンパク質 〉★★★

　遺伝子が転写されてつくられる mRNA の量は，タンパク質によって調節されている。この転写を調節するタンパク質のことを**調節タンパク質**という。調節タンパク質は調節遺伝子からつくられ，DNA の転写調節領域にくっついて転写の調節を行う。転写調節領域は，転写の開始位置であるプロモーターからけっこう離れている。でも，DNA はヒストンに巻きついてループをつくっているので，いくつかの転写調節領域がプロモーターの近くに集まることができるんだ。

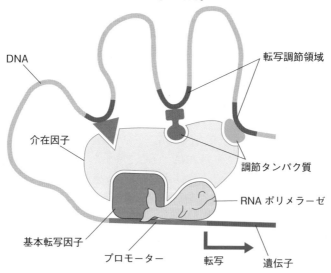

調節タンパク質による調節って，どんなことをするんですか？

　調節タンパク質の働きは，実にさまざまだ。一言で調節といっても，**転写を促進する場合もあれば，抑制する場合もある**。また，複数種類の調節タンパク質が1つの遺伝子の転写に関わることもあるし，1種類の調節タンパク質がいくつもの異なる遺伝子の転写に関わることもあるんだ。

　ここで1つの例を見ておこう。MyoD は筋細胞で発現する調節遺伝子だ。MyoD が発現すると，MyoD 調節タンパク質がつくられ，これがいくつもの遺伝子の転写調節領域にくっつく。このとき，ミオシンやアクチンのように**筋細胞で必要な遺伝子の場合には転写を促進し，筋細胞では必要のない遺伝子の場合には転写を抑制する**んだ。

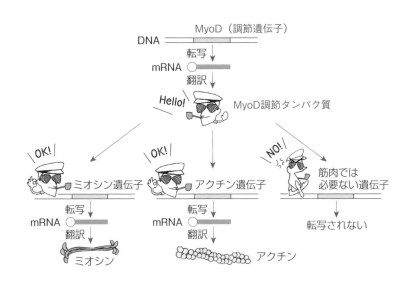

《 POINT ⑫ 》 調節タンパク質・調節遺伝子

◎調節タンパク質 ➡ DNAに結合して，転写によってつくられるmRNAの量を調節する。促進することも抑制することもある。
◎調節遺伝子 ➡ 調節タンパク質をつくる遺伝子
◎転写調節領域 ➡ 調節タンパク質が結合するDNA領域

一般的に多くの調節遺伝子は，さらに別の調節遺伝子によって発現が調節されている。そして，そのまた上の調節遺伝子も存在する。つまり，調節遺伝子は階層をつくっているんだ。会社組織で例えるなら，社長を頂点として部長，課長，平社員といった役職がその下に続き，業務命令が社長から平社員へと伝えられるのに似ている。だから，上位の調節遺伝子ほど，その役割は重要になってくるんだ。

　動物でも植物でも，最上位の数個〜数10個の調節遺伝子は，**ホメオティック遺伝子**（▶p.402）と呼ばれ，体のつくり（体制）を決める権限をもっている。ホメオティック遺伝子が突然変異を起こし，間違った"業務命令"が発せられると，下流に位置する多くの調節遺伝子が一斉に働きだし，あるべきところにあるべき器官ができなかったり，反対に余計な器官が形成されたりする。ショウジョウバエで見つかった突然変異体には，触角のできる位置にあしができたもの（**アンテナペディア**）や，胸の構造が重複したもの（**バイソラックス**）がある（▶p.402）。これらの突然変異体は，「ここにあしをつくりなさい」，「ここに胸部をつくりなさい」といった命令を出すホメオティック遺伝子が，間違った場所で命令を出した結果，生じると考えられているんだ。

2 原核生物の調節タンパク質 ＞★★★

　原核生物の場合，調節タンパク質による転写の調節が，遺伝子発現の唯一の方法だ。

　原核生物である大腸菌は，通常グルコースを栄養源として生きている。でも，培養中の大腸菌にグルコースを与えず，かわりにラクトース（乳糖）だけを与えると，ラクトース分解酵素をはじめとするラクトースを利用するための3種類の酵素をつくるようになり，ラクトースを栄養源として利用するようになる。培地にグルコースとラクトースの両方がある場合は，まずグルコースを利用して，それが尽きるとラクトースを利用するようになる。つまり，**大腸菌は必要なときしかラクトース分解酵素をつくらない**んだ。

　これは，**リプレッサー**（**抑制因子**）と呼ばれる調節タンパク質が，**オペレーター**と呼ばれる DNA 領域にくっつくことで，転写のじゃまをするしくみがあるためだ。

大腸菌におけるラクトース分解酵素の発現調整

1．培地中にラクトースがない場合　ースイッチ OFF ー

　リプレッサー遺伝子からつくられたリプレッサーが，オペレーターにくっつく。オペレーターはプロモーターの隣に位置するため，リプレッサーがくっつくと，**RNA ポリメラーゼがプロモーターに結合できなくなり，転写が起こらなくなる**。

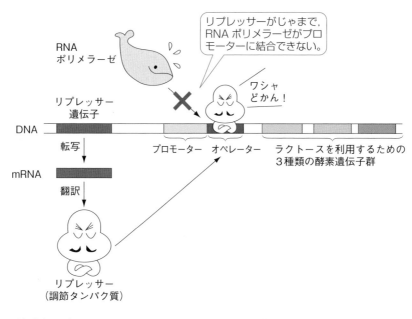

2. 培地中にグルコースがなく，ラクトースがある場合　—スイッチ ON—

　細胞内に取り込まれたラクトースは代謝されてラクトース代謝産物に変化する。リプレッサーにはラクトース代謝産物と結合する部位があり，リプレッサーがラクトース代謝産物と結合するとその立体構造が変化し，オペレーターに結合できなくなる。この結果，**RNA ポリメラーゼがプロモーターに結合できるようになり，転写が開始される**んだ。

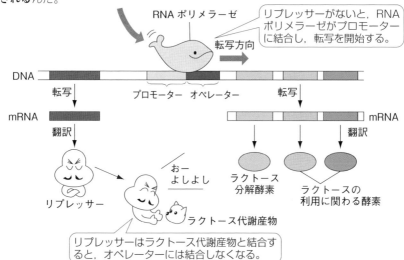

ラクトースの代謝に関わる3種類の酵素は，1本の mRNA から翻訳されてつくられる（ポリシストロニック　▶p.337）。このように，関連した働きをもつ遺伝子は，まとめて転写されることが多い。**1つのプロモーターによって発現が調節される遺伝子群のまとまりをオペロンという**んだ。大腸菌のラクトースオペロンのしくみは，ジャコブとモノーによってはじめて明らかにされた（1961年）。

参考　トリプトファンオペロン

　ラクトースオペロンとは逆の制御の例として，**トリプトファンオペロン**を見ておこう。

　大腸菌は，トリプトファン（アミノ酸の一種）を合成する5種類の酵素の遺伝子をもっている。これらの酵素は，トリプトファンがない場合には，別の物質からトリプトファンを合成することができる。でも，トリプトファンが豊富にある場合は，これらの酵素をつくらないほうが都合がいい。そのため，トリプトファンオペロンに働くリプレッサーは，**トリプトファンと結合すると，オペレーターに結合して転写のじゃまをする**しくみになっているんだ。

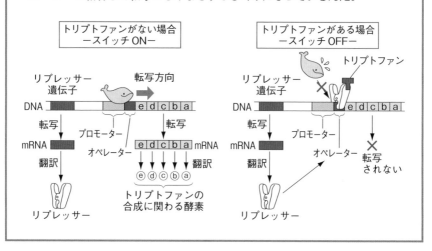

問題　オペロン ★★★

オペロンに関連して，原核生物における遺伝子発現の調節に関する記述として最も適当なものを，一つ選びなさい。

① オペロンを構成する個々の遺伝子の転写は，それぞれ異なる調節タンパク質によって制御される。
② オペロンを構成する個々の遺伝子は，それぞれ異なる種類のRNAポリメラーゼによって転写される。
③ リプレッサーは，RNAポリメラーゼに結合して遺伝子の転写を抑制する。
④ 転写には，核内にある基本転写因子が必要である。
⑤ 調節タンパク質は，オペレーターに結合して遺伝子の転写を制御する。

〈共通テスト・改〉

=== 解説 ===

① オペロンを構成する遺伝子群は，**一種類の調節タンパク質**（ラクトースオペロンにおけるリプレッサーのようなもの）によって制御される。したがって，**誤り**だ。
② 転写を行う **RNA ポリメラーゼは一種類だ**。遺伝子ごとに異なる種類の RNA ポリメラーゼなど存在しないよ。したがって，**誤り**。
③ リプレッサーが結合するのは，オペレーターだ。したがって，**誤り**。
④ 転写において基本転写因子が必要なのは真核生物だけで，**原核生物では基本転写因子は必要ない**。また，そもそも核はない。したがって，**誤り**。
⑤ 調節タンパク質には，転写を抑制するリプレッサーや，逆に転写を促進するアクチベーターなどがある。リプレッサーは**オペレーターに結合する**んだったよね。したがって，**正しい**。

=== 解答 ===

⑤

STORY 4 　RNA干渉（RNAi）

真核生物では，遺伝子の転写でつくられる mRNA が，別の RNA によって分解されたり，翻訳が阻害されたりすることが起こる。これは RNA による遺伝子発現の調節

のしくみと考えられていて，**RNA干渉**（**RNAi**）と呼ばれている。

　RNA干渉では，**miRNA**（**マイクロRNA**）と呼ばれる短い2本鎖RNAが中心的な役割を果たす。miRNAは，分子内に相補的な塩基配列をもつ1本のRNAからつくられる。このRNAは折れ曲がってヘアピン構造となり，細胞質で酵素（ダイサー）によって切断されてmiRNAとなる。miRNAは，1本鎖RNAになるとともにタンパク質（アルゴノート）と複合体をつくる（**RISC**という）。この複合体は，1本鎖RNAの塩基配列と相補的な配列をもつmRNAを見つけると，そのmRNAを切断したり，翻訳に使われるのを阻害したりするんだ。もちろん，これによりタンパク質はつくられなくなる。つまり，miRNAは遺伝子転写後の調節に関わっているんだ。

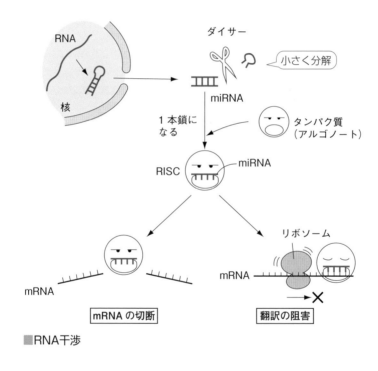

■RNA干渉

 　転写でmRNAをつくっておいて，RNA干渉のしくみで分解するのって，ムダに思えます。

　確かに。RNA干渉は，センチュウやショウジョウバエなど動物だけでなく，植物でも見つかっていて，生物に広く共通するしくみと考えられている。でも，その意義はまだよくわかっていないところもあるんだ。ウイルスに対抗する防御機構や，欠陥

のある mRNA を除去するためのしくみとして進化してきたと考える研究者もいるよ。

　まだ，謎も多い RNA 干渉のしくみだけど，研究では遺伝子の**ノックダウン**の手法としてよく利用されている。ノックダウンとは，特定の遺伝子の発現量を低下させる操作のことで，遺伝子の働きを調べるためには欠かせないテクニックだ。働きを知りたい遺伝子から転写される mRNA の塩基配列を調べて，その塩基に相補的な配列を含む miRNA を人工合成する。そして，この人工 miRNA を細胞内に導入すると，RISC ができて遺伝子の発現が抑制されるというわけだ。

　また，がん細胞のように異常な遺伝子発現が見られる細胞に，人工 miRNA を導入して，その働きを抑えてしまうといった利用法も考えられているんだ。

発展　RNA 編集（RNA エディティング）

　転写された mRNA の特定の塩基が，別の塩基へと置換されたり，塩基の挿入や欠失が起こる現象を **RNA 編集**という。

　肝臓で発現しているタンパク質 A と小腸で発現しているタンパク質 B は，分子サイズがまったく違うけど，同じ遺伝子からつくられることが知られている。同じ遺伝子なのだから，転写される mRNA は肝臓でも小腸でも同じはずだ。でも，その先が違うんだ。小腸では，酵素の働きにより **mRNA の翻訳領域の途中にある C が U に置換される**。その結果，終止コドンが現れ，翻訳が途中で停止する。このため，小腸では，肝臓のタンパク質 A よりも，分子サイズの小さいタンパク質 B ができるというわけだ。

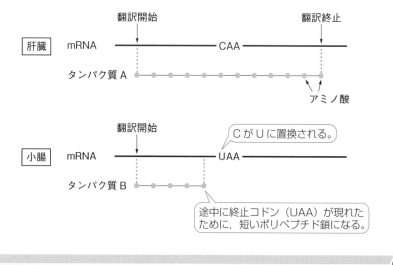

COLUMN コラム

マイクロRNA（miRNA）

miRNA（マイクロRNA）は，わずか21～25塩基からなるRNA分子で，ヒトゲノムには1000以上のmiRNAがあると考えられている。近年の研究により，miRNAは，細胞間のコミュニケーションにも関係していることがわかってきた。すなわち，細胞にはmiRNAを分泌したり，外から取り込んだりする機能があるんだ。例えば，がん細胞は，ある種のmiRNAを分泌することで，血管内皮細胞に働きかけて血管を引き込んだり，免疫細胞に働きかけてその働きを抑え込んだりしていると考えられている。

そこで，このようながん細胞が分泌するmiRNAを調べることで，がんの早期発見につなげようという国をあげたプロジェクトが始まっているんだ。miRNAを利用した診断が実現すると，血液1滴だけで何種類ものがんの早期発見が可能になると期待されているよ。

STORY5 タンパク質の修飾・分解

遺伝子発現の最終産物であるタンパク質自身も，その働き（**活性**という）や量がコントロールされている。

"タンパク質"とは一般に，何らかの働きをするまでに仕上げられた状態のポリペプチド鎖を指す。ところが，翻訳されたばかりのポリペプチド鎖は，たいていの場合，機能しない。機能を発揮するためには，仕上げにいろいろな"加工"が必要なんだ。

1 正しい折りたたみ ＞★★☆

タンパク質の働きは，その立体構造に基づいている。正しい立体構造なくしては，正しく機能できないんだ。そこで，シャペロン（▶p.205）というタンパク質の手助けを借りて，きちんと折りたたまれ，正しい位置にS−S結合が形成される必要があるんだ。

2 切断による活性化 〉★☆☆

　血糖量を下げるホルモンであるインスリンは，はじめは活性のない1本のポリペプチド鎖（プロインスリンという）として合成されるけど，酵素の働きで，特定のペプチド結合が切断されることで，活性をもつようになるんだ。

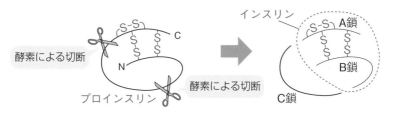

同じようなしくみで活性化されるタンパク質は，ほかにも次のようなものがあるよ。

不活性型	活性型	働　き
ペプシノーゲン	ペプシン	胃でのタンパク質の分解
トリプシノーゲン	トリプシン	小腸でのタンパク質の分解
フィブリノーゲン	フィブリン	血液凝固

3 リン酸化 〉★☆☆

　多くの酵素や受容体で見られるしくみとして，**リン酸化**と**脱リン酸化**がある。**リン酸化**とは，タンパク質の特定のアミノ酸にリン酸基をくっつけることで，**脱リン酸化**はその逆，つまり，リン酸基を取ることだ。多くの場合，酵素はリン酸化によって活性化され，脱リン酸化によって不活性化されるけど，逆の場合もある。

　リン酸化と脱リン酸化は可逆的な反応で，何度でもやり直しができる。つまり，スイッチみたいなものだ。ある種の酵素やシグナル伝達に働く受容体では，活性をすばやく切り替える必要があり，そういう場面でとても都合のよい調節方法だ。

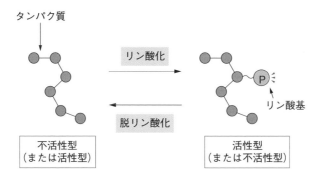

4 糖鎖の付加 > ★☆☆

ポリペプチド鎖に糖鎖が付加されることで，タンパク質として完成するものがある（**糖タンパク質**とも呼ばれる）。タンパク質は，糖鎖の付加により水溶性が増す。だから，血液中に溶けている多くのタンパク質は糖タンパク質だ。また，細胞膜の表面にあるタンパク質にも糖鎖が付加されている。

すでに学んだものでは，カドヘリン（▶p.189）や甲状腺刺激ホルモン（『改訂版山川喜輝の「生物基礎」が面白いほどわかる本』▶p.181）などが糖タンパク質だ。

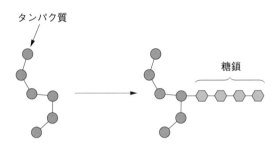

5 タンパク質の分解 > ★★☆

タンパク質は，つくられる一方で分解されている。用が済んで不必要となったタンパク質は，速やかに分解されたほうが都合がいいこともあるし，古くなって形が崩れてきたタンパク質を残しておくと，間違った働きをしてしまう恐れもある。このようなタンパク質を，細胞内で処理するのが**プロテアソーム**だ。プロテアソームは，いくつものタンパク質分解酵素が集まった巨大な複合体で，内部には空洞があり，まるで樽のような形をしている。

プロテアソームは，不要なタンパク質を内部に取り込んでアミノ酸に分解するんだけど，なんでもかんでも分解するわけではない。分解する必要のないタンパク質が，誤ってプロテアソームに取り込まれないよう，分解すべきタンパク質には"目印"がつけられる。この"目印"は**ユビキチン**と呼ばれる小さいタンパク質で，プロテアソームはユビキチンがついたタンパク質だけを見分けて，分解するんだ。

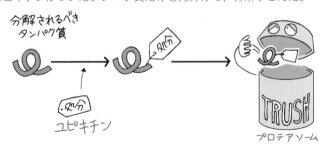

第4章 発生と遺伝子の発現

▲タマゴからカエルになるまでを勉強しよう。

STORY 1 動物の配偶子形成

　動物の配偶子はオスでは精巣，メスでは卵巣でつくられる。精子や卵のもとになる細胞を始原生殖細胞といい，発生のごく早い時期に分化する。

1 精子の形成 ＞★★★

次のページの図を見ながら読もう。

❶ オスでは，発生の早い時期に始原生殖細胞（$2n$）が精巣の位置に移動して精原細胞（$2n$）になる。

❷ 精原細胞は精巣内で体細胞分裂をくり返して増殖する。

❸ 精原細胞の一部が成長して一次精母細胞（$2n$）になり，これが減数分裂を行って4個の精細胞（n）になる。

❹ 精細胞は変形して，長いべん毛をもつ精子になる。

　精子の形成では，1個の一次精母細胞から4個の精子がつくられる。

2 卵の形成 ＞★★★

❶ メスでは，発生の早い時期に始原生殖細胞（$2n$）が卵巣の位置に移動して

卵原細胞（2n）になる。

❷ 卵原細胞は卵巣内で体細胞分裂をくり返して増殖する。

❸ 卵原細胞は卵黄を蓄えて著しく成長して一次卵母細胞（2n）になる。

❹ 一次卵母細胞は減数分裂を行うが，2回の分裂はともに卵黄が片方の細胞にかたよるように分裂（不等分裂）するため，第一分裂で大きい二次卵母細胞（n）と小さい細胞の第一極体（n）とに分かれ，第二分裂で大きい卵（n）と第二極体（n）とに分かれる。

このため，卵の形成では1個の一次卵母細胞からは1個の卵がつくられる。

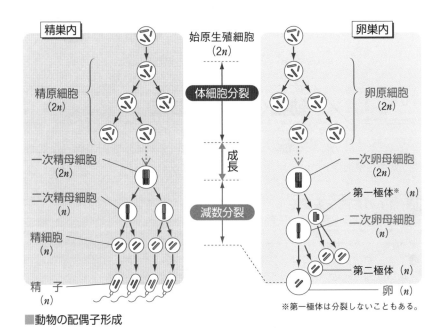

■動物の配偶子形成

※第一極体は分裂しないこともある。

《《POINT⓭》》 動物の配偶子形成

◎ オスでは，1個の一次精母細胞から4個の精子がつくられる。

◎ メスでは，1個の一次卵母細胞から1個の卵がつくられる。

ヒトの配偶子形成

ヒトの場合，受精してから3週間で**始原生殖細胞**が現れる。これはほかの体細胞と比べてもかなり早い。そして1か月後には，生殖巣ができる場所に移動した始原生殖細胞から，男児では**精原細胞**が，女児では**卵原細胞**が分化する。

男児の場合，精原細胞は，胎児の段階でいったん休眠期に入り，うまれてからもしばらくの間は活動しない。やがて，思春期になると体細胞分裂を再開して精原細胞を生むとともに，一部が**一次精母細胞**に分化する。一次精母細胞は減数分裂を行い，**精子**を生じる。男性では，精子の生成は一生続く。

これに対して，女児の場合はちょっと複雑だ。卵原細胞の一部は，胎児の段階で**一次卵母細胞**に成長し，**減数分裂**を始める。ただし，第一分裂の前期まで進むと，いったん休眠期に入り，出生してもしばらくの間活動を停止する。やがて，思春期を迎えると減数分裂が再開し，第二分裂中期まで進んだところ（二次卵母細胞）で再び休止する。そして，1か月に1個のペースで**二次卵母細胞**が**排卵**される。二次卵母細胞には限りがあり，一生に排卵される数は500個程度だ。

二次卵母細胞が**受精**すると，止まっていた減数分裂が進み，第二極体が放出され，卵の核が生じる。つまり，女性では，胎児期に始まった減数分裂が受精後に終わるというわけだ。

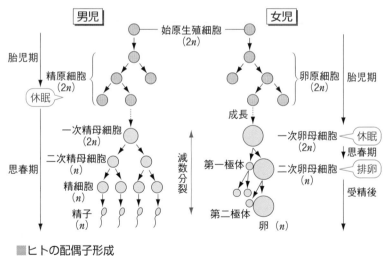

■ヒトの配偶子形成

精子は，**頭部，中片部，尾部**からなる。頭部には先体と核が，中片部には中心体（中心粒）とミトコンドリアが含まれ，尾部はべん毛からなる。先体は，精細胞のゴルジ体から変化した細胞小器官で，受精の際，卵の膜などを溶かすさまざまな酵素が含まれている。中心体から伸びる微小管は，中片部と尾部を貫いている。中片部のミトコンドリアはべん毛運動に必要な ATP を供給する。

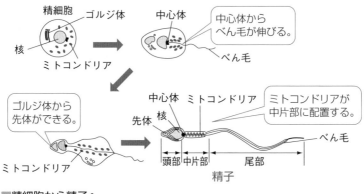

■**精細胞から精子へ**

卵はふつうの体細胞よりも大きく，胚の栄養となる卵黄や発生に関わる**母性因子**などのさまざまな物質を蓄えている。卵は，細胞膜の外側に卵黄膜という特別な膜をもつ。

ウニの卵では，細胞膜のすぐ内側の細胞質に多数の表層粒と呼ばれる小胞があり，卵黄膜の外側はさらにゼリー層で包まれている。

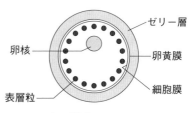

■**ウニの卵の構造**

問題 1 **動物の配偶子形成** ★★☆

　発生過程の精巣では，始原生殖細胞が ア をくり返し，多数の イ ができる。成体になると，一部の イ が ウ となり，これが エ をして精細胞となる。1個の ウ から オ 個の精子ができる。成体の雌の卵巣内には，始原生殖細胞が分裂をくり返した結果，多数の カ ができている。1個の カ から キ 個の卵が形成される。

問1 ア～エに入る語の組み合わせを，一つ選びなさい。

	ア	イ	ウ	エ
①	体細胞分裂	精原細胞	一次精母細胞	減数分裂
②	体細胞分裂	一次精母細胞	精原細胞	減数分裂
③	減数分裂	精原細胞	一次精母細胞	体細胞分裂
④	減数分裂	一次精母細胞	精原細胞	体細胞分裂

問2 オ～キに入る数・語の組み合わせを，一つ選びなさい。

	オ	カ	キ		オ	カ	キ
①	2	卵原細胞	4	②	2	一次卵母細胞	4
③	2	卵原細胞	2	④	2	一次卵母細胞	2
⑤	4	卵原細胞	2	⑥	4	一次卵母細胞	2
⑦	4	卵原細胞	1	⑧	4	一次卵母細胞	1

〈センター試験・改〉

═══《 **✓解説** 》═══

問1　精巣では，始原生殖細胞が体細胞分裂をくり返し，**精原細胞**となる。精原細胞の一部が**一次精母細胞**に分化し，減数分裂を行い**精細胞**となる。

問2　精巣では**1個の一次精母細胞から4個の精子**が，卵巣では**1個の一次卵母細胞から1個の卵**ができるんだったよね。

　カは卵原細胞ではないことに注意しよう。卵原細胞の一部が一次卵母細胞へと分化するから，1個の卵原細胞からできる卵の数は確定できないんだ。

═══《 **✓解答** 》═══

問1　①　　　**問2**　⑧

動物の受精

1 受精の様式 ＞ ★☆☆

- ●体内受精 ➡ 交尾により，メスの体内で受精する。
  哺乳類，鳥類，は虫類，昆虫類などの陸生動物が行う。
- ●体外受精 ➡ 水中に放出された卵と精子が受精する。
  魚類，ウニ・ヒトデなどの水生動物や**両生類**の多くが行う。

2 ウニの受精 ＞ ★★☆

　ここでは，ウニの受精において，精子と卵でどんなことが起こっているのか見てみよう。

精子で起こる反応	●ダイニン（▶p.187）が発生する力で**べん毛**を動かし，海水中を進む。 ●精子が卵のゼリー層と接触すると，頭部の**先体**が壊れて内容物を放出する。 ●頭部の細胞質中ではアクチンフィラメントの束がつくられ，これが先端の細胞（先体突起膜）を伸ばして**先体突起**を形成する（**先体反応**）。 ●先体は，酵素によって卵黄膜に穴をあけて卵黄膜を貫通し，先体突起膜が卵の細胞膜と融合する。
卵で起こる反応	●精子が卵に到達すると，卵の細胞質内でカルシウムイオン（Ca^{2+}）の濃度が上昇する。 ●表層粒の中身が，卵の細胞膜と卵黄膜の間に放出される（表層反応）。 ●卵黄膜が細胞膜から剥がれ，さらに水が進入することで，卵黄膜が高くもち上がる。 ●**卵黄膜**は固くなって**受精膜**に変化する。

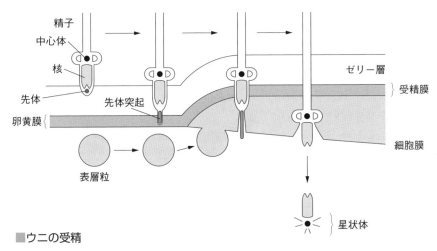

■ウニの受精

　卵に侵入した精子の核（精核）は，卵核と融合して1つの核になる。この核の融合に働くのが，**精子がもち込む中心体**だ。卵に入った中心体は，放射状に微小管を伸ばして星状体を形成する。これが精核と卵核を近づける働きをするんだ。また，精子の中心体は，受精卵の分裂（卵割）にも関わっている。受精後，卵の中心体は分解されるので，精子がもち込んだ中心体から分裂装置がつくられて，卵割がスタートする。このように，受精が起こると，卵では発生の過程が動き始める。これを卵の**付活**（賦活）または活性化というよ。

《《POINT⓮》》 精子の役割

　　◎ 父親の遺伝情報を卵に届ける。
　　◎ 卵を付活する。

3　多精を防ぐしくみ 〉★★★

　ウニ卵では，1つの卵に複数の精子が受精する（**多精**という）と，発生が異常になるため，これを防止するしくみ（**多精の拒否**という）がある。

　その1つが**受精膜**だ。受精膜は最初の精子の侵入によって形成され，2個目の精子の侵入を防ぐ役目がある。でも，受精膜の形成には数十秒かかるため，その間にも，別の精子が入ってしまう恐れがある。

　そこで，多精を防ぐしくみには，受精膜とは別に，目に見えない速いしくみが存在する。それが，卵の細胞膜の電位を変化させるというものだ。未受精卵は内側が負

（－）の電位をもつけど，精子が侵入するとすぐに電位が上昇し，正（＋）に逆転するんだ（受精電位という）。この電位変化は，神経の興奮と同じようにナトリウムイオンの流入で起こり，精子が侵入して2～3秒で始まる。そして，受精膜ができるまでの数十秒間続き，その間は，ほかの精子が侵入できないんだ。

ウニの多精受精を防ぐしくみ

　速いしくみ ➡ 精子侵入から2～3秒で始まり，数十秒間続く。

　　・海水からナトリウムイオン（Na^+）が流入する。

　　・細胞内の電位が負（－）から正（＋）に逆転する（受精電位）。

　遅いしくみ ➡ 精子侵入から数十秒で始まる。

　　・小胞体からカルシウムイオン（Ca^{2+}）が放出される。

　　・表層粒が壊れる。

　　・卵黄膜がもち上がって，受精膜に変化する。

COLUMN コラム

サメの受精

　サメやエイなどの軟骨魚類は，魚類の中でも独自の進化をとげたグループで，生殖の方法も硬骨魚類（タイやマグロなど）とはだいぶ違う。

　まず，サメなどは体外受精ではなく体内受精を行う。オスの生殖器は"はらびれ"が変化したものなので，左右に2本ある。

　また，サメの子のうみ方には，大きな卵をうむ"卵生"，卵が母親の胎内でふ化する"卵胎生"，胎児と母親が胎盤とへその緒で結ばれる"胎生"の3パターンがある。

　シュモクザメは胎生の代表だ。まるで哺乳類のようだけど，サメは魚類なので，これはあくまで収れん（収束進化）（ ▶p.105）なんだ。

STORY 3 初期発生の過程

　卵と精子が受精すると，受精卵は体細胞分裂をくり返して細胞数を増やしていく。そして，細胞の分化の過程を経て，やがて，個体が完成する。受精卵が個体になるまでの過程を**発生**という。

1 卵 割 〉★★★

　発生の初期に見られる体細胞分裂を**卵割**という。卵割がふつうの体細胞分裂と違うところは，とにかく，**分裂から次の分裂までが非常に短い（間期が短い）ということ**だ。そのため，**割球**（卵割で生じる細胞）**は，分裂のたびにどんどん小さくなっていく**。単純に分裂ごとに半分の大きさになっていく（胚全体の大きさは変わらない）と考えていい。ふつうの体細胞分裂では，分裂によって小さくなった細胞は，間期の間に成長して元の大きさに戻るんだけど，卵割ではそれがないんだ。

　また，ほとんどの細胞で**分裂が同調する**，つまり，いくつもの細胞がいっせいに分裂するということも卵割の特徴だ。

((POINT⑮)) 卵 割

◎ 分裂から次の分裂までが非常に短い（間期が短い）。
◎ 割球が分裂のたびに小さくなる。
◎ 分裂が同調している。

　卵の各部には名前がついている。

　極体が生じる側の極を**動物極**，その反対側の極を**植物極**といい，卵の中央を通る面を**赤道面**という。ウニでは，1回目と2回目の卵割は，極を通る面で縦に起こり（**経割**という），3回目の卵割は，赤道面を通るように起こる（**緯割**という）。

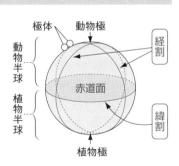

2 卵割の様式 〉★★★

　卵には，発生に必要な物質や栄養が含まれていて，これを**卵黄**という。卵割は卵黄の多い部分では起こりにくいので，卵黄の分布によって卵割の様式に違いがあるんだ。

卵の種類		卵黄	卵割の様式	2細胞期	4細胞期	8細胞期	16細胞期
等黄卵	⬤ 例 ウニ,哺乳類	卵黄の量が少なく均一に分布している。	全割		等割（とうかつ） → 等割 → 不等割		
端黄卵	⬤ 例 カエル	卵黄の量は多く,植物半球にかたよっている。			等割 → 不等割（ふとうかつ）		
	⬤ 例 ニワトリ,は虫類,魚類	卵黄の量がきわめて多い。	盤割		卵割が動物極の付近だけで起こる。		
心黄卵	⬤ 例 ショウジョウバエ	卵黄が細胞の中央に集まっている。	表割		先に核分裂だけが進行し,そのあと,核が表面に移動して細胞質分裂が起こる。		

《POINT 16》 卵　割

◎ 卵割の様式
- 全　割 ➡ 卵全体が分裂する。
- 部分割 { 盤割 ➡ 卵割が動物極の付近だけで起こる。
          { 表割 ➡ 核分裂のあと，核が表面に移動して細胞質分裂が起こる。

◎ 割球の割れ方
- 等　割 ➡ 等しい大きさの割球に分かれる。
- 不等割 ➡ 大きさの異なる大小の割球に分かれる。

問題 4　　**ウニの卵割**　★★★

　ウニの最初の2回の卵割における，細胞の大きさ（相対値）と核あたりのDNA量（相対値）の変化を示すグラフとして最も適当なものを，一つ選びなさい。

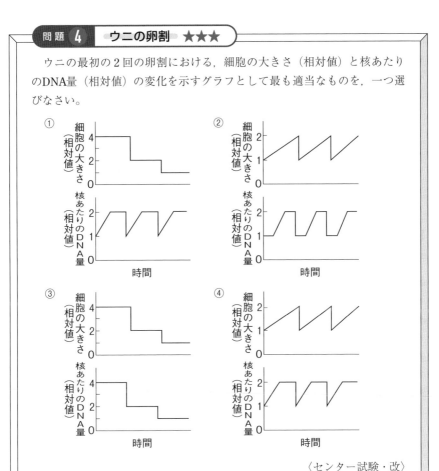

〈センター試験・改〉

|||《✓ 解説》|||

　卵割において，**細胞（割球）の大きさは分裂ごとに小さくなる**んだったよね。したがって，選択肢①か③に絞られる。これに対して核あたりの DNA 量は，分裂しても減少しない（選択肢③は誤り）。なぜなら，DNA は S 期（DNA 合成期）に複製されたあと，分裂して $\frac{1}{2}$ になるからだ。でも，普通の体細胞分裂と異なるのは，卵割では G₁ 期（合成準備期）と G₂ 期（分裂準備期）がほとんど見られないという点だ。

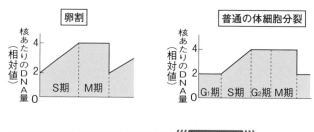

解 答

①

STORY 4 ウニの発生

● 受 精 卵 ➡ この先の卵割は受精膜の中で進む。

● 2 細胞期 ➡ 1 回目の卵割は，動物極と植物極を通る面で起こる（経割）。

● 4 細胞期 ➡ 2 回目の卵割は，1 回目の卵割面と直交するように起こる（経割）。

● 8 細胞期 ➡ 3 回目の卵割は，赤道面を通るように横に割れる（緯割）。ここまでは**等割**。

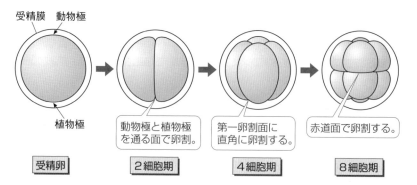

● 16 細胞期 ➡ 4 回目の卵割で**不等割**が起こる。動物極側の 4 個の細胞は同じ大きさに経割し，植物極側の 4 個の細胞は，緯割により大・小の細胞に分かれる。その結果，**中割球・大割球・小割球**の 3 種類の大きさの細胞が生じる（次のページの図を見よう）。

● 桑実胚 ➡ 細胞数が増えてくると胚が桑の実のように見えることから，桑実胚という。この頃から胚の内部にすき間ができ始める。このすき間を卵割腔というよ。

● 胞胚 ➡ 内部のすき間がしだいに大きくなって，やがて胚の表層に細胞が1層に並ぶ。この時期の胚を胞胚といい，内部のすき間を胞胚腔（元は卵割腔）という。
　　この時期に，胚は受精膜を破って（酵素で溶かして）外に出て，生えてきた繊毛を使って泳ぎだす。これをふ化という。
　　胞胚後期になると，植物極側から胞胚腔に，小割球に由来する細胞が遊離してくる。この遊離した細胞を一次間充織細胞という。

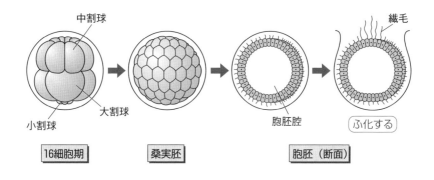

| 16細胞期 | 桑実胚 | 胞胚（断面） |

● 原腸胚 ➡ 植物極側の細胞層が胞胚腔の中に向かってもぐり込んでいく。ちょうど軟式テニスボールを人差し指で押すような感じだ。これを陥入といい，陥入によってできる新しいポケット状の空所を原腸，原腸の入り口を原口というんだ。
　　この時期の胚は原腸胚と呼ばれ，この頃に，大きく3つの細胞群が分化し始める。3つの細胞群とは，陥入することなく外側を包む外胚葉，陥入して原腸の壁をつくる内胚葉，一次間充織細胞と原腸の先端付近に生じる二次間充織細胞を合わせた中胚葉だ。

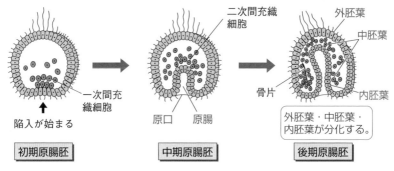

| 初期原腸胚 | 中期原腸胚 | 後期原腸胚 |

●幼　　生 ➡ 一次間充織細胞は**骨片**に分化し，これが伸びると胚が三角形になり，
プリズム幼生と呼ばれるようになる。その後，原腸の先端が外胚葉に接したとこ
ろに口が貫通し，原腸からは食道，胃，腸などの**消化管**ができ，原口が**肛門**にな
る。そして，繊毛を使って泳いでエサをとるようになったものを**プルテウス幼生**
と呼ぶ。

やがて，プルテウス幼生は**変態**してウニの成体になる。

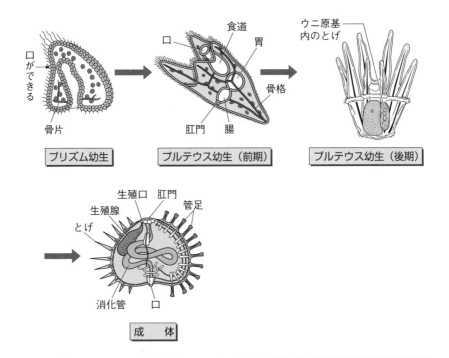

《POINT ⑰》 ウニの発生

◎ 8細胞期までは等割。16細胞期で不等割

◎ 胞胚は，細胞が1層に並び表面に繊毛が生える。受精膜を破って
ふ化する。一次間充織細胞が生じ，胞胚腔内へ遊離する。

◎ 原腸胚になると，植物極側から陥入が始まる。外胚葉・中胚葉・
内胚葉が分化する。

◎ 16細胞期の小割球は，一次間充織細胞を経て，幼生の骨片になる。

問題 **5**　　**卵割とウニの発生** ★★★

　　卵は受精後，細胞分裂を始める。発生初期の細胞分裂は，いくつかの特別な性質をもっているので，ふつうの体細胞分裂と区別して卵割と呼ばれる。卵割によって生じた細胞が割球である。卵割も，ふつうの体細胞分裂と同様に，温度が高くなると分裂速度が速くなる。バフンウニの卵を受精させ，10℃，15℃，20℃で飼育した。いずれの温度の場合も，受精卵は正常に発生した。

問1　15℃で飼育した胚の割球の体積を，2細胞期，16細胞期，桑実胚期に測定した。これらの胚を構成する割球1個あたりの体積を比べると，どのようになるか。正しいものを，一つ選びなさい。

　① 桑実胚期＞16細胞期＞2細胞期

　② 16細胞期＞2細胞期＞桑実胚期

　③ 2細胞期＞16細胞期＞桑実胚期

　④ 2細胞期＝16細胞期＝桑実胚期

問2　3回目の卵割は，ウニ卵の場合は，赤道面で起こる等割であるが，カエル卵の場合は，赤道よりも動物極に近い面で割れるために，不等割になる。3回目の卵割が等割や不等割になる理由として最も適当なものを，一つ選びなさい。

　① 卵が大きいか，小さいかによる。

　② 卵が水中をただよっているか，ものに付着しているかによる。

　③ 割球を海水中で分裂するか，淡水中で分裂するかによる。

　④ 卵内における卵黄の分布が均等であるか，かたよっているかによる。

　⑤ ゼリー層をもつか，もたないかによる。

問3　15℃で飼育した胚は，受精後28時間で原腸胚になった。10℃で飼育した胚と20℃で飼育した胚の，受精後28時間における発生段階として，正しい組み合わせを，一つ選びなさい。

	10℃で飼育した胚	20℃で飼育した胚
①	桑実胚	胞胚
②	胞胚	プルテウス幼生
③	原腸胚	胞胚
④	プリズム幼生	プルテウス幼生
⑤	プルテウス幼生	桑実胚

問4　胞胚期から原腸胚期にかけて，ウニの胚に形成される構造として正しいものを，一つ選びなさい。

　① 中胚葉　　② 神経管　　③ 体節

　④ 側板　　⑤ 口

問5　プルテウス幼生の形態的特徴の組み合わせとして正しいものを，一つ選びなさい。

	繊毛	骨格（骨片）	消化管	脊索
①	あ　る	な　い	な　い	な　い
②	な　い	あ　る	な　い	あ　る
③	な　い	な　い	あ　る	あ　る
④	な　い	あ　る	あ　る	な　い
⑤	あ　る	あ　る	あ　る	な　い

〈センター試験・改〉

✓解説

問1　**卵割では分裂のたびに割球が小さくなっていく**（そのかわり胚全体の大きさはさほど変わらない）。だから，卵割が進むほど割球1個あたりの体積は小さくなっていくんだ。

問2　卵黄は細胞分裂を妨げるので，卵黄がかたよって分布していると，卵黄の部分を避けるようにして卵割が起こるんだ。

問3　胚発生の順をたどると次のようになる。

桑実胚 ➡ 胞胚 ➡ 原腸胚 ➡ プリズム幼生 ➡ プルテウス幼生
　　10℃　　　　　15℃　　　　　　20℃

　　問題文中に「温度が高くなると分裂速度が速くなる」とあるのだから，10℃で飼育した胚は，15℃よりも発生が遅れると考えられる。つまり，**桑実胚か胞胚**のどちらかと推測できる。また，20℃では，15℃よりもより発生が進んだ**プリズム幼生かプルテウス幼生**と推測できる。この条件にあてはまる選択肢は②だ。

問4　胞胚期から原腸胚期にかけて，形成される構造は**中胚葉**だね。口はまだできないよ。神経管・体節・側板は，カエルではつくられる（あとで学ぶよ）けど，ウニでは見られない構造だ。

問5　プルテウス幼生は，**繊毛**を使って遊泳し，エサをとって**消化管**で吸収する。とがった腕は骨片が伸びてつくられたものだ。脊索はカエルではつくられるけど，ウニでは見られないよ。

✓解答

問1　③　　　問2　④　　　問3　②　　　問4　①　　　問5　⑤

STORY 5 ／ カエルの発生

1 カエルの発生 ＞★★★

●**受精卵 ➡** カエルの卵は動物極側が黒っぽく，植物極側は白っぽい。受精前の卵
は，植物極側に重い卵黄を蓄えているにもかかわらず，いろいろな方向を向いて
いる。しかし，受精すると，受精膜が細胞膜から離れて，受精膜の中で卵が自由
に回転できるようになり，黒っぽい動物極側を上にするようになるんだ。

　また，受精のサインとして赤道よりもやや下に三日月形に色素がぬけた部分が
現れる。これを**灰色三日月環**という。

●**2細胞期 ➡** 1回目の卵割は，動物極と植物極を通る面で，多くの場合，灰色三日
月環をまっ二つに割るようにして起こる（経割）。

●**4細胞期 ➡** 2回目の卵割は，1回目の卵割面と直交するように起こる（経割）。

●**8細胞期 ➡** 3回目の卵割は，赤道面に平行に動物極よりに起こる（緯割）。この
ため，4個の小さな割球と4個の大きな割球に分かれる（**不等割**）。これは，卵
黄の多い植物半球を避けるように，卵割が起こるためだ。

●**桑 実 胚 ➡** さらに，卵割が進んで**桑実胚**となる。

●**胞　　　胚 ➡** ウニと同様，内部にすき間（空所）ができてくる頃を**胞胚**という。し
かし，ウニの胞胚と違うのは，**胞胚腔が動物極側にかたよってできる**ことだ。植
物極側は卵黄を多く含んだ割球がつまっているよ。

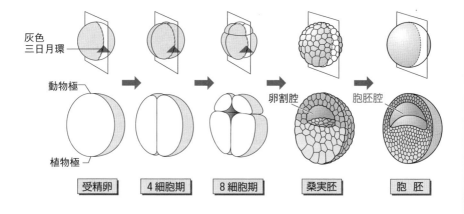

灰色三日月環
動物極
植物極
卵割腔
胞胚腔

| 受精卵 | 4細胞期 | 8細胞期 | 桑実胚 | 胞　胚 |

● **原 腸 胚** ➡ 胞胚を過ぎて卵割のペースが落ちてくると，**原腸胚**になる。カエルでは，赤道面のやや下の部分から**陥入**が始まる。陥入でもぐり込んでいく細胞は**中胚葉**になり，植物極側の細胞は，ほかの細胞によって包み込まれて**内胚葉**になる。

　　また，陥入することなく，外側をおおっている細胞は**外胚葉**となる。原腸は，陥入に伴ってどんどん胞胚腔を埋めつくしていく。

　　陥入の過程で，**原口**は，はじめ "への字" 形をしているけど，やがて円形になる。この円形に囲まれた部分は，卵黄を多く含んだ内胚葉が見えている部分なので，**卵黄栓**と呼ばれている。

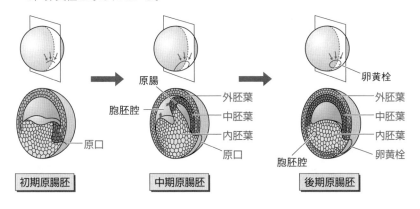

● **神 経 胚** ➡ ウニの場合は，原腸胚のあとすぐに幼生になったけど，カエルのような脊椎動物の場合は，"背中" の構造をつくる時期，すなわち**神経胚**の時期がくる。

　● **外胚葉** ➡ 神経胚では，まず胚の上側の**外胚葉**が平らになって**神経板**を形成し，やがて，神経板のふちが盛り上がってきて両側から合わさり，胚の内部に落ち込んで**神経管**と呼ばれる構造をつくる。神経管の前方はふくらんで脳になり，後方は**脊髄**になる。神経管をつくらなかった**外胚葉**は表皮となり，胚の外部を包む。

　● **中胚葉** ➡ 神経管ができる頃に，神経管の下に位置する中胚葉からは，おもに**脊索**が分化する。脊索は神経管に沿って前後に伸びる中軸構造だ（管ではないよ）。脊索の左右からは，**体節**と呼ばれる構造ができ，腹側の中胚葉からは**側板**ができる。さらに，体節と側板の間からは**腎節**ができる。

　● **内胚葉** ➡ 陥入によってできた原腸は，やがて管状になって**腸管（消化管）**となる。カエルもウニと同様，原腸の先端が外胚葉に接したところに**口**ができ，原口は**肛門**になる。腸管は主に，**食道・胃・腸などの消化器官**に分化し，胃と腸の間のふくらみから肝臓やすい臓ができる。また，食道の一部がポケット状にふくらんで，えらや**肺などの呼吸器官**ができる。

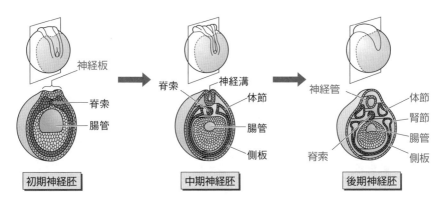

●尾芽胚 ➡ 発生がさらに進むと，尾の形成が始まり，胚は前後に細長くなる。この時期の胚を尾芽胚という。この頃にふ化し，自分でエサをとるようになると幼生（**オタマジャクシ**）になるんだ。

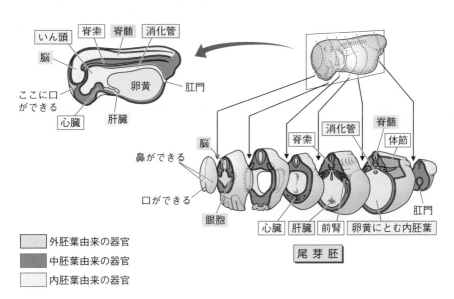

◎ 8細胞期になるとき不等割
◎ 胞胚腔は動物極よりにできる。
◎ 赤道面よりやや植物極側に原口が生じ，そこから陥入が起こる。
◎ 神経胚の時期に，外胚葉から神経板ができ，やがて神経管になる。

2 神経堤細胞（神経冠細胞）による組織の形成 ＞★☆☆

　神経胚の時期に，神経管と表皮の間に神経堤細胞（神経冠細胞）という細胞が生じる。神経堤細胞は，組織の間をさまざまな方向に移動し，移動先でいろいろな細胞に分化する。末梢の**神経細胞**や脳の**グリア細胞**，皮膚の色素細胞，**副腎髄質**，顔面・顎の骨や軟骨は，全て神経堤細胞からつくられる。神経堤細胞が組織の間を移動できるのは，細胞の表面にカドヘリンが発現していないからなんだ（▶p.380）。

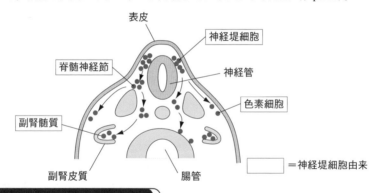

表皮
神経堤細胞
脊髄神経節
神経管
副腎髄質
色素細胞
副腎皮質
腸管
□＝神経堤細胞由来

COLUMN コラム

神経堤細胞

　神経堤細胞は，ヒトをはじめとする脊椎動物だけに存在する胚組織で，外胚葉・中胚葉・内胚葉についで"**第四の胚葉**"と呼ばれている（受験レベルでは「神経堤細胞は外胚葉」と覚えておこう）。神経堤細胞は，いろいろな組織に分化することで脊椎動物の"ボディープラン"に重要な役割を果たしているんだ。

　神経堤細胞のいろいろな細胞や組織になれる性質は，移植医療の分野での応用が期待されていて，現在，iPS細胞やES細胞から神経堤細胞を効率よく誘導する方法が模索されているんだ。

3 器官の形成 ＞★★★

神経胚や尾芽胚の頃になると，まだ完成ではないけど，はっきりとした器官の分化が見られるようになる（このような器官のもとになる器官を**器官原基**と呼ぶことがある）。次の図は，胚の胴体を輪切りにしたときの図だ。各器官（原基）の位置と，そこから将来つくられる器官の名称，また何胚葉から分化してくるかを覚えよう。

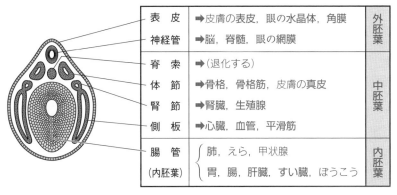

表　皮	➡皮膚の表皮，眼の水晶体，角膜	外胚葉
神経管	➡脳，脊髄，眼の網膜	
脊　索	➡（退化する）	中胚葉
体　節	➡骨格，骨格筋，皮膚の真皮	
腎　節	➡腎臓，生殖腺	
側　板	➡心臓，血管，平滑筋	
腸　管（内胚葉）	肺，えら，甲状腺 / 胃，腸，肝臓，すい臓，ぼうこう	内胚葉

■**各胚葉から分化する器官**

胃や腸の上皮は内胚葉からできるけど，それを取り囲む平滑筋は，中胚葉からできるんだ。

脊索は，体節から脊椎骨ができる頃には，退化する。

問題 6 **カエルとウニの発生** ★★★

カエルやウニの受精卵は，卵割をくり返して細胞の数を増やす。細胞数が増えてくると胚の表面がなめらかになり，内部に胞胚腔（卵割腔）が発達する。この時期の胚が胞胚である。

やがて，胚の一部の細胞が胞胚腔に向かって陥入し，原腸を形成する。この時期の胚が原腸胚で，胚の外側を囲む細胞層である外胚葉，陥入して原腸をつくる細胞層の内胚葉，外胚葉と内胚葉の間につくられる中胚葉からなる。

原腸胚期以後，カエルの胚は，神経胚，尾芽胚を経たのち，ふ化して幼生（オタマジャクシ）になるが，ウニの胚は，プリズム幼生，プルテウス幼生へと発生する。図1は，原腸胚期から神経胚期の間のさまざまな時期のカエルの胚の断面図を，図2は，ウニのプルテウス幼生を，それぞれ模式的に示している。

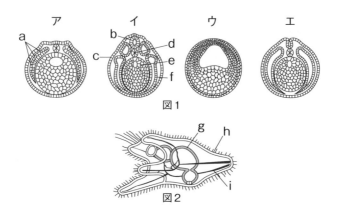

図1

図2

問1　図1に示した胚の順序として正しいものを，一つ選びなさい。

① ア→イ→ウ→エ　　② ウ→エ→ア→イ

③ ウ→ア→エ→イ　　④ イ→ア→エ→ウ

⑤ ア→ウ→イ→エ

問2　図1アのaで示された部分は，幼生の時期には，どのような組織・器官に分化するか。正しい組み合わせを，一つ選びなさい。

① 表皮，眼の水晶体，脳　　② 骨格，筋肉，心臓

③ じん臓，肝臓，すい臓　　④ 脊索，皮膚の真皮，腸間膜

⑤ 肺，胃，生殖腺

問3　図2のg, h, iで示した構造のそれぞれと同じ胚葉に由来する構造は，図1イのb～fのどれか。正しい組み合わせを，一つ選びなさい。

	g	h	i
①	d	c	f
②	f	b	d
③	e	d	f
④	d	b	c
⑤	e	c	d

問4　カエルとウニの初期発生に関する記述として正しいものを，一つ選びなさい。

① カエルの原腸胚期には，卵黄は消費されてしまって残っていない。

② カエルの原腸胚期には，神経管が完成している。

③ ウニの原腸陥入は，受精膜の中で行われる。

④ ウニの原腸陥入は，植物極側から起こる。

⑤ ウニの原口には卵黄栓がある。

⑥　カエルもウニも，原腸胚期に脊索ができる。

⑦　カエルもウニも，原口は将来，幼生の口になる。

〈センター試験・改〉

═══════《 ✓解説 》═══════

問1　アは，背側（上側）に神経板ができ始めているので**初期神経胚**だ。イは，神経管（図中 b）が完成しているので**後期神経胚**だ。ウは**原腸胚**で，図の中の空間は原腸だってことはわかったかな？　ちょっと見慣れない図だけど，原腸胚を横に切るとこういう図になるんだ。エは，神経管ができかけている状態（**神経溝**という）が見られるので，アとイの間の時期だね。

問2　図の a は，脊索を除いた中胚葉だ。ここからは，**体節・腎節・側板**ができるよ。これらの器官原基から分化してくる器官として正しいのは，②骨格（体節），筋肉（体節・側板），心臓（側板）だ。

　①は全て外胚葉由来。③は肝臓とすい臓が内胚葉由来。④は全て中胚葉由来だけど，脊索が含まれているので**誤り**だ。⑤は肺と胃が内胚葉由来だ。

問3　図2の g（消化管）は**内胚葉由来**，h（表皮）は**外胚葉由来**，i（骨片）は**中胚葉由来**だってことはわかったかな？　内胚葉由来は e，外胚葉由来は b, c，中胚葉由来は d, f なので，⑤が**正解**だ。

問4　①　卵黄は原腸胚期を過ぎても残っているよ。原腸胚の原口に見られるものが"卵黄栓"だったことを思い出そう。

②　神経管が完成するのは，**神経胚後期**だ。

③　原腸陥入が見られるのは原腸胚期だよね。ウニの受精膜は，原腸胚期よりも前の**胞胚期に破れる**から**誤り**だ。

④　これが**正解**だ。

⑤　**ウニでは卵黄栓は見られない**よ。そもそも，ウニはそんなにたくさん卵黄をもっていないんだ。

⑥　カエルは脊索ができるけど，ウニはできないよ。**ウニには背中がないからね**。

⑦　カエルもウニも，将来，原口は**肛門**になる。

═══════《 ✓解答 》═══════

問1　③　　　**問2**　②　　　**問3**　⑤　　　**問4**　④

ヒトの初期発生

　排卵された二次卵母細胞は**輸卵管**の中に入り，そこで，精子と**受精**する。受精卵は，輸卵管の中を移動しながら，1日に1回のペースで卵割をくり返し，2細胞→4細胞→8細胞→……と細胞を増やしていく。受精してから6日目頃には，ウニやカエルの胞胚に相当する**胚盤胞**となり，子宮の壁にくっついて（**着床**という），子宮内膜に埋もれていく。そして，胚は，**胎盤**を通して母体から栄養や酸素をもらいながら，どんどん成長していくんだ。

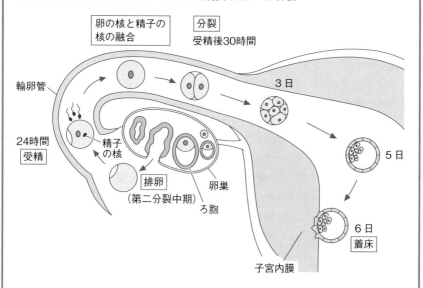

　6日目を過ぎた頃の胚（**胚盤胞**）の細胞は，部位によってそれぞれ異なる性質をもち始める。胚盤胞の外側の細胞群（**栄養外胚葉**）は将来**胎盤**をつくり，内側の細胞群（**内部細胞塊**）は**胎児**の体をつくる。2週目になると，内部細胞塊から**外胚葉**と**内胚葉**が分化し，やがて**中胚葉**が分化してくるんだ。

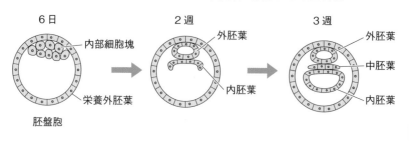

4 細胞選別とカドヘリン 〉★★☆

カドヘリンは，細胞接着タンパク質の中でも最も重要なタンパク質だ。カドヘリンは細胞膜を貫通するタンパク質で，**カルシウムイオン存在下でカドヘリンどうしが結合するという性質をもつ**（カルシウムイオンがなければ結合しない）。しかも，**カドヘリンには多くの種類があり，同じ種類のカドヘリンどうしは結合し，異なる種類のカドヘリンとは結合しない**という特性があるんだ。

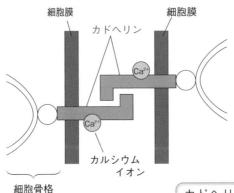

カドヘリン（cadherin）の名前の由来は，カルシウム（calcium）存在下でくっつく（adherence）だよ。

カドヘリンのこのような性質は，胚の発生過程における形態形成にも関わっている。

次に示すのは，両生類の初期神経胚（▶p.373）を使った実験だ。将来神経管になる領域と，表皮になる領域を切り出し，それぞればらばらの細胞にしたあと，混ぜ合わせて培養する。すると，やがて細胞は自ら集合して1つの塊になり，徐々に表皮の細胞は外側に，神経の細胞は内側に移動する。

これは，表皮になる細胞では E-カドヘリンが，神経になる細胞では N-カドヘリンが発現しており，同じ種類のカドヘリンを発現する細胞どうしが集合しようとするためだ。この現象を**細胞選別**というよ。

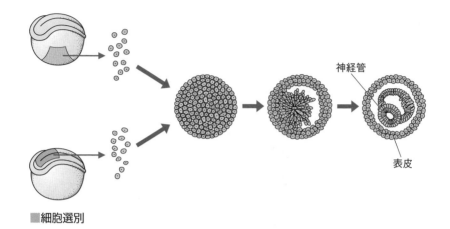

■細胞選別

　実際の胚発生では，はじめ外胚葉の全ての領域で発現していた E-カドヘリンが，やがて背側になる領域で消失し，かわりに N-カドヘリンが発現するようになる。N-カドヘリンを発現している細胞どうしの接着力は，まわりの細胞よりも強いので，細胞が落ちくぼむようにして内部に入り込み，結果として神経管ができるんだ。

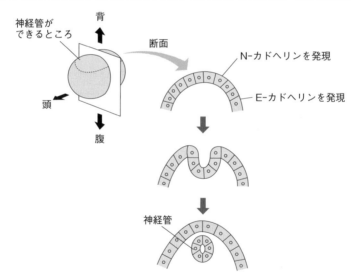

問題 **7** 　**形態形成と細胞選別** ★★☆

次の実験について，下の問いに答えなさい。

実験1　イモリの後期原腸胚から外胚葉，
中胚葉，内胚葉を切り出し，それぞれ
を個々の細胞に解離したあとに混ぜ合
わせて培養すると，これらの細胞は1
つの集合体をつくった。この集合体を
切片にしてそれぞれの胚葉に由来する
細胞の分布を見ると，右図のように集
合体の外側は外胚葉がおおい，そのす
ぐ内側に中胚葉，最も内側に内胚葉の細胞が集まっていた。

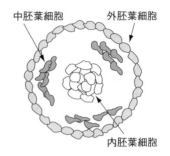
中胚葉細胞　外胚葉細胞
内胚葉細胞

実験2　神経板ができている時期のイモリ胚から神経板以外の領域の外胚
葉と神経板を切り出し，それぞれ個々の細胞に解離し，混ぜ合わせて培
養すると，1つの集合体をつくった。この集合体を**実験1**と同じように
切片にして観察すると，その最外側は外胚葉におおわれて，神経板の細
胞は内側に位置していた。

　実験1・2の結果から考えられる，同じ胚葉から由来する細胞の集合
体に関する説明として最も適当なものを，一つ選びなさい。
① 発生が進むに伴い，分化組織ごとに異なって分布する1つの集合
体をつくる。
② 発生が進んでも各組織細胞は混じり合っている。
③ 発生のあとの段階になると，分化組織ごとの小さな集合体を多数
つくる。
④ 発生のあとの段階でできてくる組織の細胞ほど弱くまとまる。

〈センター試験・改〉

═══ **✓解説** ═══

② **実験2**の結果から，発生が進むにつれて，同じ組織の細胞どうしはまとまろう
とするのだから**誤り**だ。
③ 「小さな集合体を多数つくる」のではなく，1つの集合体の中で同じ組織どう
しがまとまるのだから**誤り**だ。
④ 「発生のあとの段階でできてくる組織」とは，**実験2**では**神経板**だ。神経板の

細胞どうしのまとまる力が，表皮の細胞どうしがまとまる力よりも強いため，神経板の細胞が内側に入り込んだんだ。よって，誤り。

≡≡≡ 《《《✓解答》》》 ≡≡≡

①

COLUMN　コラム

動物の出現とカドヘリン遺伝子

　カドヘリン遺伝子は，これまでゲノム解析された全ての動物とえりべん毛虫で存在が確認されている。えりべん毛虫は単細胞の原生生物ではあるけど，細胞群体をつくって存在できること，また，単純な多細胞動物である海綿動物がもつえり細胞（▶p.156）が，えりべん毛虫にそっくりなことなどから，えりべん毛虫は多細胞動物の起源だと考えられているんだ。

　一方，多細胞生物でも植物や菌類はカドヘリン遺伝子をもたない。また，原核生物もカドヘリン遺伝子をもたない。このことから，カドヘリン遺伝子の出現は，動物の出現に関係していると考えられているんだ。

STORY **6** 　動物の形態形成

1 　体　　軸 〉★★☆

　発生の過程では，個々の細胞の分化を考えることも重要だけど，体の構造や方向性を大きくとらえることも重要だ。発生の過程に見られる生物の体づくりを**ボディープラン**といい，体にみられる方向性を**体軸**という。例えば，ヒトなど哺乳類は，**前後（頭尾）軸**，**背腹軸**，**左右軸**の３つの体軸をもっている。

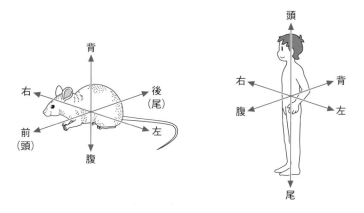

　ほとんどの動物では，体軸は発生のごく初期に決定する。卵割すら終わっていない初期の胚では，**まだ胚自身の遺伝子はほとんど働いていない**ので，体軸の決定は，はじめから卵の細胞質にあった物質で決まる。つまり，**母親由来の物質が胚の体軸を決める**んだ。このような，発生過程に影響を及ぼす母親由来の物質を**母性因子**という。母性因子の正体は，母親の**DNA**からつくられる**mRNA**や**タンパク質**で，胚の遺伝子の発現を調節する働きがあるんだ。

①　ショウジョウバエの発生

　ショウジョウバエの卵は，一部平らな部分をもつだ円型をしている。突起がある前部は将来頭部，反対側の後部は将来腹部になり，平らな部分は将来背側になる。このように，**ショウジョウバエでは，将来の体軸は未受精卵のうちから決まっている**んだ。

　ショウジョウバエの卵は受精すると，まず核分裂だけが進行し，13回目の核分裂のあと，胚の表層の核の周囲に細胞膜が形成される。その結果，表層に細胞が並び，中央に卵黄を含む胚ができる。

背側

前部

後部

核　未受精卵

受精卵
（多核体）

② ショウジョウバエの前後軸の決定

ショウジョウバエの未受精卵には，母親の DNA から転写された**ビコイド mRNA** と**ナノス mRNA** と呼ばれる母性因子が含まれている。ビコイド mRNA は卵の前部に，ナノス mRNA は後部にそれぞれ局在していて，受精後にそれぞれ翻訳される。**合成されたビコイドタンパク質とナノスタンパク質は，胚が核分裂している間は細胞質がつながっているため胚内を拡散し，前後軸に沿ったたがいに逆向きの濃度勾配を形成する。**

その後，細胞膜の形成によって表層の細胞がこれらのタンパク質を取り込むと，それぞれの濃度に応じて，分節遺伝子（▶p.401）の発現が調節され，体の前後軸に沿って胚が区画化されていくんだ。

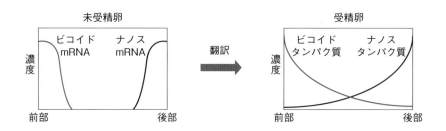

未受精卵

濃度

ビコイド
mRNA

ナノス
mRNA

前部　　　　　　後部

翻訳

受精卵

濃度

ビコイド
タンパク質

ナノス
タンパク質

前部　　　　　　後部

発展　胚の細胞質の移植実験

受精卵の前部の細胞質（ビコイド mRNA が含まれている）を別の受精卵の前部に注入するとどうなるか。このような卵はやがて，頭部と胸部（同時に胸部と腹部）の境目が後ろにずれたような胚に発生する。これは前部において，ビコイドタンパク質の濃度が異常に高くなり，頭部の形成に働く遺伝子が広い範囲で発現したためと考えられるんだ。

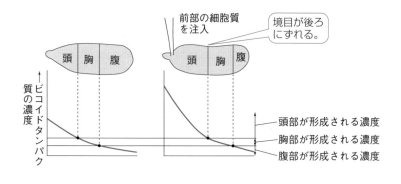

前部の細胞質を注入

境目が後ろにずれる。

頭部が形成される濃度
胸部が形成される濃度
腹部が形成される濃度

問題 8　母性因子 ★★★

　ショウジョウバエの胚の生存に必要な母性因子を合成する母性遺伝子**M**に関する次の文章中の　ア　・　イ　に入る数値として最も適当なものを，下の選択肢よりそれぞれ一つずつ選びなさい。ただし，同じものを繰り返し選んでもよい。なお，遺伝子**M**は，常染色体上にあり，母性遺伝子としてのみ働くものとする。

　遺伝子**M**と，その働きを失った対立遺伝子**m**とをヘテロ接合で持つ個体どうしを交配して得られた受精卵のうち，理論上は　ア　％が成虫まで発生する。このとき成虫まで発生した全ての雌と野生型の雄とを交配して得られる受精卵のうち，　イ　％が成虫まで発生する。

① 0　　② 25　　③ 50　　④ 75　　⑤ 100

〈共通テスト・改〉

✓ 解説

　まず，誤った考え方を紹介しよう。

　遺伝子 M と m のヘテロ接合体どうしの交配で得られる受精卵は，

MM：Mm：mm ＝1：2：1

となるので，〔**M**〕：〔**m**〕＝3：1となり，**M** をもつもの，すなわち75％が成虫まで発生する，という考えだ。

　これがなぜ間違いなのかというと，遺伝子 **M** は母性効果遺伝子（母性因子を合成する遺伝子）なので，胚が正常に発生するか否かは，母親が遺伝子 **M** をもって

いるかどうかによる。すなわち，**胚自身がもつ遺伝子 M は胚発生には関係しない**んだ。

　ヘテロ（**Mm**）どうしの交配では，母親が遺伝子 **M** をもっているため，得られる受精卵は100％成虫まで発生する（　ア　）。そして，発生した全ての雌（遺伝子型比は **MM**：**Mm**：**mm** ＝ 1：2：1）のうち，**MM** と **Mm**（雌の75％）がうむ受精卵が成虫まで発生するんだ（　イ　）。

═══════════════《 解答 》═══════════════

ア—⑤　　イ—④

③　ウニの体軸の決定

　母性因子が体制（体のつくり）に与える影響は，ウニでも確認されている。

　ウニの未受精卵を細いガラス針を使って 2 つの卵片に分けると，核はどちらか一方に入る。核の入った方の卵片を受精させて発生を観察すると，動物極と植物極を通る面（タテ）で分割した場合は，いずれの卵片を受精させた場合も，正常なプルテウス幼生になる。しかし，赤道面（ヨコ）で分割した場合は，動物半球は外胚葉だけからなる**永久胞胚**になり，植物半球は内胚葉が異常に発達した不完全な胚になるんだ。

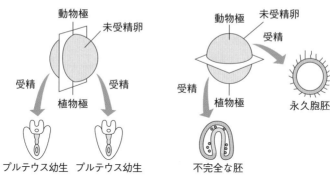

■ウニの未受精卵の分割実験

　この実験から，**未受精卵の細胞質には，動物極と植物極を結ぶ軸に沿って，発生に必要な物質が不均等に分布している**ことがわかる。正常な発生には，動物極側にかたよる物質と植物極側にかたよる物質の両方が必要なんだ。

　このように，さまざまな物質が方向性

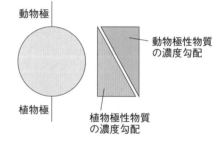

をもって濃度勾配を形成していることを，「**極性をもつ**」というよ。

④ カエルの背腹軸の決定

カエルは，前後軸，背腹軸，左右軸の３つの体軸をもつけど，重要なのは**前後軸**と**背腹軸**の決定だ（この２つの軸が決まれば，左右軸はおのずと決まる）。

カエルの未受精卵は，細胞質が均一ではなく，ウニ卵と同様に，動物極から植物極の方向に極性をもつ。そして，このことはすでに前後軸が決まっていることになる。すなわち，**未受精卵の時点で，動物極が将来の頭側に，植物極が尾側になることが決まっている**んだ。

 じゃあ，背腹軸はどうやって決まるんですか？

最初に受精した，１個の精子が決めるんだ。

カエルの未受精卵は，動物半球の表層が色素を含んでいるため黒っぽく，植物半球の表層は色素が少なく細胞質が卵黄を含んでいるため黄色っぽい。受精のとき，精子は動物半球の１点から侵入する（植物半球には侵入できないバリアがある）。精子が侵入すると，精子がもち込んだ中心体の働きで表層が内部の細胞質に対して約30°回転する。この現象を表層回転という。回転は，必ず精子侵入点側の表層が植物極側にずれるように起こるため，精子侵入点の反対側では，それまで色素を含む表層にかくれて見えなかった動物半球の細胞質が見えるようになる。これが灰色三日月環だ。そして，この瞬間に**灰色三日月環の現れた側が背側になることが決定する**んだ。

 背腹軸は受精後に決定されるということですね。

その通り。表層回転の過程で，卵内の細胞質の移動が起こり，背側になる領域（灰色三日月環が現れる側）で，背側構造を誘導するしくみが現れるんだ。

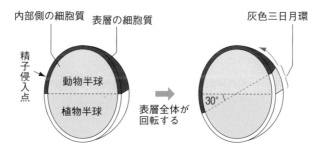

　胚のある部分の細胞が，未分化な細胞に働きかけて分化の方向を決定する現象を**誘導**という。誘導は発生の過程で連続的に見られる。発生の初期は大きな組織が誘導され，順に細かな組織が誘導されることで，体がつくり込まれていくんだ。両生類の誘導には次の3つの段階がある。それぞれ見ていくことにしよう。

　① 中胚葉誘導　　② 形成体による神経管誘導　　③ 誘導の連鎖

① 中胚葉誘導

　両生類の胚発生で，一番はじめの誘導は胞胚期に起こる。1969年，ニューコープは，サンショウウオの胞胚を用いて次のような実験を行った。

❶ 動物極周辺の細胞群（アニマルキャップ）を切り取って単独で培養したところ，**外胚葉**に分化した。➡アニマルキャップは外胚葉に分化する予定をもつことがわかる。

❷ 植物極周辺の細胞群を切り取って単独で培養したところ，**内胚葉**に分化した。

❸ アニマルキャップと植物極周辺の細胞群を接触させて培養したところ，アニマルキャップの一部の細胞は予定を変えて，**中胚葉**（背索，筋肉，血球）に分化した。

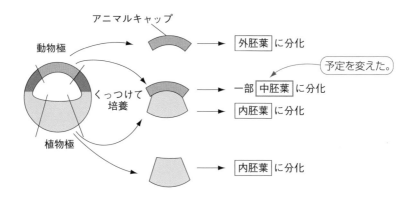

　このような実験から，植物極側の細胞群（予定内胚葉）が，動物極側の細胞群（予定外胚葉域）に働きかけて中胚葉をつくり出したと考えられる。これを**中胚葉誘導**という。

　さらに，植物極側の細胞群を将来**背側**になる部分と**腹側**になる部分とに切り分けて，

アニマルキャップと接触させて培養したところ，**背側の内胚葉は脊索を誘導し，腹側の内胚葉は血球様細胞**（通常は側板からできる）**を誘導する**ことがわかった。つまり，内胚葉の性質には背側と腹側では違いがあるんだ。

《POINT⑲》 中胚葉誘導

◎ 予定内胚葉が，予定外胚葉を誘導して中胚葉に分化させる。

② 形成体による神経管誘導

胞胚期に誘導によってできた**中胚葉の背側の領域は，陥入後に自身は脊索に分化するとともに，接する外胚葉域から神経管を誘導する。**このような働きをもつ胚の領域（ここでは中胚葉の背側領域）を形成体（オーガナイザー）という。

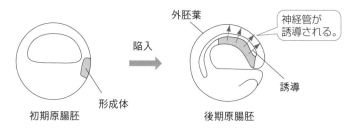

外胚葉

神経管が誘導される。

陥入

誘導

形成体

初期原腸胚　　　　　　　　後期原腸胚

誘導は化学物質の受け渡しで起こる。そのため，形成体は誘導する組織と接触する必要がある。中胚葉の背側にできる形成体からは，**コーディンやノギン**といった誘導物質が分泌され，これらの作用で接触する外胚葉域から神経管が誘導されるんだ。この現象を神経管誘導というよ。

●コーディン，ノギンが神経管を誘導するしくみ

アニマルキャップ（予定外胚葉の細胞群）を単独培養すると**表皮**に分化するけど，細胞どうしをバラバラにしてよく洗浄すると表皮ではなく**神経**に分化するようになる。このことから，外胚葉の細胞は本来，神経に分化しようとする性質をもつけど，細胞の表面には，神経になろうとする細胞の働きを抑えて表皮に分化させる物質が付着していることがわかる。

この物質は，**BMP**（骨形成因子）と呼ばれるタンパク質で，外胚葉の広い範囲に分布し，**細胞表面の受容体と結合すると表皮の分化を引き起こす遺伝子群を発現させる。**一方，**形成体から分泌されるコーディンやノギンなどの誘導物質（オーガナイザー因子）は，BMPと結合してBMPが細胞表面の受容体と結合するのを妨げる。**この結果，細胞は表皮ではなく神経へと分化していくんだ。

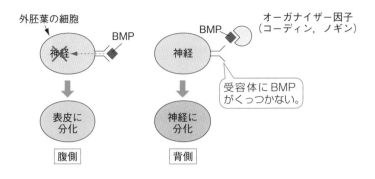

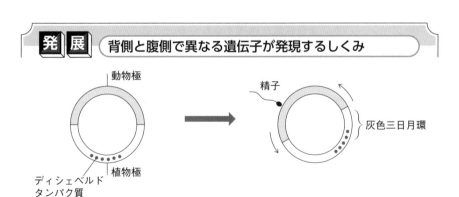

発 展 　背側と腹側で異なる遺伝子が発現するしくみ

❶ 　未受精卵の植物極側には**ディシェベルドタンパク質**という母性因子が偏って存在
している。これが受精すると，灰色三日月環の付近にまで移動する。

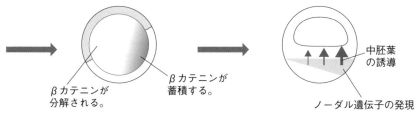

β カテニンが
分解される。

β カテニンが
蓄積する。

中胚葉
の誘導

ノーダル遺伝子の発現

❷　βカテニンは卵の細胞質に均一に分布しているタンパク質であるが，ディシェベルドタンパク質が運ばれてきたところでは，βカテニンの分解が抑制されて蓄積する（それ以外の部分では分解される）。

❸　βカテニンは核に移動し，ノーダル遺伝子の発現を促す調節タンパク質として働く。βカテニンを多く含む予定内胚葉の割球は，より高濃度のノーダルタンパク質を分泌するようになる。ノーダルタンパク質は中胚葉を誘導する因子である。

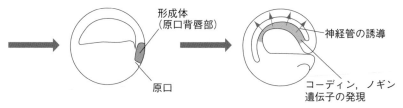

形成体
（原口背唇部）

原口

神経管の誘導

コーディン，ノギン
遺伝子の発現

❹　高濃度のノーダルタンパク質を受容した部分（原口背唇部）は，形成体（▶p.389）と呼ばれる特別な働きをもつ背側の中胚葉に分化する。

❺　形成体は，原腸陥入によって背側の外胚葉を裏打ちするとともに，コーディン，ノギン遺伝子を発現する。コーディン，ノギンは，接する外胚葉が表皮になるのを阻害し，神経管に誘導する。

胚の予定運命の研究

フォークト（ドイツ）は，イモリの胞胚の表面を無害な色素で染め分けて，染色された部分がどのように移動するのかを追跡した。このような染色の方法を局所生体染色法という。

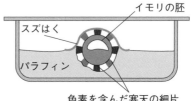

■局所生体染色法

局所生体染色法によって，胚の各部分が将来どんな器官になっていくのか（**予定運命**というよ）が明らかになった（1929年）。

例えば下の図のように，原口ができる位置のすぐ上を染めて，その部分を追跡したところ，脊索をつくった。この結果から，**原口のすぐ上の部分の細胞は，将来，脊索になっていく**ってことがわかったんだ。

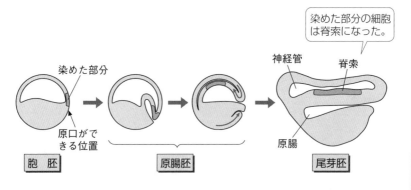

フォークトは，このような作業をくり返し行って，胞胚の"地図"をつくった。これを原基分布図（予定運命図）という。イモリはカエルと同じ両生類なので，この図はカエルにもあてはまると考えていい。

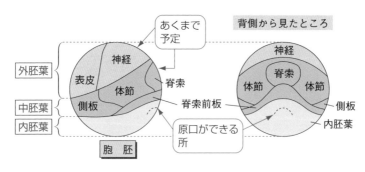

■イモリの原基分布図

この原基分布図を見て誤解しないでほしいのは，図の中の「表皮」や「神経」といった名称は，**あくまで予定であって，まだその組織にはなっていないし，胞胚の時点ではその組織になる運命も決定していない**ってことなんだ。あくまで，その部分の細胞が，将来「表皮」あるいは「神経」に分化していく予定を示しているにすぎないんだ。

原基分布図を見ると，胞胚の時期には，将来体の内部をつくる細胞（中胚葉や内胚葉）が，まだ胚の表面にあることがわかるよね。このことから，右の図のように，外胚葉と中胚葉を分ける線よりも下の部分は，陥入によって全部，内部に入っていくってことがわかる。

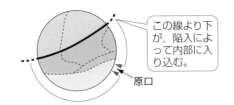

この線より下が，陥入によって内部に入り込む。

原口

もうちょっと，つっこんだ説明すると，外胚葉と中胚葉を分ける線は，折り紙でいう"山折り"で，中胚葉と内胚葉を分ける線は"谷折り"で，ひだをつくるようにして中に入っていくんだ。

例えるなら，次の図のようなデザインのくつ下を，2か所で折り曲げるようなイメージだ。次のページに原腸胚での陥入のようすを描いておくよ。中胚葉が，中で折り返されて逆さになるのが想像できるかな？

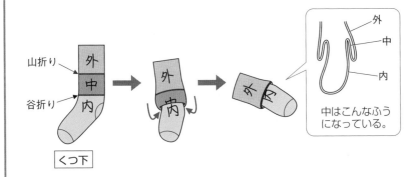

山折り
谷折り

外
中
内

くつ下

外
内

外
中
内

中はこんなふうになっている。

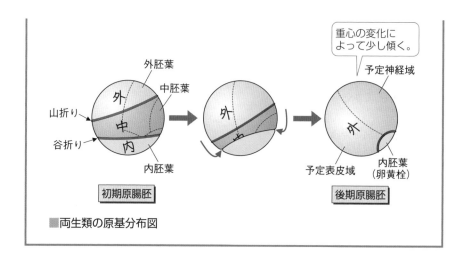

■両生類の原基分布図

初期原腸胚 → 後期原腸胚

外胚葉／中胚葉／内胚葉

山折り／谷折り

重心の変化によって少し傾く。

予定神経域／予定表皮域／内胚葉（卵黄栓）

発展 シュペーマンの実験と形成体の発見

　形成体の存在と誘導という現象は，ドイツのシュペーマンによって発見された。彼が行ったイモリの胚を用いた実験を見ていこう。

1. 予定運命の決定

　フォークトのイモリの原基分布図（▶p.392）は，あくまでも予定を示しているだけであって，胚の各部分の運命がいつ決定するのかは，原基分布図からはわからない。

　シュペーマンは，胚の一部を交換することで，胚の各部（予定表皮域と予定神経域）の細胞の予定運命がいつ決定し，変更ができなくなるのかを調べたんだ。

---

❶　原腸胚初期の褐色イモリの**予定表皮域**（将来表皮になる部分）と，白色イモリの**予定神経域**（将来神経になる部分）の一部を切り取って，たがいに交換して移植した。

❷　その結果，予定表皮域に移植した**予定神経域**の細胞は表皮に分化し，**予定神経域**に移植した**予定表皮域**の細胞は神経に分化した。つまり，どちらの移植片も予定を変えて，移植場所の予定にしたがって分化した。

❸　同様の実験を神経胚初期に行った。すなわち，褐色イモリの**表皮域**と白色イモリの**神経板域**の一部を交換移植したところ，移植した**表皮域**の細胞は表皮に分化し，移植した**神経板域**の細胞は神経に分化した。つまり，どちらの移植片も，移植場所には関係なく自分の予定どおりに分化したんだ。

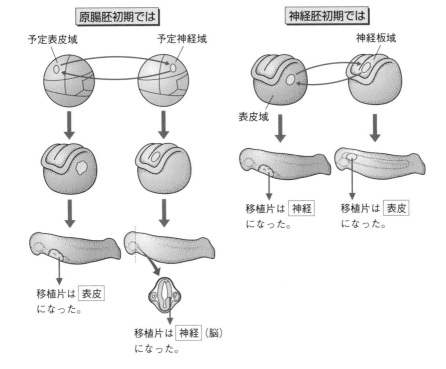

これをまとめたのが次の表だ。この実験からわかることは**予定表皮域と予定神経域の運命は原腸胚初期から神経胚初期の間に決定する**ということだ。

移植した時期	移植片 ➡ 移植場所	移植片の分化
原腸胚初期	予定表皮域 ➡ 予定神経域	神　経
	予定神経域 ➡ 予定表皮域	表　皮
神経胚初期	表皮域 ➡ 神経板域	表　皮
	神経板域 ➡ 表皮域	神　経

● **外胚葉の予定運命は，原腸胚初期から神経胚初期の間に決定する。**

2. 形成体の発見

　初期原腸胚の原口のすぐ上（背側）の領域を**原口背唇部**という。原口背唇部は，フォークトの原基分布図でいうと**予定脊索域**と重なる部分だ。

❶　原腸胚初期の白色イモリ（クシイモリ）の原口背唇部を切り取って，同じ時期の褐色イモリ（スジイモリ）の胞胚腔の中（腹側表皮になる場所の内側）に移植した。

❷　その結果，移植場所付近からは第二の神経板が生じ，**二次胚**が形成された。二次胚とは，本来の頭や背中とは別にできる，余分な胚の構造のことだ。

　　胚の断面を観察すると，移植片（白色イモリ由来）は，二次胚の脊索と体節の一部をつくっていた。神経管などのまわりの器官は，褐色イモリ（移植を受けたイモリ）の細胞でできていた。

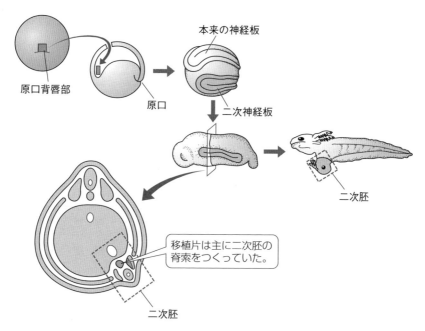

本来の神経板

原口背唇部

原口

二次神経板

二次胚

移植片は主に二次胚の脊索をつくっていた。

二次胚

　この結果から，原口背唇部が宿主胚の細胞に働きかけて，神経管などを誘導したことがわかった。そして，シュペーマンは，誘導の働きをもつ原口背唇部を**形成体**と名づけたんだ。

③ 誘導の連鎖

　前にも述べたけど，誘導は連続して起こる。ここでは1つの例として，イモリの眼の形成過程を見ていくことにしよう。

❶　まず，**原口背唇部**が**形成体**として働き，外胚葉から**神経管**を誘導する（一次誘導）。

❷　やがて，神経管の前方はふくらんで**脳**になり，後方は脊髄になる。そして，脳の一部から左右に**眼胞**と呼ばれるふくらみが生じる。眼胞は，やがて先端部がくぼんで杯状の**眼杯**になる。

❸　次に，この**眼杯**が**形成体**となって，接する表皮から**水晶体（レンズ）**を誘導する（二次誘導）。

❹　さらに，**水晶体**が形成体となって，表皮から**角膜**を誘導し，また，眼杯から**網膜**を誘導する（三次誘導）。

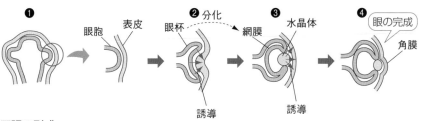

■眼の形成

　このように，ある組織が形成体となって，次の組織の分化を決定する。さらに，その誘導された組織自身が形成体となって，次の組織の分化を決定する，ということが連続して起こることで，複雑な器官ができ上がっていくんだ。これを**誘導の連鎖**というよ。いわば，誘導の"ドミノ倒し"だね。

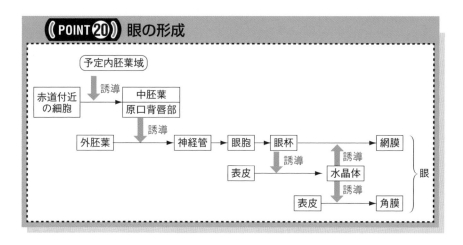

《POINT ⑳》 眼の形成

問題 9 　眼の形成 ★★★

　誘導は，眼の形成過程でもくり返し起こることが知られている。眼の形成過程で起こる次のa〜eの現象を，正しい順に並べなさい。

a　眼杯が形成される。

b　水晶体（レンズ）が誘導される。

c　眼胞が形成される。

d　角膜が誘導される。

e　原口背唇部により，神経管が誘導される。

〈センター試験・改〉

《✓解 説》

眼胚よりも眼胞の形成の方が先であることに注意しよう。

《✓解 答》

e → c → a → b → d

ニワトリ胚の皮膚を材料に次の実験を行った。

皮膚は表面の表皮とその内側にある真皮から構成されている。ニワトリ胚の皮膚では，背中の部分には羽毛が生じ，あしの部分にはうろこができる。羽毛もうろこも表皮が変化したものである。

受精卵をふ卵器で温め始めてから5日目および8日目の胚から背中の皮膚の原基を，10日目，13日目および15日目の胚からあしの皮膚の原基を，それぞれ切り出した。皮膚の表皮と真皮を分離したあと，いろいろな組み合わせをつくって数日間培養した（図）。

その結果，表皮は**表**に示すように分化した。なお，背中の表皮と背中の真皮，あしの表皮とあしの真皮の組み合わせでは，胚の日数によらず，それぞれ，常に羽毛とうろこが生じた。

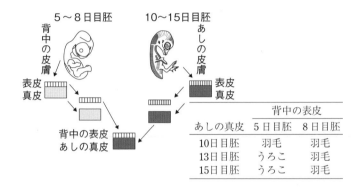

あしの真皮	背中の表皮	
	5日目胚	8日目胚
10日目胚	羽毛	羽毛
13日目胚	うろこ	羽毛
15日目胚	うろこ	羽毛

この実験に関する記述として正しいものを，二つ選びなさい。

① 　表皮が羽毛またはうろこに分化するかは，真皮のみによって決定される。

② 　表皮が羽毛またはうろこに分化するかは，表皮のみによって決定される。

③ 　5日目胚の表皮は，まだ分化の方向が決定されていないので，真皮の誘導に反応することができる。

④ 　8日目胚の表皮は，すでに分化の方向が決定されているが，真皮からの誘導があると分化の方向を変更する。

⑤ 　真皮の誘導能力は，10日目から15日目の間に低下する。

⑥ 　真皮からの誘導に対する表皮の反応性は，5日目に比べて8日目の方が低い。

〈センター試験・改〉

　表の結果から，本来なら羽毛に分化（自律分化）するはずの背中の表皮も，あしの真皮と組み合わせると，うろこに分化することがわかる（下の表⑦）。このことから，**あしの真皮には，表皮をうろこに誘導する能力がある**ことがわかるよね。でも，その能力は10日目胚の真皮にはまだなく（下の表④），13日目以降に現れる（下の表⑦）。

　また，誘導を受ける表皮にも都合があって，5日目胚では誘導に応じる（下の表⑦）けど，8日目胚になると受けつけなくなる（下の表⑦）ことがわかる。つまり，表皮の運命は5日目ではまだ決定していないけど，8日目では羽毛に決定してしまうんだ。

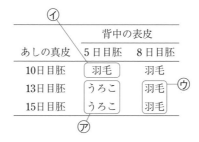

　このように誘導では，誘導する側にも，される側にも適切なタイミングがあり，そのタイミングがずれると別の組織に分化していくことがあるんだ。

③，⑥

STORY 7 形態形成に働く調節遺伝子

　体がつくられる過程では，体の部位や発生段階に応じてさまざまな遺伝子が発現している。ここでは，ショウジョウバエの体がつくられる過程で働く遺伝子を見ていくことにしよう。

　384ページでも説明した通り，卵には母性因子としてビコイド mRNA やナノス mRNA が存在し，受精後にこれらの mRNA が翻訳されてタンパク質の濃度勾配を形成する。この濃度勾配に従って，前後軸に沿って異なる分節遺伝子が発現する。

　分節遺伝子とは体節を形成する遺伝子群のことで，**ギャップ遺伝子群**，**ペアルール遺伝子群**，**セグメントポラリティ遺伝子群**の3群からなり，はじめはおおざっぱに，そして，徐々に細かく体節をつくっていく。

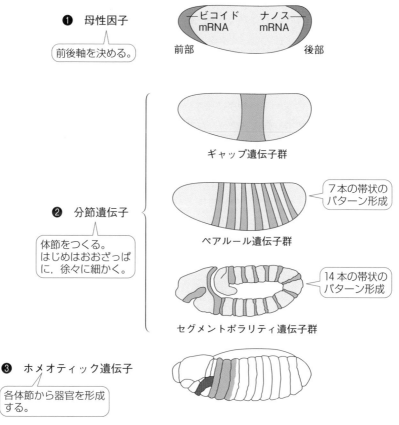

❶ 母性因子

前後軸を決める。

ビコイド mRNA　　ナノス mRNA

前部　　　　　　　　　　　　後部

❷ 分節遺伝子

体節をつくる。
はじめはおおざっぱに，徐々に細かく。

ギャップ遺伝子群

ペアルール遺伝子群 — 7本の帯状のパターン形成

セグメントポラリティ遺伝子群 — 14本の帯状のパターン形成

❸ ホメオティック遺伝子

各体節から器官を形成する。

■ショウジョウバエの体節形成に働く調節遺伝子

最終的に14の体節が形成されると，それぞれの体節から触角や眼，脚^(あし)，翅^(はね)といった器官が形成される。このときに働くのが**ホメオティック遺伝子**だ。ショウジョウバエのホメオティック遺伝子は8個あり，これらの発現の組み合わせによって体節からできる器官が異なるものになる。

　ホメオティック遺伝子の突然変異によって，器官が正しい位置に形成されず，別の器官に置き換わることがあり，これを**ホメオティック突然変異**（ホメオーシス）という。ショウジョウバエのホメオティック突然変異体には，触角の位置に脚ができる**アンテナペディア**や，胸部が重複したため4枚の翅をもつ**バイソラックス**が知られている。

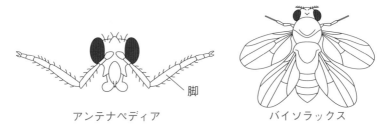

アンテナペディア　　　　　　　　　バイソラックス

脚

1　ホックス遺伝子 ＞★☆☆

　ショウジョウバエのホメオティック遺伝子には，それぞれ約180塩基対からなるよく似た塩基配列（**ホメオボックス**という）がある。この部分は翻訳されるとアミノ酸60個からなるタンパク質の特徴的な構造をつくり，この部分でタンパク質はDNAと結合する。すなわち，転写調節タンパク質として働くようになるんだ。

　ショウジョウバエのホメオティック遺伝子は8個あり，これらが同一の染色体上に並んでいる。**ホメオティック遺伝子の染色体上の並び順は，それぞれの発現領域の並び順とほぼ同じだ。**

　ショウジョウバエではじめて見つかったホメオボックスをもつ遺伝子は，その後，哺乳類を含むほとんどの動物でも見つかっていて，これらを総称して**ホックス遺伝子群**（**Hox遺伝子群**）という。哺乳類のホックス遺伝子も，ショウジョウバエと同様，体の前後軸に沿った器官形成に重要な役割を果たしている。

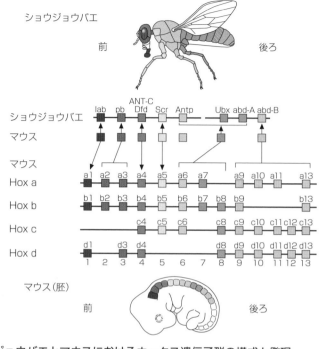

■ショウジョウバエとマウスにおけるホックス遺伝子群の構成と発現

最後に、ショウジョウバエの体ができるまでに関わる調節遺伝子をまとめておこう。

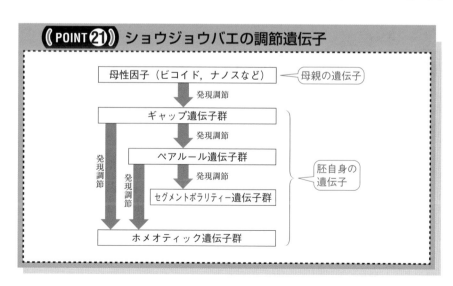

STORY 8 器官形成と細胞の死

1 アポトーシス ＞ ★☆☆

発生の過程で，特定の細胞群が
死ぬことで器官が形成されること
がある。このようにあらかじめプ
ログラムされた細胞の死を**アポト
ーシス**という。

例えば，ニワトリのあしではア

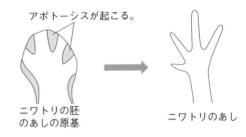

アポトーシスが起こる。

ニワトリの胚
のあしの原基

ニワトリのあし

ポトーシスが起こることで，水かきがなくなるけど，アヒルのあしではアポトーシス
が起こらず，水かきが残るんだ。

アポトーシスとは対照的に，細胞が傷ついたり，環境の悪化により死んでしまうこ
とを**ネクローシス**（壊死）という。ネクローシスでは，細胞膜が破れて内容物が流出
し，炎症が起こることで周囲の細胞に影響を及ぼすことがある。

アポトーシス （プログラム化された死）	ネクローシス （壊 死）
● 核の凝縮 ● DNA の断片化 ● 細胞の断片化 ● まわりの細胞に影響を与えない。	● DNA のランダムな断片化 ● 細胞自体の膨潤と破裂 ● 細胞内の物質を放出する。 ● まわりの細胞に影響を与える。

2 ガードンの核移植実験 ＞ ★★★

ガードン（イギリス）は，アフリカツメガエルのさまざまな発生段階の細胞から核
を取り出し，これを紫外線を照射して核の働きを失わせた未受精卵に注入したところ，
オタマジャクシにまで発生するものがあった。

成体まで発生するものの割合は，核を取り出す時期が遅くなるほど低下し，オタマ
ジャクシの小腸の上皮細胞から取り出した核では，胞胚になったもののうち15％が成
体になった。

このようにしてうまれた成体は，核を提供した個体と同じ形質を示した。これを**ク
ローン動物**というよ。

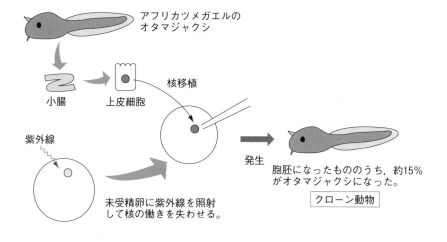

アフリカツメガエルの
オタマジャクシ

小腸　　上皮細胞　　核移植

紫外線

未受精卵に紫外線を照射
して核の働きを失わせる。

発生

胞胚になったもののうち，約15%
がオタマジャクシになった。

クローン動物

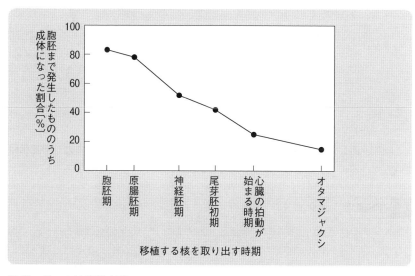

■ガードンの核移植実験

3 　クローンヒツジの誕生 ＞★★☆

　1996年，ウィルマット（イギリス）は，ヒツジＡの乳腺細胞をあらかじめ核を除去したヒツジＢの未受精卵に移植し，電気刺激により細胞融合させた（核移植に相当）。そして，この卵から得られた胚を代理母（ヒツジＣ）の子宮に移植し，妊娠・出産させることに成功した。うまれてきたヒツジはヒツジＡと同じ遺伝情報をもつことから，クローンヒツジであることが確認された（ドリーと名づけられた）。

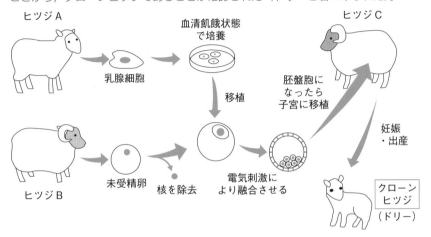

　その後，この方法はマウスやウマなど，他の哺乳類にも応用され，現在までに数々のクローン動物がうみ出されている。

　これら一連の実験から，**一度分化した体細胞にも個体を発生させるだけの遺伝情報が残っている**こと（全能性）がわかるんだ。

4 　ES細胞 ＞★★☆

　哺乳類の発生初期の胚盤胞は，胞胚に相当する胚で，外側の細胞層と内部細胞塊からなる。将来，外側の細胞層は胎盤に，内部細胞塊は胎児に分化することは決定しているけど，胎児のどの胚葉や組織に分化するかは，まだ決定していない。

　1981年，エバンス（イギリス）は，マウスの胚盤胞から内部細胞塊を取り出し，多能性（胎盤以外の全ての組織に分化できる性質）をもったまま無限に増殖させる培養条件を特定した。このようにして得られる細胞をES細胞という。そして1998年には，トムソン（アメリカ）がヒトのES細胞の作製に成功した。

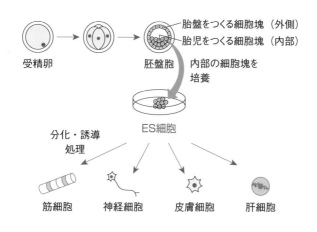

筋細胞　　　神経細胞　　　皮膚細胞　　　肝細胞

　ヒトのES細胞は，分化・誘導処理によってあらゆる組織へ分化することから，体の一部を失った場合や，働きが低下した組織や器官を回復させる場合などの**再生医療**への応用が期待された。しかし，その作成には受精卵が必要なことから**倫理的な問題が指摘されている**んだ。

5 iPS細胞 ＞★★★

　「ES細胞と同等の多能性をもつ細胞を，人為的につくることはできないか？」これを実現したのが山中伸弥教授だ。山中教授は，ES細胞で活発に発現している遺伝子の中から4つを選び出し，これを皮膚細胞に導入することで初期化（未分化な状態に戻すこと）に成功した（2006年）。この功績により，山中教授はガードンとともにノーベル賞を受賞したんだ（2012年）。

　iPS細胞の発展は目覚ましく，すでに臨床への応用が実現しているよ。

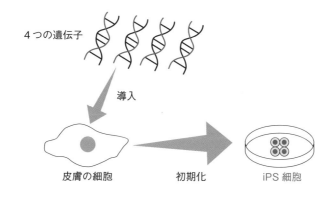

第5章 バイオテクノロジー

▲バイオテクノロジーについて学ぼう。

（吹き出し左）メロンとジャガイモがなる植物をつくっているんだ

（吹き出し右）上がジャガイモ下がメロンになったらどうするの？

　生物の機能を，人類の生活や工業に利用する技術を**バイオテクノロジー**という。昔から発酵や醸造といった生物利用の技術はあったけど，バイオテクノロジーは，DNAの構造が明らかになった20世紀後半から急速に発展したんだ。

　ここでは，遺伝子を利用した技術を見ていくことにしよう。

STORY 1 遺伝子組換え

　ある遺伝子を取り出して，それを別の遺伝子につないで新しい組み合わせの遺伝子をつくる技術を**遺伝子組換え**という。動物の遺伝子を大腸菌の遺伝子につないだり，昆虫の遺伝子を植物の遺伝子につないだりすることができる。これは，全ての生物がDNAを遺伝子としているために可能となる技術だ。

1 遺伝子組換えの方法 ＞★★★

① **必要なもの**

● 制限酵素 ➡ DNAを特定の塩基配列のところで切る，いわば"はさみ"に相当する酵素。切り口に短い1本鎖を残すようなものがよく使われる。1本鎖の部分が，つなぐときに"のりしろ"になるからだ。

　　制限酵素が認識する塩基配列は，たいていの場合，逆から読んでも同じ配列（回転対象）になる。このような配列を回文（パリンドローム）というよ。

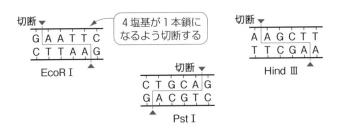

● **DNAリガーゼ** ➡ DNAの切り口をつなぐ，"のり"に相当する酵素。同じ制限酵素で切ったDNAの切り口どうしは，水素結合でゆるくくっつくけど，糖とリン酸の間に結合をつくり，完全にDNA鎖をつなげるためにDNAリガーゼが必要となる。

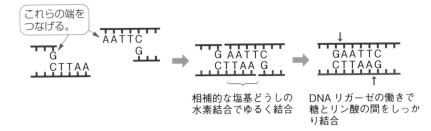

これらの端をつなげる。

相補的な塩基どうしの水素結合でゆるく結合

DNAリガーゼの働きで糖とリン酸の間をしっかり結合

● **ベクター** ➡ DNAの"切り貼り"は試験管の中，つまり細胞の外で行う。しかし，つくった組換え遺伝子は，生きている細胞の中ではじめて機能する。そこで，組換え遺伝子を，細胞を傷つけることなく，細胞の中に運び入れる"**遺伝子の運び屋**"が必要になる。これが**ベクター**だ。

　ベクターには，**ウイルスやプラスミド**が使われる。プラスミドは，**大腸菌などの細胞内で，細胞内のDNAとは独立に増殖する小さい環状DNA**だ。大腸菌からプラスミドを取り出し，プラスミドに遺伝子を組み込んで，再び大腸菌に取り込ませるということができるんだ。

② 手　順

❶ ヒトのインスリン遺伝子など，導入したい遺伝子をはさむように制限酵素で切断し，遺伝子を切り出す。

❷ 大腸菌のプラスミドを，❶で使用した制限酵素で切断する（厳密には❶の制限酵素と同じでなくても，1本鎖の部分が同じ配列になればよい）。

❸ 切り出した目的の遺伝子と切断したプラスミドを混合し，**DNAリガーゼ**を作用させ，組換えプラスミドをつくる。

❹ 組換えプラスミドを大腸菌の培地に与え，大腸菌に取り込ませる。

この作業により，一部の大腸菌がヒトの遺伝子を発現するようになる。このように，別の種や異なる系統の遺伝子を取り込むことで，その遺伝子の形質を発現するようになることを形質転換という。

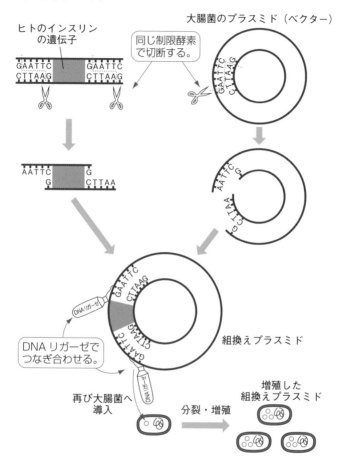

ヒトのインスリン
の遺伝子

大腸菌のプラスミド（ベクター）

同じ制限酵素
で切断する。

GAATTC
CTTAAG

GAATTC
CTTAAG

AATTC　　　G
G　　　CTTAA

DNA リガーゼで
つなぎ合わせる。

組換えプラスミド

再び大腸菌へ
導入

分裂・増殖

増殖した
組換えプラスミド

　遺伝子組換えで重要なのはその後のチェックだ。遺伝子組換えは必ずうまくいくとは限らない。**遺伝子組換えが成功した細胞と失敗した細胞を区別して，成功したものだけを選別する必要があるん**だ。この手続きを**スクリーニング**というよ。大腸菌の遺伝子組換えでチェックしなければならないのは次の2点だ。

❶ プラスミドにちゃんと遺伝子が組み込まれているかどうか。
❷ プラスミドが大腸菌に取り込まれたかどうか。

　これらを調べるために用意するのは，"lacZ" と呼ばれるラクトース分解酵素の遺伝子と，"amp^r" と呼ばれる抗生物質（細菌の分裂を抑える薬剤）に耐性をもつ遺伝子が，あらかじめ組み込まれているプラスミドだ。lacZ 遺伝子のまん中には，制限酵素で切断される部位がある。導入したい遺伝子が，lacZ 遺伝子のまん中に組み込まれると，lacZ 遺伝子が分断されるので，ラクトース分解酵素がつくられなくなる。

　そこで，培地にラクトース分解酵素が働くと青くなる試薬を加えておくと，**組換えが成功した大腸菌は青く染まらないので**，❶が確かめられるんだ。

　また，❷を調べるには，培地にアンピシリンという抗生物質を加えておく。**もし，プラスミドがちゃんと大腸菌に取り込まれたなら，amp^r 遺伝子の働きで，抗生物質があっても増殖できる**。でも，プラスミドを取り込まなかった大腸菌は死滅するんだ。

　このようにして，培地の中から青く染まっていない大腸菌のコロニーだけを選べば，それが組換えに成功した大腸菌ということになる。

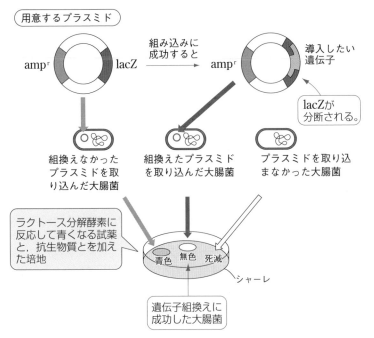

■遺伝子組換えのチェック

さて，無色のコロニーを集めさえすればそれが目的の遺伝子を発現しているか，というと，そうとは限らない。例えば，遺伝子を発現させるプロモーターがプラスミド側にある場合，プロモーターが指示する転写の方向と，導入された遺伝子の方向が合致しないと，正しく転写されないんだ。**制限酵素の切断部は回転対象であるため，遺伝子が正しい向きに導入されるものと，逆向きに導入されるものとが生じる**ためだ。

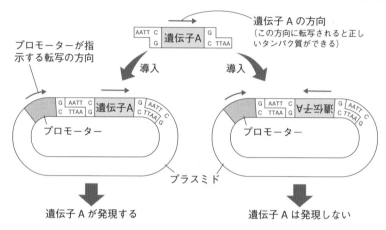

《 POINT㉒ 》遺伝子組換え

◎制限酵素 ➡ DNAを特定の塩基配列のところで切る酵素
◎DNAリガーゼ ➡ DNAの切り口をつなぐ酵素
◎プラスミド ➡ 大腸菌などがもつ，染色体DNAとは独立に複製する
　　　　　　　小型の環状DNA。ベクターとして用いられる。

COLUMN　コラム

制限酵素の由来

　制限酵素は，1968年にアーバーとスミスによって大腸菌で発見された。大腸菌のある系統では，バクテリオファージの増殖が制限されることから，この名前がついたんだ。ファージは，感染するときに，自分のDNAを大腸菌に注入する。大腸菌は，その対抗策として制限酵素をつくって，ファージのDNAを切断する。このとき，大腸菌自身のDNAは，制限酵素の認識部位がメチル化などの修飾によって保護されているので，切断されることはないんだ。

3 cDNAを利用した遺伝子組換え 〉★★☆

ここまで見てきたような遺伝子組換えの技術は1970年代に発展した。しかし，ヒトのインスリン遺伝子を大腸菌に組み込む試みは，当初はうまくいかなかった。その原因は，ヒトの染色体から切り出したインスリン遺伝子を使ったためだったんだ。

> どうして染色体から切り出したインスリン遺伝子ではダメだったんですか？

インスリン遺伝子には，イントロンが含まれている。**大腸菌のような原核細胞内ではスプライシングが起こらない**ため，削除されないイントロンが翻訳されてしまい，ちゃんとしたタンパク質にならなかったんだ。

そこで，染色体上の遺伝子を使わない方法が考案された。それが，**逆転写酵素**を使った方法だ。

> 逆転写酵素って，何ですか？

逆転写酵素は，当時発見されたレトロウイルスから単離された酵素で，文字通り転写の逆をする酵素だ。すなわち，**RNA を鋳型として DNA を合成する**んだ。

まず，インスリンを盛んにつくっているすい臓の細胞から，スプライシングを終えた mRNA を取り出す。この mRNA に逆転写酵素を作用させ，相補的な DNA（**cDNA** という）を合成する。次に，アルカリ処理により mRNA を分解し，1 本鎖 cDNA を残す。そして，DNA ポリメラーゼの働きで相補鎖を合成すれば，2 本鎖 cDNA ができあがる。この **cDNA にはイントロンが含まれていない**ので，これを大腸菌に導入することで，大腸菌にインスリンを合成させることができるんだ。

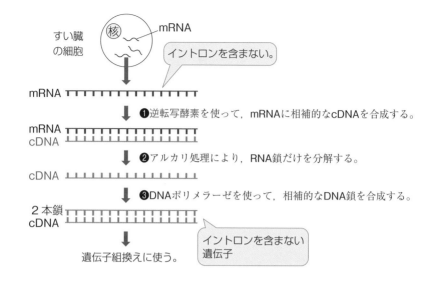

PCR法（ポリメラーゼ連鎖反応法）—DNAを増やす—

DNAの半保存的複製のしくみ（▶p.309）を利用して，ほんのわずかのDNA分子を何百万倍にも増やす技術が**PCR法**だ。

① **必要なもの**
● **もと（鋳型）になる2本鎖DNA** 増やしたいDNA

● **2種類のプライマー**（20塩基ほどの人工合成1本鎖DNA）
増やしたい領域の両端の塩基配列に相補的な配列をもつもの2種類を用意する。

● **耐熱性のDNAポリメラーゼ** 95℃でも変性しないことが重要。

● **A，T，G，Cの4種類のヌクレオチド** DNAの材料

② 手　順

❶ 上記の 4 つの材料を入れた混合液を約95℃に加熱する。
　➡ 鋳型の 2 本鎖 DNA の塩基どうしの水素結合が切れるため，**2 本鎖がほど**
　　　けて 1 本鎖ずつに分かれる。

❷ 約60℃に下げる。
　➡ 1 本鎖になった鋳型 DNA は再び 2 本鎖に戻ろうとするが，プライマーが
　　　過剰に含まれているので，もとの 2 本鎖に戻ることなく，**鋳型鎖はプラ**
　　　イマーと結合する。

❸ 約 72℃に加熱する。
　➡ **DNA ポリメラーゼが，プライマーの続きにヌクレオチドを付加させていく。**

❹ ❶〜❸の過程をくり返す。

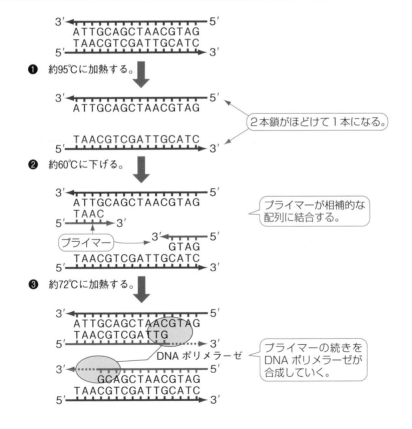

95℃にも加熱して，DNA や酵素は大丈夫なんですか？

　DNA は 95 ℃程度の加熱では壊れたりしない。塩基どうしの水素結合は切れて 1 本鎖になるけど，塩基配列が変化したりすることはないんだ。でも，タンパク質である酵素は一般的に熱に弱い。そこで，PCR 法に使われる DNA ポリメラーゼは，温泉のような高温の環境にすむ好熱菌から単離されたものが利用される。この**耐熱性 DNAポリメラーゼは，高温でも失活することがない**んだ。

　このように，PCR 法では 1 サイクルで DNA が 2 倍になる。だから，30サイクル行うと，2^{30}倍＝約10億倍にもなるんだ。

STORY 3 　電気泳動法 —DNAのサイズ(塩基数)を調べる—

　PCR 法で増やした DNA のサイズを調べる方法として一般的なのは，電気泳動法（ゲル電気泳動法）だ。

　DNA は，緩衝液（pH を一定にした溶液）中ではマイナス（−）に帯電するため，電極間に電圧をかけると，**DNA が＋極に引っ張られて寒天ゲルの中を移動する**。このとき，塩基数の少ない（短い）DNA は速く移動し，塩基数の多い（長い）DNA は遅く移動する。これは，長い DNA ほど寒天中の繊維が抵抗となるからだ。ちょうど，幼稚園の運動会の障害物競走で，ネットの下をくぐり抜ける競走のようなものだ。幼稚園児はすぐにくぐり抜けるけど，お父さんは体が大きいためネットに引っかかってしまい，なかなかくぐり抜けることができない。

手　順

❶ 寒天ゲルのウエル（寒天ゲルにつくったくぼみ）にDNAを入れる。

❷ 電圧をかけて泳動させ，数時間待つ。

❸ 泳動後にDNA染色液で，バンド（DNAの帯状に見えるもの）を発色させる。

❹ マーカー（あらかじめ塩基数がわかっているDNA）のバンドと比較して，調べたいDNAのサイズを決める。

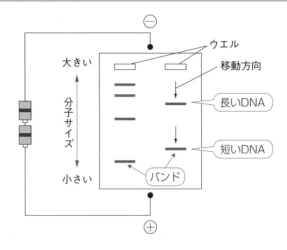

STORY 4 ／ サンガー法 ―DNAの塩基配列を調べる―

　DNAの塩基配列は，どうやって解読されるのか？　実はDNAの塩基配列を調べる方法はいくつかある。ここでは**サンガー法**（**ジデオキシ法**）の原理について説明しよう。

　サンガー法では，ヌクレオチドに似ているけどちょっと違うジデオキシヌクレオチドという物質を使う。いわばヌクレオチドの偽モノだ。DNA合成のとき，DNAポリメラ

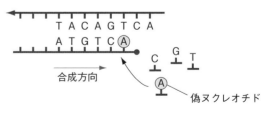

ーゼが，間違ってジデオキシヌクレオチド（以下，偽ヌクレオチド）をDNA鎖に取り込むと，その続きを合成することができなくなり，**3′末端が偽ヌクレオチドで終わる中途半端なDNA鎖ができる**んだ。A，T，G，Cそれぞれの偽ヌクレオチドを少しだけ混ぜた溶液中でDNAを合成させると，それぞれ3′末端がA，T，G，Cで終

わる DNA 鎖ができる。最後にその長さを調べることで，塩基配列を決定できるんだ。

手　順

❶ 塩基配列を調べたい DNA と，DNA ポリメラーゼ，プライマー（1 種類），4 種類のヌクレオチド，4 種類の**偽ヌクレオチド**を混ぜた溶液を用意する。

❷ 加熱して DNA の 2 本鎖をほどいて 1 本鎖ずつにし，片方にプライマーを結合させる。

❸ DNA ポリメラーゼにプライマーの続きを合成させる。このとき，偽ヌクレオチドが取り込まれると鎖の伸長が途中で止まるので，いろいろな長さの DNA 鎖ができる。

❹ 合成された DNA 鎖を 1 本鎖にして，電気泳動法により長さを調べる。あらかじめ偽ヌクレオチドの 4 種の塩基には，それぞれ異なる色の蛍光色素をくっつけてあるので，色から A, T, G, C を決めることができる。

（DNA シーケンサーと呼ばれる機器では，ゲルを使った電気泳動ではなく，DNA を細い管を通すことで蛍光を識別する。）

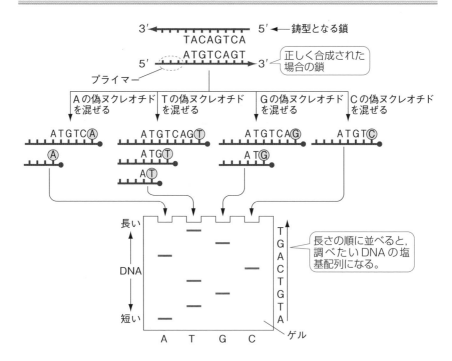

なぜ，ジデオキシヌクレオチドが取り込まれると，鎖の伸長が止まるのか？

　DNA 鎖の 3′ 末端に次のヌクレオチドが結合するときには，伸長鎖の 3′ 炭素の水酸基（− OH）に，次のヌクレオチドのリン酸が反応して，新しく結合（ホスホジエステル結合）ができる。しかし，ジデオキシヌクレオチド（上記の偽ヌクレオチド）の 3′ 炭素には水酸基がないので，次のヌクレオチドが結合をつくることができずに，そこで鎖の伸長が止まってしまうんだ。

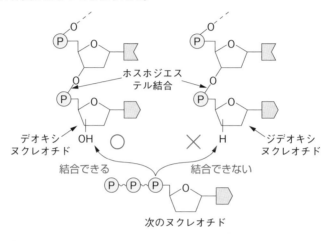

STORY 5　多細胞生物へ遺伝子を導入する方法

　生物の細胞に外来遺伝子を導入し，人工的に改変された生物を，**トランスジェニック生物**という。

　大腸菌のような原核生物では，遺伝子組換えプラスミドを導入する方法で形質転換させることができるけど，動物や植物のような多細胞生物になると，そう簡単ではない。動物と植物に分けて，トランスジェニック生物がどのようにしてつくられるのか見ていくことにしよう。

マウスのような多細胞動物に外来遺伝子を導入したい場合，受精卵に遺伝子を導入するのが一般的だ。

> どうして，受精卵に遺伝子を導入するのですか？

マウスの全ての体細胞の一つひとつに遺伝子を導入するのは現実的ではないよね。でも，受精卵1つに遺伝子を導入しておけば，あとは体細胞分裂によって全身の細胞に受け継がれるからだ。逆に，全ての体細胞にではなく，体のある部分に導入したい場合は，発生がもっと進んでから導入するということもある。

受精卵への外来遺伝子の導入には，ガラス管を使う方法や，ウイルスベクターを使う方法がある。

① ガラス管を使う方法

哺乳類の受精卵は，すぐには卵の核と精子の核が融合しないので，その間に，細いガラス管を使って外来遺伝子を精子の核に注入する。

② ウイルスベクターを使う方法

ある種のウイルスは，感染した細胞の染色体に自分の遺伝子を導入する性質がある。これを利用して，ウイルスの遺伝子に目的遺伝子を組み込んでおき，これをマウスの細胞に感染させると，目的遺伝子がマウスの細胞に導入される。このようなウイルスをウイルスベクターという。

手順は，卵割を始める頃の受精卵から透明帯を除去し，ウイルスベクターを感染させるというシンプルなものだ。

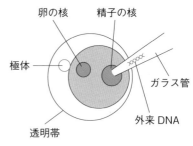

■ガラス管を使う遺伝子導入法

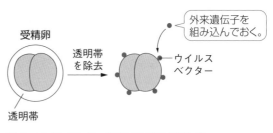

■ウイルスベクターを使う遺伝子導入法

発展 トランスジェニックマウスのスクリーニング

トランスジェニックマウスのスクリーニングには，**GFP（緑色蛍光タンパク質）** がよく用いられる。GFP は，紫外線を当てると緑色の蛍光を発するタンパク質だ。

あらかじめ，導入したい目的遺伝子に GFP 遺伝子をつなげた融合遺伝子をつくる。このとき，目的遺伝子と GFP 遺伝子の間には，終止コドンも開始コドンも含まないように，また，読み枠をきっちり合わせる必要がある。すると，この融合遺伝子からは 1 本の mRNA が転写され，目的遺伝子の産物であるタンパク質と GFP が一つながりになった融合タンパク質が翻訳される。

もし，遺伝子導入が成功して融合遺伝子が発現すると，紫外線を当てることで緑色に光るので，一目でわかるというわけだ。

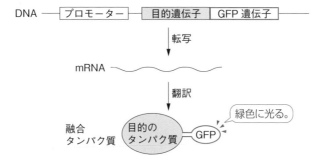

ちなみに GFP は，下村 脩（しもむらおさむ）によってオワンクラゲで発見，単離・精製されたもので，その功績により下村は 2008 年にノーベル化学賞を受賞したんだ。今や，GFP は遺伝子工学などの分野で，なくてはならないレポーター遺伝子（目印のように使われる遺伝子）となっている。

2 植物への遺伝子導入 ＞★☆☆

植物では，**アグロバクテリウム**という細菌を用いて遺伝子導入を行うのが一般的だ。アグロバクテリウムは植物に感染すると，Ti プラスミドと呼ばれる DNA を植物のDNA に組み込んで腫瘍化（しゅよう）させる。これを利用して，あらかじめ Ti プラスミドに目的遺伝子を導入しておき，これをアグロバクテリウムに戻して植物に感染させることで，目的遺伝子を植物細胞に導入することができるんだ。

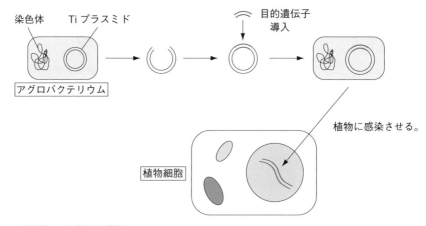

■植物への遺伝子導入

アグロバクテリウムによる遺伝的植民地化

　アグロバクテリウムは，双子葉植物に感染してこぶ状の腫瘍（しゅよう）をつくり，植物から有機物を奪う寄生性の細菌だ。植物からたくみに栄養を奪う手口は，以下の通りだ。

- Ti プラスミドの一部の DNA を複製して，植物細胞に注入する。
- 注入する DNA には，**オーキシン**と**サイトカイニン**（ともに植物ホルモン）を合成する酵素の遺伝子と，**オピン**をつくる酵素の遺伝子が含まれる。
- 植物に**オーキシン**と**サイトカイニン**をつくらせて腫瘍化させる（人工的にカルスをつくるのと同じやり方だ。
- **オピン**は，植物やアグロバクテリウム以外の細菌が利用できないアミノ酸であり，これを植物につくらせて，自身のエネルギー源とする。

　つまり，アグロバクテリウムは，植物ホルモンで植物を成長させておき，自分しか利用できない栄養をつくらせる，という方法をとるんだ。このようなアグロバクテリウムの戦略は，"遺伝的植民地化"と呼ばれているよ。

3　キメラマウス 〉★★☆

　キメラマウスは，さまざまな遺伝的研究に用いる目的で人工的につくられるマウスで，**1個体の中に異なる種類の細胞**をもつのが特徴だ。

　キメラマウスの作製には，**胚盤胞**と呼ばれる発生途中の胚が用いられる。胚盤胞の中の細胞（内部細胞塊という）は，将来，胎児の体のどの部分に分化するのかまだ決定していない。そのため，異なる系統のマウスの内部細胞塊を混ぜ合わせると，細胞の間で調節が働いて完全な個体になるんだ。

ここで注意しておきたいのは，**細胞どうしが融合するわけではないので，細胞内の遺伝子が混じり合うことはない**，ということだ。例えていうなら，赤飯のおにぎりと，白飯のおにぎりを混ぜ合わせて1個のおにぎりをつくったとしても，コメ粒一つひとつは，赤飯か白飯のどちらかだよね。それと似ているよ。

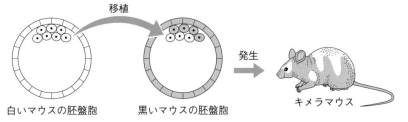

白いマウスの胚盤胞　　　黒いマウスの胚盤胞　　　　キメラマウス

移植　　発生

　なお，キメラマウスは，内部細胞塊ではなく**ES細胞**（▶p.406）からも，つくることができるんだ。

4　ノックアウトマウス 〉★★☆

　遺伝子の働きを調べるために，**特定の遺伝子**を働けなくしたマウスをノックアウトマウスという。

作成手順

❶　働かせたくない遺伝子（目的遺伝子）とその周辺のDNA塩基配列を調べ，目的遺伝子に塩基配列が似ているけど機能しない遺伝子（**ダミー遺伝子**）をつくる。

❷　ダミー遺伝子をベクターに組み込んで，ES細胞に入れる。すると，配列が似ている部分で乗換え（▶p.72）が起こり，染色体の目的遺伝子がダミー遺伝子に置き換わった染色体ができる。

❸　ダミー遺伝子が導入されたES細胞を，正常なマウスの胚盤胞内に入れてキメラマウスをつくる。

❹　キメラマウスと正常マウスを交配する。もし，ES細胞がキメラマウスの生殖細胞に分化していたら，その子供はダミー遺伝子と正常遺伝子をヘテロでもつことになる。

❺　このヘテロマウスどうしを交配すると，ダミー遺伝子をホモでもつマウス（ノックアウトマウス）が4分の1の確率でうまれる。

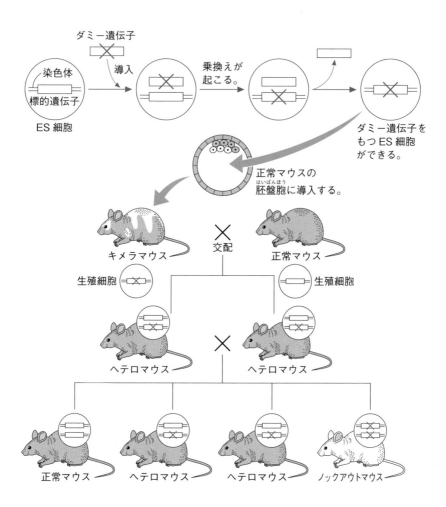

ダミー遺伝子

染色体

標的遺伝子

ES 細胞

導入

乗換えが
起こる。

ダミー遺伝子を
もつ ES 細胞
ができる。

正常マウスの
胚盤胞（はいばんほう）に導入する。

キメラマウス

交配

正常マウス

生殖細胞

生殖細胞

ヘテロマウス

ヘテロマウス

正常マウス

ヘテロマウス

ヘテロマウス

ノックアウトマウス

STORY 6 — DNA鑑定

　現代では，親子鑑定などにDNAの情報が用いられていることは知っているよね。私たちヒトでも，個人によってDNAの塩基配列に**一塩基多型（SNP）**と呼ばれる違いがあることはすでに述べた（▶p.29）。SNPを利用すれば，DNAから個人を特定することもできる。でも，SNPを調べるにはDNAシーケンサーという機械が必要であり，どうしても大がかりになってしまう。

　そこで，よくDNA鑑定に利用されるのが，**STR**（短鎖縦列型反復配列）と呼ばれる配列だ。ヒトのゲノムの中には，**2〜7塩基の配列が無意味にくり返される領域**があり，これをSTRという。このくり返しの数（反復数）は，個人によって異なっていて，しかも，反復数は親から子へと受け継がれるんだ。

　例えば，父親から4回の反復数を，母親から3回の反復数を受け継いだ子は，4回と3回の両方の反復数を合わせもつことになる。

　STRを調べる手順は，STRを含むDNA領域をPCR法で増幅し，これを電気泳動する。当然，反復回数が多いほどDNAは長くなるので，反復回数に応じで移動度に違いが出る。これを親子の間で比較すれば，血縁関係を知ることができるんだ。

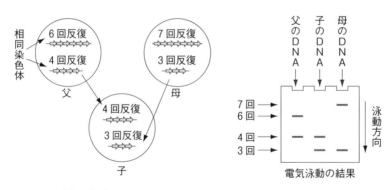

■DNA鑑定の方法

STORY 7 / ゲノム編集

ゲノムの特定の塩基配列を目的に応じて改変する技術を**ゲノム編集**という。従来のウイルスベクターを使って目的の遺伝子を導入する方法だと，目的遺伝子が染色体のどこに導入されるのかはわからない，という問題があった。ときには，目的遺伝子が重要な遺伝子を壊して挿入されるなんてことも起こる。そのような不都合を避けることができるのがゲノム編集だ。

ゲノム編集には，「①染色体の修復」と「②細菌の獲得免疫のしくみ」が利用されている。それぞれ見ていこう。

1 染色体の修復の利用 〉★★☆

細胞は，何らかの理由で染色体 DNA が切れると，これを修復しようとする性質をもつ。たいていの場合は元通りに修復できるのだけど，たまに塩基の欠失や挿入といった修復エラーが起こる。**ゲノム編集では，特定の場所を集中的にくり返し切断することで修復エラーを誘発する**んだ。このエラーを目的の遺伝子で起こさせれば，その遺伝子を**ノックアウト**することができる。

また細胞は，細胞内に切断部周辺と同一の塩基配列をもつ DNA 断片があると，その DNA 断片をお手本にして（参照して）修復しようとする性質がある。この性質を利用して，導入したい遺伝子を切断部位と同一の配列ではさんだ DNA 断片（ドナーテンプレート）を用意し，ゲノム編集ツールといっしょに細胞に導入すると，細胞はその DNA 断片を染色体に挿入してしまう（組換え）。結果として，目的の遺伝子を狙った位置に導入すること（これを**ノックイン**という）ができるんだ。

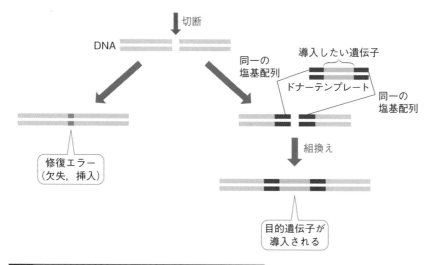

DNA

切断

導入したい遺伝子

同一の塩基配列

ドナーテンプレート

同一の塩基配列

組換え

修復エラー
(欠失，挿入)

目的遺伝子が
導入される

2　細菌の獲得免疫のしくみの利用 ＞★★☆

　細菌にも獲得免疫のしくみがある，と聞くと驚くだろうか。細菌の天敵であるファージは，細菌に感染するときファージ DNA を菌体内に注入する。細菌には，この外来 DNA の塩基配列を記憶して，2 度目の侵入に備えるしくみがある。それが，CRISPR/Cas9（クリスパー / キャスナイン）だ。

　このしくみで重要なのが，CRISPR と呼ばれる24〜48塩基のくり返し配列を含む DNA 領域と，その近くにある Cas9 遺伝子だ。Cas9 遺伝子から発現する Cas9 タンパク質は，外来 DNA を切断する働きをもつ。

❶　菌体内に入った外来 DNA は，Cas9 タンパク質によって30塩基くらいの断片に切断されたのち，CRISPR に挿入される。つまり，CRISPR は外来 DNA のライブラリであり，これが細菌の免疫記憶となる。

❷　免疫記憶を得た CRISPR は，転写されて RNA 鎖となり，酵素によって短い RNA 鎖（部分的に折れ曲がっている）に分割される。この中には，❶の外来 DNA に相補的な RNA 鎖が含まれることになる。

❸　❷でつくられた RNA 鎖が，外来 DNA と相補的に結合すると，Cas9 タンパク質を呼び込み，複合体を形成する。

❹　Cas9 タンパク質は，外来 DNA 2 本鎖を狙った位置で切断する。これでファージの感染を回避できる。

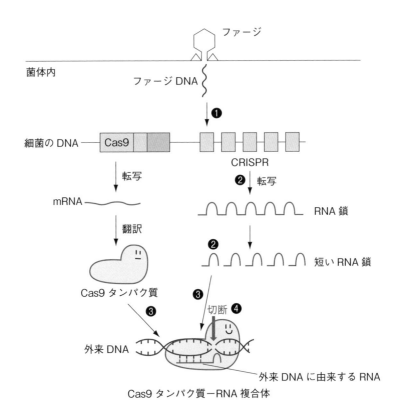

Cas9 タンパク質－RNA 複合体

では，この CRISPR/Cas9 をどのようにゲノム編集に利用するのか。

　編集したい細胞に，"Cas9 タンパク質" と "ガイド RNA" をいっしょに導入する（これらをゲノム編集ツールという）。ガイド RNA とは，標的となる配列に相補的な短い RNA で，上図の「外来 DNA に由来する RNA」に相当する。すると，Cas9 タンパク質とガイド RNA は複合体を形成して，ゲノムの標的となる場所に結合し，2 本鎖 DNA を切断する。

　細胞はこれを修復しようとするけど，導入された Cas9 タンパク質がくり返し切断するため，いずれエラーを起こし，遺伝子がノックアウトされる。また，ゲノム編集ツールに加えてドナーテンプレートもいっしょに導入すると，目的遺伝子を狙った位置にノックインできるというわけだ。

第 4 編

生物の環境応答

第 1 章 動物の刺激の受容と反応

第 2 章 動物の行動

第 3 章 植物の環境応答

動物の刺激の受容と反応

▲生物は外界からの刺激に反応する。

STORY 1 刺激の受容と反応

1 刺激の受容から反応が起こるまで ＞ ★★★

「目の前にボールが飛んできて思わず目をつぶった」という経験は誰にでもあるよね。このように，動物は外界からの刺激に対して何らかの反応を起こす。

刺激は**受容器（感覚器）**で受け取られて，その情報は感覚神経を通して**中枢神経系**へ送られる。そして，中枢神経系から情報に応じた命令が運動神経や自律神経を伝わって**効果器（作動体）**を働かせるんだ。

受容器には眼や耳，舌，皮膚などがあり，効果器には筋肉や腺といったものがある。

■刺激の受容から反応が起こるまでの経路

《POINT①》受容器と効果器

◎受容器（感覚器）➡ 刺激を受け取る器官
◎効果器（作動体）➡ 反応を起こす器官
◎中枢神経系 ➡ 情報処理を行う器官

2　受容器と適刺激 〉★★★

　眼には光，耳には音というように，それぞれの受容器は，受け取ることのできる刺激の種類が決まっている。受容器が受け取ることのできる刺激の種類のことを**適刺激**というよ。

《POINT②》受容器と適刺激

◎適刺激 ➡ 受容器が受け取ることのできる刺激のこと

3　細胞の興奮 〉★★★

　受容器が刺激を受け取ると，細胞は通常とは違った状態になる。具体的にいうと，細胞膜に電気的な変化を生じるんだ（あとで詳しく学ぶよ）。このような状態を**興奮**という。

STORY 2　受容器

1　光受容器　―ヒトの眼― 〉★★★

①　眼の構造

　ヒトの眼は直径約2.5cm の球形をしている。眼の構造はカメラに似ているところがあり，レンズに相当するのが**水晶体**，CMOS センサー*に相当するのが**網膜**，絞りに相当するのが**虹彩**だ。光は，虹彩に囲まれた**瞳孔**から入り，水晶体で屈折して網膜上に像を結ぶしくみだ。

　次のページの図は，頭の上から見下ろしたヒトの右眼の横断面だ。顔は，ページの上を向いていて，鼻は左側にあると考えてほしい。

＊：光を電気信号に変えるセンサーで，デジタルカメラやスキャナに利用されている。

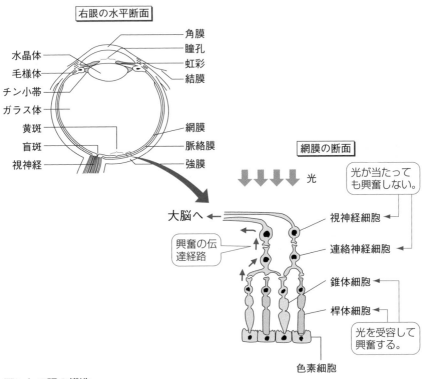

■ヒトの眼の構造

- ●角　膜 ➡ 眼球の外側前方で空気と接する部分
- ●虹　彩 ➡ 黒目の部分。筋肉でできている。虹彩に囲まれた孔を瞳孔（ひとみ）
    といい，光の通り道となる。
- ●水晶体（レンズ）➡ 光を屈折して網膜に像を結ぶ。
- ●毛様体 ➡ 水晶体の厚さを調節するための筋肉（**毛様筋**）を含む。
- ●チン小帯 ➡ 水晶体と毛様体をつなぐ繊維状の構造
- ●網　膜 ➡ 光を感じる**錐体細胞**と**桿体細胞**の2種類の**視細胞**があり，光刺激を
    受容する。
- ●黄　斑 ➡ 網膜の中央部分。**錐体細胞**が多く分布している。
- ●盲　斑 ➡ 視神経が網膜を貫いている部分。視細胞が分布していないため，光
    刺激を受容できない。

② **網　膜**

　網膜は，細胞が層状に重なった，厚さ0.1mmほどの薄い膜だ。ガラス体を通って
きた光は，視神経細胞と連絡神経細胞をすり抜けて**錐体細胞**や**桿体細胞**（合わせて**視
細胞**）に吸収される。視神経細胞と連絡神経細胞は光に反応するのではなく，視細胞
の興奮を大脳へ伝える。

　視細胞は光を吸収すると興奮し，この情報を連絡神経細胞を経由して視神経細胞に
伝える。だから，網膜内の興奮伝達の方向は，光がくる方向に逆行することになる（前
ページの図の興奮の伝達経路）。視神経細胞の繊維は束となって網膜を貫いて，眼球
の外へと出ていく。この場所が**盲斑**だ。

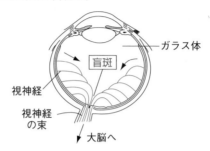

　　　　　■盲斑

　なぜ，このような構造になっているのかというと，**視細胞の情報は大脳に送られて
はじめて視覚として認識される**んだけど，情報を伝える"電線"となる視神経細胞が，
ガラス体側に出ているため，信号を大脳へ伝えるためには，いったん網膜を貫いて出
ていく必要があるからなんだ。その貫く部分が盲斑というわけだ。

　盲斑には視神経細胞が分布しないため，光を感じることができない。つまり，盲斑に結
ばれた像は見ることができないんだ。

③ **視　細　胞**

　光を感じる視細胞には，**錐体細胞**と**桿体細胞**という働きが異なる2種類がある。

　錐体細胞には赤・緑・青のそれぞれの光によく反応する3種類があり，それらの興
奮の組み合わせと割合によって**色を識別する**。ただし，薄暗い所では働かない（光
閾値が高い）のが弱点だ。錐体細胞は網膜の中心である**黄斑**に特に多く分布している。

　一方，**桿体細胞**は，黄斑の周辺部に多く分布していて，光の明暗を受容している。
つまり，**色を識別することはできない**。でも，錐体細胞が興奮しないような**薄暗い所
でも光を受容できる**（光閾値が低い）のが特徴だ。

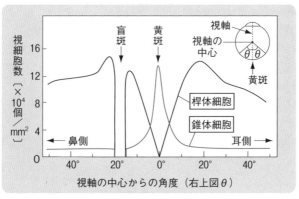

■視細胞の分布

《POINT 3》 視 細 胞

視細胞	働き	特徴（閾値）	分布	機能低下
錐体細胞	色の識別	明るい所で働く（光閾値が高い）。	黄斑に多い。	色覚異常
桿体細胞	明暗の受容	薄暗い所で働く（光閾値が低い）。	黄斑の周辺部に多い。	夜盲症

発展 色の違いの認識

　錐体細胞には，青錐体細胞，緑錐体細胞，赤錐体細胞の3種類があり，それぞれ異なる波長の光を最もよく吸収する**フォトプシン**と呼ばれる視物質を含んでいる。

　次のページの図は，3種類の錐体細胞が受容する光の波長（＝色）と，光の吸収率との関係を表したものだ。すなわち，どの細胞がどの色の光をよく吸収するかを表している。名前が示す通り，青錐体細胞と緑錐体細胞はそれぞれ青色（430nm付近）と緑色（530nm付近）をよく吸収するけど，赤錐体細胞だけは黄色付近（570nm）を最もよく吸収する。赤色光（660nm付近）を吸収できるのは，赤錐体細胞だけなので，この名前がついた。

　ヒトの眼で受容できる光の波長は，この3つの山のすそ野の幅に相当するおよそ380〜760nmで，この範囲の光を**可視光線**という。可視光線より波長の短いもの（380nm以下）を紫外線，可視光線より波長の長いもの（760nm以上）を赤外線という。

　しかし，私たちが異なる色として認識できる波長の範囲となると，話は違ってくる。

色の違いは，異なる種類の錐体細胞の興奮の比率として認識される。例えば，赤錐体細胞と緑錐体細胞が同時に同じくらい興奮すれば，大脳は黄色と認識し，赤錐体細胞よりも緑錐体細胞のほうが強く興奮すれば，大脳は緑色と認識する。つまり，赤錐体細胞と緑錐体細胞の興奮がブレンドされることで，その中間の色が識別されるわけだ。

したがって，可視光線でも630nm 以上の光では，赤錐体細胞だけが興奮することになり，色の識別はできなくなってしまう。この場合，波長の違いも赤色光の強さとしてだけ認識されることになる。そのため，**色の違いを識別できる波長域は，真ん中の緑錐体細胞が吸収できる波長域**ということになるんだ。

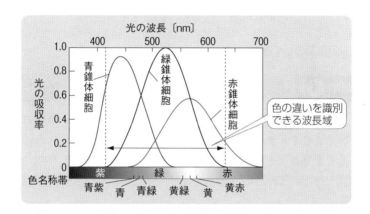

④ 遠近調節

ヒトの眼のピント合わせは自動，すなわちオートフォーカスだ。カメラの場合，ピント合わせはレンズと CMOS センサーの距離を変えることで行う。でも，ヒトの眼の場合は，**水晶体の厚さを変える（焦点距離を変える）ことでピントを合わせている**んだ。

水晶体の厚さは，毛様筋（毛様体の筋肉）の収縮・弛緩によって調節される。次ページの図のように，毛様体と水晶体は，チン小帯という繊維構造を介してつながっている。水晶体は，まるでトランポリンのシートのように，つるされた状態になっているんだ。

毛様筋（毛様体）は輪状になっていて，収縮すると輪の直径が小さくなり，弛緩すると直径が大きくなる。毛様体が収縮すると，チン小帯がゆるみ，水晶体が自身の弾性で厚くなる。その結果，水晶体の焦点距離が短くなり，近くのものにピントが合う。一方，毛様体が弛緩すると，チン小帯が水晶体のふちを引っ張るため薄くなる。その結果，水晶体の焦点距離が長くなり，遠くのものにピントが合うんだ。

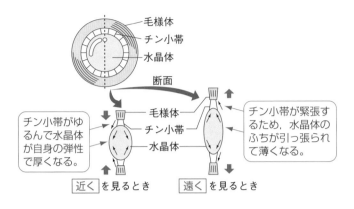

■遠近調節のしくみ

《POINT④》 遠近調節

	毛様体	チン小帯	水晶体
◎近くを見るとき ➡	収縮する ➡	ゆるむ ➡	厚くなる
◎遠くを見るとき ➡	弛緩する ➡	緊張する ➡	薄くなる

　近くを見るときは，水晶体自身の弾性にたよっているというのが，年をとると不都合をうむことがある。水晶体は年齢とともにかたくなるんだ。水晶体がかたくなると，毛様体が収縮してチン小帯がゆるんでも，水晶体が薄いままで厚くならない。そのため，近くのものにピントが合いづらくなる。これがいわゆる老眼だ。

⑤　明暗調節

　網膜に到達する光の量を調節する，カメラでいう"絞り"に相当するのが虹彩だ。虹彩には，瞳孔括約筋（輪状筋）と瞳孔散大筋（放射状筋）と呼ばれる2種類の筋肉があり，それぞれ瞳孔（ひとみ）の収縮と拡大をつかさどっている。

　明るい所では，瞳孔括約筋が収縮して**瞳孔が収縮**し，**暗い所**では，瞳孔散大筋が収縮して**瞳孔が拡大**することで，眼に入る光の量を調節しているんだ。

　ちなみに，瞳孔括約筋は**副交感神経**によって瞳孔散大筋は**交感神経**によって支配されている。

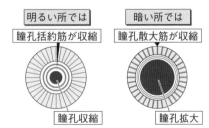

■明暗調節のしくみ

⑥ 明順応と暗順応

明るい所から，映画館のような暗い所に入ると，はじめはものがよく見えないが，やがて見えるようになってくる。このような眼の働きを**暗順応**という。

逆に，暗い所から急に明るい所に出ると，はじめはまぶしくてよく見えないけど，やがて適当な明るさに見えるようになる。これを**明順応**という。

暗順応や明順応には，**桿体細胞**に含まれている**ロドプシン**という感光物質が関係している。ロドプシンは，光を吸収する**レチナール**という分子が，タンパク質の**オプシン**の内部に結合したものだ。レチナールは光を吸収すると，折れ曲がっていた形状が伸びた形状に変化する。この変形が引き金となり，桿体細胞が興

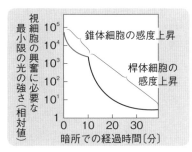

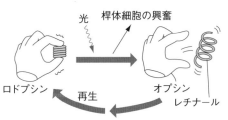

奮するんだ。変形したレチナールはオプシンから離れるため，ロドプシンの量が減る。

明るい所では，ロドプシンの量が減っているため，桿体細胞の感度は低くなっている。しかし，暗い所に入ると，ロドプシンが，オプシンとレチナールから徐々に再生され蓄積するため，桿体細胞の感度がどんどん高くなる。これが**暗順応**だ。

レチナールはビタミンAからつくられるので，食物からビタミンAを摂取する必要がある。もし，ビタミンAが不足すると，ロドプシンの量が減って，薄暗い所での視力が低下してしまう。これが**夜盲症**だ。

COLUMN コラム

ビタミンと眼の関係

眼の黄斑部分には，"ルテイン"と"ゼアキサンチン"という黄色の色素が存在していて，有害な光や青色の光を吸収して黄斑にある視細胞を保護している。

ルテインやゼアキサンチンは，カロテノイドの一種で，トマトやニンジン，ホウレンソウ，カボチャなどにたくさん含まれている。これらの野菜には，ロドプシンのもとになるビタミンA誘導体（体の中でビタミンAになる物質）も含まれているので，総じて「眼にいい野菜」と言えるんだ。

　左右の視神経はいったん交さしてから，大脳の視覚野へ伝えられる。これを視交さ_{しこう}という。特にヒトの眼の場合，"半交さ"といって，両眼の内側半分の視神経だけが交さして，外側半分の視神経は交させずに大脳に入る。すなわち，右側に見える物体（両眼の網膜の左半分に映る）は，左脳・視覚野に伝えられ，左側に見える物体（両眼の網膜の右半分に映る）は，右脳・視覚野に伝えられるんだ。

　このため，下の左図のアの位置で視神経が切断された場合，左眼の視野が失われるけど，イの位置で視神経が切断された場合，両眼の外側の視野が失われることになるんだ。

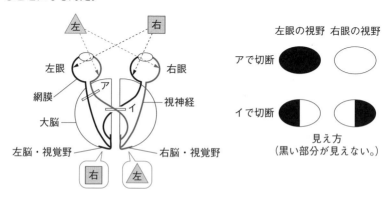

（黒い部分が見えない。）

　視神経がこのような複雑な配線をしていることは，ヒトが立体視できることと関係がある。両眼である物体を見たとき，網膜に映る映像は，右眼と左眼で微妙に異なっている。例えば，顔の正面の人差し指を左右の眼で交互に見ると，指と背景の位置関係が違って見えるはずだ。大脳では，**左右の眼からくる情報を比較して距離感や立体感に変換している**。そのためには，右視野の情報はまとめて左脳・視覚野で，左視野の情報はまとめて右脳・視覚野で処理することが都合がいいんだ。

　ちなみに，魚類や鳥類では"全交さ"といって，左右の視神経が全て交さしている。魚類や鳥類の眼は顔の横にあり，右眼と左眼で見える景色がまったく違う。左右の眼で同じものを見るわけではないので，"半交さ"の必要がないからだ。

2 ヒトの耳 〉★★★

① 耳の構造

ヒトの耳は，大きく外耳，中耳，内耳の3つの部分に分けられる。**内耳はリンパ液で満たされていて**，その中に刺激を受容する細胞が存在する。

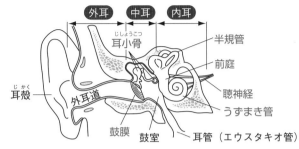

■ヒトの耳の構造

ヒトの耳は音を聞き取るだけでなく，体の回転や傾きを知覚することができる。**音は内耳のうずまき管で，体の回転は半規管で，体の傾きは前庭で受容されるんだ。**

《POINT ⑤》 耳の構造

◎うずまき管 ➡ 音波を受容する。
◎半規管 ➡ 体の回転を受容する。
◎前　庭 ➡ 体の傾きを受容する。

② 音受容器 ―うずまき管―

❶ 音波が外耳道を通って**鼓膜**を振動させる。

❷ 鼓膜の振動は中耳の**耳小骨**（つち骨→きぬた骨→あぶみ骨）で増幅されて，内耳のうずまき管内のリンパ液を振動させる。

❸ リンパ液の振動は，その周波数（音の高さ）に応じて基底膜の決まった部位を振動させる。

❹ 基底膜上にある**コルチ器**には，おおい膜に接触した**感覚毛**をもつ**聴細胞**があり，基底膜の振動により感覚毛が動かされ，聴細胞が興奮する。

❺ 聴細胞の興奮は，**聴神経**を通して**大脳**に伝えられ，聴覚が生じる。

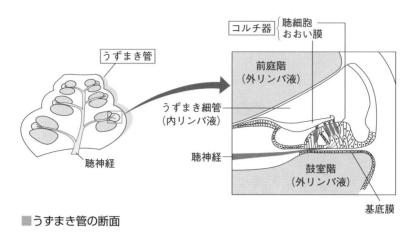

■うずまき管の断面

《POINT⑥》 聴覚の経路

◎音波 ➡ 鼓膜 ➡ 耳小骨 ➡ 内耳のリンパ液 ➡ 基底膜 ➡
聴細胞 ➡ 聴神経 ➡ 大脳 ➡ 聴覚の発生

●音の高低の聞き分け

　音の高低は振動数の違いで生じる。振動数の大きい音ほど高い音として聞こえる。基底膜の幅はうずまき管の入り口（基部）でせまく，先端部に近いほど広くなっている。そのため，リンパ液の振動数に応じて共振する基底膜の場所が異なるんだ。**振動数の大きい高音ほど基部に近い基底膜を，振動数の小さい低音ほど先端部に近い基底膜を振動させる。**音の高さによって異なる場所の聴細胞が興奮するので，音の高低を識別できる。ヒトの耳はおよそ20～20000Hzの音を聞くことができる。

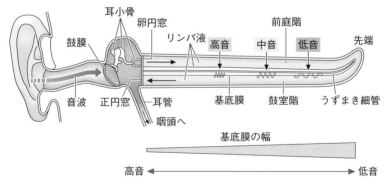

■音の高低を聞き分けるしくみ（うずまき管をのばした図）

参 考　**耳管（エウスタキオ管）**

中耳（鼓室）と咽頭をつないでいる管を耳管（エウスタキオ管）という。耳管の主な役割は，鼓室内の気圧を，その場の大気圧（外耳の気圧）と等しくすることだ。

例えば，高速の電車がトンネルに入ったときや，高層ビルのエレベーターで昇降したときなど，鼓室内と外耳で気圧に差ができるため鼓膜が引っ張られ，音が聞こえにくくなる。そんなとき，唾を飲み込んだり，あくびをしたりすると耳管が開いて内外の気圧の差がなくなり，鼓膜の緊張がとけるんだ。

③　平衡受容器 —半規管，前庭—

半規管は，3つのループが直交した特徴のある構造をしている。各ループの中はリンパ液で満たされており，体が回転すると中のリンパ液が回転して，感覚細胞の感覚毛を倒すことで興奮が生じる。各ループは90度で交わっているため，座標軸でいうとx，y，z軸のどの方向の回転も受容できる。

前庭は，半規管の基部にあるふくらんだ部分で，内部に**平衡石**（耳石）をもつ。頭部が傾くと，平衡石が感覚細胞の感覚毛を曲げ，それによって感覚細胞が興奮し，傾きが感知される。

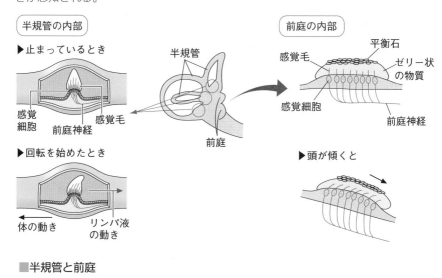

■**半規管と前庭**

ヒトの眼はカメラ眼であり，外界の像は水晶体によって眼底の網膜に映し出される。この網膜には，働きの異なる2種類の光受容細胞がある。ァ網膜の中心部には，明るい所で働いて色覚をつかさどる光受容細胞が密に分布している。一方，周辺部にはィ暗い所で働く光受容細胞が多い。この2種類の細胞が働きを分担して，広い範囲の光の変化をとらえることができる。また，ゥ明るい所から急に暗い所に入ると最初は何も見えないが，しだいに暗さに慣れてものが見えるようになる。

問1 下線部アの特徴によって起こる現象は何か。最も適当なものを，一つ選びなさい。

① 眼球を動かさないようにして，眼の前で黒い点を動かすと，点が見えない箇所がある。

② 物を指した指先を見つめて，左右の眼を交互につぶると，指先が左右に動くように見える。

③ 本を読むときには，眼が動いて文字を追う。

④ ネオンサインは単に点滅しているだけなのに，光の点が動いているように見える。

⑤ かすみがかかった遠くの山並みを見ると，山のへりが濃く見える。

問2 下線部イの名称を答えなさい。

問3 下線部ウでは，眼の中で何が起こるか。最も適当なものを，一つ選びなさい。

① チン小帯がゆるんで水晶体が薄くなり，眼に入る光量を増やす。

② 毛様体が収縮して色素細胞が広がり，眼に入る光量を減らす。

③ 光受容細胞が移動して色素上皮から離れ，眼に入る光量を減らす。

④ 虹彩が開いて瞳孔が大きくなり，眼に入る光量を増やす。

⑤ ガラス体の色素細胞が収縮して，眼に入る光量を増やす。

〈センター試験・改〉

《解説》

問1 ちょっとわかりにくい選択肢だけど，要は視野の中心である黄斑の働きを示しているものを選べばいいんだ。③が，黄斑で文字を追おうとする現象だ。

問3 明暗調節についての問いだ。暗い所では，瞳孔が大きくなるんだったよね。

《解答》

問1 ③ **問2** 桿体細胞 **問3** ④

問題 **2** **聴覚器** ★★★

　ヒトが音の高低を識別するための仕組みとして最も適当なものを，一つ選びなさい。

① 音波が鼓膜を振動させる際の，鼓膜の振幅の大きさの違いを指標にしている。

② うずまき管内のリンパ液の振動が，うずまき管内のどの位置の基底膜を振動させるかを指標にしている。

③ 内耳の前庭に伝わった振動によって共鳴する耳石（平衡石）の大きさの違いを指標にしている。

④ 内耳の半規管のうち，どの方向のリンパ液が振動するかを指標にしている。

〈共通テスト・改〉

✓ 解説

① 音の高低は鼓膜の振幅とは関係ない。鼓膜の振幅は音の大きさによって変化するんだ。したがって，**誤り**。

② 基底膜の幅は，うずまき管の基部に近い側でせまく，先端部に近いほど広い。このため，音の高さによって基底膜の振動する位置が違う。それを脳が音の高低として認識するんだ。したがって，**正しい**。

③ 前庭は傾きを感知する部分で，聴覚とは関係しない。したがって，**誤り**。

④ 半規管は回転を感知する部分で，聴覚とは関係しない。したがって，**誤り**。

✓ 解答

②

3 **化学受容器 ―ヒトの鼻と舌―** 〉★★☆

　においの正体は，空気中に漂う化学物質だ。空気中の化学物質は鼻の嗅上皮にある嗅細胞で受容される。また，液体中の化学物質は舌の味蕾にある味細胞で受容される。味蕾とは，味細胞やそれを支える支持細胞，基底細胞が集まってつくられる構造で，舌の上に10000個近く存在する。嗅細胞や味細胞の興奮は，**大脳**に伝えられて，それぞれ嗅覚や味覚として知覚される。

　嗅細胞や味細胞の表面には，特定の化学物質と結合する受容体があり，これに化学物質が結合することでイオンチャネルが開き，興奮を引き起こすしくみになっている。

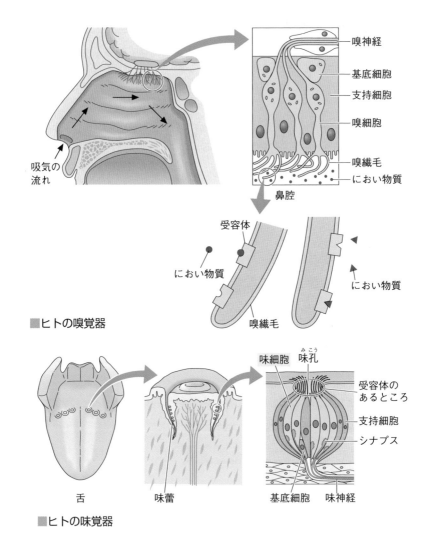

■ヒトの嗅覚器

■ヒトの味覚器

　特定の受容体は決まった化学物質としか結合しない。だから，単純に考えると，受容体の種類の数だけしか化学物質を識別できないように思える。例えば，ヒトの嗅覚受容体は400種類なので，結合できる化学物質も400種類だ。しかし，実際にかぎ分けられるにおいの種類は，１兆を超えるといわれている。それはどうしてなのか？

　例えば，食べ物のにおいなどには，複数の化学物質がいろいろな濃度で含まれている。これらが複数種の嗅覚受容体に結合し，化学物質の濃度に応じた興奮を生じる。大脳では，これらの嗅覚受容体の興奮の組み合わせにより，においを識別している。だから，受容体の種類を超えるにおいをかぎ分けられるんだ。

STORY 3 ニューロンと興奮のしくみ

1 ニューロン ≫ ★★★

ニューロンの構造

受容器からの信号を中枢神経系に伝えたり，中枢神経系で情報を処理したりする細胞が**ニューロン**（**神経細胞**）だ。ニューロンは1つの神経細胞を指し，興奮を伝える電線のような働きをする。

ニューロンは，核のある**細胞体**とそこから伸びる多数の枝分かれした短い突起（樹状突起という）と長く伸びる**軸索**とからなる。

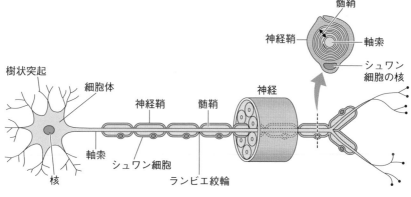

■ニューロン

軸索の多くは，シュワン細胞やオリゴデンドロサイトがつくる膜状の**神経鞘**で包まれていて，軸索と神経鞘を合わせて**神経繊維***という。そして，神経繊維が束になったものを**神経**という。

*軸索のみを神経繊維ということもある。

- ● 神経繊維 ＝ 軸索 ＋ 神経鞘
- ● 神　　経 ＝ 神経繊維の束

神経鞘の細胞が軸索に何重にも巻きついた**髄鞘***と呼ばれる構造をもつ神経繊維を**有髄神経繊維**という。髄鞘は約1 mm間隔で切れていて，この髄鞘の切れ目のことを**ランビエ絞輪**というんだ。髄鞘をもたない神経繊維は**無髄神経繊維**という。

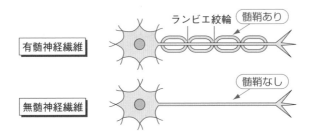

ランビエ絞輪　髄鞘あり

有髄神経繊維

髄鞘なし

無髄神経繊維

脊椎動物の多くの神経は**有髄神経繊維**で，無脊椎動物の神経は全て**無髄神経繊維**だ。

＊髄鞘を形成するのは，中枢神経系ではオリゴデンドロサイト，末梢神経ではシュワン細胞である。

《POINT 7》 神経繊維

◎**有髄神経繊維** ➡ 髄鞘をもつ神経繊維。脊椎動物の多くの神経
◎**無髄神経繊維** ➡ 髄鞘をもたない神経繊維。無脊椎動物の神経

2 静止電位と活動電位 ＞★★★

　ニューロンの役目は，信号を伝えることだ。この信号の実体は，ニューロンの細胞膜表面に現れる電位の変化だ。

　刺激を受けていないニューロンは，細胞膜の**外側が正（＋），内側が負（－）**に帯電している。このような細胞内外に見られる電位差を**静止電位**という。

　ニューロンが刺激を受けて興奮すると，瞬間的に興奮部で電位が逆転して，**外側が負（－），内側が（＋）**になる。この電位変化を**活動電位**というんだ。

静止状態　　　　　興奮部位　興奮が見られる状態

静止電位と活動電位の測定

　ニューロンの電位を測定するにはオシロスコープを使う。オシロスコープには２つの電極の間の電位差が表示される。最も一般的な使い方は，ニューロンに細いガラス管を刺してその中に片方の電極を入れ，もう一方は細胞の表面に置き，**表面の電極を基準にして，細胞内の電位の正負を測定する**という方法だ。

- **静止電位** ➡ 表面の電極から見て細胞内の電極は負（−）なので，オシロスコープには負（−）の値が現れる。下の右図では，静止電位は **−60mV** となる。

- **活動電位** ➡ 表面の電極から見て細胞内の電極が正（＋）にあるので，オシロスコープには正（＋）の値が現れる。でも，この電位（下の右図では40mV）が活動電位の最大値ではない。活動電位の大きさは，静止電位からの変化量で表す。下の右図では，活動電位の最大値は **100mV** となる。

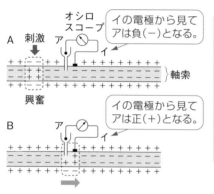

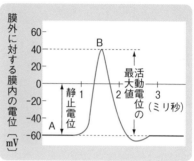

3 静止電位と活動電位が発生するしくみ ★★★

静止電位や活動電位の発生には，主に **ナトリウムイオン（Na⁺）** と **カリウムイオン（K⁺）** が関わっている。

❶ まず，細胞の内と外で，Na⁺とK⁺の濃度差がない状態を考えてみよう。この状態では膜電位は生じない。

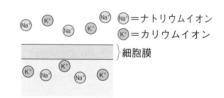

❷ 生きている細胞ではナトリウムポンプの働きによって，Na⁺が細胞外にくみ出され，K⁺が細胞内に取り込まれている。Na⁺とK⁺を交換しているだけなので，まだ膜電位は生じない。

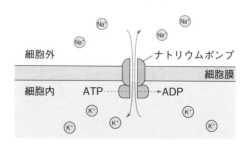

❸　細胞内外にできる K^+ の濃度差に従って，細胞膜上にあるカリウムチャネル（"フタ" がないもの）を通って，**K^+ が細胞内から外に流出する。**

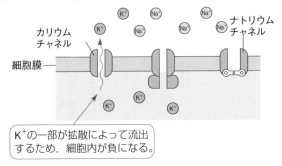

カリウムチャネル

細胞膜——

ナトリウムチャネル

K^+の一部が拡散によって流出するため，細胞内が負になる。

　これに対してナトリウムチャネルには "フタ" があり，静止時にはこのフタが閉じているため，細胞外の Na^+ が細胞内に流入することはない。つまり，プラスの電荷をもつ K^+ だけが細胞内から外にもち出されるため，細胞内は負（−）に帯電している。これが静止電位だ。

❹　ところが，ニューロンに刺激が与えられるとナトリウムチャネルのフタが開き，**Na^+ が拡散により細胞内に流入する。**これは水を蓄えたダムの水門が開いたときの水流のように勢いがあるため，電位が一気に逆転して細胞内が正（＋）になる。これが，活動電位の生じるしくみだ。

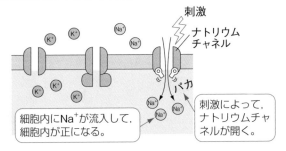

刺激

ナトリウムチャネル

パカ

細胞内にNa^+が流入して，細胞内が正になる。

刺激によって，ナトリウムチャネルが開く。

❺　ナトリウムチャネルのフタが開いてから約 1 ミリ秒後には，ナトリウムチャネルのフタは強制的に閉じるとともに，カリウムチャネルのフタが開く（カリウムチャネルにはフタ付きとフタなしの 2 種類ある）。

　細胞内が正（＋）になると，K^+ は正電荷に押し出されるようにして細胞外に流出する。そのため，再び細胞内が負（−）に戻る。その後，ナトリウムポンプがイオンバランスを元に戻してくれるんだ。

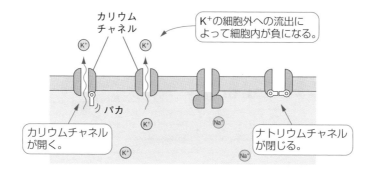

カリウム
チャネル

K⁺の細胞外への流出に
よって細胞内が負になる。

カリウムチャネル
が開く。

パカ

ナトリウムチャネル
が閉じる。

4 興奮の伝導 ＞★★★

① 伝 導

　興奮が軸索を伝わることを**伝導**という。興奮が生じると，興奮部と隣の静止部との間に弱い電流が流れる。これを**活動電流**という。活動電流は細胞膜の外側表面では，正（＋）の隣接部から負（－）の興奮部へ向かって流れる。これが刺激となって隣接部が興奮するということを，次々にくり返すことで興奮が伝導する。一度興奮した部分は，静止電位に戻ったあと，しばらく（約１ミリ秒間）は興奮できなくなる（これを**不応期**という）。そのため，**興奮は２つに分かれて刺激部位からそれぞれ反対の方向（刺激部位から両方向）へ伝導していく**んだ。

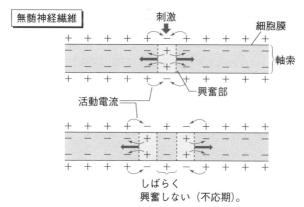

無髄神経繊維

刺激

細胞膜

軸索

興奮部

活動電流

しばらく
興奮しない（不応期）。

② 跳躍伝導

　前ページの図は，無髄神経繊維の伝導のし方だけど，**有髄神経繊維**の伝導は無髄神経繊維とちょっと違う。というのも，有髄神経繊維は**絶縁性**（電気を通しにくい性質）の**髄鞘**が軸索に巻きついているため，静止電位も活動電位も，髄鞘と髄鞘の間の小さな切れ目（**ランビエ絞輪**という）だけで発生するんだ。そのため，活動電流が髄鞘を飛び越えるように流れ，興奮がランビエ絞輪部だけを飛び飛びに伝わっていく。こ

れを，跳躍伝導というよ。"水切り"って遊びを知っているかな？　水面に向かって斜めから石を投げると，石が水面で跳ねるという遊びだ。跳躍伝導はちょうどそんなイメージだね。

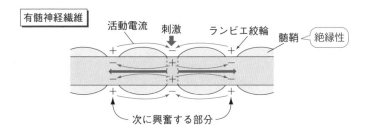

有髄神経繊維は跳躍伝導するため，同じ太さの無髄神経繊維に比べて興奮の伝導速度がとても速いのが特徴だ。

《POINT 8》 興奮の伝導

◎軸索上の興奮は，刺激部位から両方向へ伝導する。
◎有髄神経繊維では興奮が跳躍伝導するため，無髄神経繊維よりも伝導速度が大きい。

問題 3 　興奮の伝導　★★★

　神経細胞の軸索には，有髄と無髄の2種類の神経繊維がある。次の記述のうち，有髄神経繊維の特徴として適当な記述はどれか。最も適当なものを，二つ選びなさい。

① ランビエ絞輪の部分でのみ興奮が発生する。
② 髄鞘は軸索の一部がふくらんだものである。
③ 髄鞘は電気的な絶縁体としての役割を果たす。
④ 同じ太さの無髄神経繊維と比べて興奮の伝導速度は小さい。

〈共通テスト・改〉

――――――――――　《✓解説》　――――――――――

① 有髄神経繊維では，静止電位も活動電位（興奮）もランビエ絞輪の部分でのみ発生する。したがって，正しい。

② 髄鞘は軸索がふくらんだのではなく，シュワン細胞など別の細胞が何重にも巻きついた構造だ。したがって，**誤り**。

③ 髄鞘は絶縁体として働くので**正しい**。

④ 有髄神経繊維では興奮は**跳躍伝導**するので，同じ太さの無髄神経繊維よりも伝導速度は大きい。したがって，**誤り**。

===== 解答 =====

①，③

5 **全か無かの法則** ＞★★★

　ニューロンはある一定以上の刺激が与えられると興奮する。興奮が起こる最少の刺激の強さを**閾値**という。しかし，閾値以上では刺激をいくら強くしても興奮の大きさは変わらない。すなわち，個々のニューロンは興奮する（**ON**）かしない（**OFF**）かの2つの状態しかとらない。微妙に興奮するとか，活動電位が半分程度の興奮とかはあり得ないんだ。このようなニューロンの性質を**全か無かの法則**というよ。

　このため，ニューロンは閾値以下の刺激量では興奮せず，閾値以上の刺激量では，いくら刺激を強くしても興奮の大きさ（＝活動電位の最大値）は変わらないんだ。

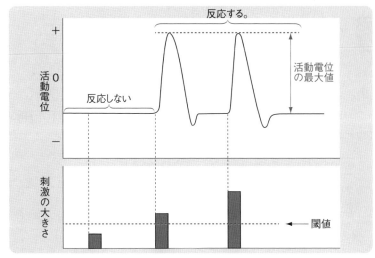

■全か無かの法則

全か無かの法則が成り立つのに，どうして神経は刺激の強さを伝えることができるんですか？

6 刺激の強さを伝える ＞★★★

神経は，刺激の強さの情報を2つの方法で伝えることができる。まず，多数の軸索が束になった神経では，見かけ上，全か無かの法則が成り立たず，刺激の強さに応じて神経の興奮量が変化するんだ。

これはなぜかと言うと，神経を構成する**それぞれのニューロンの閾値が異なるため**，全てのニューロンが閾値に達するまでは，**刺激が強くなるほど，興奮するニューロンの数が増える**からなんだ。

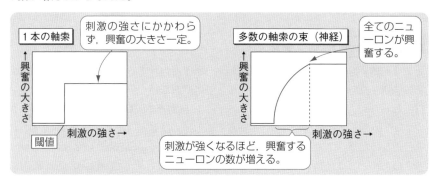

 1本のニューロンだけでは刺激の程度を伝えることはできないのですか？

たとえニューロンが1本でも，刺激の強さはちゃんと伝えられるよ。1本のニューロンに与える刺激を強くしていくと興奮の頻度（一定時間の回数）が大きくなるんだ。ロウソクの炎と太陽の光では，明らかにまぶしさが違う。これは，**神経が刺激の強さを興奮の頻度に置き換えて伝えている**からなんだ。

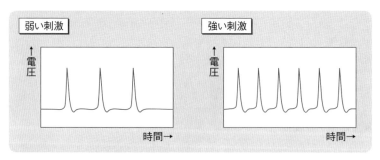

■刺激の強さと興奮の頻度

《POINT ⑨》 刺激の強さ

◎1本のニューロンでは全か無かの法則が成り立つ。
◎刺激の強さは次の2つの方法で伝えられる。
　①　複数のニューロンの束からなる神経では，刺激が強くなるほど閾値を超えるニューロンの数が増える。
　②　1本のニューロンでは，刺激が強くなるほど興奮の頻度が大きくなる。

7　興奮の伝達 ＞★★★

　軸索の末端（神経終末）は，せまいすき間をへだてて，ほかのニューロンの樹状突起や細胞体，あるいは効果器などに接続している。この部分を**シナプス**という。**シナプスでは，興奮は電気信号ではなく化学物質によって伝えられる。**

　軸索の末端には，**アセチルコリン**や**ノルアドレナリン**などの神経伝達物質がつまった**シナプス小胞**という小さな袋が多数あり，これらの神経伝達物質の分泌によって，次のニューロンの興奮が引き起こされるしくみになっているんだ。このようなシナプスを介して興奮が伝わることを**伝達**という（**伝導**と区別して覚えよう）。

伝達のしくみ

❶　活動電位が軸索の末端に到達すると，**電位依存性カルシウムチャネル**が開いて，**Ca²⁺（カルシウムイオン）が細胞内に流入する。**

❷　流入した Ca^{2+} がきっかけで，シナプス小胞が軸索末端の細胞膜と融合し，中身の**神経伝達物質がシナプスのすき間（シナプス間隙）に放出される。**

❸　神経伝達物質は，樹状突起や効果器の膜にあるチャネルと一体型の受容体（伝達物質依存性チャネル）に結合する。興奮性シナプスでは，ナトリウムチャネルが開いて Na^+ が流入し，活動電位が生じる。

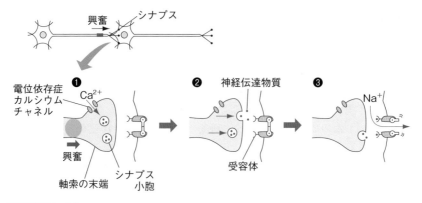

興奮　シナプス

電位依存症
カルシウム
チャネル
❶ Ca²⁺
興奮
軸索の末端
シナプス
小胞

❷ 神経伝達物質
受容体

❸ Na⁺

■伝達のしくみ

　シナプス小胞は軸索の末端にしか
なく，神経伝達物質を受け取る受容
体は樹状突起や細胞体にしかない。
そのため，**興奮の伝達は，軸索末端
から細胞体側への一方向にしか起こ**

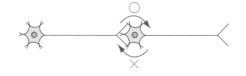

らないんだ。その逆，細胞体側から軸索末端へは伝達されずに消えてしまうんだよ。
　ここで，1つ例題を考えてみよう。

〔**例　　題**〕下の図は，3つのニューロンがシナプスで連絡しているようすを示
　　している。Sの部位に刺激を与えたとき活動電位が観察される部位の組み合
　　わせとして正しいものを，1つ選びなさい。

S

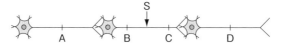

A　　　　B　　C　　　D

① C　　② B, C　　③ A, B, C　　④ B, C, D
⑤ A, B, C, D

〔解　法〕

　　軸索の**伝導は両方向**だから，BとCでは興奮が観察されるよね。また，シナプスでの伝達は**軸索末端 ➡ 細胞体側への一方向**だから，右のニューロンへは興奮が伝達されるけど，左のニューロンへは伝達しないよ。したがって，Dでは興奮が観察される。よって，④。

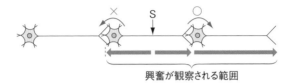

興奮が観察される範囲

《《《 🗸 解答 》》》

④

《 **POINT 10** 》 **興奮の伝達**

　◎シナプス ➡ ニューロンとニューロンの連絡部
　◎興奮の伝達 ➡ シナプスでの興奮の受け渡し
　　　　★興奮の伝達は，軸索末端から細胞体側への一方向

8　抑制性シナプス 〉★★☆

　シナプスには，シナプス後細胞（神経伝達物質を受け取る細胞）に興奮を起こさせるものだけでなく，逆に興奮しにくくするものがある。このように，**シナプス後細胞の興奮を抑えるようなシナプスを抑制性シナプス**という。

　　　　どうやって，興奮を抑えるのですか？

　シナプス小胞から抑制性の神経伝達物質（GABA など）が分泌されると，シナプス後細胞の膜の Cl^-（クロライド）チャネルが開いて，Cl^- が流入する。その結果，静止電位がさらに負（－）の方向へと傾くんだ。

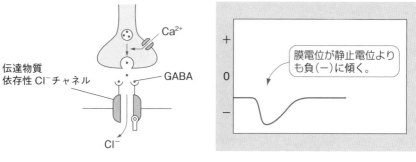

伝達物質
依存性 Cl⁻チャネル — Ca²⁺ / GABA / Cl⁻

膜電位が静止電位よりも負(−)に傾く。

■抑制性シナプスのしくみ

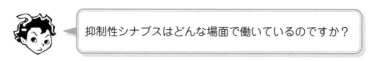

抑制性シナプスはどんな場面で働いているのですか？

1つの例として，後に説明する膝蓋腱反射の経路に働いているよ。（▶p.464）。抑制性シナプスは，ひざの関節がスムーズに屈伸するのに必要なんだ。

9 シナプス後電位 ＞★★☆

① EPSPとIPSP

シナプスで興奮の伝達を受ける細胞（**シナプス後細胞**）の細胞膜に生じる電位変化を**シナプス後電位**という。

アセチルコリン受容体はナトリウムイオンチャネルと連動しているため，アセチルコリンが結合すると，Na^+の流入により膜電位が正の方向へ傾く（これを**脱分極**という）。このようなシナプス後細胞に生じる膜電位の変化を**EPSP**（**興奮性シナプス後電位**）という。これに対して，抑制性シナプスでは，Cl^-の流入により膜電位が負の方向へ傾く（これを**過分極**という）。このような膜電位の変化を**IPSP**（**抑制性シナプス後電位**）という。

② シナプス後電位の加重

異なる興奮性シナプスで生じる EPSP が積み重なることを**加重**という。

例えば，下の図において，ニューロン A と B はそれぞれシナプス後細胞と興奮性シナプスを形成している。A または B だけから興奮が来た場合は，EPSP がシナプス後細胞の閾値を超えないため，シナプス後細胞は活動電位を発生しないけれど，A と B が同時に興奮した場合には，2つの EPSP が加重されて閾値を超えるため，シナプス後細胞は活動電位を発生する。

しかし，抑制性シナプスを形成する C も A と B といっしょに興奮させると，IPSP が一部 EPSP を相殺するため，シナプス後細胞は活動電位を発生しない。

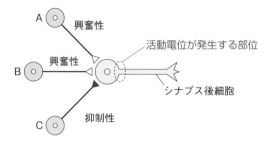

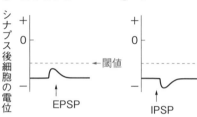

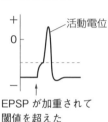

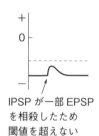

上記の例のように，ニューロン A と B が同時に興奮することで EPSP が積み重なることを**空間的加重**という。また，ニューロン A だけ（あるいは B だけ）が短い間隔で興奮した場合でも，EPSP が積み重なることがあり，これを**時間的加重**というよ。

《 POINT **11** 》

◎EPSP ➡ 神経伝達物質依存性ナトリウムチャネルの開口によって
　　　　生じる脱分極性の膜電位の変化。
◎IPSP ➡ 神経伝達物質依存性クロライドチャネルの開口によって
　　　　生じる過分極性の膜電位の変化。

　シナプスのすき間（シナプス間隙という）に放出された神経伝達物質は，速やかに分解などの処理が行われる。神経伝達物質がいつまでも残っていると，不必要な信号が"たれ流し"となって混乱が生じるからだ。

　神経伝達物質がアセチルコリンの場合，分泌されたアセチルコリンは，酵素（アセチルコリンエステラーゼ）によってコリンと呼ばれる物質と酢酸に分解される。さらに，コリンは再び軸索末端から回収されて，アセチルコリンの材料として再利用されるんだ。

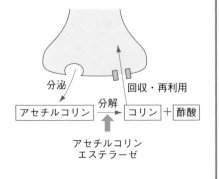

10　シナプスの可塑性 ≫ ★☆☆

　シナプスにおいて，同じ興奮の伝達が頻繁に起こると，シナプスの結びつきが強くなって，シナプス後細胞が反応しやすくなる。一方，あまり伝達のないシナプスでは，逆にシナプスの結びつきは弱くなる。すなわち，**よく使う神経経路は情報がよく流れるようになる**んだ。このように，シナプスでの伝達効率が変化する現象を**シナプス可塑性**というよ。

　シナプス可塑性は，大脳の海馬や小脳（▶p.460）のニューロンでよく見られ，記憶や学習に関係していると考えられているんだ。

STORY 4 　神経系

1　神経系のなりたち ＞★★★

　ヒトの神経系は，**ニューロンの細胞体が脳と脊髄に集中**していて，これらをまとめて**中枢神経系**という。これに対して，中枢から体の各部に出ている神経を末梢神経系という。

　末梢神経系は，働きの上で**体性神経系と自律神経系**に分けることができる。体性神経系はさらに，感覚を伝える**感覚神経**と，筋肉などの効果器を動かす**運動神経**に分けられる。**自律神経系**は意思とは無関係に働く神経で，**交感神経**と**副交感神経**とに分けられる。

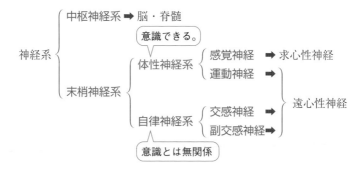

　末梢神経系のうち感覚神経は，体の末端から中枢へと信号を伝えるので**求心性神経**と呼ばれることがある。これに対して，運動神経・交感神経・副交感神経は，中枢から体の末端へと信号を伝えるので**遠心性神経**というんだ。

2　中枢神経系 ＞★★★

① 脳

　脳は，大脳・間脳・中脳・小脳・延髄の5つからなり，大脳はさらに**皮質**と**髄質**に分けられる。

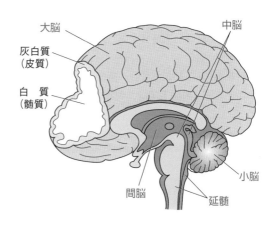

1. 大　脳

大脳は左右の半球に分かれていて，これらは脳梁（のうりょう）によって連絡している。大脳の皮質は灰色に見えることから**灰白質**と呼ばれ，ニューロンの細胞体が密集している。一方，髄質は白く見えることから**白質**と呼ばれ，主に軸索が通っている。

哺乳類の大脳皮質は**新皮質**と辺縁皮質とからなる。特にヒトでは新皮質が発達しており，辺縁皮質を外側から包むような形をしている。

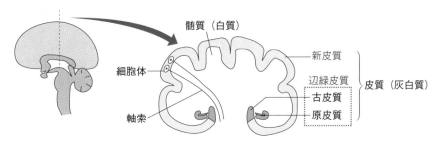

■大脳の皮質

新皮質には，視覚や聴覚などの感覚の中枢や，意思による運動（随意運動（ずいい））の中枢，言語・記憶・判断など高度な精神活動の中枢（**連合野**）がある。大ざっぱに言って，中心溝と外側溝より後ろは入力系（感覚），前は出力系（運動）に関係しているよ。

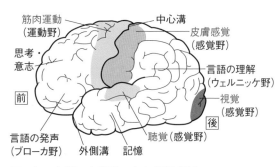

■ヒトの大脳の左半球の主な機能領域

辺縁皮質は古皮質と原皮質からなり，本能行動や感情に基づいた行動の中枢がある。また，記憶に関わる海馬（かいば）という部位も辺縁皮質に含まれる。

2. 間　脳

視床と**視床下部**からなる。**視床**は，嗅覚以外の感覚神経の信号を大脳新皮質へ伝える中継点だ。**視床下部**は，自律神経系と内分泌系の中枢であり，体温・血糖量・摂食・睡眠を調節している。

3. 中　脳

姿勢を保つ中枢や，眼球運動や瞳孔の大きさを調節する中枢がある。

4. 小　脳

筋肉の運動を調節し，体の平衡を保つ中枢がある。円滑な運動ができるのは小脳のおかげだ。

5. 延　髄

　呼吸運動・心臓の拍動（はくどう）などの中枢がある。また，だ液の分泌・せき・くしゃみなどの中枢もある。

　大きく分けると，ヒトの脳は３つの層からなる。脳の中心には，**生命の維持**に関係する間脳・中脳・延髄があり，まとめて**脳幹**と呼ばれている。脳幹はそのまま脊髄につながるところにあり，進化的に最も古くからある脳で "は虫類脳" なんて呼ばれることがある。

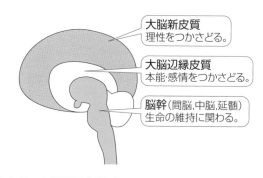

大脳新皮質
理性をつかさどる。

大脳辺縁皮質
本能・感情をつかさどる。

脳幹（間脳,中脳,延髄）
生命の維持に関わる。

　脳幹の外側は**本能**や**感情**をつかさどる**大脳辺縁皮質**がある。大脳辺縁皮質は，進化的に哺乳類が出現したときに発達したことから "哺乳類脳" などと呼ばれることがある。

　さらに，大脳辺縁系を外側から包んでいるのが，**理性**をつかさどる**大脳新皮質**だ。大脳新皮質は，ヒトを含めた霊長類で発達する "霊長類脳" だ。

《《POINT⓬》》 ヒトの脳の働き

名　　称	主な働き
大　脳	感覚・随意運動の中枢。言語・記憶・判断などの中枢。本能行動・情動行動の中枢
間　脳	体温・血糖量・摂食・睡眠の中枢
中　脳	姿勢保持・眼球運動の中枢。瞳孔の大きさの調節
小　脳	筋肉運動の調節，体の平衡を保つ。
延　髄	呼吸運動・心臓の拍動の中枢。だ液分泌・せき・くしゃみの中枢

主に中脳は眼に，延髄は口から下に関係しているよ。

② 脊　髄

　脊髄（せきずい）は，脊椎骨（せきついこつ）の中を通る円柱状の構造（決して背骨ではないよ）で，前端は脳と

つながっている。脊髄の表面（皮質）は神経繊維が多数走っている**白質**で，内側（髄質）は細胞体が集まった**灰白質**になっている。脊髄と脳をつなぐ神経は，たいてい延髄で左右が交さする（痛覚，温度感覚を生じる興奮の経路は脊髄で交さする）。

　脊髄の左右には，背根や腹根と呼ばれる神経の通り道があり，そこから末梢神経が出ている。**背根を通るのが感覚神経**で，**腹根を通るのが運動神経や自律神経**だ。

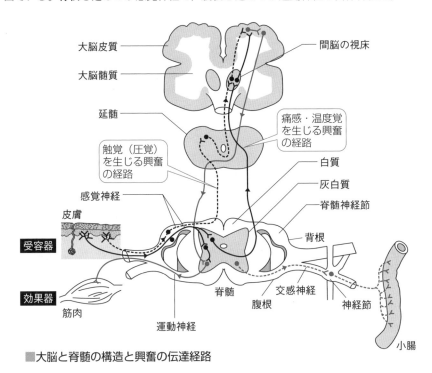

大脳皮質

大脳髄質

間脳の視床

延髄

痛感・温度覚を生じる興奮の経路

触覚（圧覚）を生じる興奮の経路

白質

灰白質

脊髄神経節

感覚神経

背根

皮膚

受容器

効果器

筋肉

運動神経

脊髄

腹根

交感神経

神経節

小腸

■大脳と脊髄の構造と興奮の伝達経路

《 POINT⓭ 》 脊髄の構造

◎脊髄は皮質が白質，髄質が灰白質（この関係は大脳と逆）

◎背根は感覚神経が通る。

◎腹根は運動神経や自律神経が通る。

③ 反　射

　熱いものに触れると，思わず手を引っ込める（屈筋反射という）。また，ひざ下をたたくと，あしが跳ね上がる（膝蓋腱反射という）よね。これらの反応（行動）は，いずれも**意思とは関係なく起こる反応**で，反射というんだ。

1. 屈筋反射

❶ 皮膚にある**受容器**で「熱い」という刺激が受け取られ，興奮が発生する。

❷ 興奮は，**感覚神経**を通って脊髄に入る。

❸ 興奮は，脊髄の**灰白質**で**介在神経**に伝達され，次いで**運動神経**に伝達される。

❹ 運動神経が腕の筋肉（屈筋）を収縮させ，腕が曲がる。

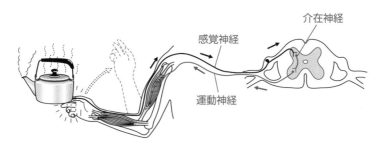

2. 膝蓋腱反射

❶ ひざの関節のすぐ下をたたくと，ももの筋肉の中にある**筋紡錘**が興奮する。
筋紡錘は筋肉の中にある受容器で，筋肉が引き伸ばされると興奮するんだ。

❷ 興奮は，**感覚神経**を通って脊髄に入る。

❸ 興奮は，脊髄の灰白質で直接**運動神経**に伝達される。

❹ 運動神経がももの筋肉（伸筋）を収縮させ，ひざの関節が伸びる。

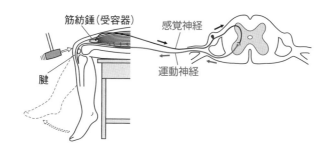

「屈筋反射」では関節が曲がり，「膝蓋腱反射」では関節が伸びるんだよ。

また，「屈筋反射」には介在神経があるけど，「膝蓋腱反射」には介在神経がないんだよ。

前ページで見たような，反射における興奮の通り道（**受容器 ➡ 感覚神経 ➡ 反射中枢 ➡ 運動神経 ➡ 効果器**）のことを，**反射弓**というよ。反射弓は大脳を通らない。だから，意思とは無関係なんだ。

反射の中枢って，脊髄だけなの？

いや，反射の種類によっては脳も関係するんだ。例えば「アメ玉をなめると**唾液が出る**」という反射には**延髄**が関係しているし，「目の前にボールが飛んできたら思わず目をつぶる」あるいは，「明るい所に出ると瞳孔が小さくなる（**瞳孔反射**）」などの反射には**中脳**が関係しているんだ。

> **((POINT ⑭)) 反　射**
>
> ◎反　射 ➡ 意思とは無関係に起こる反応（行動）。大脳を経ない。
> 　例 屈筋反射（脊髄），膝蓋腱反射（脊髄），唾液分泌の反射（延髄），瞳孔反射（中脳）
> ◎反射弓 ➡ 受容器 ➡ 感覚神経 ➡ 反射中枢 ➡ 運動神経 ➡ 効果器

発展　膝蓋腱反射における抑制性シナプス

膝蓋腱反射には，抑制性シナプス（▶p.455）が関係している。ここでは，膝蓋腱反射を通して抑制性シナプスの働きを見てみよう。

関節には，関節を伸ばす**伸筋**と，関節を曲げる**屈筋**が対になって存在する。ひざの関節では，伸筋はももの上側（前側）の筋肉で，屈筋はももの裏側（後側）の筋肉だ。ひざ関節のすぐ下を軽くたたいたり，ジャンプして着地したりしたときなどでは，伸筋が強制的に伸ばされることになる。

このとき，膝蓋腱反射のしくみで伸ばされた伸筋は瞬時に収縮し，同時に屈筋は弛緩するために，ひざが伸びる。これは，伸筋中の筋紡錘からの信号が，脊髄で抑制性ニューロンに伝達され，これが屈筋に連絡している運動ニューロンと接続しているためだ。つまり，**伸筋と屈筋が同時に収縮しないようになっている**んだ。

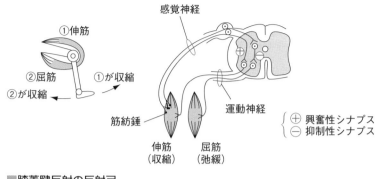

■膝蓋腱反射の反射弓

（図中ラベル）①伸筋　②屈筋　①が収縮　②が収縮　感覚神経　運動神経　筋紡錘　伸筋（収縮）　屈筋（弛緩）　⊕ 興奮性シナプス　⊖ 抑制性シナプス

問題 4　中枢神経系 ★★★

問1　脳と脊髄に関する記述として正しいものを，二つ選びなさい。
① 脳は骨に囲まれているが，脊髄は囲まれていない。
② 脊髄は硬く薄い膜に囲まれているが，脳は囲まれていない。
③ 神経細胞の細胞体は，大脳でも脊髄でも表面近くに集まっている。
④ 神経細胞の軸索は，大脳でも脊髄でも表面近くに集まっている。
⑤ 神経細胞の細胞体は，大脳では表面近くに集まっているが，脊髄では内部に集まっている。
⑥ 反射は，脊髄だけで行われる。
⑦ 脳も脊髄も，反射に関係している。

問2　哺乳類の脳の異なる領域はそれぞれ特有の機能をもっている。これに関して，左肩にものが触れたとき，脳で活動が盛んになる領域はどこか。最も適当なものを，一つ選びなさい。
① 大脳の両半球　　② 小脳の両半球
③ 大脳の右半球　　④ 大脳の左半球
⑤ 小脳の右半球　　⑥ 小脳の左半球　　〈センター試験・改〉

✓ 解説

問1　脳は頭蓋骨，脊髄は脊椎骨に囲まれていて，外部の衝撃から守られている。また，神経細胞（ニューロン）の細胞体は，**大脳では皮質（灰白質）**に，**脊髄では髄質（灰白質）**に集まっているよ。

問2　左肩にものが触れたという感覚（触覚）は，感覚神経を通って左側から脊髄に入る。**興奮を脳へ伝える神経は延髄で交さしている**（▶p.462の図）ため，右側の**大脳の感覚中枢**へ伝えられるんだ。

===《《《☑解答》》》===

問1　⑤，⑦　　問2　③

問題 **5**　　**反　射 ★★★**

　　反射は，刺激が加わったときに無意識に起こる運動であり，屈筋反射，膝蓋腱反射は | ア | に反射の中枢がある。目に強い光が当たると，瞳孔（ひとみ）が小さくなるが，これは瞳孔反射と呼ばれる。瞳孔反射の中枢は | イ | にある。
　　上の文章中の | ア |・| イ | に入る最も適当な語を，それぞれ一つずつ選びなさい。

　①　脊　髄　　②　中　脳　　③　小　脳
　④　大　脳　　⑤　間　脳　　⑥　延　髄

〈センター試験・改〉

===《《《✓解説》》》===

屈筋反射や膝蓋腱反射の中枢は脊髄で，瞳孔反射の中枢は中脳だよね。

===《《《☑解答》》》===

ア－①　　　イ－②

COLUMN コラム

赤ちゃんの反射

　　ヒトの赤ちゃんでは，成人には見られないおもしろい反射が観察できるよ。例えば，手や足の4本の指に沿うように棒をあてがうと，握ろうとするし，足の裏を下から上へなぞると指が開く。また，仰向けに寝かせた状態で首を右に向けると右の手足が伸びて，反対に左の手足は曲がる。首を左に向けるとその反対の動作が起こる。このほかにもたくさんの反射があるよ。

　　このような赤ちゃんに特有の反射は，生後6か月くらいまでに消えてしまうものが多く，チンパンジーなどの霊長類でも見られることから，原始的な反射と考えられている。

STORY 5 — 筋肉とその他の効果器

1 筋肉の種類 ＞★★★

　筋肉は，顕微鏡で見たとき横縞（よこじま）が見られる**横紋筋**と，縞のない**平滑筋**とに分けられる。横紋筋はさらに，骨格を動かす**骨格筋**と心臓を動かす**心筋**に分けられる。平滑筋は消化管のぜん動運動や，血管の太さを変えることで血流の調節に関わっている。

筋肉の種類		筋細胞の形状	特　徴	支配神経
横紋筋	骨格筋	多核で円柱形	収縮は速いが疲労しやすい。	運動神経支配のため随意（ずいい）
	心　筋	単核で枝分かれ	収縮はやや速く疲労しにくい。	自律神経支配のため不随意
平滑筋		単核で紡錘形	収縮は遅く疲労しにくい。	

2 筋肉の収縮曲線 ＞★★★

　筋肉の収縮はキモグラフと呼ばれる装置で記録される。右の図のように，神経がついたままの筋肉（カエルのふくらはぎの筋肉に座骨神経がついたものを使う）を装置に取りつけ，神経を電気刺激すると，すすをぬった紙に収縮のようすが記録される。

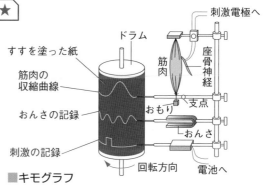

■キモグラフ

　この装置を使って描かれる典型的な曲線（**収縮曲線**という）を3つ紹介するよ。

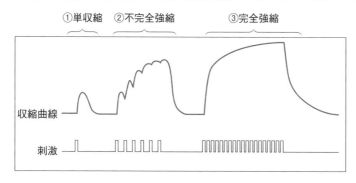

①単収縮　②不完全強縮　③完全強縮

収縮曲線

刺激

① 単収縮（れん縮）

刺激を1回だけ与えたときに起こる0.1秒ほどの収縮。

次の図は，単収縮を時間軸を引き伸ばして描いたものだよ。神経が刺激を受けてから筋収縮が始まるまでの時間を**潜伏期**，収縮が起こる時間を**収縮期**，ゆるむ時間を**弛緩期**という。

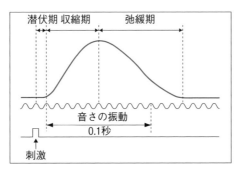

■単収縮の収縮曲線

筋肉は刺激を受け取っても，すぐには収縮できないんだ。

② 不完全強縮

刺激の間隔を短くする（1秒間に15回ほど）と見られる収縮。単収縮の弛緩期の途中で次の収縮が起こり，収縮が重なり合って，より大きな収縮となる。

③ 完全強縮

さらに刺激の間隔を短くする（1秒間に30回ほど）と，単収縮の収縮期の途中で次の収縮が起こり，完全に一続きの大きな収縮になる。体の中でふつうに見られる骨格筋の収縮は，神経から1秒間に数十回の刺激を受け取ることによって起こる完全強縮だ。

3 骨格筋の構造 > ★★★

　骨格筋は，多数の**筋繊維**と呼ばれる多核の細長い細胞がたくさん集まって束になってできている。筋繊維の中には多数の**筋原繊維**が並んでいて，筋原繊維が収縮することで力を発生するんだ。

> 筋繊維に筋原繊維!?　なんだか，ややこしいなぁ。

　ここはきちんと区別して覚えよう。**筋繊維**は，1枚の細胞膜で包まれているという意味で**細胞だ**。一方，筋原繊維は，細胞の中にある構造，つまり，ミトコンドリアなんかと同じ**細胞小器官だ**。

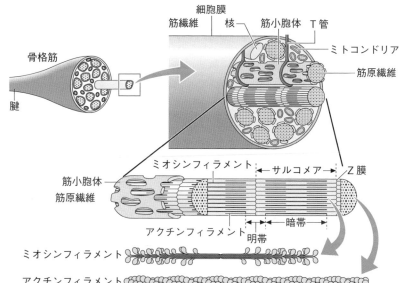

《POINT 15》 骨格筋の構造

骨格筋	＞	筋繊維	＞	筋原繊維
		（細胞）		（細胞小器官）

　筋原繊維を顕微鏡で観察すると，同じパターンのくり返しであることがわかる。このくり返し構造の単位（Z膜からZ膜まで）を**サルコメア**（**筋節**）と呼ぶ。サルコメアの内部には，2種類のタンパク質の繊維（フィラメント）が規則正しく並んでいて，

太い方を**ミオシンフィラ
メント**，細い方を**アクチ
ンフィラメント**というん
だ。

　サルコメアを顕微鏡で
観察すると，太いミオシ
ンフィラメントが集まっ
た部分は暗く見えること
から，ミオシンフィラメ
ントの長さを指して**暗帯**と呼ぶよ。

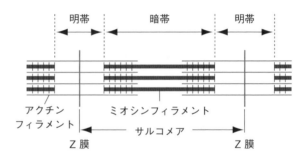

　これに対して，細いアクチンフィラメントだけからなる部分（決してアクチンフィ
ラメントの全体の長さじゃないよ）は，明るく見えるので**明帯**と呼ばれるんだ。

《 POINT⓰ 》サルコメア（筋節）

◎**サルコメア（筋節）** ➡ 筋原繊維の構造単位。Z膜からZ膜までを
いう。
◎**ミオシンフィラメント** ➡ 太い繊維
◎**アクチンフィラメント** ➡ 細い繊維
◎**暗　帯** ➡ ミオシンフィラメントが集まった部分
◎**明　帯** ➡ アクチンフィラメントだけからなる部分

4　筋収縮のしくみ 〉★★★

　筋肉がどのように収縮するのか
については，1954年に（血縁関係の
ない）2人のハックスリーによって
提唱された "**滑り説**" が広く受け入
れられている。"**滑り説**" とは，フ
ィラメントの長さは変わらず，フ
ィラメントどうしの重なりが大きく
なることで，全体が収縮するという
考え方だ。ちょうど刀が鞘に納まる
ような感じだね。"**滑り説**" が正し

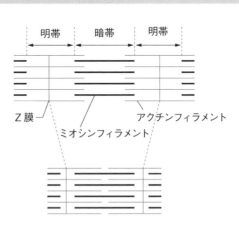

いことは，2枚の電子顕微鏡写真で証明された。筋肉がゆるんでいるときと，収縮し
たときの写真を撮って比較したところ，収縮した筋肉では**暗帯の幅は変わらず，明帯**

の幅だけが狭くなっていたんだ。これは**アクチンフィラメントがミオシンフィラメントの間に滑り込む**ため，サルコメアが短くなることを示しているよ。

《POINT 17》 筋収縮のしくみ

◎ アクチンフィラメントがミオシンフィラメントの間に滑り込むことで収縮する。

> フィラメントどうしがおたがいに滑り込むしくみって，どうなってるんですか？

ミオシンフィラメントには，ミオシン頭部と呼ばれる突起がたくさんあるんだ。**ミオシン頭部は ATP 分解酵素（ATP アーゼ）としての働きをもち**，ATP を分解したときに生じるエネルギーを利用して，アクチンフィラメントをたぐり寄せる。

ミオシン頭部は，ミオシンフィラメントの中央から反対向きに配置されていて，アクチンフィラメントを両側から内側に向かって引っ張り込むようになっているんだ。

どうやってミオシン頭部がアクチンフィラメントをたぐり寄せるのかについては，いまだ謎が多いけど，多くの教科書では "首ふり説" が紹介されているよ（下図）。

❶ミオシン頭部に ATP が結合する（これによりミオシン頭部とアクチンフィラメントが離れる）。

アクチンフィラメント

ミオシン頭部

❷ATP が分解することで，ミオシン頭部が変形する。

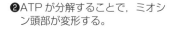

ADP P─リン酸

❹ADP とリン酸が外れるとともにミオシン頭部が変形し，アクチンフィラメントをたぐり寄せる。

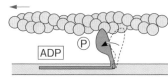

ADP

❸ミオシン頭部がアクチンフィラメントと結合する。

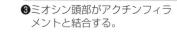

ADP P

■首ふり説

このようなしくみから，筋原繊維はミオシンフィラメントとアクチンフィラメントの重なりがなければ張力を発生することができない。人為的に筋原繊維を引き伸ばし，両フィラメントの重なりを変化させると，重なっている部分が大きくなるほど張力が大きくなる。これはアクチンフィラメントの"綱引き"に参加するミオシン頭部の数が増えるからだ。ただし，ミオシンフィラメントの中央にはミオシン頭部がない領域があり，この部分でアクチンフィラメントとの重なりが大きくなっても，それ以上張力は大きくならないんだ。

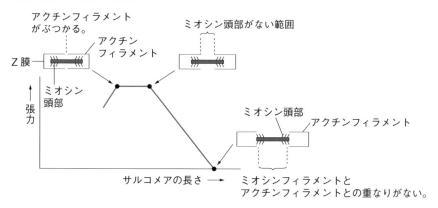

5 筋収縮の制御 > ★★☆

骨格筋は意思で動かせますよね。ミオシンの酵素反応を意思でコントロールできるしくみってどうなっているのですか？

運動神経の興奮が筋肉に達して，はじめてミオシン頭部が ATP を分解できるようになっているんだ。ミオシン頭部は ATP があるからといって，必ずしもアクチンフィラメントを引っ張れるわけじゃない。その理由は，ミオシン頭部がアクチンを"つかむ"部分に，それをじゃまする**トロポミオシン**というタンパク質が存在するためだ。

神経の興奮が筋繊維の細胞膜に達すると，その興奮は T 管（筋細胞の細胞膜が陥入してできる管状構造）を通じて細胞内にある**筋小胞体**に伝えられる。筋小胞体は，筋原繊維を包むように存在する袋状の構造で，中にたくさんの Ca^{2+}（**カルシウムイオン**）を蓄えている。

筋小胞体が興奮を受け取ると膜上の Ca^{2+} チャネルが開き，中の Ca^{2+} が細胞質中に放出される。Ca^{2+} が**トロポニン**に結合すると，トロポニンがトロポミオシンを移動させる。**トロポミオシンがずれることで，ミオシン頭部はアクチンフィラメントと結合することができる。**つまり，筋収縮が始まるというわけだ。

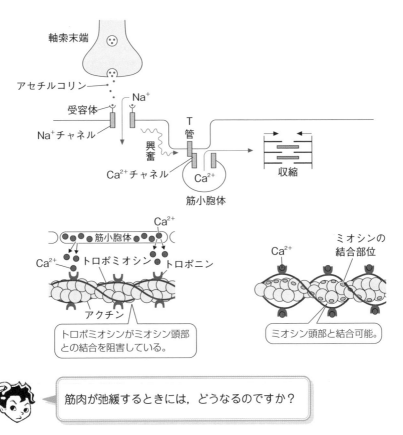

筋肉が弛緩するときには，どうなるのですか？

　神経からの興奮の伝達がなくなると，筋肉は弛緩に転じる。筋小胞体の膜上にある**カルシウムポンプの働きで，細胞質中の Ca^{2+} が筋小胞体に回収される**。すると，トロポニンから Ca^{2+} が外れるとともに，トロポミオシンが構造変化して，再びアクチンフィラメントのミオシン頭部との結合部位をおおい隠して，その結合をじゃまするんだ。

　カルシウムポンプの働きには ATP が必要だ。すなわち，筋肉は弛緩するときにもATP を消費するんだよ。

《POINT 18》 筋収縮の制御

◎ 筋収縮には Ca^{2+} が必要

　筋肉は多くのエネルギー（ATP）を消費する。そのため，さまざまな ATP 供給のしくみをもっている。ふだんはミトコンドリアによる**呼吸**で ATP が供給され，激しい運動になると**解糖**でも ATP がつくられるようになる（▶p.258）。

　さらに，骨格筋中には**クレアチンリン酸**という高エネルギーリン酸化合物が存在する。酵素**クレアチンキナーゼ**がクレアチンリン酸のリン酸を ADP に転移することで ATP を再生してくれるんだ。いわば**クレアチンリン酸はエネルギーの貯蔵物質**だね。

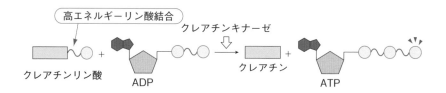

　減った分のクレアチンリン酸は，筋肉をあまり動かさないときに，呼吸などでつくられた ATP によってクレアチンとリン酸から再生される。

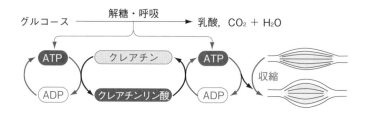

╔══╗

《POINT⑲》 筋収縮のエネルギー

◎ **クレアチンリン酸は筋細胞内のエネルギー貯蔵物質**

╚══╝

> **参考** **もう1つのATPを供給する経路**
>
> 　筋肉には，クレアチンリン酸とは別の反応でATPを供給する経路もある。アデニル酸キナーゼという酵素の働きで，ADPのリン酸1つを別のADPに転移してATPを再生する反応だ。
>
> $$2ADP \xrightarrow[]{\text{アデニル酸キナーゼ}} ATP + AMP$$
>
> 　この反応を見るためには，カエルのあしの筋肉を無酸素条件で（呼吸を止める），モノヨード酢酸を加え（解糖を止める），ジニトロフルオロベンゼンを加えた条件（クレアチンキナーゼを阻害する）で筋収縮させる必要があるんだ。

7　さまざまな効果器 ＞★☆☆

　筋肉以外の効果器には，次のようなものがある。

①　繊毛とべん毛

　繊毛は，ゾウリムシの細胞表面にあり，運動に関わる。ヒトの体では，気管の表面の繊毛は異物の排除に働く。また，輸卵管の内壁にある繊毛は，卵の輸送に働く。

　べん毛は，ミドリムシや精子の運動に関わっている。繊毛とべん毛は長さと本数で区別されるが，基本構造は同じで，微小管とダイニンの働きで運動する。

②　分泌腺

　汗腺や胃腺などの**外分泌腺**や，ホルモンを分泌する**内分泌腺**も効果器だ。外分泌腺と内分泌腺の違いは，**排出管（導管）**があるかないかだ。排出管をもつ外分泌腺は，分泌物が排出管を通って体表や消化管内に分泌される。一方，排出管をもたない内分泌腺は，分泌物が近くを通る血管内に入り血液によって全身に運ばれるんだ。

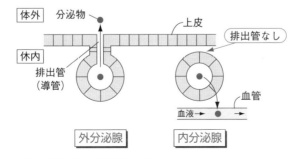

■外分泌腺と内分泌腺の違い

③ 発電器官

シビレエイやデンキウナギは，筋肉が変化した発電器官をもっていて，捕食者やえさとなる動物を感電させるという"技"をもっている。

④ 発光器官

ホタルは腹部に発光器官をもち，発光を配偶行動に利用している。ホタルの場合，**ルシフェリン**と呼ばれる発光物質が，**酵素ルシフェラーゼ**の働きで酸化されるときに発光する。発光に必要なエネルギーは ATP の分解で放出されるエネルギーが利用される。

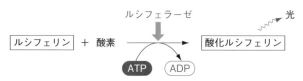

⑤ 色素胞

魚類や両生類では，まわりの環境に応じて体表の明るさや色が変化するものが多い。これは，うろこや皮膚にある**色素胞**という細胞の働きによる。

これは色素胞の中にある色素顆粒(かりゅう)が，明るい所では凝集し，暗い所では拡散することで，体色を変化させているんだ。なお，色素顆粒の移動には，微小管とモータータンパク質が関わっているよ。

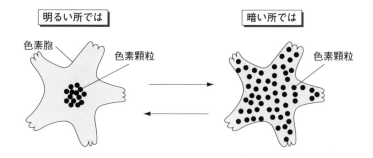

問題 **6**　　**筋 収 縮**　★★★

　ヒトの骨格筋は ア という多核の細長い細胞が束状に集まって構成されている。1個の ア 内には多数の イ が細胞の長軸方向に平行に並んでおり，さらに イ は，T管や大量の ウ を蓄えている筋小胞体によって取り巻かれている。 イ を電子顕微鏡で拡大して観察すると，細い エ フィラメントと太い オ フィラメントが規則正しく配列している。骨格筋の収縮は，これらのフィラメントの働きによって起こる。

問1　上の文章中の ア ～ オ に入る語を，次の〔語群〕からそれぞれ選びなさい。

〔語群〕 Ca^{2+}　　ATP　　筋繊維　　筋原繊維　　アクチン
　　　　ミオシン

問2　下線部に関連して，次の図1は骨格筋内部の構造の一部を拡大したものである。図1のa ～ dのうち，筋収縮時に長さが短くなる部分を二つ選びなさい。

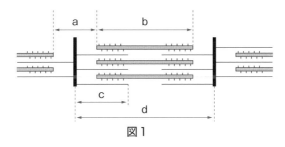

図1

問3　下線部に関連して，骨格筋では，運動神経からの刺激により，次の図2のように，単収縮が起こる。この現象に関する記述として最も適当なものを，一つ選びなさい。

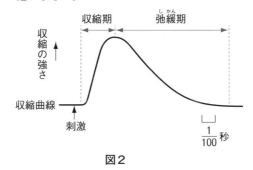

図2

① 収縮期には，筋原繊維からアセチルコリンが放出される。

② 収縮期には，ミオシン頭部でATPが分解される。

③ 弛緩期には，細胞質基質の Ca^{2+} 濃度が増加する。

④ 弛緩期には，ミオシンとアクチンが結合し始める。

⑤ 単収縮中に再び刺激を受けても，その筋の収縮は影響されない。

〈センター試験・改〉

========= ✓ 解 説 =========

問1　アに入るのは細胞だから，筋原繊維ではなく筋繊維だ。筋小胞体は大量の Ca^{2+}（カルシウムイオン）(ウ)を蓄えている。筋原繊維を構成するフィラメントの細い方がアクチンフィラメント(エ)，太い方がミオシンフィラメント(オ)だ。

問2　筋収縮では，明帯であるaは長さが短くなり，同時にdのサルコメアの長さも短くなる。暗帯であるbの長さは変わらないことに注意しよう。

問3　①　アセチルコリンは運動神経の軸索末端から分泌される神経伝達物質で，筋原繊維から分泌されるというのはまったくの誤りだ。

②　収縮期には，ミオシン頭部がATPを分解してアクチンフィラメントをたぐり寄せるのだから，正しい。

③　弛緩期には，ミオシン頭部とアクチンフィラメントの相互作用はないので，Ca^{2+}濃度は下がっているはずだよね。よって，誤り。

④　弛緩期には，ミオシンとアクチンは離れているよ。誤り。

⑤　単収縮中に再び刺激を受けると，そこから収縮が始まり，収縮が積み重なって不完全強縮や完全強縮になる。したがって，収縮が影響されないというのは誤りだ。

========= ✓ 解 答 =========

問1　アー筋繊維　イー筋原繊維　ウーCa^{2+}　エーアクチン　オーミオシン

問2　a, d

問3　②

第2章 動物の行動

▲動物の学習能力を見くびらないほうがいい。

　動物は外界からの刺激に応じて何らかの行動を起こす。行動の様式は，うまれつき備わっている**生得的行動**と，経験や学習によって得られる**習得的行動**に大きく分けられる。生得的行動は，遺伝的にプログラムされた固定的な神経回路によって起こる。一方，習得的行動は経験によって変化する神経回路によって起こるんだ。

- 生得的行動 ➡ 走性，反射など
- 習得的行動 ➡ 慣れ，鋭敏化，条件づけなど

STORY1　生得的行動

1 走　性 〉★★☆

　ある刺激源に対して，**動物の体全体が近よっていく場合を正の走性**，逆に**刺激源から離れていく場合を負の走性**という。

　例えば，夏の夜，街灯にガが集まっているのを見たことがあるよね。ガは光という刺激に対して近よっていく性質があるんだ。このような性質を正の 光走性（ひかりそうせい）という。これとは逆に，ミミズは光を当てると逃げる性質があり，これを**負の光走性**というんだ。

走性の種類	刺 激	正	負
光 走 性	光	ガ，ミドリムシ	ミミズ，ゴキブリ
化学走性	化学物質	カ（CO_2） ゾウリムシ（弱酸）	ゾウリムシ（強酸）
流れ走性	水 流	メダカ（上流へ）	
電気走性	電 流		ゾウリムシ（－極へ）

2 行動の連鎖 ＞★★★

　生得的行動は基本的に，反射（▶p.462）や走性の組み合わせでできているので，行動が起こるためには，きっかけとなる外界からの刺激が必要となる。このような，動物に特定の行動を引き起こさせる刺激を**かぎ刺激（信号刺激）**という。

　かぎ刺激によって引き起こされた行動が，次の行動のかぎ刺激となり，その行動の結果が次の行動のかぎ刺激となる，というようなことが連続して複雑な行動が完成する。だから，生得的行動では**行動の順序を入れかえたり，ある行動を飛ばしたりすることができない**，という柔軟性に欠いた特徴も見られるんだ。

((POINT⑳)) 信号刺激

◎**かぎ刺激（信号刺激）** ➡ 動物に特定の行動を引き起こす特定の刺激

　では，生得的行動の例として，イトヨの行動とカイコガの行動を見てみよう。

① イトヨの行動

　イトヨ（トゲウオの一種）のオスは，繁殖期になると縄張りをもつようになり，その中に巣をつくる。縄張りに入ってくるのが，同種のオスならば攻撃して追いはらい，メスならば攻撃をしない。

　ティンバーゲンは，イトヨのオスが，侵入者の雌雄をどのように見分けているのかを模型を使って調べた。その結果，形が似ていなくても下側が赤ければ攻撃

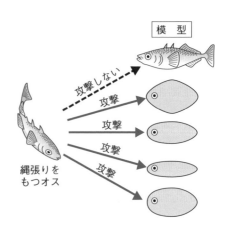

模 型

攻撃しない

攻撃

攻撃

攻撃

縄張りをもつオス

することがわかった。繁殖期のオスは腹が赤くなる。この **"赤い腹"** が**かぎ刺激**になってオスの攻撃行動が引き起こされることがわかったんだ。一方，メスは，繁殖期になると，卵を蓄えて大きくなる。このようなメスが縄張りに入ってくると，オスは "ジグザグダンス" と呼ばれる求愛を行うんだ。

この後，次々と行動の連鎖が進んで，最終的にメスは卵を産み，オスは精子をかけることで受精卵ができる。オスはその後も受精卵の世話をするんだ。

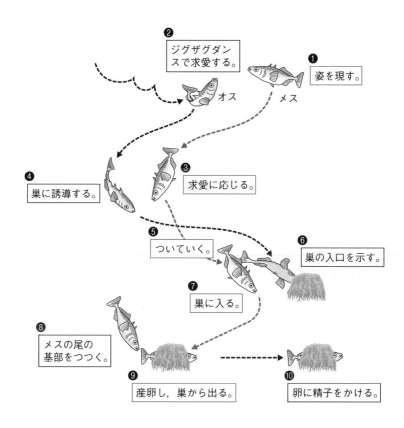

■イトヨの生殖行動

② カイコガの行動

カイコガのオスとメスを少し離して置いておくと，オスが翅（はね）を羽ばたかせながらメスに近づき交尾をする。この行動には，次のような特徴が観察される。

〔カイコガの生殖行動〕

❶ オスの眼を不透明な塗料で塗りつぶしてもこの行動は見られるが，触角を切り取ると見られなくなる。

❷ メスの尾部にある分泌腺（側胞腺（そくほうせん））から分泌される物質をしみ込ませたろ紙に対しても，オスは同じような行動を示す。

---

❶❷から，オスはメスの尾部から分泌される化学物質のにおいをたよりにメスの位置を知ると考えられる。このような動物の体内でつくられ，かぎ刺激となる化学物質をフェロモンという。

ところで，オスは最短距離ではなく，曲がりくねった軌跡（きせき）を描きながら，メスに近づく。オスの頭部にある左右の触角のうちどちらか一方を切り落とすと，残った触角のほうにクルクルと回転してメスに近づけなくなる。このことから，**オスは左右の触角でメスのフェロモンの濃度差を感知して，より濃度の高い方へ体を回転させる**という単純な方法で，メスにたどり着くと考えられる。

((POINT㉑)) フェロモン

◎フェロモン ➡ 動物の体内でつくられ，同種の個体に特定の行動を
引き起こす化学物質

★性フェロモン（カイコガ）➡ オスの配偶行動を引き起こす。

★道しるべフェロモン（アリ）➡ 仲間に餌（えさ）の場所を教える。

★集合フェロモン（ゴキブリ）➡ 仲間を集める。

---

3 定位に関わる行動 ＞★☆☆

動物が，周囲からの刺激に対して特定の方向に体を向けることを**定位**という。ここでは，定位に関わる行動を見ていこう。

① 太陽コンパス

渡り鳥であるホシムクドリは，渡りの季節になると一定の方向を向いて羽ばたきを始める。ホシムクドリを6つの窓のあいたカゴに入れて，鏡で窓から入る太陽光を反

射させて90°ずつずらすと頭を向ける方向も90°ずれる。このことから，ホシムクドリは太陽の方向に基づいて定位していることがわかる。このような定位を**太陽コンパス**という。

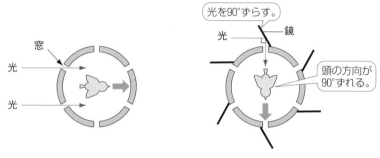

■**ホシムクドリの太陽コンパスの実験**

② エコーロケーション

　メンフクロウなど夜行性の動物では，獲物が発するわずかな音をたよりに方向を特定する。ある方向から届く音は，左右の耳で時間差を生じ，また，音の大きさにも違いを生じる。これらの情報を脳で処理し，獲物の位置を正確に特定することができるんだ。

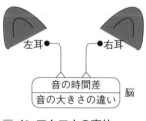

■**メンフクロウの定位**

　コウモリやイルカの場合，獲物が音を発しなくても，自ら超音波の鳴き声を発して，獲物から跳ね返ってくる音（エコー）を感知して，獲物に対して定位することができる。これを**エコーロケーション**（反響定位）というよ。

4 ミツバチのダンス 〉★★★

　ミツバチは，餌のありかを見つけると，その場所を巣の仲間に知らせるというコミュニケーションの手段をもつ。それが**フリッシュ**（オーストリア）により明らかにされたミツバチのダンスだ。フリッシュの実験では巣箱の中に**垂直な巣板**が用意されていて，その上でミツバチがダンスを行う。

① 円形ダンス

餌場が巣箱から近い場合（およそ80m以内）は，左回りに円を描いて，次に反転して右回りに円を描くということを何回もくり返す。

この場合，仲間のミツバチは巣箱から飛び出すと，近所を探し回って，餌場を見つけるんだ。

■円形ダンス　　■8の字ダンス

② 8の字ダンス

餌場が巣箱からある程度遠いときは，ミツバチはブンブンと羽音をさせ腹をふりながら直進し，右回りに回って元の位置に戻り，また同じ向きに直進し，今度は左回りに回って元の位置に戻るということ（8の字ダンス）を何回もくり返す。

このとき，**重力の逆向き（つまり上）を太陽の向きとして**，**直進の向きがそこからどれだけ傾いているかで餌場の方向を示している。**

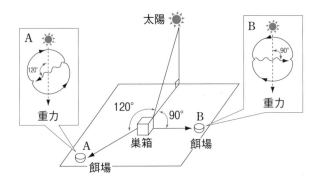

また，8の字ダンスの速さは餌場までの距離を表し，**速いほど近く，遅いほど遠い**ことを示しているんだ。

仲間のミツバチは，ダンスを踊る個体のあとにつきしたがい，餌場の方向を覚えると，巣を出てその方向へ飛んでいくんだ。

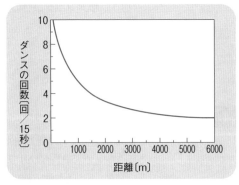

■餌場までの距離とダンスの速さ

参考 ## ミツバチはどうやって太陽の方向を知るのか

　ミツバチは太陽の方向を基準にして餌場の方向を伝える。そのため，餌場の情報を伝えるミツバチも，情報を受け取るミツバチも，現在の太陽の方向がわからなければならない。おもしろいことに，ミツバチは太陽そのものが見えなくても**青空の一部が見えていれば太陽の方向がわかる**んだ。これは，太陽の偏光（特定の方向に振動する光）を見ているためで，ミツバチは偏光を見るために３つの単眼をもっているんだ。

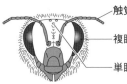

触覚

複眼…色や形を見分ける。

単眼…光の偏光を見る。

太陽の方向がわかる。

問題 1 　フェロモン ★★★

　生物が体外に放出する化学物質の働きに関する次の記述のうち，フェロモンの働きとして**誤っているもの**を，一つ選びなさい。

① 　カイコガのメスが，オスを誘引する。

② 　ミツバチのコロニーにおいて，女王バチが，働きバチの性成熟を抑制する。

③ 　チャバネゴキブリが，ほかの個体を誘引して群れを形成する。

④ 　同じ巣のアリどうしが，同じコロニーの仲間であることを伝える。

⑤ 　巣への侵入者を発見したミツバチが，コロニーの仲間に警戒を促す。

⑥ 　アブラムシが，アリを誘引する。

〈共通テスト・改〉

==== ✓解説 ====

① 　カイコガの性フェロモンのことだよね。**正しい。**

② 　これは女王物質と呼ばれるミツバチの女王バチが分泌するフェロモンだ。女王物質は働きバチの卵巣の成熟を抑制して，産卵させないようにするんだ。

③ 　ゴキブリの集合フェロモンのことだよね。

④ 　アリは巣の外でほかのアリに出会うと，触角で相手の体表面に触れて，その個体が同じコロニーの仲間かどうかを識別する。仲間であれば無視したりグルーミングしたりするが，別の巣の個体の場合は攻撃するんだ。これに関わるフェロモンは，

巣仲間識別フェロモンと呼ばれているよ。

⑤　これはミツバチの警報フェロモンと呼ばれるものだ。

⑥　フェロモンは**同種**の個体の行動を引き起こす物質だ。異種の個体に行動を起こさせる物質はフェロモンとは呼ばないよ。したがって，**誤り**。

═══════════════ ◥◤ 解 答 ◢◣ ═══════════════

⑥

STORY 2 ／ 習得的行動と学習

生まれてからの経験によって行動が変化することを**学習**という。

1 ｜ 慣　れ 〉★★☆

くり返される同じ刺激に対して反応しなくなったり，反応が小さくなったりすることを慣れという。

アメフラシ（軟体動物）の水管（海水を出し入れする管）に刺激を与えると，えらを引っ込める反射が見られる。しかし，水管への刺激をくり返すとやがてえらを引っ込めなくなる。

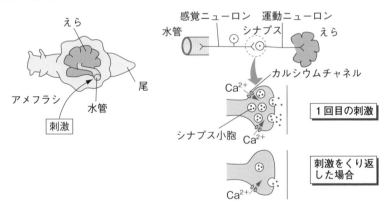

■アメフラシの慣れと刺激の伝達の低下

慣れが起こるしくみ

水管につながる感覚ニューロンは，えらにつながる運動ニューロンとシナプスを形成している。慣れは，このシナプスでの伝達効率の変化によって起こる。

水管にくり返し刺激を与えると，**感覚ニューロンの末端にあるシナプス小胞の数が減少したり，電位依存性カルシウムイオンチャネルが不活性化したりするために，神経伝達物質の量が減少し，運動ニューロンに生じる EPSP が小さくなる**んだ。

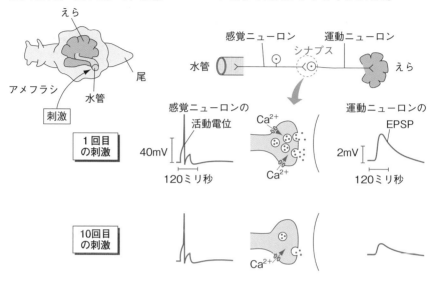

　慣れを起こしたアメフラシに，15分間刺激を与えるのをやめると，慣れが消失する。つまり，これは**短期の慣れ**というわけだ。

　これに対して，刺激を長い間与え続けると，数日間放置しても慣れが消失しない**長期の慣れ**に移行する。長期の慣れでは，シナプス前膜のシナプス小胞が開口する領域が狭まることで，シナプス小胞の数やカルシウムイオンチャネルの応答性が回復しても，伝達物質の分泌量がずっと減少したままになるんだ。

《POINT 22》

◎**短期の慣れ** ➡ 水管感覚ニューロンの神経終末にあるシナプス小胞の数の減少と，カルシウムイオンチャネルの不活性化により，放出される神経伝達物質が減少する。

◎**長期の慣れ** ➡ シナプス前膜のシナプス小胞が開口する領域が狭まる。これにより，シナプス小胞の数やカルシウムイオンチャネルの応答性が回復しても，伝達物質の分泌量が減少したままとなる。

---

2 脱慣れと鋭敏化 〉★★☆

慣れの生じた個体に，**別の刺激を与えると慣れが消失し，再び反射を起こすように**なることを脱慣れという。また，本来の反射の刺激に加えて，**別の強い刺激を与えると，弱い刺激に対しても敏感に反応するようになる**。これを鋭敏化という。

例えば，慣れを起こしたアメフラシの尾に電気刺激を与えると，水管の刺激によるえらを引込める反射が回復する（**脱慣れ**）。さらに，尾に強い電気刺激を与えると，ふつうでは反射が起こらないほど弱い刺激を水管に与えても，えらを引込めるようになるんだ（**鋭敏化**）。

脱慣れや鋭敏化が起こるしくみ

尾の感覚ニューロンと連絡する介在ニューロンは，水管の感覚ニューロンの神経終末にシナプスを形成している。尾からの興奮により，介在ニューロンの末端からセロトニンという神経伝達物質が放出されると，これを受容した神経終末で cAMP が合成される。**cAMP はカリウムチャネルを不活性化することで K⁺の流出が減少し，活動電位の持続時間が長くなる。**その結果，**電位依存性カルシウムイオンチャネルの開く時間が長くなり，Ca²⁺の流入量が増え，神経伝達物質の放出量が増加**するんだ。

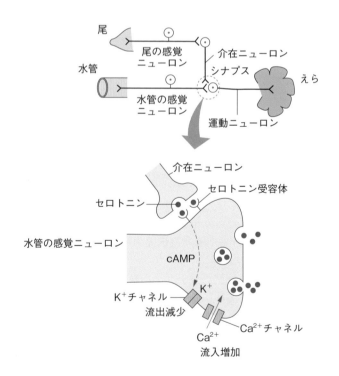

さらに，介在ニューロンからの信号が
くり返されると，シナプスをつくる遺伝
子が働きだし，水管の感覚ニューロンの
神経終末が分岐して，新しいシナプスが
形成される。これにより，シナプスの数
が増加し，鋭敏化が数週間続くようにな
る（**長期の鋭敏化**）。

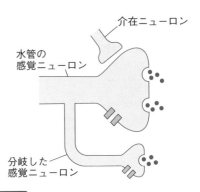

3 刷込み（インプリンティング） 〉★★★

アヒルやカモなどのひなは，ふ化後まもない時期に見た動くもの（自然界では母親）
のあとについて歩くようになる。

例えば，ふ化したばかりのひなから親を離して，かわりに動くおもちゃの蒸気機関
車を見せると，ひなはその後，しばらく
は機関車のおもちゃについて歩くように
なる。この現象を刷込みといい，ローレ
ンツ（オーストリア）によって詳しく観
察された。

刷込みも学習の一種だけど，**いったん
刷込まれた対象は変更されにくいこと**，
また，**刷込みが成立する期間は，ふ化後
の一時期に限られる**ことが特徴だ。

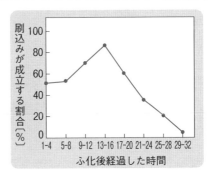

　刷込みは学習というより，生得的行動のように思えます。

たしかにね。でも，刷り込まれる対象は，おもちゃの機関車でなくても，ロボット
や人でも成り立つんだ。つまり，ちゃんと対象を記憶しているという意味で**学習**なん
だよ。

((POINT 23)) 刷込みの特徴

◎いったん刷込まれた（学習した）対象は変更されにくい。
◎刷込みが成立する期間は，ふ化後の一時期に限られる。

4 条件づけ 〉★★☆

① 古典的条件づけ

　イヌの口に肉片を入れるとだ液が出る。これは生得的な反応，すなわち反射（無条件反射）だ。パブロフ（ロシア）は，だ液分泌とは関係ないベルの音（条件刺激）を聞かせてから，肉片を与えるということをくり返したところ，ベルの音を聞いただけでだ液が分泌されるようになった。このように，本来の刺激（**無条件刺激**）によって引き起こされる反応が，関係ない刺激（**条件刺激**）と結びつくことを**古典的条件づけ**というよ。

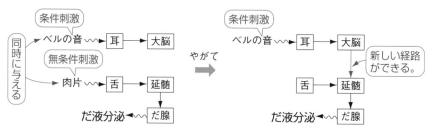

② オペラント条件づけ

　スキナー（アメリカ）は，ネズミやハトを，スイッチを押すと餌が出る装置に入れて観察したところ，はじめのうちは偶然にスイッチを押して餌を得ていた動物が，やがて頻繁にスイッチを押すようになることを観察した。これは，"スイッチを押せば餌が出る" ということを学習したためだ。このように，自分の起こした行動によって得られた結果から，次回の行動が決定されることを**オペラント条件づけ**という。

　もう少し例をあげてみよう。ある小学生が自ら進んで教室を掃除したとしよう。

教室の掃除をした。➡ 先生にほめられた。➡ うれしい。➡ また掃除をする。

　似たような経験は誰にでもあるよね。人にほめられてうれしいという報酬があると，掃除をするという行動が強化されるんだ。

　では，この小学生がクラスの友人の前でモノマネを披露したとしよう。

モノマネをした。➡ 似てないと言われた。➡ 恥ずかしい思いをした。➡ モノマネをしなくなる。

　モノマネをするという行動が，"恥ずかしい" という不快な思い（＝罰）を引き起こすことを学習すると，その行動は弱められるんだ。

　このように，オペラント条件づけでは**行動が報酬と結びつけば強化され，罰と結び**

つけば**弱められる**んだ。ここが，自発的な行動を伴わない古典的条件づけとは異なる点だ。

5 知能行動 〉★☆☆

　経験したことのない状況下で，過去の似たような経験から類推し，結果を見通して行動することを**知能行動**という。

　チンパンジーは，手の届かない高さにつるしてあるバナナを，箱を積み上げたり棒を使ったりして取ろうとする。このような行動は，過去に経験していたわけでも，特別なトレーニングを受けたわけでもない。**未経験の状況にうまく対処できる**というのが，知能行動がほかの学習とは違う点だ。

STORY 3 　日 周 性

　多くの生物は，ほぼ1日でくり返される活動周期をもっていて，これを**日周性**という。なぜ，生物は日周性をもつのかというと，およそ24時間周期のリズムを生み出すしくみがあるためだ。このしくみを**体内時計**といい，体内時計が生み出す約24時間周期のリズムのことを**概日リズム**（サーカディアンリズム）という。

　体内時計はクオーツ式の腕時計ほど正確ではない。ヒトの体内時計は個人差はあるものの，およそ25時間周期といわれている。それでも，私たちの日常生活において，困ることはほとんどない。なぜなら，毎朝，目覚めとともに眼から入る光によって，体内時計のズレが修正（アジャスト）されるからだ。だから，光や目覚まし時計といった外部からの刺激がない洞窟の中（恒暗条件下）で生活を続けると，純粋に体内時計の周期に従って寝起きをくり返すことになるんだ。

　　　　　体内時計って，体のどこにあるのですか？

　鳥類では，**松果体**と呼ばれる間脳の背側に位置する器官だと考えられている。松果体はメラトニンというホルモンを分泌する内分泌器官でもあり，メラトニン分泌量が昼では少なく夜に多くなるようなリズムを生み出している。

　哺乳類では，視床下部の**視交さ上核**と呼ばれる器官が体内時計の中枢と考えられている。視交さ上

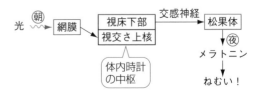

核は，網膜からの光情報を受け取り，交感神経を介して松果体をコントロールしていると考えられているよ。

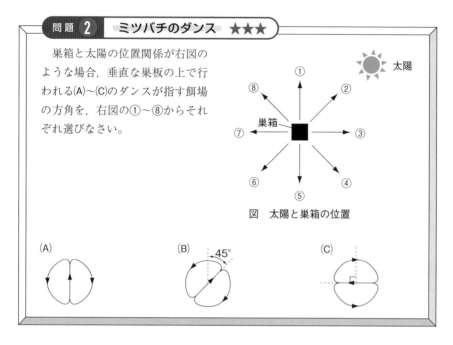

巣箱と太陽の位置関係が右図のような場合，垂直な巣板の上で行われる(A)〜(C)のダンスが指す餌場の方角を，右図の①〜⑧からそれぞれ選びなさい。

① ② ③ ④ ⑤ ⑥ ⑦ ⑧

太陽

巣箱

図　太陽と巣箱の位置

(A)　(B)　45°　(C)

━━━《✓解　説》━━━

(A)　巣板の上では，常に**上が太陽の方向**を示す。8 の字の直線部分は，餌場の方向を示すのだから，**太陽と同じ方向に餌場がある**。つまり②が**正解**。

(B)　**太陽の方向から右回り45度**に餌場がある（下図ア）。②（太陽の方向）から右回り45度は③だよね。

(C)　**太陽の方向から左回り90度**に餌場はある（下図イ）。②（太陽の方向）から左回り90度は⑧だよね。

(B)

太陽の方向から右回り45度

餌場

図ア

(C)

太陽の方向から左回り90度

餌場

図イ

━━━《✓解　答》━━━

(A)　②　　(B)　③　　(C)　⑧

植物の環境応答

▲のびる側と反対側に曲がる。

STORY 1　被子植物の生殖と発生

1　被子植物の配偶子形成 ＞★★★

　被子植物では，生殖器官である花で配偶子形成が行われる。おしべの葯（やく）でつくられる花粉の中では雄性配偶子である**精細胞**が，めしべの胚珠の中では雌性配偶子である**卵細胞**がそれぞれつくられる。

① 精細胞の形成

❶　おしべの葯の中では，花粉母細胞（$2n$）が**減数分裂**を行って，4個の細胞からなる花粉四分子（n）ができる。花粉四分子は細胞がたがいに離れてバラバラになり，それぞれの細胞が1個の花粉となる。

❷　花粉四分子のそれぞれの細胞は，細胞質がかたよるようにして体細胞分裂を行い，大きな**花粉管細胞**と小さな**雄原細胞**（ゆうげん）とに分かれる。やがて，雄原細胞は花粉管細胞にのみ込まれて，細胞の"入れ子"状態となる。これが成熟した花粉である。

❸　成熟した花粉は，昆虫などによってめしべの柱頭（ちゅうとう）につく（受粉という）と，**花粉管**を伸ばす。花粉管は，胚珠の珠孔に向かって伸びていき，その中で雄原細胞はさらに**1回体細胞分裂**をして，2個の精細胞（n）になる。この精細胞が**雄性配偶子**となる。

② 卵細胞の形成

❶ めしべの子房内にある**胚珠**では，**胚のう母細胞**（$2n$）が減数分裂を行って4個の細胞を生じるが，3個の小さい細胞はやがて退化し，1個の大きな**胚のう細胞**（n）だけが残る。

❷ その後，胚のう細胞は**核分裂**（細胞質分裂を伴わない体細胞分裂）を3回行い，8個の核（n）を生じる。

❸ 8個の核のうち，3個は珠孔（珠皮にあいた孔）側に移動し，1個の**卵細胞**（n）と2個の**助細胞**（n）の核となり，ほかの3個は珠孔の反対側に移動して3個の**反足細胞**（n）の核となる。残りの2個の核は，胚珠の中央にとどまって**極核**（n, n）と呼ばれる**中央細胞**の核となる。

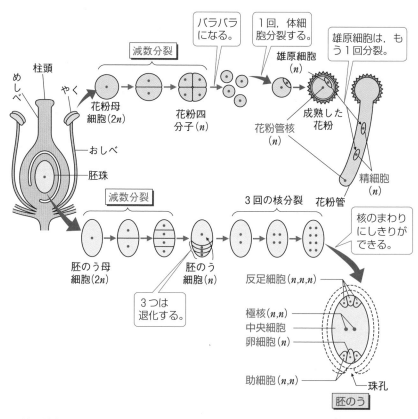

■被子植物の配偶子形成

❶　花粉管が胚珠の珠孔に到達すると，2個の精細胞が助細胞の1つを破壊して胚のう内に進入する。

❷　1個の**精細胞**の核（精核 n）は，**卵細胞**の核（n）と合体して**受精卵**の核（$2n$）となる。

❸　もう1個の**精細胞**の核（n）は，2個の**極核**（n，n）と合体して**胚乳核**（$3n$）となる。

このような，2つの受精が同時に起こる受精の様式を**重複受精**という。**重複受精は被子植物だけに見られる現象**である。

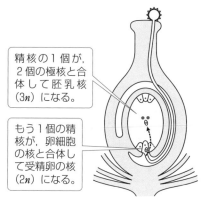

精核の1個が，2個の極核と合体して胚乳核（$3n$）になる。

もう1個の精核が，卵細胞の核と合体して受精卵の核（$2n$）になる。

胚乳核は，3つの核の合体でできるので，核相が $3n$ になることに注意しよう。

■重複受精

④　胚と種子の形成

　受精卵（$2n$）は体細胞分裂をくり返して，胚球と胚柄になり，胚球はさらに子葉・幼芽・胚軸・幼根からなる**胚**（$2n$）になる。また，胚柄は種子の成熟とともに退化する。

　一方，中央細胞の**胚乳核**（$3n$）は分裂をくり返し，多数の細胞となったあと栄養を蓄えて**胚乳**（$3n$）になる。胚乳は種子が発芽するときのエネルギー源となったり，胚の体をつくる材料となったりする。

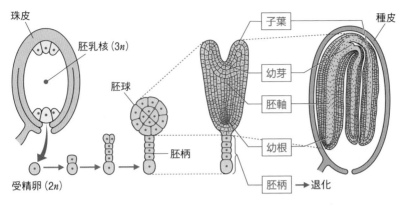

■胚の形成

　胚や胚乳の形成に伴って，胚珠を包んでいた珠皮は種皮になり種子が完成する。種子が子房壁が発達してできる果皮によって包まれて，果実ができる。この状態で種子はいったん発生を止め，休眠状態に入る。

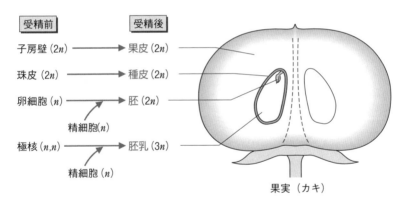

■種子の形成

果皮と種皮は，親の体の一部がそのまま受け継がれるんだ。

（(POINT 24)) 重複受精

◎ 精細胞（n）＋ 卵細胞（n）── 受精卵（$2n$）── 胚（$2n$）

◎ 精細胞（n）＋ 極核（n, n）── 胚乳核（$3n$）── 胚乳（$3n$）

被子植物が重複受精することには，どんな意味があるのですか？

　イチョウなどの**裸子植物では重複受精が行われず**，胚乳は受精の前につくられる（このため，裸子植物の胚乳は n のままだ）。この方法だと，卵細胞が受精しなかった場合，胚乳に蓄えた栄養分がムダになってしまうんだ。例えるなら，まだ結婚もしていない独身の人が，将来生まれてくる子供のために，紙おむつやミルクを買っておくようなものだよね。もし，将来結婚しなければ，全てがムダになる。

　これに対して，被子植物では，極核が精細胞と受精してはじめて胚乳に栄養が蓄えられるしくみになっている。重複受精では，極核が受精するときには，同時に卵細胞も受精するので，**卵細胞が受精しない種子でも胚乳に養分を蓄えるというムダがない**んだ。

⑤　有胚乳種子と無胚乳種子

　イネやカキなどの種子では，発芽に必要な栄養分は**胚乳**に蓄えられる。このような種子を**有胚乳種子**という。これに対して，マメやナズナなどの種子では，胚乳は発達せず**子葉**に栄養分が蓄えられる。このような種子を**無胚乳種子**という。

●有胚乳種子 ➡ 栄養分が胚乳に蓄えられる。

　　例 **イネ，コムギ，トウモロコシ**

●無胚乳種子 ➡ 栄養分が子葉に蓄えられる。

　　例 **マメ科（エンドウ，ダイズ），ナズナ，アブラナ，クリ**

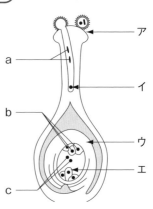

問題 ❶ 植物の配偶子形成 ★★★

　　右の図は，受精が起こる少し前のめしべ
の状態を，模式的に示したものである。こ
の図を見て，次の問いに答えなさい。

問1　図のア〜エの名称をそれぞれ一つず
　　つ選びなさい。

　　　①　花　柱　　　②　花粉管核
　　　③　子　房　　　④　精細胞
　　　⑤　柱　頭　　　⑥　胚　珠
　　　⑦　胚のう　　　⑧　反足細胞
　　　⑨　卵細胞

問2　この図の胚のうが，被子植物として最もふつうの方式でつくられたと
　　すれば，胚のうに含まれる核は，胚のう母細胞から何回の核分裂を経過し
　　てできたものか。最も適当なものを，一つ選びなさい。

　　　①　4回　　　②　5回　　　③　6回　　　④　7回

問3　重複受精とは，受精卵を生じる受精のほかに，図の中のどの核が融合
　　（合体）することか。最も適当なものを，一つ選びなさい。

　　　①　2個のaと1個のb　　　②　1個のaと2個のb
　　　③　2個のaと1個のc　　　④　1個のaと2個のc

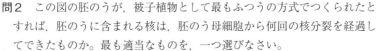 ✓ 解 説

問1　アは柱頭と呼ばれるめしべの先端部で，花粉がつきやすいように粘液を分泌し
　　ている。イは発芽した花粉管の先にある**花粉管核**。ウは**胚珠**（胚のう＋珠皮）で，
　　将来種子になる部分。エは**卵細胞**だ。
　　　　卵細胞の位置は，珠孔（珠皮にあいた孔）**側であること**を忘れないでほしい。こ
　　の図では，珠孔は下にあるのでエが卵細胞になるけど，珠孔が上にある植物の場合
　　には，卵細胞も上にあるんだ。

問2　胚のう母細胞は，まず減数分裂で2回の核分裂を行い，生じた**胚のう細胞**が，
　　続く**3回**の**核分裂**（実質は体細胞分裂だけど細胞質分裂を伴わない）を行うんだ
　　ったよね。だから，合計5回だ。

問3　aは**精細胞**，bは**反足細胞**（これは受精しない）の核，cは**極核**だってことは
　　わかったかな。重複受精では，1個の**精細胞**（a）の核と2個の**極核**（c）が受精
　　して**胚乳核**になるんだったよね。

✅ 解 答

問1 ア ⑤ イ ② ウ ⑥ エ ⑨

問2 ② 問3 ④

問題 2 | **胚と種子の形成** ★★★

　右の図は，ナズナ（染色体数 $2n = 16$）の胚発生のある時期の状態を模式的に示したものである。この図を見て，次の問いに答えなさい。

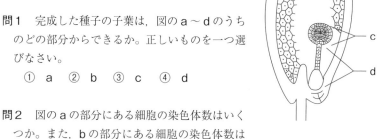

問1　完成した種子の子葉は，図の a 〜 d のうちのどの部分からできるか。正しいものを一つ選びなさい。

　　① a　② b　③ c　④ d

問2　図の a の部分にある細胞の染色体数はいくつか。また，b の部分にある細胞の染色体数はいくつか。それぞれ正しいものを一つずつ選びなさい。ただし，同じものを選んでもよい。

　　① 8　② 16　③ 24　④ 32

問3　完成した種子では，図の b の部分は何と呼ばれるか。

　　① 種皮　② 表皮　③ 珠皮　④ 子房壁

問4　種子から発芽したのち根や茎に育っていくのは，図の a 〜 d のうちのどの部分か。問1の①〜④から，一つ選びなさい。

✅ 解 説

問1　子葉は c（胚球）からできる。

問2　a は胚乳なので，染色体数は $3n$ だ。ナズナは $2n = 16$ なので，n あたり 8 となる。よって，胚乳は $3n = 24$ となる。

　　b は**種皮**なので，親の体の一部，すなわち体細胞だ。したがって $2n = 16$。

問4　根は**幼根**，茎は**胚軸**からできる。**幼根**や**胚軸**（ほかに**子葉**や**幼芽**も）は，胚球（c）から生じる。ちなみに，胚柄（d）は，発芽するまでに退化して，消失するよ。

問1　③　　問2　a　③　　　　b　②
問3　①　　問4　③

問題 3　　**花粉管の誘引**　★★☆

　被子植物のトレニアの胚珠は次の図に示すように，胚のうの一部が裸出していて，卵細胞，助細胞および中央細胞の一部を顕微鏡で容易に観察できる。花粉管の誘引に関わるのはどの細胞かを調べるため，未受精あるいは受精後の胚のうを含む胚珠を切り出して，卵細胞，助細胞または中央細胞のいずれかをレーザー光線で死滅させて観察したところ，次の表の結果が得られた。

表

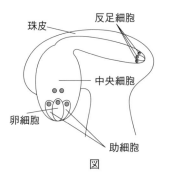

胚のうの種類	死滅させた細胞	花粉管の誘引
未受精の胚のう	なし	あ　り
	卵細胞	あ　り
	中央細胞	あ　り
	助細胞1個	あ　り
	助細胞2個	な　し
受精後の胚のう	な　し	な　し

図

問　上記の結果に関して，花粉管の誘引に必要な細胞と，受精前後での誘引活性の変化に関する考察の組み合わせとして最も適当なものを，一つ選びなさい。

	誘引に必要な細胞	受精前後での誘引活性の変化
①	卵細胞	受精後に失われる。
②	卵細胞	受精とは無関係に維持される。
③	助細胞	受精後に失われる。
④	助細胞	受精とは無関係に維持される。
⑤	中央細胞	受精後に失われる。
⑥	中央細胞	受精とは無関係に維持される。

〈センター試験・改〉

《《 ✓ 解 説 》》

表の「未受精の胚のう」で，「助細胞2個」を死滅させると，花粉管が誘引され
なかったことから，誘引に必要な細胞は助細胞であることがわかるよね。また，「受
精後の胚のう」では，死滅させた細胞がなかったにも関わらず，花粉管は誘引され
なかったことから，助細胞の誘引活性は受精後に失われることがわかる。

《《 ✓ 解 答 》》

③

問題 4　種子の栄養 ★★☆

有胚乳種子をつくる植物を，一つ選びなさい。
① イネ　② アサガオ　③ エンドウ　④ クリ

《《 ✓ 解 説 》》

この中では**イネ**だけが**有胚乳種子**で，他は全て**無胚乳種子**だ。

《《 ✓ 解 答 》》

①

● 参 考 ● 植物の組織 ●

　植物の組織は，盛んに体細胞分裂を行う分裂組織と，それ以外の組織（分化
した組織）とに分けられる。植物では，基本的に分裂組織でしか細胞分裂は行
われず，分裂組織で生み出された細胞が，さまざまな組織へと分化していく。

1．分裂組織

形成層（Ⓐ）➡ 双子葉類や裸子植物の茎や根にある。**肥大成長**

頂端分裂組織　茎頂分裂組織（Ⓑ）➡ **茎の伸長成長**
　　　　　　　根端分裂組織（Ⓒ）➡ **根の伸長成長**

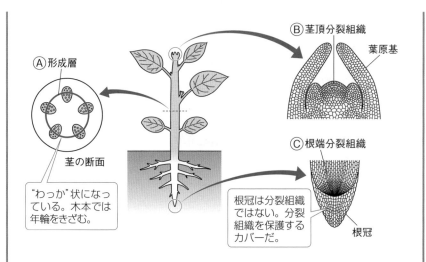

Ⓑ 茎頂分裂組織

葉原基

Ⓐ 形成層

茎の断面

"わっか"状になっている。木本では年輪をきざむ。

Ⓒ 根端分裂組織

根冠は分裂組織ではない。分裂組織を保護するカバーだ。

根冠

2. 分化した組織

　植物では，関連した組織を3つの組織系（表皮系・維管束系・基本組織系）にまとめることができる。

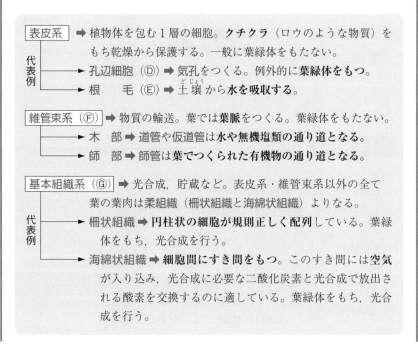

表皮系 ➡ 植物体を包む1層の細胞。**クチクラ**（ロウのような物質）をもち乾燥から保護する。一般に葉緑体をもたない。

代表例
➡ 孔辺細胞（Ⓓ）➡ 気孔をつくる。例外的に**葉緑体をもつ**。
➡ 根　毛（Ⓔ）➡ 土壌から水を吸収する。

維管束系（Ⓕ）➡ 物質の輸送。葉では**葉脈**をつくる。葉緑体をもたない。
➡ 木　部 ➡ 道管や仮道管は**水や無機塩類の通り道**となる。
➡ 師　部 ➡ 師管は**葉でつくられた有機物の通り道**となる。

基本組織系（Ⓖ）➡ 光合成，貯蔵など。表皮系・維管束系以外の全て
葉の葉肉は柔組織（柵状組織と海綿状組織）よりなる。

代表例
➡ 柵状組織 ➡ **円柱状の細胞が規則正しく配列**している。葉緑体をもち，光合成を行う。
➡ 海綿状組織 ➡ **細胞間にすき間をもつ**。このすき間には**空気**が入り込み，光合成に必要な二酸化炭素と光合成で放出される酸素を交換するのに適している。葉緑体をもち，光合成を行う。

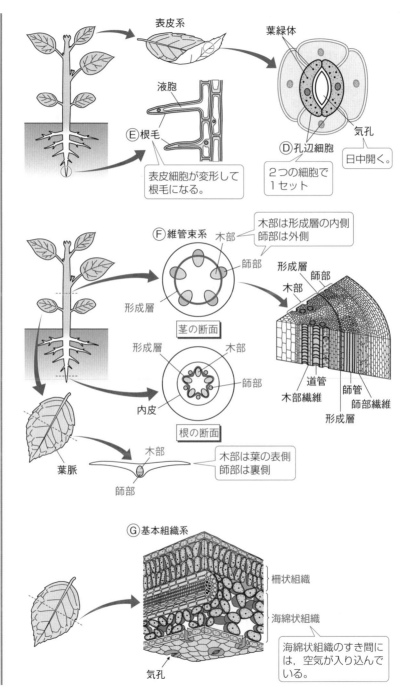

表皮系

葉緑体

液胞

Ⓔ根毛

表皮細胞が変形して
根毛になる。

Ⓓ孔辺細胞

2つの細胞で
1セット

気孔

日中開く。

Ⓕ維管束系

木部

師部

形成層

茎の断面

木部は形成層の内側
師部は外側

形成層

師部

木部

道管

木部繊維

師管

師部繊維

形成層

形成層

木部

師部

内皮

根の断面

葉脈

木部

師部

木部は葉の表側
師部は裏側

Ⓖ基本組織系

柵状組織

海綿状組織

気孔

海綿状組織のすき間に
は，空気が入り込んで
いる。

３．師管・道管・仮道管

⑴ 師　管

　葉でつくられた有機物（糖やアミノ酸）の通り
道となる。師管をつくる細胞は生きているが，核
は失われている。上下の隔壁(かくへき)には多数の孔(あな)があい
ていて"ふるい"のようになっている。これを師
板という。

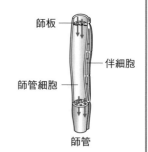

⑵ 道管・仮道管

　根から吸収した水や無機塩類の通り道となる。
肥厚(ひこう)した死んだ細胞の細胞壁からなる。

●道　管 ➡ 上下の隔壁がなく管状になっている。被子植物だけに見られる。
●仮道管 ➡ 仮道管は道管のような１本の長くまっすぐな管ではなく，上下の
　　　　　隔壁があり，水は横にあいた小さな孔を曲がりくねりながら流れ
　　　　　る。シダ植物・裸子植物に見られる（被子植物では補助的役割）。

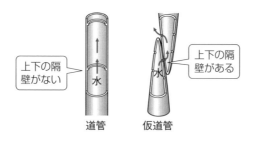

４．双子葉類と単子葉類の形成層

　形成層は双子葉類にはあるけど，単子葉類にはない。そのため，単子葉類は
茎が太くならず，木本(もくほん)（いわゆる"木"だ）のように背が高くなることはない。

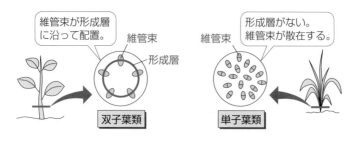

　植物に光や水を与えないと，やがて枯れてしまう。このような生物の生活に影響を与える環境の要素（光・水・大気・温度など）を**環境要因**という。

　植物にとって重要な環境要因をまとめると，次のようなものがある。

- ●光　　　　➡ 光合成のエネルギー源や，環境の変化を知るための情報となる。
- ●二酸化炭素 ➡ 光合成でつくられる有機物の材料となる。
- ●水　　　　➡ 光合成や体の成長に必要。
- ●温　度　　➡ 光合成や呼吸の速度に影響する。

STORY **3** / 植物の応答と成長

　植物も，動物ほど派手ではないけれど，光や接触などの刺激に対して反応する。そのようすを見ていこう。

1 屈性と傾性 ＞★★☆

① 屈　性

　植物には，芽生えが光の方向に曲がったり，横倒しにした根が下に向かって曲がったりする性質がある。このような**植物が一定の方向に屈曲する性質**を**屈性**（くっせい）という。植物はいろいろな刺激に対して屈性を示し，刺激が光なら **光屈性**（ひかり），刺激が重力なら**重力屈性**というように細分化される。また，**刺激の方向に屈曲する場合**を正（＋）の屈性，**刺激と反対の方向に屈曲する場合**を負（−）の屈性という。

屈　性	刺　激	例
光　屈　性	光	茎（＋），根（－）
重力屈性	重　力	茎（－），根（＋）
化学屈性	化学物質	花粉管（＋）
接触屈性	接　触	巻きひげ（＋）
水分屈性	水	根（＋）

② **傾　性**

　屈性とは違い，刺激の方向とは無関係な反応を**傾性**という。例えば，チューリップの花は温度が上がると開き，温度が下がると閉じる。また，タンポポの花は光が当たると開き，暗くなると閉じる。これは，花弁（花びら）の内と外の成長の差によって起こる。傾性も刺激の種類によって，温度傾性（チューリップの開花）や光傾性（タンポポの開花）などに分けられる。

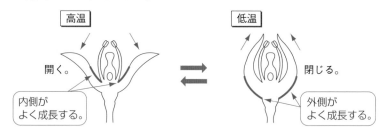

傾　性	刺　激	例
光　傾　性	光	タンポポの開花 気孔の開閉 オジギソウの就眠運動
温度傾性	温　度	チューリップの開花
接触傾性	接　触	オジギソウの接触による運動 ハエトリソウの運動

2 　成長の調節 ＞★★★

① 　光屈性のしくみ

　植物の屈性は，**オーキシン**という植物ホルモンによって引き起こされる。オーキシンは，**幼葉鞘**（ようようしょう）**や茎の先端**でつくられ，成長部へ移動してその部分の成長を促進する。

　次のページの図は，イネ科植物の芽生えが，光屈性を示すしくみを表したものだ。**オーキシンは幼葉鞘の先端部でつくられ，光が当たらない側へ移動して下降する。**そして，先端よりも下にある**成長域に作用して，成長を促進する。**このため，成長に差が生じて屈曲するんだ。

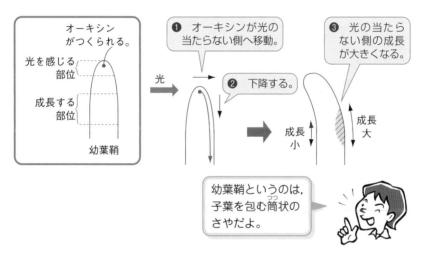

　次に，このようなオーキシンの性質が，どのような研究によって明らかになったのかを見ていくことにしよう。

② 　光屈性の研究

1.　ダーウィンの実験（1880年頃，材料はクサヨシ）

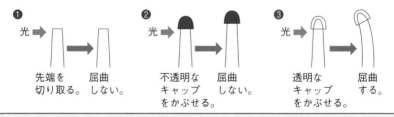

〔結　論〕

● 光のくる方向（刺激の情報）は先端部で受け取られる。

2. ボイセン・イェンセンの実験（1910年，材料はマカラスムギ）

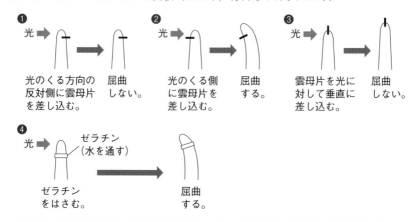

❶ 光 ➡
光のくる方向の
反対側に雲母片
を差し込む。
屈曲
しない。

❷ 光 ➡
光のくる側
に雲母片を
差し込む。
屈曲
する。

❸ 光 ➡
雲母片を光に
対して垂直に
差し込む。
屈曲
しない。

❹ 光 ➡ ゼラチン
（水を通す）
ゼラチン
をはさむ。
屈曲
する。

〔結　論〕
●先端部でつくられた水溶性の物質が，光の当たらない側へ移動する。
この物質は下降して，その部位の成長を促進する。

3. ウェントの実験（1928年，材料はマカラスムギ）

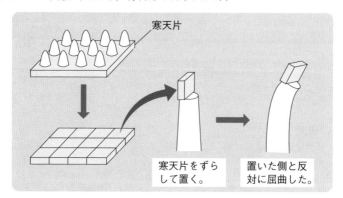

寒天片

寒天片をずら
して置く。

置いた側と反
対に屈曲した。

ウェントの実験により，幼葉鞘の先端部でつくられる成長を促進する物質（オーキ
シン）が実在することが明らかになった。

さらに，ウェントは，屈曲角が寒天片にしみ込んだ成長促進物質の濃度に比例する
ことから，成長促進物質の濃度を定量する方法（**アベナテスト**という）を考案した。

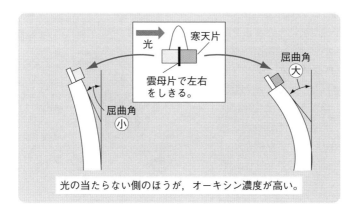

光の当たらない側のほうが，オーキシン濃度が高い。

③ オーキシンの働き

1. オーキシンとは

　ウェントなどによって明らかになった成長促進物質は，その後**オーキシン**と名づけられ，その実体は**インドール酢酸（IAA）**という化学物質であることがわかった。

　また，人工的に合成される**2, 4−D**（水田の除草剤として使用される）などの物質もオーキシンの一種だ。

　このように，オーキシンとは特定の物質の名称ではなく，**植物の成長を促進したり，屈性を起こしたりする物質は，全てオーキシンと呼んでいる**んだ。

2. 極性移動

　オーキシンは，先端部から基部へ向かって移動するけど，逆へは移動しないという性質がある。これを**極性移動**という。

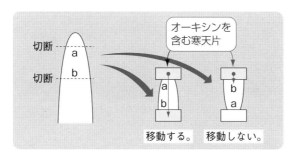

このオーキシンの極性移動に関わっているのが細胞膜に存在する**PINタンパク質**（オーキシン排出輸送体）と**AUXタンパク質**（オーキシン取り込み輸送体）だ。植物の細胞壁にはある程度の水があり、この水に拡散しているオーキシンを細胞内に取り込むのがAUXタンパク質だ。これに対して、細胞内のオーキシンを細胞壁中に排出するのがPINタンパク質だ。PINタンパク質は、細胞の基部側の細胞膜に集中して存在するので、各細胞はバケツリレーのようにオーキシンを基部方向に輸送することになるんだ。

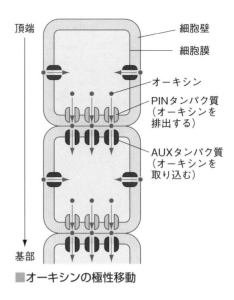

■**オーキシンの極性移動**

このように、**オーキシンの輸送方向はPINタンパク質が細胞膜のどこに発現するのかによって決まる**。507ページで見た幼葉鞘の先端部に光を横から当てたときにオーキシンが陰側に輸送される現象も、光の刺激によりPINタンパク質が陰側にかたよって発現するようになるからなんだ。

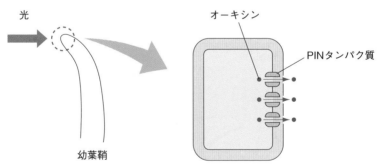

④ 重力屈性

　植物の芽生えを横倒しにすると，茎は重力と反対方向に曲がり（**負の重力屈性を示し**），根は重力の方向に曲がる（**正の重力屈性を示す**）。このしくみを説明しよう。

　先端でつくられたオーキシンは，植物体の下側を通って根の方へ運ばれる。そのため，**茎も根もオーキシンの濃度は下側の方が上側よりも高くなる。**しかし，茎と根ではオーキシンに対する感受性が異なっていて，**茎ではオーキシンの濃い下側の成長は促進されるけど，根ではオーキシンの濃い下側の成長は抑制される**んだ。

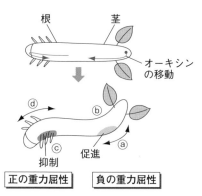

■オーキシンの移動と重力屈性

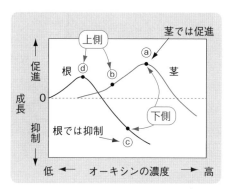

■オーキシンの濃度と各部の成長

　根におけるオーキシンの輸送には特徴がある。茎の先端でつくられたオーキシンは，根の内皮に囲まれた中心部分（中心柱）を移動し，根の先端に向かって輸送される。先端に達したオーキシンは，根冠の中を外側へ移動し，今度は折り返すようにして，皮層（内皮の外側）を通って先端から基部方向へと上昇する。

　垂直な根では，折り返して上昇するオーキシンの濃度は前後左右で均等だけど，根を横向きにすると，上側に比べて下側のオーキシンの輸送が多くなる。これは，根の先端の**根冠**にある**コルメラ細胞**（平衡細胞）のアミロプラスト（▶p.179）が重力によって移動し，アミロプラストが移動した側の細胞膜に多くの PIN タンパク質が分布するようになるためだ。

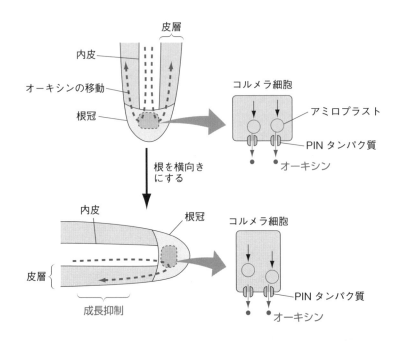

《 POINT 25 》 オーキシンの移動

◎先端部に片側から光を当てると，光の当たらない側へ移動する。

◎先端部から基部へ極性移動する。

◎植物を横に倒すと，重力方向へ移動する。

⑤ 茎の伸長と肥大

 オーキシンは，どうやって植物細胞を成長させるのですか？

オーキシンは細胞壁を構成するセルロース繊維どうしのつながりをゆるめ，細胞壁をやわらかくする。その結果，細胞は吸水して大きくなるんだ。

茎の成長には，縦に伸びる**伸長成長**と，横に太る**肥大成長**がある。オーキシンはどちらの成長にも関わっているけど，2つの成長のどちらが起こるかは，オーキシンとは別の植物ホルモンであるジベレリンとエチレンによって決まる。茎の細胞に，**ジベレリン**が作用したあとにオーキシンが作用すると，細胞は**伸長成長**し，**エチレン**が作用したあとにオーキシンが作用すると**肥大成長**する。

ジベレリンはセルロース繊維を横方向に合成させる働きがある。そのため，細胞は横方向には伸びにくくなる。ちょうど，ベルトがおなかを締めつけるようなものだ。しかし，縦方向にはセルロース繊維による制限が少ないため，オーキシンの働きによって，繊維どうしのすき間があくように成長するんだ。

　一方，エチレンはセルロース繊維の縦方向の合成を促す。そのため，細胞壁は横方向に成長しやすくなるんだ。

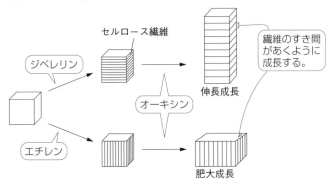

■茎の成長とジベレリン，エチレン，オーキシンの作用

⑥　頂芽優勢

　茎の先端にある頂芽が盛んに成長している間は，それより下にある側芽(そくが)の成長は抑制される。この現象を**頂芽優勢**という。

　頂芽を切除すると側芽が成長するけど，頂芽を切除した切り口にオーキシンを含む寒天片を乗せると側芽は成長しない。また，頂芽を切除しなくても，側芽にサイトカイニン（植物ホルモンの一種）を与えると側芽は成長を始める。

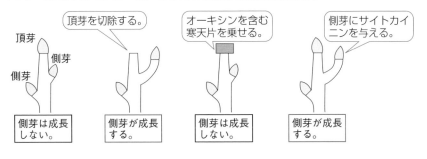

　このような観察から，**サイトカイニンは側芽の成長を促進**し，茎頂でつくられた**オーキシンは側芽まで下降してサイトカイニンの合成を抑制している**と考えられるんだ。

オーキシン
  │合成の抑制
サイトカイニン ──→ 側芽の成長

問題 5　オーキシンと屈性　★★★

　植物は光や重力などの刺激を受けると，その刺激に対して一定の方向に屈曲する。ア芽生えを水平に置くと，根は重力の方向に，茎はその反対の方向に屈曲する。茎のこのような性質を　イ　という。また，芽生えに一方向から光を照射すると，茎は光の方向に屈曲する。このような性質を　ウ　という。これらの現象にはオーキシンが関わっている。

問1　下線部アの現象の説明として最も適当なものを，一つ選びなさい。ただし，この現象は明所でも暗所でも同様に起こるものとする。

　① オーキシンが下側に移動した結果，茎では下側の成長が促進され，根では下側の成長が抑制された。

　② オーキシンが上側に移動した結果，茎では下側の成長が促進され，根では下側の成長が抑制された。

　③ オーキシンが茎では下側に移動し，根では上側に移動した結果，オーキシンの移動した側の成長が促進された。

　④ オーキシンが茎では上側に移動し，根では下側に移動した結果，オーキシンの移動した側の成長が抑制された。

問2　文章中のイ・ウに入る語句の組み合わせとして最も適当なものを，一つ選びなさい。

	イ	ウ
①	正の重力屈性	正の光屈性
②	負の重力屈性	正の光屈性
③	正の重力屈性	負の光屈性
④	負の重力屈性	負の光屈性

〈センター試験・改〉

✓ 解説

問1　芽生えを水平に置くと，オーキシンが下側へ移動するんだったよね。そのため，茎でも根でも下側の濃度が高くなる。でも，茎と根では感受性が異なるため，濃度が高いと茎では下側の成長が促進され，根では下側の成長が抑制されるんだ。

問2 刺激の方へ曲がることを正の屈性といい，刺激と反対の方へ曲がることを負の
屈性という。茎は，重力方向と反対の方向へ曲がるのだから，**負の重力屈性**だ。

───《✓解答》───

問1 ①　　　　問2 ②

┌─────────────────────────────────┐
│ 問題 **6**　 頂芽優勢 ★★★ │
├─────────────────────────────────┤
│ 頂芽優勢に関する記述として**誤っている**ものを，一つ選びなさい。 │
│ ① 頂芽が勢いよく成長しているときは，側芽の成長は抑えられる。 │
│ ② 側芽の成長に対する頂芽の働きは，オーキシンによって置き換え │
│ 　 られる。 │
│ ③ 頂芽の成長が衰えると，側芽の成長が促進される。 │
│ ④ 頂芽を除くと，側芽の成長は抑えられる。 │
│ 　　　　　　　　　　　　　　　　　　　　　　〈センター試験・改〉 │
└─────────────────────────────────┘

───《✓解説》───

② 頂芽を切除しても，切り口にオーキシンを含んだ寒天を乗せると，側芽の成長は
抑えられる。つまり，頂芽の働き（側芽の抑制）はオーキシンによって置き換え
ることができるんだ。

④ 頂芽を取り除くと，側芽の成長が始まるので**誤り**だ。

───《✓解答》───

④

気孔の開閉

　気孔は２個の**孔辺細胞**で囲まれたすき間のことで，特に葉の表皮に多く分布している。孔辺細胞は，ほかの表皮細胞とは異なり，**葉緑体をもち光合成を行う。**

　気孔は，光合成に必要な**二酸化炭素**や，**水蒸気の通り道**になる。ふつう，晴れた日の日中は，植物は気孔を開いて二酸化炭素を取り込み，夜間は蒸散を抑えるために気孔を閉じる。しかし，晴れている日中でも，水不足のときは気孔を閉じて蒸散を抑えることがある。気孔を開くと蒸散量が多くなり，枯れるおそれがあるからだ。ただし，蒸散にはよい面もある。夏の暑い日には，**蒸散により，葉の温度上昇を抑えることができる**んだ。

　気孔は，以下のようなしくみで開く。

❶　孔辺細胞に光が当たると，K^+の流入によって，周辺の細胞よりも吸水力が大きくなる。

❷　孔辺細胞は周辺の細胞から吸水して体積が増加し，**膨圧**（▶後述 p.518 参考）**が大きくなる。**

❸　孔辺細胞の細胞壁は，気孔側が厚く，外側が薄くできているため，外側の細胞壁が伸びて，孔辺細胞が湾曲して気孔が開く。

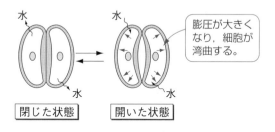

水　　　　水　　　　膨圧が大きくなり，細胞が湾曲する。

水　　　　水

| 閉じた状態 | 開いた状態 |

　気孔が閉じるときは，❶〜❸の逆が起こると考えればいい。すなわち，孔辺細胞から水が出ていき，膨圧が小さくなって気孔は閉じる。水分が不足すると，植物ホルモンの**アブシシン酸**が合成されることで，孔辺細胞からK^+が排出され，その結果，細胞の浸透圧が下がり，吸水力が低下して膨圧が下がるんだ。

　気孔が光を感知して開口するしくみには**フォトトロピン**という色素タンパク質が関わっていて，フォトトロピンが**青色光**を受容して気孔を開かせる。

《POINT ㉖》 気孔の開閉

◎気孔が開くときは，
　孔辺細胞が吸水 ➡ 膨圧が大きくなる ➡ 孔辺細胞が湾曲する

参考 植物細胞と膨圧

　植物細胞を蒸留水のような低張液に浸すと，水が細胞内に浸透して膨らむけれど，赤血球の溶血のように，破裂することはない。なぜなら，植物細胞は，細胞膜の外側にかたくて変形しにくい細胞壁をもっているからだ。このとき，細胞には細胞壁を押し広げようとする力が発生する。これを膨圧という。

　膨圧は，気孔の開閉だけでなく，植物の体を支えるのに重要な役割を果たしている。特に，幹をもたない草本では，植物体が各細胞の膨圧で支えられている。だから，水不足になって膨圧が下がると，植物体が支えられず，しおれた状態になるんだ。

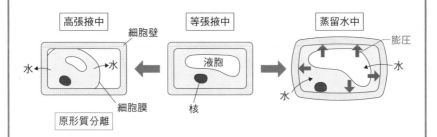

　細胞壁は溶液をそのまま透過させる性質（全透性）をもつ。そのため，植物細胞を海水のような高張液に浸すと，細胞壁を浸透した高張液が細胞膜と接し，これにより，細胞内の水が細胞外へと出ていく。この過程で，細胞膜に囲まれた部分（原形質）が縮小するけど，細胞壁は収縮せずに形を保つ。結果として，原形質が細胞壁からはがれてしまうんだ。この状態を**原形質分離**という。原形質分離の状態では，当然のことながら膨圧は 0 だ。

┌─────────────────────────────────────┐
│ 問題 **7**　気　孔　★★★ │
└─────────────────────────────────────┘

気孔についての記述として適当なものを，二つ選びなさい。

① 植物は，水が欠乏すると気孔を開き，光合成に必要な水を取り込む。

② 植物は，夜になると気孔を開き，呼吸のために必要な酸素を取り込む。

③ 植物は，光が当たると気孔を開き，水の蒸散によって葉の温度上昇を防ぐことができる。

④ 植物は，雨が降ると気孔を開き，光合成に必要な水を取り込む。

⑤ 気孔が開くのは，孔辺細胞の膨圧が高くなり，細胞の体積が増加したときである。

⑥ 気孔が開くのは，孔辺細胞の膨圧が低くなり，細胞の体積が減少したときである。

〈センター試験・改〉

========= ✓解　説 =========

①，④のように，気孔から水を吸収することはないよ。植物は必要な水を根から吸収するんだ。②は，「夜に気孔を開き」が誤り。日中，光が当たると開くんだったよね。

③は**正しい**。水は蒸散するときに，気化熱を奪う性質があるので，植物が気孔を開くと，蒸散量が増加し，葉の温度上昇を防ぐことができるんだ。

気孔が開くのは，吸水によって孔辺細胞が体積を増加し，膨圧が高くなったときなので，⑤も**正しい**。

========= ✓解　答 =========

③，⑤

STORY 5 / 果実の成長と花や葉の老化

1 果実の成長 > ★★★

受粉すると，子房や花床（がくや花弁の基部になる部分）が成長して果実ができる。これは，受精によってできる種子から分泌される**オーキシン**や**ジベレリン**が，子房や花床の成長を促進するためだ。

この性質を利用して，ブドウのつぼみをジベレリンの水溶液に浸すと，受精しなくても子房が成長して種子のない果実，いわゆる種なしブドウができるんだ。

受精を阻害 → 子房の成長を促進

ジベレリン水溶液　開花前のつぼみ

ジベレリン水溶液　開花後の花

めしべ

| 胚珠 成長しない。 | 子房 成長する。 |

果実
種なしのブドウの果実

■**種なしブドウのジベレリン処理**

2 果実の成熟 > ★★★

果実はやがて成熟してやわらかくなる。この過程で働くのが**エチレン**だ。エチレンは気体なので，空気中を拡散して別の植物体にも作用する。例えば，熟したリンゴを未熟なバナ

エチレン → 成熟する

成熟したリンゴ　未熟なバナナ

ナとともに密閉容器に入れると，リンゴから放出されたエチレンがバナナに作用して早くに熟すんだ。

3 葉の老化 > ★☆☆

葉が古くなると，クロロフィルが減少して緑色が薄くなっていく。この現象を葉の老化という。葉の老化は光の影響を受け，暗いところでは老化が促進されるが，明るいところでは抑制される。葉の老化には植物ホルモンが関係していて，特に**アブシシン酸**と**エチレン**は，老化を促進する。

落葉・落果 ＞★★☆

葉や果実が老化すると，やがて落葉・落果が起こる。これは，葉柄や果柄のつけ根に**離層**と呼ばれる特殊な細胞層がつくられることで引き起こされる。離層では，細胞壁の接着をゆるめる酵素がつくられることで，細胞どうしが引き離される。**エチレン**は，この酵素の合成を促進することで，**落葉・落果を促進する**。これに対して，**オーキシン**は離層の形成に抑制的に働く。

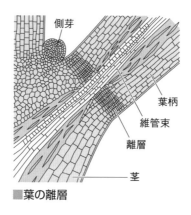

■葉の離層

STORY 6 種子の発芽

1 種子の休眠 ＞★★☆

通常，種子は発芽しにくいようにできている。たいていの種子は水分量が少ないうえに，種皮は酸素を通しにくい素材からできていて，呼吸ができず仮死状態になっているんだ。このような状態を**休眠**という。

休眠している間は，寒さや乾燥などの環境ストレスに対して抵抗力があるので，生育に不適切な環境をやり過ごすのに都合がいい。そして，生育に適した条件がそろうと発芽するしくみになっているんだ。

たいていの植物では，水・酸素・温度の3つの条件がそろわなければ発芽しない。植物によっては，これら以外に光など別の条件を必要とするものもある。

種子が休眠に入るときはアブシシン酸が，発芽するときにはジベレリンが働いているよ。

2 発芽とジベレリン 〉★★★

種子が発芽の条件を満たすと，吸水して発芽を始める。有胚乳種子の一種であるオオムギの種子の発芽を見てみよう。

オオムギの種子の発芽

❶ 胚で植物ホルモンの**ジベレリン**が合成される。

❷ ジベレリンは**糊粉層**（胚乳を取り囲む細胞層）に作用して，**アミラーゼ**（デンプン分解酵素）の合成を誘導する。

❸ アミラーゼは，**胚乳に蓄えられているデンプンを分解してグルコースにする。**

❹ グルコースは胚に取り込まれ，発芽や成長のためのエネルギー源として利用される。

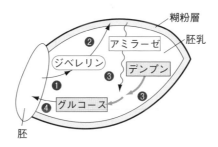

《POINT 27》 種子の発芽

❶ 胚でジベレリンが合成される。
❷ ジベレリンの作用により，糊粉層でアミラーゼが合成される。
❸ アミラーゼにより，胚乳のデンプンが分解される。
❹ 生じたグルコースは，胚に取り込まれ，発芽のエネルギー源になる。

　レタスの種子は発芽するのに，水・酸素・温度のほかに，光を必要とする。このような種子を光発芽種子という。

　レタスの種子にいろいろな色（波長）の光を当ててみたところ，**赤色光**を照射したときによく発芽し，**遠赤色光**（赤色よりも波長が長い）を照射すると発芽が抑制されることがわかった（両方照射した場合にはよく発芽した）。さらに，赤色光と遠赤色光を交互に照射すると，最後に照射した光だけが有効であることがわかった。つまり，**最後に照射した光が赤色光なら発芽し，遠赤色光なら発芽しない**んだ。

光　照　射	発　芽
暗所	発芽しない。
太陽光（**R**と**FR**含む）	発芽する。
R	発芽する。
R ➡ FR	発芽しない。
R ➡ FR ➡ R	発芽する。
R ➡ FR ➡ R ➡ FR	発芽しない。

{ **R**：赤色光照射
FR：遠赤色光照射

　レタスとは対照的に，カボチャやケイトウの種子は光が当たると発芽が抑制される。このような種子を**暗発芽種子**というよ。

((POINT㉘)) 光発芽種子

◎光発芽種子 ➡ レタス，タバコ
◎暗発芽種子 ➡ カボチャ，ケイトウ

発展 光発芽種子 —もっと詳しく—

　光発芽種子が，光が当たらなければ発芽しない理由は，レタスのように小さい種子の場合，地中深くで発芽してしまうと，子葉が地上に出る前に種子内部の栄養分を使い果たしてしまうおそれがあるので，それを防ぐためだ。

　遠赤色光で発芽しない理由は，ほかの植物の葉の下で発芽しないようにするためだと考えられている。

植物の葉に含まれる**クロロフィル**（光合成色素だ）は赤色光をよく吸収するけど，遠赤色光は吸収しない性質がある。そのため，葉を通り抜けた光は，赤色光が少なくなっている。このような光が当たっても，レタスは発芽しない。発芽しても十分な光合成ができず，枯れてしまう危険があるからだ。

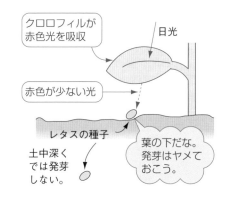

では，光発芽種子とは全く逆の戦略をとる暗発芽種子のメリットはなんだろう？　土は表面から乾燥していくため，浅いところで発芽すると水が得られなくなるリスクがある。そこで暗発芽種子は，地中の深くで発芽することで，水が得られる可能性を高めているんだ。

4　フィトクロム ＞ ★★★

光発芽には，**フィトクロム**（phytochrome）という色素タンパク質が関係している。フィトクロムには，**赤色光**（red）をよく吸収する **Pr 型**（赤色光吸収型）と，**遠赤色光**（far-red）をよく吸収する **Pfr 型**（遠赤色光吸収型）があり，**Pr 型に赤色光を照射すると Pfr 型に変わり，Pfr 型に遠赤色光を照射すると Pr 型に変わる**という性質をもっている。つまり，フィトクロムは **2 つの型を行ったり来たりできる**んだ。レタスの種子の場合，最終的に Pfr 型の割合が高くなると，発芽が促進されるよ。

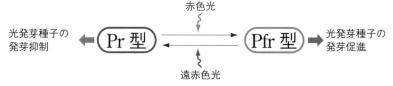

Pfr 型のフィトクロムは，核内で**ジベレリン**の合成に関わる遺伝子の発現を誘導する。**ジベレリン**は**アブシシン酸**の働きを抑制するとともに，胚軸の浸透圧を上昇させる。胚軸は吸水してふくらむことで，レタスの種子はかたい果皮を破って発芽するんだ。

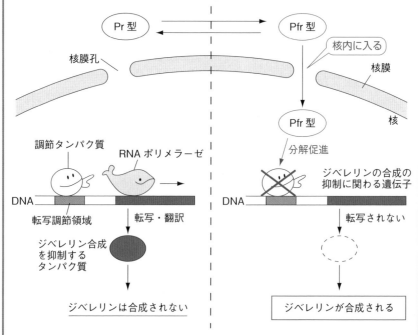

参考 フィトクロムはどのようにしてジベレリン合成を誘導するのか

　フィトクロムの Pfr 型は，核膜孔を通って核内に移動する。そして，「ジベレリンの合成を抑制するタンパク質」の遺伝子の転写に関わる調節タンパク質を分解することで，ジベレリン合成の抑制を解除する。ちょっとややこしいけど，抑制しているものをさらに抑制することで，ジベレリンの合成を誘導しているんだ。要するに，英語構文の「二重否定」のようなしくみだ。

Pr 型　　　Pfr 型

核膜孔　　　　　　　　核内に入る

核膜

Pfr 型

核

調節タンパク質　RNA ポリメラーゼ　　分解促進

ジベレリンの合成の
抑制に関わる遺伝子

DNA　　　　　　　　　　　DNA

転写調節領域　転写・翻訳　　　　転写されない

ジベレリン合成
を抑制する
タンパク質

ジベレリンは合成されない　　ジベレリンが合成される

　よく似たしくみが，ジベレリンによる伸長成長でも見られる。
　ジベレリンは核の中に移動し，ジベレリンの受容体である GID1 タンパク質と結合して複合体を形成する。これが，「伸長成長に関わる遺伝子」の転写を抑制している SLR1 タンパク質を分解することで，「伸長成長に関わる遺伝子」が発現するようになるんだ。

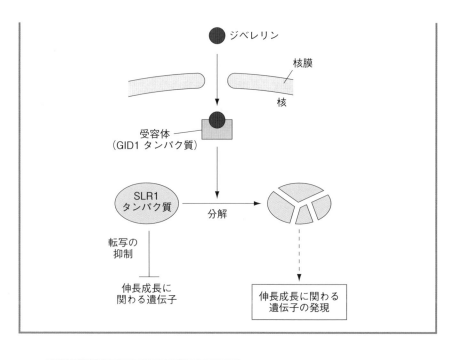

問題 8　光発芽種子　★★★

　植物の光受容体に関する次の文章中の　ア　～　ウ　に入る語句として最も適当なものを，それぞれ①または②から選びなさい。

　日なたは葉陰と比較して，遠赤色光に対する赤色光の割合が　ア　〔①低い／②高い〕。このことから，植物によっては，日なたでPfr型（遠赤色光吸収型）フィトクロムが　イ　〔①減少／②増加〕することで，種子の発芽が促進される。この発芽の調節は，Pfr型フィトクロムの　イ　により，ジベレリンの合成が誘導されアブシシン酸の働きが　ウ　〔①促進／②抑制〕されることによる。

〈共通テスト・改〉

===《✔ 解 説 》===

　葉では，赤色光は吸収されるけど遠赤色光はほとんど吸収されないため，葉陰の光は遠赤色光に対する赤色光の割合が低い。一方，日なたでは，赤色光が吸収されないので，葉陰と比較して遠赤色光に対する赤色光の割合が高い。赤色光の割

合が高いと，フィトクロムが赤色光を吸収するので Pfr 型が**増加**し，発芽が促進される。

　種子が発芽するときには，ジベレリンの合成が誘導され，アブシシン酸の働きは**抑制**される。アブシシン酸は発芽を抑制する植物ホルモンだ（▶p.528）。

───────────《《《✓解答》》》───────────

アー②　　イー②　　ウー②

5　もやし化 〉★★☆

　豆類などの種子を光の当たらない場所で発芽させると，芽生えは黄白色で子葉は閉じたまま胚軸が長く伸びて，いわゆる"もやし"になる。でも，明るいところで発芽させた場合は，芽生えは緑色に変化し，子葉が展開して伸長成長は抑制される。

　この伸長成長の抑制には，**クリプトクロム**という**青色光**を受容する色素タンパク質が関わっている。つまり，植物体に青色光を当てるとクリプトクロムがこれを吸収して，植物体の伸長成長（もやし化）を抑制するんだ。

　これとは別に，気孔が開くのに関わっている青色光受容体の**フォトトロピン**（▶p.516）は，**光屈性**にも関わっていることが知られている。ちなみに，光屈性を英語でphototropism（フォトトロピズム）というよ。

　これら色素タンパク質の働きは，色素タンパク質の遺伝子を欠損している変異体の研究から明らかにされたんだ。

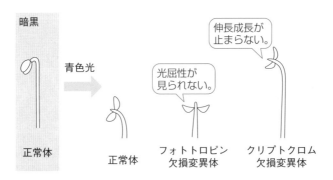

■光屈性とフォトトロピン，もやし化とクリプトクロム

《POINT㉙》 光に対する応答と色素タンパク質

色素タンパク質	吸収する光	主な働き
フォトトロピン	青色光	・光屈性 ・葉緑体の光定位運動 ・気孔の開口
クリプトクロム	青色光	・伸長成長の抑制
フィトクロム	赤色光，遠赤色光	・光発芽 ・花芽形成の誘導 ・伸長成長の抑制

STORY 7 　植物ホルモン

　オーキシンのように，植物に作用して変化を起こさせる物質を**植物ホルモン**という。ここで，植物ホルモンの働きと特徴についてまとめておこう。

① オーキシン

● **成長促進** ➡ 細胞壁をゆるめて膨圧を下げる。その結果，細胞は吸水して体積を増加させる。屈性に関与する。

● **頂芽優勢** ➡ 頂芽（茎頂）で合成されたオーキシンが，側芽の成長を抑制する。

● **不定根の形成** ➡ 茎の切り口に高濃度のオーキシンを作用させると根が形成される。挿し木の発根などに利用されている。

● **落葉・落果の抑制**

② ジベレリン

● **茎の伸長促進** ➡ 伸長成長を促進する。イネの草丈が異常に高くなるばか苗病を起こすカビから発見された（黒沢英一）。

● **子房の肥大成長** ➡ 種子がジベレリンを分泌することで子房が肥大成長して果実となる。しかし，人為的に受粉前のつぼみをジベレリン溶液に浸すと，種子のない果実をつくることができる（**単為結実**）。これは，種なしブドウに応用されている（▶p.519）。

● **種子の発芽の促進**

③ アブシシン酸

- ●種子の休眠維持
- ●気孔を閉じる ➡ 蒸散を抑える。
- ●エチレンの合成促進

　アブシシン酸は，もともと綿花の離層を形成し，落果を促進する〔abscission〕物質として単離された。しかしその後，アブシシン酸が離層を形成させるのではなく，離層形成の働きのあるエチレンの合成を誘導していたことが明らかとなった。

　アブシシン酸は，**環境が悪くなるとつくられる**。種子が休眠するのは，乾燥など生育に適さない環境をやり過ごすためだし，植物が気孔を閉じるのは水不足のときだ。

"じっと我慢のホルモン＝アブシシン酸"と覚えよう。

④ エチレン

- ●気体の植物ホルモン
- ●果実の成熟促進 ➡ リンゴやバナナなどの果実の成熟促進に関わる。成熟した果実からは，さらにエチレンが放出される。
- ●離層の形成促進 ➡ 落葉・落果を促進する。エチレンによる離層の形成は，アブシシン酸によって促進され，オーキシンによって抑制される。
- ●茎の肥大成長促進 ➡ セルロース繊維の縦方向の合成を促進し，細胞壁が横方向にゆるみやすくする（▶p.512）。

COLUMN コラム

フルーツトマト

　スーパーなどでよく目にするフルーツトマト。普通のトマトよりも小ぶりで甘みが強いのが特徴だ。実はこれ，普通のトマトと同じ品種だってことは知ってたかな。

　トマトを，塩分を含んだ土壌で，なるべく水を与えないようにして育てると，細胞がたくさん糖をつくって浸透圧を上げて，土壌中の水を吸収しようとするんだ。

　このように，水のストレスを与えることで甘みが増す植物は多く，ミカンなどでも同様の栽培が行われている。

　これに対して，寒さのストレスで甘みが増す植物もあり，小松菜やホウレンソウは"寒締め栽培"という方法が行われているよ。

花芽形成の調節

1 光周性 〉★★★

　植物にとって花を咲かせるタイミングはとても重要だ。なぜなら，ほかの仲間が花を咲かせている時期に自分だけ花を咲かせず，仲間が花を散らしたあとに自分だけ花を咲かせる，というような個性的な花は，花粉をもらえず種子を残すことができなくなるからだ。そのため，同種の植物は，申し合わせたように同じ時期に花を咲かせる。

　植物の中には，花を咲かせる時期を知るのに，夜（暗期）の長さを利用しているものがある。夜の長さは季節によって変化するからだ。

　このように，生物の生理現象が昼の長さ（日長）や暗期によって引き起こされる性質を光周性というんだ。

2 花芽形成と日長 〉★★★

　花芽（将来花になる芽のこと）の形成が光周性に従う植物には，短日植物と長日植物がある。

　もちろん，全ての植物が光周性に従うわけではなく，温度など日長以外の要因で花芽を形成するものもある。これを中性植物というんだ。

- 短日植物 ➡ 連続した暗期の長さが一定以上になると花芽を形成する。夜が徐々に長くなる 6 〜12月の間に花芽を形成する。
  - 例 アサガオ，オナモミ，キク，コスモス，イネ，ダイズ
- 長日植物 ➡ 連続した暗期の長さが一定以下になると花芽を形成する。夜が徐々に短くなっていく12〜 6 月の間（多くは春）に花芽を形成する。
  - 例 アブラナ，コムギ，ホウレンソウ，ダイコン
- 中性植物 ➡ 日長に関係なく花芽を形成する。
  - 例 トマト，トウモロコシ，セイヨウタンポポ，ナス

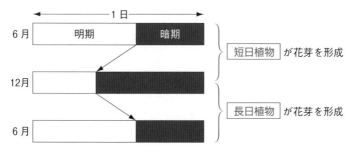

■暗期の長さの変化と短日植物，長日植物の花芽形成

名前からして，短日植物は"日長が短く"なると，長日植物は"日長が長く"なると，花芽を形成するって感じだけど……

　たしかに，昔はそう考えられていた。でも，植物は日長ではなく，**暗期の長さを感じて花芽を形成している**んだ。それを証明する実験を次に紹介しよう。

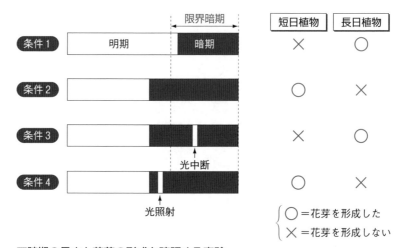

■暗期の長さと花芽の形成を確認する実験

　短日植物の場合，条件1では花芽を形成せず，条件2で花芽を形成しているよね。これだけでは，明期が短くなったから花芽を形成したのか，暗期が長くなったから花芽を形成したのかわからない。そこで，条件3では条件2と同じ長さの暗期の途中で短い光照射をしたところ，花芽を形成しなかった。これは，植物が明期ではなく，暗期の長さを感じ取っているという証拠だ。

つまり，短日植物は，**連続した暗期が一定の長さ（限界暗期という）以上になると花芽形成のスイッチが入る**しくみなんだ。条件3 のように，暗期の途中で短い光照射を行い，暗期の効果を失わせる操作を 光 中 断というよ。

ちなみに，条件4 のように，短い光照射をしても，前後の暗期のどちらかが限界暗期以上であれば花芽を形成するんだ。

長日植物も，暗期の長さを感じているのですか？

その通り。**長日植物**の場合は，**連続した暗期が限界暗期以下になると花芽形成のスイッチが入る**んだ。スイッチの入り方が逆なだけで，暗期の長さを感じていることは同じだよ。

《 POINT 30 》 短日植物と長日植物

◎短日植物 ➡ 連続した暗期が限界暗期以上になると花芽を形成する。

　例　アサガオ，オナモミ，キク，コスモス

◎長日植物 ➡ 連続した暗期が限界暗期以下になると花芽を形成する。

　例　アブラナ，コムギ，ホウレンソウ

限界暗期は，その植物にとって開花すべき季節のちょっと前の夜の長さだ。だから，植物によって，それぞれ長さは違うよ。

第3章　植物の環境応答　531

光中断には**赤色光**が有効だ。例えば，次の図の 条件1 のように，赤色光で光中断すれば，短日植物の場合は，花芽を形成しない。でも， 条件2 のように，赤色光を当てた直後に**遠赤色光**を当てると，光中断の効果がなくなって，花芽を形成するようになるんだ。あたかも，分断された暗期がつながったようだね。

　この現象には，光発芽にも関係している**フィトクロム**が関係していて，この赤色光（光中断）と遠赤色光（光中断の打消し）の関係は，照射するたびに何度でも成立するんだ。

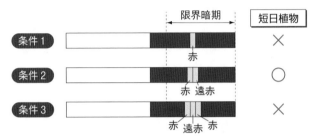

■**光条件と花芽形成**

3　葉の役割と花成ホルモン 〉★★★

　短日植物のオナモミの葉の1枚だけに光を通さない袋をかぶせると（**短日処理**という），ほかの部分が長日条件下にあっても，全体に花芽が形成される。さらに，茎の形成層より外側をはぎ取る処理（**環状除皮**という）をすると，それより先では花芽が形成されなくなる。

　このような実験から，オナモミは，花芽形成に必要な暗期を**葉で感知**して，その葉でつくられた花芽形成促進物質（これを**花成ホルモン＝フロリゲン**という）が，**師管を通って芽に移動**して，花芽形成を引き起こすと考えられるんだ。

長日条件では
花芽を形成しない。

1枚の葉を短日処理
すると，全体に花芽
を形成する。

葉がないと，短日
処理しても花芽を
形成しない。

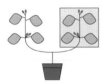
花成ホルモンは環状除皮すると移
動できない（師管を通る）。

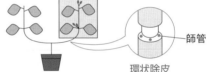
師管
環状除皮
（師管が分断される）

■オナモミの花芽形成の実験

《 POINT 31 》 花成ホルモン（フロリゲン）

◎植物は葉で暗期を感知し，花成ホルモン（フロリゲン）をつくる。
◎花成ホルモンは，師管を通って移動する。

　ある植物を，図のア〜エに示す明暗交替が毎日くり返されるところに置いて花芽が形成されるか否かを調べ，図に示す結果を得た。なお， [　　　] は明期， ■■■■ は暗期を表す。

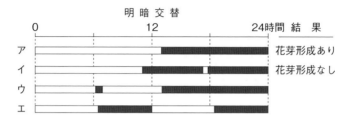

問1　ア・イの明暗交替がくり返された場合の結果からどのようなことがわかるか。正しいものを，一つ選びなさい。
　　① この植物は長日植物である。
　　② この植物は短日植物である。
　　③ この植物は中性植物である。

問2　ウ・エの明暗交替がくり返された場合の花芽形成について，正しいものを，一つ選びなさい。
　　① ウの場合は花芽を形成したが，エは花芽を形成しなかった。
　　② エの場合は花芽を形成したが，ウは花芽を形成しなかった。
　　③ ウ・エいずれも花芽を形成した。
　　④ ウ・エいずれも花芽を形成しなかった。

=========《 ✓解説 》=========

問1　イでは**短い光照射**をしているので，連続した暗期の長さは約6時間（光照射前後の暗期とも同じくらい）になるよ。イでは花芽を形成せず，アの長い暗期（約11時間）では，花芽を形成したので**短日植物**と判断できる。

問2　ウでは明期の途中に短い暗期をはさんでいるけど，これには意味がなく，あとの長い暗期だけが有効なので，アと同じ結果になる。エでは，12時間の周期を与えているけど，周期は問題にしなくていい。暗期の長さにだけ注目すればいいんだ。エの暗期は6時間より短いので，イと同じ結果になると考えられるよね。

解答

問1 ②　　　問2 ①

問題 10 　花芽形成と花成ホルモン ★★★

問1　花芽形成に関する次の文のうちから，誤っているものを二つ選びなさい。

①　全ての植物の花芽形成が光周性を示すとは限らない。

②　短日植物は，1日の昼の長さが夜の長さより短くなると，花芽を形成する。

③　光周刺激は芽で受けとめられる。

④　暗期の間に，花芽の形成に必要な花成ホルモン（フロリゲン）がつくられると考えられている。

⑤　短日処理をした短日植物の枝を，長日条件下で育てている同種の別個体につぎ木すると，つぎ木した枝も，つぎ木された植物体も花芽を形成する。

⑥　短日植物の例として，アサガオやオナモミがあげられる。

問2　2つの異なる種の植物 A および B は，11時間の明期と13時間の暗期の光周期で育てると，どちらも花芽を形成する。しかし，13時間の明期と11時間の暗期の光周期で育てると，A のみが花芽を形成する。この実験から，A および B について推定できることを，それぞれ一つずつ選びなさい。

①　短日植物である。

②　長日植物である。

③　短日植物か長日植物かわからない。

〈センター試験・改〉

解説

問1　①　中性植物のことだよね。**正しい**。

②　短日植物の限界暗期は12時間という決まりではないよ。これは**誤り**だ。

③　"芽"ではなく"葉"だよね。これも**誤り**。

⑤　つぎ木した部位から，花成ホルモンは移動できる。よって，短日処理された枝の葉でつくられた花成ホルモンが，つぎ木された植物体にも作用して花芽形成するよ。**正しい**。

問2　下図を見ればわかるように，植物Bは短日植物だ（限界暗期はおよそ12時間）。

明期	暗期	植物A	植物B
11	13	○	○
13	11	○	×

　でも，植物Aは短日植物か長日植物か決められないよ。仮に植物Aが，限界暗期が10時間の短日植物であっても，限界暗期が14時間の長日植物であっても，上のような結果になるからね。

===《 ▽ 解答 》===

問1　②，③
問2　A　③　B　①

参考　フロリゲンの実体

　フロリゲンは，1937年に旧ソ連のチャイラヒャンによってその存在が仮定された。でも，その後長い間，その実体はわかっていなかったんだ。

　停滞していた研究が進むのは2000年頃。まず，シロイヌナズナで発見されたFTという遺伝子の産物が，続いて，イネで発現するHd3aという遺伝子の産物（mRNA）が「フロリゲンかもしれない？」と疑われるようになった。しかし，そのときには決定的な証拠は得られなかった。

　そして2007年，ついに日本の研究グループがHd3aに蛍光を発する目印をつけて追跡したところ，Hd3aタンパク質が葉でつくられて芽まで移動することを確認したんだ。同じ頃，ドイツの研究グループによって，FTタンパク質が同様の移動をすることも確認された。

　イネのHd3aタンパク質とシロイヌナズナのFTタンパク質は，互いによく似たアミノ酸配列からなるタンパク質であり，茎頂分裂組織の細胞内に入ると，受容体と結合して核内に移動し，花芽の分化に関係する遺伝子の発現を誘導することがわかっているよ。

　ただし，Hd3a/FTタンパク質を植物ホルモンに含めるかについては議論があるんだ。たいていの植物ホルモンは低分子化合物なんだけど，Hd3a/FTタンパク質は分子サイズが比較的大きいからだ。また，Hd3a/FTタンパク質に構造はそっくりだけど，一部が異なるため真逆の活性を示すタンパク質も見つかっている。これらのタンパク質は，花芽形成にとどまらず多様な生理活性をもたらすことがわかってきているんだ。

4 春 化 〉★★☆

秋まきコムギは，その名が示すとおり，秋に種をまく（播種という）と翌年の初夏に開花・結実する長日植物だ。このコムギを春にまくと，成長はするけど花をつけない。しかし，春に発芽したあとで，数日～数週間10℃以下に置いておくと，その年の初夏に開花・結実するようになる。

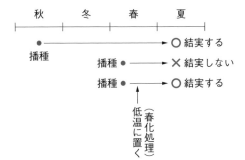

このように，**一定期間低温にさらされることで花芽形成が促進される現象を春化**といい，人為的に低温に置くことを**春化処理**という。

植物にとって春化とは，どんな意味があるんですか？

開花の季節を間違えないようにするためだと考えられているよ。コムギのような長日植物は，秋の日長が，花芽形成の条件を満たしてしまうこと（夜の長さが限界暗期より短いこと）がある。もし，そのまま花芽の形成を始めると，冬に開花してしまうことになるよね。そこで，冬の低温を経験したあとでなければ日長に反応しないようなしくみがあると考えられる。このしくみにより，だんだん暖かくなる春に花芽を形成できるんだ。

なお，春化処理はジベレリン処理に置き換えることができるよ。

問題 11 花芽の形成 ★★★

　被子植物の多くは，日長や温度から季節の変化をとらえて，花芽を形成する。日長の変化は，| ア |を吸収する光受容体であるフィトクロムによって検知されており，長日植物は日長が長くなると花芽を形成し，短日植物は日長が短くなると花芽を形成する。また，一部の植物では，一定期間低温にさらされると花芽形成が促進され，この現象は，| イ |と呼ばれる。花芽形成には，フロリゲン（花成ホルモン）が関わる。フロリゲンの実体は長年にわたり不明であったが，FTやHd3aと呼ばれる| ウ |であることが最近明らかにされている。

　上の文章中の| ア |・| イ |・| ウ |に入る語句の組み合わせとして最も適当なものを，一つ選びなさい。

	ア	イ	ウ
①	緑色光	休　眠	mRNA
②	緑色光	休　眠	タンパク質
③	緑色光	春　化	mRNA
④	緑色光	春　化	タンパク質
⑤	赤色光と遠赤色光	休　眠	mRNA
⑥	赤色光と遠赤色光	休　眠	タンパク質
⑦	赤色光と遠赤色光	春　化	mRNA
⑧	赤色光と遠赤色光	春　化	タンパク質

〈センター試験・改〉

══════ ✔解 説 ══════

　アに入るのはフィトクロムが吸収する光だから「**赤色光と遠赤色光**」だよね。一定期間低温にさらされることで花芽形成が促進される現象は「**春化**」だ（イ）。フロリゲンの実体は，FT（シロイヌナズナ）やHd3a（イネ）と呼ばれる**タンパク質（ウ）**だ。これらのタンパク質が，師管を通って葉から芽ができる位置まで移動するんだ。

══════ ☞解 答 ══════

⑧

STORY 9 / 花の形成と調節遺伝子

　花は，茎頂分裂組織が葉に分化するかわりに花芽に分化してできる器官だ。1991年，コーエンらによるシロイヌナズナの突然変異の研究から，花の形成には，3つの調節遺伝子（A，B，C）が関わっていることが明らかになった。

　A，B，Cの遺伝子が，それぞれ茎頂の決まった領域で働くことで，花に特有の器官が形成される。茎頂を同心円状に区切り，外側から**領域1〜領域4**とすると，

　領域1では，**A遺伝子**のみが働く。

　領域2では，**A遺伝子**と**B遺伝子**が働く。

　領域3では，**B遺伝子**と**C遺伝子**が働く。

　領域4では，**C遺伝子**のみが働く。

　そのため，**領域1**では**がく片**が，**領域2**では**花弁**が，**領域3**では**おしべ**が，**領域4**では**めしべ**が形成される。

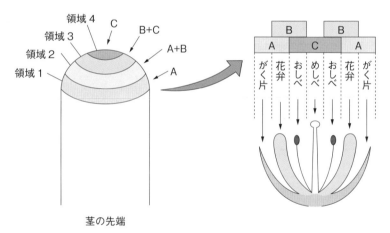

■花の形成とA，B，C遺伝子

おもしろいことに，**A遺伝子とC遺伝子はたがいに抑制し合う**ことがわかっている。だから，**A遺伝子が働きを失うと**，A遺伝子が働いていた領域でC遺伝子が働きだし，**領域1→4で，めしべ，おしべ，おしべ，めしべとなる**。

反対に，**C遺伝子が働きを失うと**，C遺伝子が働いていた領域でA遺伝子が働きだし，**領域1→4で，がく片，花弁，花弁，がく片となる**。

B遺伝子が働きを失った場合は，AとC遺伝子の発現領域は変わらず，**領域1→4で，がく片，がく片，めしべ，めしべとなる**。

ちなみに，A遺伝子，B遺伝子，C遺伝子の全てが働きを失うと，花はできずに葉ができるよ。

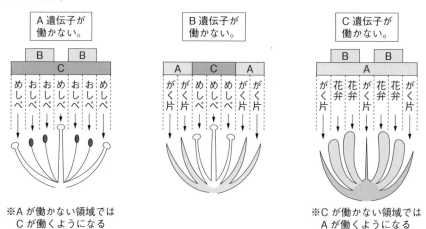

A，B，C遺伝子は他の遺伝子の転写を調節する調節遺伝子だ。そのため，A，B，C遺伝子のいずれかが突然変異を起こすと，多くの遺伝子がごっそりと働きを間違えてしまい，誤った器官が形成される。その意味では，ショウジョウバエのホメオティック遺伝子（▶p.402）に似ているんだ。

　花の器官は，同心円状の4つの領域（ここでは外側から領域1〜4と呼ぶ）に形成される。花の器官の形成には，クラスA，BおよびCと呼ばれる3つのクラスの遺伝子が関わっており（以後，A，BおよびCと呼ぶ），これらの遺伝子の組み合わせによって各器官の発生が決定さている。このしくみをABCモデルという。シロイヌナズナでは，花の器官に対応するA，BおよびCの発現する領域は，次の図1のようになる。

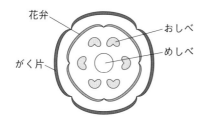
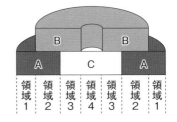

図1

問1　下線部に関する次の記述①〜⑥のうち，正常な花の器官の形成でみられるA，BおよびCの関係の記述として適当なものを，三つ選びなさい。

　① Aは，Bと協同して働くことができる。
　② AとBは，たがいの働きを抑える（排除する）関係がある。
　③ Aは，Cと協同して働くことができる。
　④ AとCは，たがいの働きを抑える（排除する）関係がある。
　⑤ Bは，Cと協同して働くことができる。
　⑥ BとCは，たがいの働きを抑える（排除する）関係がある。

問2　植物の中には，図1とは異なり，がく片のないものも存在する。例えばチューリップの花では，領域1にも花弁がつくられて，次の図2のように花弁が二重になる。チューリップでもABCモデルにしたがって花の器官が形成されるとした場合，領域1で働いている遺伝子のクラスに関する記述として最も適当なものを，一つ選びなさい。

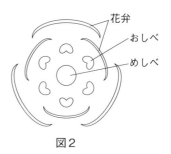

図2

① Aのみが，働いている。

② Bのみが，働いている。

③ Cのみが，働いている。

④ AおよびBが，働いている。

⑤ AおよびCが，働いている。

⑥ BおよびCが，働いている。

〈センター試験・改〉

=== ✓解説 ===

問1　図1の2つの図を見比べることで，領域2では，AとBが協同して働くことで花弁ができ，領域3では，BとCが協同して働くことでおしべができることがわかる。そして，知識として，AとCはたがいの働きを抑える（排除する）関係であることを覚えておこう。

問2　領域1にも花弁がつくられたということは，領域2と同じ遺伝子（のクラス）が働いているということだ。すなわち，AとBがともに働いていると考えられるんだ。

=== ✓解答 ===

問1　①，④，⑤

問2　④

第 **5** 編

生物と環境

第1章

個体群

▲野生動物の数や生活について勉強しよう！

STORY1 個体群の成長

1 個体群とは ＞ ★★★

　ある地域にすむ，**同種の生物の個体の集まり**を個体群という。例えば，草原にいるシマウマの群れや，川の中のアユの集団が個体群だ。個体群について，一定の面積や体積にすむ個体数のことを個体群密度といい，次の式で求められる。

$$個体群密度 ＝ \frac{個体数}{生活空間（単位 \boxed{面積}，または単位 \boxed{体積}）}$$

ネズミなど地表面にすむ動物の場合

メダカなど水中にすむ動物の場合

① 個体群密度の測定

　個体群密度を求めるには，個体数を数える必要があるよね。個体数の数え方には，次のような方法があるんだ。

● 区画法 ➡ 植物のように動かない生物では，一定面積を区切ってその中の個体数を数える。

● 標識再捕法 ➡ 池の中のコイのように，直接数えることが難しい動物などで用いる。

② 個体群の分布

　ある地域の生物は，個体が散らばって分布する場合もあれば，集中して分布する場合もある。個体の分布には次の3つの様式がある。

　集中分布　　　　　　一様分布　　　　　　ランダム分布

- **集中分布** ➡ 群れをつくる動物などに見られる。
- **一様分布** ➡ 個体間の競争が激しい生物や，縄張りを形成する動物などに見られる。
- **ランダム分布** ➡ ある個体の存在が他個体の存在に影響を与えないときに見られる。
  風で散布された種子が発芽した直後など。

③ 標識再捕法

　例えば，ある程度大きい池にすむコイの数を調べようとしたとき，池の中のコイを1匹残らず捕まえて数えるなんてことは，現実的ではないよね。そんなときに用いるのが，**標識再捕法**と呼ばれる推定法だ。

---

❶ まず，コイを何匹か捕獲する。➡この数を M 匹とする。

❷ このコイの背びれに切れ込みを入れるなどのマークをつけて，池に放す。

❸ しばらくたってから，再びコイを捕獲する。➡この数を n 匹とする。
　捕獲した中で，マークのついたコイを数える。➡この数を m 匹とする。

　池の中の全てのコイの数を N 匹とすると，次のような推定法から N を求めることができる。

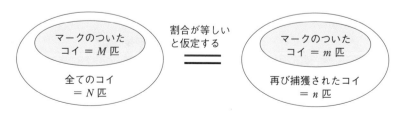

この推定法のポイントは，$N : M$ と $n : m$ が等しいと仮定するところにある。よって，$N : M = n : m$ より，$N \times m = M \times n$

$$N = \frac{M \times n}{m} \quad となる。$$

こんな単純な考え方で，本当に正しい個体数が求められるんですか？

そうだよね。この方法で得られる推定値だけど，信頼できるかどうかちょっと不安だよね。ひっかかるのは，「$N : M$ と $n : m$ が等しいと仮定する」ってところだ。

推定値が本当の値に近くなるためには，対象となる動物がいくつかの前提条件を満たしていなければならないんだ。

〈標識再捕法の前提条件〉

❶ マークをつけた個体が，個体群の中に均等に分散していること。
　➡ 縄張りをつくったり，固着生活をしたりする動物には不向きだ。
❷ 測定した地域とほかの地域との間で，個体の出入りがないこと。
　➡ 例えば，「測定した池が地下水脈で別の池とつながっていた」なんてことがあると，誤差が大きくなる。
❸ マークをつけた個体とほかの個体との間で，死亡率に差がないこと。
　➡ 例えば，「コイの背びれの切れ込み（マーク）が深すぎたため，傷口から細菌に感染し，マークをつけた個体ばかりが死んでしまった」なんてことがあると，誤差が大きくなる。
❹ マークをつけた個体とほかの個体との間で，捕獲率に差がないこと。
　➡ 1度捕獲された個体が2度目も同様に捕獲されなければならない。したがって，学習能力の高い動物には不向きだ。

《POINT❶》 標識再捕法

◎標識再捕法による個体数の推定

$$全個体数 = \frac{はじめにマークをつけた個体数 \times 再捕獲した個体数}{再捕獲されたマークのついた個体数}$$

問題 **1** 標識再捕法 ★★★

　ある草原に生息している野ネズミの一種の個体数を推定するため，次のような調査を行った。

　調査地の各所にわなをしかけ，野ネズミを生きたまま捕獲した。1度目は45匹が捕獲され，この全ての個体にマークをつけて，元の場所に放した。数日後，2度目の捕獲を行い，52匹の野ネズミを得た。そのうち，マークのついた個体は9匹であった。

問1 この草原に生息している野ネズミの個体数はいくらと考えられるか。
問2 このような調査方法が適さない動物はどれか。一つ選びなさい。
　　① カタツムリ　　② ダンゴムシ　　③ サワガニ　　④ フジツボ

✓ 解説

問1 標識再捕法では，求めたい野ネズミの全個体数を N とすると，次のような関係が成り立つと仮定するんだったよね。

マークのついた
野ネズミ＝45匹
全ての野ネズミ
＝ N 匹
＝
マークのついた
野ネズミ＝9匹
2度目に捕獲された
野ネズミ＝52匹

つまり，$N : 45 = 52 : 9$　より，$N = \dfrac{45 \times 52}{9} = \textbf{260}$（匹）

と求められるんだ。

問2 答えは④のフジツボだ。フジツボって知っているかな？　海岸などの岩にくっついている動物だ（右の図）。貝の一種と思われがちだけど，カニやエビの仲間すなわち甲殻類だよ。**フジツボは固着生活**するので，標識再捕法は適さない。そのかわりに区画法が向いているよ。

✓ 解答

問1　260匹　　　**問2**　④

① 　**個体群の成長曲線**

　　個体群において，個体数が増えることを**個体群の成長**といい，この過程を表したグラフを**成長曲線**という。

　　ここで，水槽内でゾウリムシを飼う場合を考えてみよう。水槽にゾウリムシの餌となる細菌をあらかじめ入れておく。ここに数個体のゾウリムシを入れ，個体数の増加のようすを観察すると，その成長曲線はどうなるだろう？　ゾウリムシは分裂によってどんどん増えていくので，**計算では指数関数的に増えていくはず**だ。

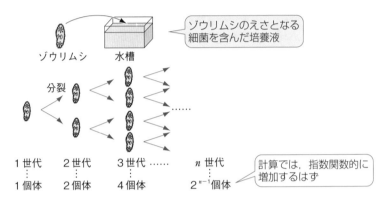

　　ところが，実際はそうはならない。はじめのうちは計算に近いペースで増えていくんだけど，やがて増加がにぶって頭打ちとなる。そのため，**実際の成長曲線はS字状になる**んだ。

　　これは，個体群密度の増加に伴い，**食物の不足，生活空間の減少，老廃物の蓄積**などの理由で，個体群の成長にブレーキがかかってしまうからなんだ。

　　このように，個体群の成長が上限に達し，その大きさがほぼ一定となったときの個体群密度を**環境収容力**という。

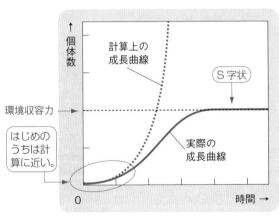

■**個体群の成長曲線**

② 動物の密度効果

　個体群密度の増加は，個体の生殖や発育にも影響を与える。たいていの生物は，**個体群密度が大きくなるほど，出生率は低下し，個体の発育も悪くなる**。また，死亡率は上昇する。その結果，個体群の成長率（成長の度合い）が小さくなるんだ。このような影響を密度効果というよ。

　密度効果の例の１つとして，トノサマバッタの相変異がある。トノサマバッタは，個体群密度の低い環境で育つと，緑色の体色で後肢が長く，体に対して翅の短い成虫（孤独相）になるけど，密度の高い環境で育つと，褐色の体色で後肢が短く，体に対して翅の長い成虫（群生相）になる。

　群生相は集合性が強く，移動力が高い。このため，混み合った土地から出て，新天地を求めて飛んでいくんだ。

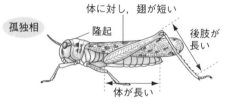

項　　目	孤独相	群生相
産　卵　数	多　い	少ない
集　合　性	な　い	強　い
体　　　色	緑・褐色	黒・褐色
体に対する翅の長さ	短　い	長　い

■トノサマバッタの相変異

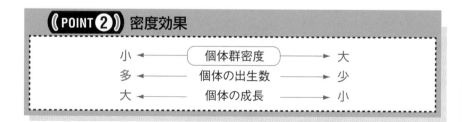

《POINT 2》 密度効果

小 ←	個体群密度	→ 大
多 ←	個体の出生数	→ 少
大 ←	個体の成長	→ 小

トノサマバッタの相変異

トノサマバッタは，幼虫期に仲間のフンのにおい（フェロモン）を嗅（か）ぐことで，群生相の成虫になるといわれている。いったん群生相になった成虫は，低密度にしても孤独相にはならない。そのため，昔（むかし）は群生相と孤独相は別種のバッタだと思われていたんだ。

でも，群生相の個体からうまれた幼虫も，フンのにおいがとどかないように飼育すれば孤独相の成虫になる。このことから，相変異は突然変異（▶p.25）とは違うということがわかるよね。

③　植物の密度効果

ダイズを一定の面積に密度を変えてまくと，高密度でまいた場合は，成長するにしたがって光や栄養分をめぐる競争が激しくなり（**密度効果が働く**），1個体あたりの重量（個体重量）が減ってしまう。一方，低密度でまいた場合は，のびのびと育つため，個体重量は重くなる。そのため，個体群全体の重量は，まいたときの密度に関係なくほぼ一定になる（土地面積による制限だけを受ける）。これを**最終収量一定の法則**というんだ。

樹木の場合でも似たようなことが起こる。同種の樹木を高密度で成長させると，光などをめぐる**種内競争**が起こり，成長の遅れた個体は枯死して残った個体が林を形成する。この現象を**自己間引（まび）き**というよ。

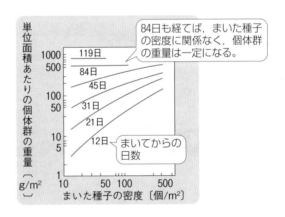

84日も経てば，まいた種子の密度に関係なく，個体群の重量は一定になる。

問題 2　植物の密度効果　★★★

　同じ面積のいくつかの畑にダイズの種子を異なる密度でまいたとき，畑ごとの個体の成長と，個体群全体の重量に関する記述として最も適当なものを，一つ選びなさい。ただし，極端な高密度や低密度は考慮せず，密度以外の条件は一定とする。

① 　個体群密度の高い畑ほど，個体は大きく成長するので，個体群全体の最終的な重量は大きくなる。
② 　個体群密度の低い畑ほど，個体は大きく成長するので，個体群全体の最終的な重量は大きくなる。
③ 　個体群密度の低い畑ほど，個体は大きく成長するが，どの個体群密度の畑でも，個体群全体の最終的な重量はほぼ等しくなる。
④ 　個体の成長は個体群密度に関わらずほぼ一定で，個体群密度の高い畑ほど，個体群全体の最終的な重量は大きくなる。

〈センター試験・改〉

解説

　密度効果によって，個体群密度の高い畑ほど，個体の成長は小さくなり，逆に，個体群密度の低い畑ほど，個体はのびのびと大きく成長する。結果として，個体群全体の最終的な重量はほぼ等しくなると考えられる（**最終収量一定の法則**）。

解答

③

参考　アリー効果

　個体群密度が高くなると，密度効果によって個体群の成長にブレーキがかかることは説明した通りだ。しかし，逆に個体群密度が低ければ低いほどいいのかと言うと，そうとも言えないんだ。

　希少動物などでは，**個体群密度が低くなると，交配相手が見つからず繁殖ができなくなるという問題が生じる**んだ。このような理由で，個体群密度が高くなることで適応度が上がることをアリー効果というよ。アリー効果は，絶滅が危惧（きぐ）される動物にあてはまることが多く，個体群密度が一定値を下回ると，ア

リー効果が働かず，一気に絶滅に向かう可能性があるんだ（▶p.588）。

3 生命表と生存曲線 〉★★★

　ここで個体群を構成する個体の寿命について考えてみよう。捕食や病気，飢餓といった死亡要因がなく，個体にとって理想的な環境での平均寿命を**生理的寿命**という。しかし，実際にはさまざまな死亡要因のため，ほとんどの個体は生理的寿命まで生きられない。このような自然条件における寿命を**生態的寿命**という。

　同時期にうまれた子や卵について，各発育段階における生存数・死亡数・死亡率などを表にまとめたものを**生命表**という。

■ヒナバッタの生命表

発育段階	生存数	死亡数	死亡率(%)
卵	44000	40487	92.0
1齢幼虫	3513	984	28.0
2齢幼虫	2529	607	24.0
3齢幼虫	1922	461	24.0
4齢幼虫	1461	161	11.0
成　虫	1300	—	—

さらに，**生命表をグラフに表したものを生存曲線**という。生存曲線は，たいていはじめの出生数を1000個体とし，縦軸（生存数）には対数目盛りが使われる（対数目盛りでは，等間隔の目盛りが等差ではなく，10倍違うので注意が必要だ）。生存曲線を見れば，年齢によって個体数が減少していくようすがよくわかるんだ。

生存曲線の形状は種によってさまざまだけど，右の図のように大きく①〜③の3つの型に分けることができる。どの型になるかは，次のように親の保護の程度（初期の死亡率）と関係があるんだ。

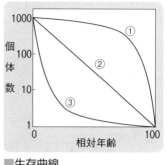

■生存曲線

① 晩 死 型

親の保護が手厚いため，初期の死亡率が低い。うまれる子（卵）の数は少ない。家族をつくる動物や，社会性昆虫などがあてはまる。

 例 大形の哺乳類，ミツバチ

② 平 均 型

一生を通して**死亡率が一定**である。小形の鳥類やは虫類などがあてはまる。また，ヒドラもこのグループに入る。

 例 小形の鳥類，小形のは虫類，小形の哺乳類，ヒドラ

③ 早 死 型

親が子の保護をしないために，初期の死亡率が高い。**うまれる卵の数は非常に多い。**魚類や貝類のように卵をうみっぱなしにする動物や，産卵とともに寿命がくる動物があてはまる。

 例 ウニ，カキ，多くの魚類

4 個体群の齢構成 ＞★☆☆

ふつう，個体群にはさまざまな発育段階の個体が混ざっている。個体群内の個体をそれぞれの発育段階に分けて，その個体数を示したものを**齢構成**という。また，齢構成を0歳を底辺にして積み上げたものを**年齢ピラミッド**という。

年齢ピラミッドにおいて，若齢の個体の割合が多い（**若齢型**）と，将来，個体数は増加する。反対に，若齢の個体が少なく老齢の個体が多い（**老齢型**）と個体数は減少していく。年齢ピラミッドが"つりがね"のような形をしている場合（**安定型**）は，個体数は安定していて変動は小さいんだ。

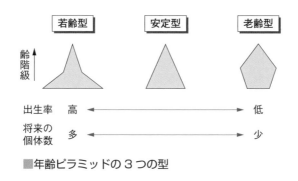

■年齢ピラミッドの3つの型

　生態系の中の非生物的環境（光・水・CO_2濃度・温度など）が生物群集に与える影響を**作用**といい，逆に，生物群集が非生物的環境に与える影響を**環境形成作用**という。

　さらに，生物間でもさまざまな働き合いがあり，これを**相互作用**という。

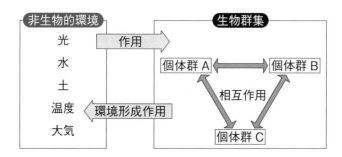

1　個体群と環境適応 ＞★☆☆

　地球上の全ての生物は，どんな場所にすもうとも非生物的環境に対応して生活をしている。ここでいう対応というのは，個体の生理的な調節のレベルだけでなく，長い年月をかけた進化レベルでの対応も含まれる。

　例えば，恒温動物において，同種の個体や近縁種を比較すると，**寒冷地にすむ動物は，温暖地にすむ動物に比べて体が大きい**。これを**ベルクマンの法則**という。これは，体が大きいほど，体積に対する体表面積の比が小さくなることと関係がある。動物の体温は，体表面から逃げていくので，体積（体重）に対する体表面積が小さい方が，体温を保つのに有利なんだ。お風呂のお湯と，コップのお湯では，コップのお湯はすぐに冷めるけど，お風呂のお湯はなかなか冷めないよね。これと同じ理由だ。

ベルクマンの法則に類似のものとして，**アレンの法則**がある。これは，恒温動物の**耳や鼻，尾といった突出部が，寒冷地にすむ動物ほど短くなる**というもの。温暖地にすむ動物では，熱を逃がすために耳など突出部が発達しているけど，逆に，寒冷地にすむ動物では突出部を短くして体表面積を小さくしているんだ。

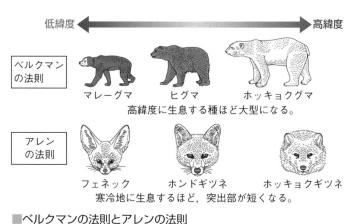

低緯度 ← → 高緯度

ベルクマンの法則

マレーグマ　　ヒグマ　　ホッキョクグマ

高緯度に生息する種ほど大型になる。

アレンの法則

フェネック　　ホンドギツネ　　ホッキョクギツネ

寒冷地に生息するほど，突出部が短くなる。

■ベルクマンの法則とアレンの法則

STORY 3 　個体群内の相互作用（種内関係）

　個体群内，すなわち**同種の個体間に見られる関係**には，さまざまなものがある。ここではそれらを見ていくことにしよう。

1 群　れ ＞ ★★★

　同種の個体が集まって，採食や移動などの行動をともにすることがある。この集団を**群れ**という。

① **有利な点**
　❶ **食物を効率的に獲得できる。** ➡ イルカやシャチは，集団で狩りをする。
　❷ **天敵を集団で警戒するため，各個体の警戒に要する時間が少なくてすむ。** ➡ シマウマなどの草食動物は，地面に生えている草を食べているときが一番危ない。それは，頭を下げるためライオンなどの天敵が近づいていることに気づきにくいからだ。集団ならば，見張り役を立てて，ほかの個体は食事に専念できる。
　❸ **配偶者を獲得しやすく，子育ても容易になる。** ➡ オウサマペンギンの集団では，多くの夫婦がみられる。

② **不利な点**

　① 個体群密度が高まるので，食物が不足しやすく，種内競争が起こりやすい。

　② 老廃物が蓄積したり，天敵に見つかりやすくなる。

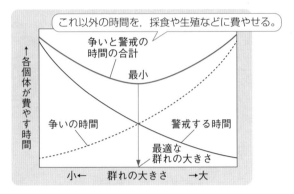

■群れの大きさの決まり方

2 縄 張 り > ★★★

　ある個体がふだん行動する範囲を**行動圏**という。行動圏の中でも，ほかの個体をよせつけず，ある個体が一定の空間を占有する場合，その空間を**縄張り（テリトリー）**という。

① **有利な点**

　① **縄張り内の食物を確保できる。**➡ アユは，川底の小石についた藻を食べる。しかし，1匹がおなかいっぱいになるには，ある程度の川底の面積を独占する必要がある。

　② **配偶行動や子育ての場となる。**➡ トゲウオのオスは，縄張りの中心に巣をつくり，そこにメスを誘って配偶行動をする。うまれた卵も外敵からまもられる。

② **不利な点**

　① **個体群密度が高くなると，縄張りに侵入してくる個体が多くなり，防衛に費やすコスト（時間とエネルギー）が多くなる。**

　アユには，縄張りをつくる**縄張りアユ**と，群れて行動する**群れアユ**とがいる。縄張りアユと群れアユの比率は個体群密度によって変化し，**個体群密度が高くなるほど群れアユの割合が高くなる。**

 どうして，個体密度が高くなるほど，群れアユが増えるの？

縄張りによって得られる**利益**は，餌を独り占めできることなんだけど，個体群密度が高くなると，縄張りに侵入してくる個体が多くなるため，それを追い払うのにかかる時間とエネルギー（**コスト**）が多くなる。コストが利益を上回るほどになると，わざわざ縄張りをはるメリットがなくなってしまうよね。そのため，縄張りをつくるのをやめて群れるアユが増えてくるんだ。

▲アユは，利益とコストを考える

　ここで最適な縄張りの大きさを考えてみよう。下の図を見てほしい。「**縄張りから得られる利益**」は縄張りが大きくなるにつれて大きくなるけど，限度があり頭打ちになる。なぜなら，1匹のアユが食べられる藻の量は，胃袋で制限されるからだ（満腹になればそれ以上食べられない）。一方，縄張りを見まわったり，ほかの個体を追い出したりする「**コスト**」は縄張りが大きくなるほど大きくなる。

　したがって，「**縄張りから得られる利益**」が「**コスト**」を上回る範囲で縄張りが成立し，その差が最大となる大きさが最適な縄張りの大きさということになるんだ。

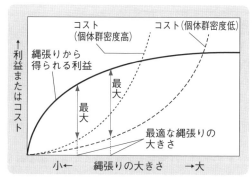

■縄張りの大きさの決まり方

3　順位制 〉★★★

　群れの中の個体に見られる優位，劣位の関係を順位といい，順位によって群れが維持されるしくみを順位制という。

　ニワトリの場合は，つつき合いで順位を決める。他個体からあまりつつかれず，一方的につつきまくった個体が一位で，みんなからつつかれるばかりの個体が最下位となる。

有利な点

　　順位が上位の個体から優先的に食物や場所をとるので，群れの中での無益な争いが避けられる。➡ 順位の決まったニワトリの群れにえさを与えると，争うことなく上位のものから食べ始める。

4　つがい関係 〉★★☆

　個体群では，繁殖期にオスとメスがつがい関係を形成して，子育てを形成することがある。

　ゾウアザラシは，1匹のオスとそれを囲む数10匹のメスで構成されるハレムと呼ばれる群れをつくる。ハレムをもつオスは，交配のためにハレムに侵入しようとする他のオスを追い払うので，子の大部分はハレムをもつオスの子だ。このようなつがい関係を**一夫多妻**という。

　これに対して，ペンギンではオスとメスが1匹ずつでつがいとなり，協働で子育てをする。これは，子を世話したり保護したりするのにメスだけでは負担が大き過ぎるためだ。このようなつがい関係を**一夫一妻**というよ。

5　共同繁殖とヘルパー 〉★★☆

　哺乳類や鳥類の群れでは，親以外の個体も子の世話をすることがある。このような繁殖様式を**共同繁殖**という。

　アフリカゾウは，母親とその姉妹を中心とした群れが，集団で母親の子を育てる。また，エナガでは，繁殖に失敗した個体が，ほかの個体が生んだひなに食物を与えて子育てに協力する。このように，共同繁殖において，親ではないけど子育てに参加する個体を**ヘルパー**という。ヘルパーは，世話をする子の血縁者（姉，兄，おば，おじ）である場合が多い。そのため，**自分で子をうまなくても，弟や妹を増やすことで，自分と共通の遺伝子をもつ個体を多く残すことにつながる**んだ（▶p.560　血縁度と包括適応度）。

　しかし，ヒメヤマセミでは，血縁者でないヘルパーも見られる。これは世話をしている子の親が死んだ場合に，縄張りを引き継いで，自ら繁殖できるというメリットが

あると考えられているよ。

6　社会性昆虫 ＞ ★★☆

　ミツバチ，アリ，シロアリなどは，血縁関係のある多数の個体が集合して，高度に組織化された集団をつくる。このような昆虫を**社会性昆虫**という。社会性昆虫の集団では，それぞれの個体が，採食・巣作り・育児・防衛などの役割を担っており，その役割に応じて個々の形態にも違いがあることが多い。

　社会性昆虫では，1つの巣の中で生殖を行う個体（**生殖カースト**）は限られた少数で，大多数は生殖を行うことなく（不妊），幼虫の世話や巣の防衛など（**労働カースト**）で一生を終えるんだ。このような分業を**カースト制**というよ。

特　徴

① 　生殖を行う個体は，女王などごく少数である。

② 　大多数はワーカーや兵隊として，採食・巣作り・育児・防衛などに働く。

③ 　フェロモンなどによる個体間のコミュニケーションが発達している。

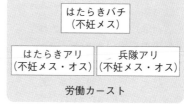

■ミツバチ，シロアリのカースト

> 大多数の個体が不妊となり，女王の子を育てることに，どんな利益があるんですか？

　自然選択の考え方（▶p.97）に従えば，「より多くの子を残す個体」が選択されやすいはずだ。でも，社会性昆虫の大多数は子をうまない。どうして，このような「"不妊"や"利他行動"が進化したのか？」という疑問をもつのはもっともなことだ。

　この答えはちょっと難しいんだけど，ハミルトン（1964年）は，**血縁度**と**包括適応度**という尺度を使って，この疑問に答えを出した。

血縁度と包括適応度

血縁度の前に，まず遺伝子の共有率について説明しよう。

ある遺伝子が，個体間で共有される比率を**共有率**という。二倍体（$2n$）の生物では，相同染色体上に遺伝子を2個ずつもつので，2個とも同じ遺伝子を共有する個体がいる場合，共有率＝**1**となる。また，一方の遺伝子だけを共有する場合，共有率＝$\frac{1}{2}$となる（下図）。

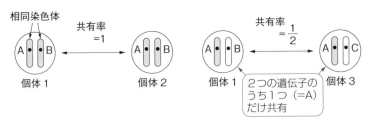

二倍体（$2n$）の生物の場合，個体間の遺伝子の共有率は，**1**，$\frac{1}{2}$，**0**のいずれかになる。ふつう，クローン生物で共有率＝**1**，親子で共有率＝$\frac{1}{2}$となる。

では，次に血縁度についてだ。血縁度とは，**個体間で共有される遺伝子の確率**のことで，ニュアンスとしては，**共有率の平均**といったところだ。例えば，ある両親（遺伝子型**AB**×**CD**）からうまれた兄弟について考えてみよう。仮に兄の遺伝子型が**AC**であることがわかっていて，弟の遺伝子型が不明の場合，兄弟間の遺伝子の共有率は，弟が**AC**の場合は**1**，**AD**の場合は$\frac{1}{2}$，**BC**の場合は$\frac{1}{2}$，**BD**の場合は**0**となる。

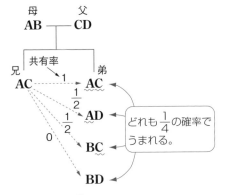

弟の遺伝子型が**AC**，**AD**，**BC**，**BD**のいずれになるかは$\frac{1}{4}$ずつの確率なので，その平均すなわち血縁度は，

血縁度 ＝ $\left(1 + \frac{1}{2} + \frac{1}{2} + 0\right) \times \frac{1}{4} = \frac{1}{2}$ と計算される。

ここでは兄の遺伝子型を**AC**としたけど，ほかの遺伝子型でも同じになる。

さて，ハミルトンの理論とはどのようなものだろうか？ ハミルトンは，「遺伝子を共有する血縁者の適応度も含めて選択が働く」と考えた。**適応度**とは，

個体が自分の子をどれだけ残せたかの指標だ。それまでのダーウィンの理論では、個体の適応度だけを問題にしていた。つまり、「より多くの子を残す個体が選択される」というものだった。しかし、ハミルトンは、個体とその血縁者も含めて適応度を考えたんだ（**包括適応度**という）。ようするに、生物は、「**自分がもっている遺伝子と同じ遺伝子をもつ子を増やそうとする**」というわけだ。

　では、ここで、ミツバチについて考えてみることにしよう。ミツバチの社会では、受精卵はすべてメスとなり、受精しない卵も発生してオスになる。つまり、メスは二倍体（$2n$）で、オスは一倍体（n）だ。女王バチ以外のメスは、不妊となってはたらきバチ（ワーカー）になる。一方、オスは女王と交尾をする以外に仕事はなく、交尾後に死亡する。

　1つのコロニーのはたらきバチは、すべて同じ女王バチからうまれた姉妹だ。この姉妹間の血縁度を考えてみよう。姉の遺伝子型を **AC** とすると、妹との間の共有率は、妹が **AC** の場合は 1 で、妹が **BC** の場合は $\dfrac{1}{2}$ となる。また、妹の遺伝子型が **AC** と **BC** のどちらになるかは $\dfrac{1}{2}$ の確率なので、血縁度は、

　　血縁度 $=\left(1+\dfrac{1}{2}\right)\times\dfrac{1}{2}=\dfrac{3}{4}$　　と計算される。

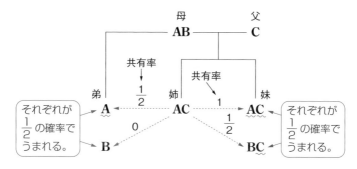

この姉にとって、妹との血縁度 $=\dfrac{3}{4}$ というのは、仮に自分でうんだ子との血縁度 $=\dfrac{1}{2}$ よりも大きい。つまり、**自分で子をうむより、女王の子を育てた方が、自分と類似の遺伝子を残すことができる**というわけだ。これが、はたらきバチが不妊となり、利他的に見える行動をとる理由と考えられている。

　ちなみに、はたらきバチ（姉）とオスバチ（弟）との血縁度は、

　　血縁度 $=\left(\dfrac{1}{2}+0\right)\times\dfrac{1}{2}=\dfrac{1}{4}$

となり、姉妹間に比べてかなり小さい。そのせいか、きびしい冬を迎える頃になると、はたらきバチによって雄バチは巣を追い出されてしまうんだ。

縄張りの大きさは，縄張りから得られる利益と，縄張りを維持するためのコストによって決まる。次の図は，最適な縄張りの大きさがどのように決まるかを概念的に示した図である。縄張りの利益とコストを同一の尺度（例えばエネルギー量）で示せるとすると，両者の差が最も大きくなる点が，最適な縄張りの大きさとなる。図において，単位面積あたりの縄張りを維持するコストが半分になった場合の最適な縄張りの大きさ，およびコストが2倍になった場合の最適な縄張りの大きさとして最も適当なものを，下からそれぞれ一つずつ選びなさい。

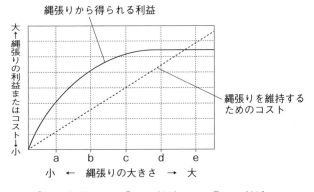

① a付近 ② b付近 ③ c付近 ④ d付近
⑤ e付近

〈センター試験・改〉

《✓解 説》

　図は，557ページで見たものと同じだ。557ページの図とは異なり，「コスト」が直線で表現されているけど，考え方は同じだ（気にする必要はない）。
　"コストが半分になった場合" の最適な縄張りの大きさは，コストの直線の傾きを1/2にしたときに，「利益」−「コスト」が最大になる大きさと考えられる。したがって，c付近だ。
　"コストが2倍になった場合" は，コストの直線の傾きを2倍にしたときに，「利益」−「コスト」が最大となる大きさだ。したがって，a付近となる。

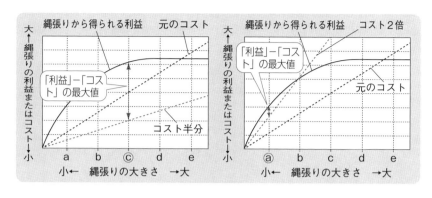

《《✓ 解 答 》》

コスト半分の場合ー③
コスト2倍の場合ー①

STORY 4 異種個体群間の関係（種間関係）

　今度は個体群間の関係，すなわち，**異なる生物種の間に見られる関係**を見ていくことにしよう。

1 種間競争 ＞★★★

① ニッチ（生態的地位）

　その種が，どんなものを食べるのか，どこにすむのか，といった生活要求で決まる生態系における立場を，**ニッチ（生態的地位）**という。地球上のあらゆる環境には，さまざまな生物が生活している。地理的に遠く離れていても，ニッチの似通った生物が存在することがあり，これらは**生態的同位種**と呼ばれ，形態や行動も似ている場合が多い。例えば，北半球にすむモモンガ（真獣類）とオーストラリアのフクロモンガ（有袋類）はその一例だ。

② 種間競争

　同じ場所にすむニッチが近い種の間では，餌やすみかをめぐって**種間競争**が起こることがある。

　ゾウリムシとヒメゾウリムシを単独で培養すると，それぞれの成長曲線はS字を描く。でも，ゾウリムシとヒメゾウリムシを混合培養すると，体が小さく増殖力の強

いヒメゾウリムシが種間競争に勝ち，ゾウリムシは著しく減少する。このように，種間競争の結果，同じ場所に共存できなくなって，一方の種が排除されることを**競争的排除**という。

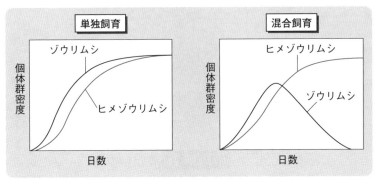

2　被食者−捕食者相互関係 ＞★★★

　クモは，巣にかかったチョウを食べる。この場合，食べる立場のクモを**捕食者**，食べられるチョウを**被食者**という。このような，"食う・食われる"の関係を**被食者−捕食者相互関係**という。

　被食者と捕食者が1種対1種の場合，たがいに周期的に増えたり減ったりをくり返す。これは，次のような過程をくり返すためだ。

❶　被食者が増える。
❷　被食者を餌とする捕食者が増える。そのため，餌である被食者が減る。
❸　被食者が減ると，餌を食べられない捕食者が餓死するので，捕食者が減る。
❹　天敵である捕食者が減るので，被食者が増える。➡ ❶に戻る。

　両者の関係をグラフにすると右図のようになる。ポイントは，**個体数は被食者よりも捕食者の方が少ない**ということと，**捕食者の増減は被食者よりも遅れて現れる**というところだ。

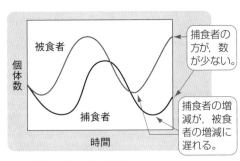

■被食者・捕食者の関係

このように，被食者
と捕食者は緊密な関係
にあるため，両者のバ
ランスがくずれると，
周期的な増減が見られ
なくなることがある。
例えば，被食者の"隠
れ家"がないような場
合，捕食者が被食者を
食べつくしてしまい，
あとを追うように捕食者も全滅してしまうんだ。

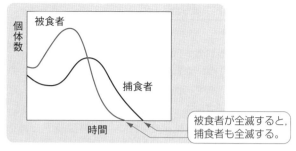

被食者が全滅すると，
捕食者も全滅する。

■被食者が全滅すると……

(POINT ③) 被食者－捕食者の相互関係

◎被食者－捕食者の相互関係 ➡「食う・食われる」の関係
　被食者が全滅すると，捕食者も全滅する。

3 共　生 ＞★★★

　異なる種の生物がいっしょに生活し，おたがいに，または一方が利益を得ている関係を共生という。

　特に，おたがいが利益を得る場合を相利共生といい，例として，**マメ科植物と根粒菌**のような関係がある（▶p.294）。

　また，一方だけが利益を得て，もう一方は利益も不利益もない場合を片利共生といい，例として，**サメとコバンザメ**の関係があげられる。

(POINT ④) 共　生

◎相利共生 ➡ 共生した双方に利益がある。
◎片利共生 ➡ 共生した一方は利益を得るが，他方は利益も不利益もない。

一方（寄生者）が，他方（宿主）から一方的に栄養を得る関係を，**寄生**という。寄生の関係は，被食者−捕食者相互関係に似ているけど，ときに**1 個体の宿主に多数の寄生者が取りついて栄養を奪うところ**が異なる。寄生の例として，ヤドリギ（寄生者）とケヤキ（宿主）や，カイチュウ（寄生者）とヒト（宿主）などがある。

さて，ここまで学んできた個体群間の関係をまとめてみよう。下の表は A 種と B 種がそれぞれの関係を結んだ場合に，その利害を示したものだ。＋はその種が利益を得ることを，−は不利益となることを，そして，0 は利益も不利益もないことを示している。

種間関係	A	B	生 物 例
種間競争	−	−	ヒメゾウリムシ（A）とゾウリムシ（B）
被食・捕食の関係	＋	−	ミズケムシ（A）とゾウリムシ（B）
相利共生	＋	＋	アリ（A）とアブラムシ（B）
片利共生	＋	0	コバンザメ（A）とサメ（B）
寄 生	＋	−	カイチュウ（A）とヒト（B）
中 立	0	0	シマウマ（A）とダチョウ（B）
片 害	0	−	アオカビ（ペニシリン）（A）と細菌（B）

5 間接効果 ＞ ★★☆

競争や捕食，共生といった 2 種の直接的な関係以外に，それ以外の種を介して作用が及ぶことがあり，これを**間接効果**という。

例えば，かつてヒトがラッコを乱獲したため，海藻が激減したことがあった。これは，海藻→ウニ→ラッコという食物連鎖において，ラッコの減少により，海藻を食べるウニが増加したためだ。

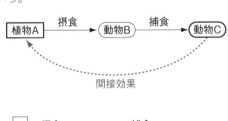

また，ある植物を食べる動物 D と動物 E が競争関係にあるとき，動物 D を好んで捕食する動物 F が現れると，動物 E が増加する現象も間接効果だ。

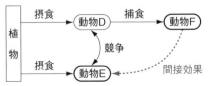

STORY 5 多様な種が共存するしくみ

　自然界では，個体群の集まり（**生物群集**）の中で，同じ栄養段階（▶p.572）を占める生物がたくさんいる。それにもかかわらず，常に激しい種間競争が起こり，種間競争に勝った1種だけが生き残る，なんてことはありえない。ここでは，多くの生物種が共存するしくみを見ていくことにしよう。

1 ニッチの分割による共存 〉★★☆

　共通の種子を食べる2種の動物について考えてみよう。下の図は，この2種が食べた餌の大きさと，食べた量を表したものだ。餌となる種子の大きさは，小さいものから大きいものまであるけど，異なる2種が限られた大きさの餌を集中して食べようとすると，**種間競争**が激しくなり両者に不利益が生じる。そのため，両種が食べる餌のサイズを変えるようになる。このような現象をニッチの分割による共存という。

　では，「いくらでもニッチはずらすことができるのか？」というとそう簡単ではない。同種の動物であれば，一番食べやすい餌のサイズというものがあるだろう。同種の個体が皆食べやすいサイズの餌に集中すると，今度は同種の個体間での競争（**種内競争**）が激しくなる。そのため，結局のところ種間競争と種内競争の均衡のうえで，それぞれのニッチの幅が決まるんだ。

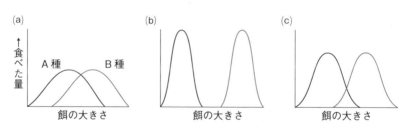

（a）種間競争は激しいが，種内競争は弱い。
（b）種間競争は生じないが，種内競争は激しい。
（c）種間競争は弱く，種内競争も弱い。（このようなニッチに落ち着きやすい）

　ある種が単独で分布する場合のニッチを**基本ニッチ**といい，他種と共存した場合に見られるニッチを**実現ニッチ**という。自然界で現在見られるいろいろな生物のニッチは，どれも過去の種間競争の結果形づくられた実現ニッチだ。そして，ニッチをめぐる種間競争の結果，種ごとに形質の違いが生じることを**形質置換**という（共進化の一種）。

参考 すみわけと食いわけ

　ニッチが近い2種が出会うと，基本的には競争関係になりやすいけど，必ずしも一方が全滅するとは限らない。例えば，川魚のイワナとヤマメは，川にどちらか1種しかいないときには川の広い範囲に分布するけど，両種がいっしょになると，小競り合いの結果，**水温13～15℃を境として，上流（低温）にはイワナが，下流（高温）にはヤマメがすむようになる。** このような関係をすみわけという。

　また，水鳥のヒメウとカワウは，ともに河口付近で食物をとるけど，**ヒメウは浅い所にいるイカナゴやニシン類を食べ，カワウは底にいるヒラメやエビ類などを食べる** というように，食物を変えて共存する。このような関係を食いわけという。

　すみわけも食いわけも，**本来なら競争関係になりそうな種が，おたがいにニッチを少しずつずらして，共存しようとした** 結果なんだ。種間競争では，負けた種はもちろんのこと，勝った種にとっても利益がない。そのため，「すみわけ」や「食いわけ」という関係に発展すると考えられるんだ。

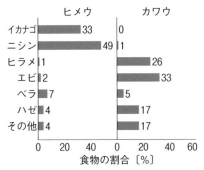

■ヒメウとカワウの食いわけ

	ヒメウ	カワウ
イカナゴ	33	0
ニシン	49	1
ヒラメ	1	26
エビ	2	33
ベラ	7	5
ハゼ	4	17
その他	4	17

食物の割合〔%〕

---

2 捕食者がもたらす共存 ＞★★★

捕食者が，下の栄養段階における種間競争に強い種を捕食することで，種間競争が緩和され，競争に弱い種も共存できるようになる。

　ペインは，海岸の岩場から捕食者であるヒトデを除去したところ，最初にフジツボが大繁殖し，しだいにイガイが増殖して岩場を占領し，ほかの種がすみつけなくなることを報告した（1966年）。これは，競争力の強いフジツボやイガイをヒトデが捕食することで，それらが増えすぎることを抑制しているためだ。

　つまり，**上位の捕食者は下の栄養段階の種間競争を緩和し，種の多様性をもたらしている** と言えるんだ。

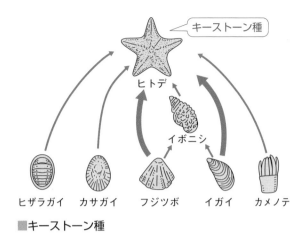

■キーストーン種

　ヒトデのように，生物群集のバランスを保つのに重要な役割を果たす種を**キーストーン種**というよ。

3　撹乱がもたらす共存 > ★★☆

　生態系やその一部を破壊し，生物に影響を与えるような外力を撹乱という。撹乱には，火山噴火や台風など自然に起こるものと，森林伐採など人間活動によるものがある。そして，撹乱にもまた種間競争を緩和し，多くの種が共存できるようにする働きがあるんだ。

　撹乱がほとんど起こらない生態系では，種間競争に強い種が優占種となりやすいけど，撹乱が起こるとこのような種が間引かれるため，種間競争に弱い種も共存が可能となる。しかし，撹乱があまりにも頻繁に起こると，それによって絶滅する種が増えるため，逆に種数は減ってしまう。そのため，**撹乱の強さや頻度が中程度の場合に，共存できる種数が最大となる**んだ。これを中規模撹乱仮説（中規模撹乱説）というよ。

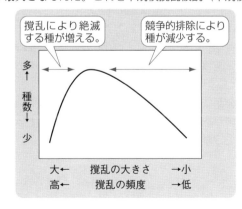

人里とその周辺の雑木林や農地などをまとめて里山（さとやま）という。里山で行われる伐採や下刈りは，一種の人為的な撹乱で，これにより種の多様性が保たれているんだ。

《POINT 5》 多様な種が共存するしくみ

◎理由1　ニッチの分割 ➡ おたがいに不利益をもたらす種間競争を緩和するように，ニッチをずらす（実現ニッチ）。

◎理由2　上位の捕食者の存在 ➡ 捕食者が競争力の強い種を捕食することで，種間競争が緩和される。

◎理由3　中規模の撹乱 ➡ 適度な撹乱により優占種が間引かれ，競争力の弱い種も共存できる。

問題 4　競　争 ★★★

競争に関する記述として適当なものを，二つ選びなさい。

① 群れの大きさは，種内競争の影響を受けないが，捕食者の数の影響を受ける。

② 種内競争によって縄張りを形成した個体の分布は，集中分布になりやすい。

③ 同じ種類の食物を利用する2種でも，異なる大きさの食物を食べることで，同じ大きさの食物を食べるときと比べ，種間競争が緩和される。

④ 種間競争は，広範囲を移動できる生物間でも，ほとんど移動できない生物間でも起こる。

〈共通テスト・改〉

✓解説

① 「群れの大きさは，種内競争の影響を受けない」という部分が誤りだ。群れが大きくなると種内競争が起こりやすくなるのだったよね（▶p.556）。

② 縄張りを形成した個体の分布は，一様分布になりやすいのだったよね（▶p.545）。したがって，誤りだ。

③ これはニッチの分割による共存（▶p.567）に関する記述だ。したがって，正しい。

④ 植物のように移動しない生物間でも，光や水，栄養塩類といった資源をめぐる種間競争は起こる。したがって，正しい。

《《✓解答》》

③，④

┌─ 問題 **5**　**生物多様性**　★★★ ─┐

生物多様性に関する記述として**誤っている**ものを，一つ選びなさい。

① これまで，適応放散が様々な系統において生じ，種多様性の増加に寄与してきた。

② かく乱は生態系を破壊するため，かく乱の規模が小さいほど，生物群集の種多様性が高い。

③ 一部の生物が圧倒的に優占するのを捕食者が妨げることで，多くの種が共存でき，種多様性が高く保たれることがある。

④ 遺伝的多様性が高い個体群は，生息環境が変化しても，その環境に対応して生存できる個体がいる可能性が高く，絶滅を免れやすい。

〈共通テスト・改〉

《《✓解説》》

① 適応放散とは，生物がさまざまな生息環境に適応して多様化することだ（▶p.105）。これにより，種多様性（▶p.583）は増加するので**正しい**記述だ。

② 撹乱の規模が小さすぎると，**種間競争に強い種が優占種となりやすく，共存できる種が減少する**んだったよね。したがって，**誤り**だ。

③ これは捕食者がもたらす共存のことだ。キーストーン種は種の多様性をもたらすんだ。したがって，**正しい**。

④ 同種の生物の集団でも遺伝的な差異が大きいほど，生息環境が変化したときに，生き残る個体が現れる可能性が高くなるんだ。詳しくは，遺伝的多様性（▶p.587）も見てね。したがって，**正しい**。

《《✓解答》》

②

第2章 生態系

▲ジャングルの貯蓄について勉強しよう！

STORY 1 　生態系における物質生産

1 　生態系における栄養段階 > ★★★

　生態系を構成している生物群集は，役割のうえから大きく**生産者**と**消費者**の2つに分けることができる。

● **生産者** ➡ 無機物から**有機物を合成できる独立栄養生物**のことで，光合成を行う緑色植物や藻類がこれに当たる。

● **消費者** ➡ ほかの生物から**有機物を得る従属栄養生物**のことだ。消費者のうち，特に生産者を食べる植物食性動物を**一次消費者**，一次消費者を食べる動物食性動物を**二次消費者**，それ以上を**高次消費者**というよ。

　生産者から高次消費者までの各段階を**栄養段階**という。

　また，消費者のうち，菌類や細菌類のように，生物の遺体や排出物に含まれる有機物を無機物に分解する生物を，特に**分解者**というよ。

2 　物質循環 > ★★★

　「生物基礎」ですでに学んでいると思うけど，炭素や窒素などの物質は，生態系の中を循環している。これを**物質循環**という。ここでは，炭素の循環と窒素の循環をおさらいしておこう。

① 炭素の循環

炭素は，炭水化物，タンパク質，脂質，核酸など生体を構成するのに不可欠な物質で，もともとは大気や海の中に含まれる二酸化炭素（CO_2）に由来する。**大気中の二酸化炭素が生物体に取り込まれる活動は，植物による光合成だ。**植物は光合成によって炭素を有機物に変え，葉や根，果実といった部分に蓄える。そして，その一部が植物食性動物（一次消費者）に食べられて，その体の一部となり，さらにその動物が動物食性動物（高次消費者）に食べられることで，その動物の体の一部となる。**植物や動物の体に入った有機物の一部は呼吸によって分解され，再び二酸化炭素となって大気中へもどっていく。**また，植物や動物の遺体や排出物は，菌類や細菌類などの微生物の分解作用（これも呼吸だ）によって，二酸化炭素にもどっていく。このようにして，炭素は生態系内を循環するんだ。

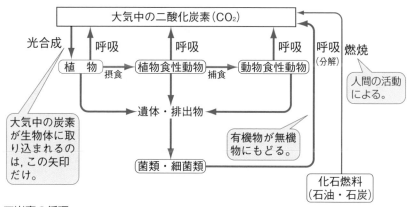

■炭素の循環

② 窒素の循環

窒素は，タンパク質，核酸，クロロフィル（光合成色素），ATP（エネルギー物質）などを構成する物質で，炭素と同じく生態系内を循環する。でも，炭素とは違うルートもある。大気の約80%は窒素だけど，これを植物は直接利用することはできないんだ。植物（生産者）は，窒素を土壌中のアンモニウムイオン（NH_4^+）や硝酸イオン（NO_3^-）として取り入れ，アミノ酸などの有機窒素化合物をつくる。この働きを**窒素同化**というよ。

また，大気中の窒素を，植物が利用しやすい形であるアンモニウムイオン（NH_4^+）に変える働きを**窒素固定**という。しかし，この窒素固定ができる生物は，**窒素固定細菌**とネンジュモなどのシアノバクテリアしかいない。窒素固定細菌には，土壌中にいるアゾトバクターやクロストリジウムのほかに，マメ科植物の根に共生する**根粒菌**やハンノキの根に共生する放線菌などがある。根粒菌は窒素固定によってつくったアン

モニウムイオンを植物に与え，見返りとして植物から有機物を得ているんだ。このためマメ科植物やハンノキは，植生の遷移（せんい）における先駆種となる。

　動植物の遺体・排出物の分解によって生じるアンモニウムイオンは，土壌中の亜（あ）硝酸菌（しょうさんきん）の働きで亜硝酸イオン（NO_2^-）になり，さらに硝酸菌の働きで硝酸イオン（NO_3^-）になる。これらの反応を硝化といい，亜硝酸菌や硝酸菌は硝化菌（硝化細菌）と呼ばれる。また，脱窒素細菌は，硝酸イオンから窒素分子（N_2）を生じさせ，窒素を大気へともどしている。この働きを脱窒という。

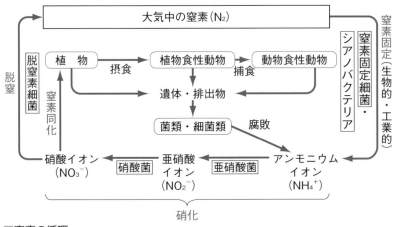

■窒素の循環

3 **物質生産と物質収支** ＞★★★

　生態系の中で生産者が有機物を合成する過程を**物質生産**という。物質生産によりつくられた有機物は，食物連鎖を通して各栄養段階を移動していく。

　各栄養段階における有機物の“出入り”を**物質収支**という。物質収支とは，いわば“家計簿”のようなものだ。有機物は生物にとって価値のあるものなので，“お金”に例えることができる。各栄養段階が1年間で，どのように有機物という収入を得て，どのように支出するのかをとらえるのが目的だ。

① 生産者の物質収支

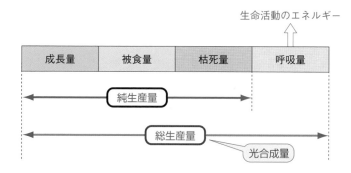

　生産者の収入は，**光合成によって得られる有機物**で，これを総生産量という。総生産量から，生きていくためにどうしても必要な呼吸量（**食費と考えよう**）を差し引いたものが純生産量だ。

　純生産量のうち，消費者に食べられてしまう量が被食量（いわば，**税金**だ），落ち葉や折れた枝となって失われる量が枯死量（**落としてしまったお金**だ）で，これらを差し引いた残りが生産者自身の成長量（**貯金できるお金**だ）となる。

　ここで理解しておきたいのは，**生産者が生態系の全ての生物（生産者・消費者・分解者）を生かしている**ってことだ。なぜなら，純生産量に含まれる成長量は，生産者自身の利益になり，被食量は消費者の栄養源，枯死量は分解者の栄養源，つまり収入となるからなんだ。

② 消費者の物質収支

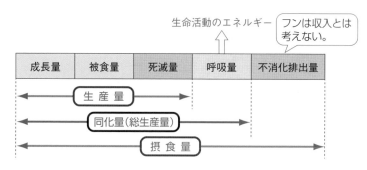

　消費者はほかの生物を食べることで有機物を得る。これを摂食量という。しかし，食べた量の全てが収入になるわけではなく，消化・吸収されずに排出される量，いわゆるフンに含まれる有機物を除いたものが収入となる。つまり，**摂食量から不消化排**

出量を引いたものが同化量となり，これが生産者で言う総生産量に相当する値となる。

だから，同化量には呼吸量が含まれており，この呼吸量を同化量から引いたものを生産量（生産者の**純生産量**に相当）というんだ。

ここまで見てきた生産者と消費者の物質収支をまとめると，次のようになる。

《POINT 6》物質収支

◎生産者の物質収支

純生産量 ＝ 総生産量 － 呼吸量

＝ 成長量 ＋ 被食量 ＋ 枯死量

◎消費者の物質収支

同 化 量 ＝ 摂食量 － 不消化排出量

＝ 成長量 ＋ 被食量 ＋ 死滅量 ＋ 呼吸量

4 現 存 量 ★★★

次に，現存量について考えていこう。現存量とは，ある時点での生物の体をつくっている有機物の総量のことで，**生体量**ということもあるよ。

現存量が，先に学んだ総生産量や呼吸量などと決定的に違うのは，**総生産量や呼吸量が速度である**のに対して，**現存量は速度ではない**ってことなんだ。

 えっ，生産量や呼吸量って，速度なんですか？

そうなんだ。どういうことかと言うと，総生産量や呼吸量というのは，たいてい1年あたりの量として測定される（1年という時間で割ってある）んだけど，現存量は時間（1年）あたりの値ではなく，その時点での有機物の総量を指すんだ。

ちょっとややこしくなってきたので，例え話でいくことにするよ。

ここに1人のサラリーマンがいたとしよう。彼は銀行に**貯金が100万円**あり，ある年（1年間）の収入が**300万円**，支出として**食費が150万円**，**税金が40万円**，**落としてなくしたお金が60万円**だったとする（あくまで例え話だよ）。

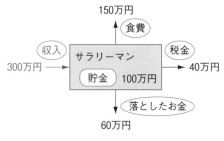

$利益＝300万円－(150＋40＋60)万円＝50万円$

　彼のこの年の**利益**は，収入から支出の合計**250万円**を引いた**50万円**となり，これが貯金に加算される。その結果，翌年には**貯金が150万円**になっているはずだ。

　これを，サラリーマン ➡ **生産者**，貯金 ➡ **現存量**，収入 ➡ **総生産量**，食費 ➡ **呼吸量**，税金 ➡ **被食量**，落としたお金 ➡ **枯死量**に置き換えてみる。

　つまり，**貯金に相当するのが現存量**ってことなんだ。だから，今年１年間の成長量（利益）は，翌年の現存量に加算されるんだよ。

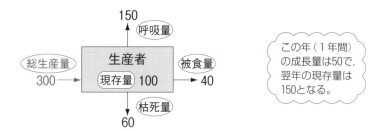

$成長量 = 300 － (150＋40＋60) = 50$
$翌年の現存量 = 現存量 ＋ 成長量 = 150$

((POINT 7)) 現 存 量

　◎ １年間あたりの成長量が，翌年の現存量に加算される。

　ところで，この**成長量**（現存量の増加速度といってもよい）は，**若い森林では大きい**んだけど，**極相林のような成熟した森林になるにつれて，だんだん小さくなっていく。**これは，森林が成熟すると，光合成量（総生産量）は小さくなるけど，幹や枝・根などの光合成を行わない器官による呼吸量が増加していくためだ（次のページの図）。

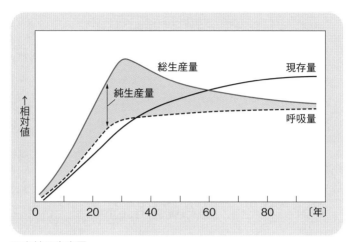

■森林の生産量

そのため，極相林では一般的に次の図のような物質収支になる。

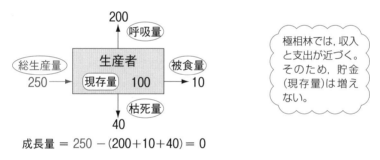

極相林では，収入
と支出が近づく。
そのため，貯金
（現存量）は増え
ない。

成長量 ＝ 250 －（200＋10＋40）＝ 0

■極相林の物質収支

このように，収入と支出がぴったり同じになった生態系を，**平衡状態にある生態系**といういんだ。

ちなみに，**現存量を純生産量で割った値は，その植物のおよその平均寿命（年）を表す。**これは植物体自身を構成する有機物（現存量）が全て入れ換わる（新しく合成される一方で，古いものは失われる）のに要する年数とも言える。

問題 **1**　**物質収支** ★★★

　生産者の純生産量は，その一部が生産者の成長量となったり，消費者の摂食量となったりするほか，落葉や落枝のように枯死量として生態系内に蓄積される。一定期間のうちに生態系内に蓄積された有機物の量を求める

方法として最も適当なものを，一つ選びなさい。

① 純生産量から，生産者の呼吸量を差し引く。

② 純生産量から，分解者を除く消費者の呼吸量を差し引く。

③ 純生産量から，分解者を含む消費者の呼吸量を差し引く。

④ 純生産量から，生産者の呼吸量と，分解者を除く消費者の呼吸量を差し引く。

⑤ 純生産量から，生産者の呼吸量と，分解者を含む消費者の呼吸量を差し引く。

〈共通テスト・改〉

===== ✓ 解 説 =====

「一定期間のうちに生態系内に蓄積された有機物の量」とは，特定の栄養段階の有機物ではなく，**生産者・消費者・分解者の全てがもつ有機物の蓄積量**と考えられる。つまり，**一定期間における生産者・消費者・分解者の現存量と枯死体の増加分が求められている**んだ。したがって，光合成量（総生産量）から生産者・消費者・分解者の呼吸量を全て差し引いた値が，生態系内の有機物の蓄積量ということになる（右図）。

ここで注意したいのは，生産者の**純生産量は総生産量からすでに呼吸量が差し引かれている**という点だ。したがって，「純生産量から，生産者の呼吸量を差し引く」という記述のある①，④，⑤は**誤り**だ。

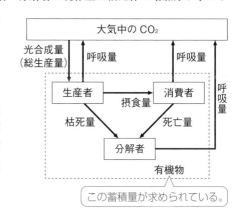

===== ✓ 解 答 =====

③

5 生産構造 ▷ ★★☆

植物群集を光合成器官（葉）と非光合成器官（茎・枝・花など）の高さごとの分布状態を**生産構造**といい，生産構造を相対照度とともに図示したものを**生産構造図**という。生産構造図を描くための調査を**層別刈取法**という。

層別刈取法

❶ 植生の高さごとの明るさ（相対照度）を調べたあと，植物を高さごとに切る。

❷ 光合成器官（葉）と非光合成器官（葉以外）に分ける。

❸ それぞれの乾燥重量（有機物量に相当する）をはかる。

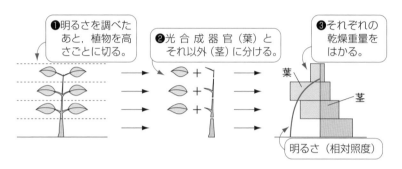

　このようにして描かれる**生産構造図**は，その特徴によって大きく**イネ科型**と**広葉型**の2つのタイプに分けられる。

■生産構造図の分類

	イネ科型	広葉型
生産構造図	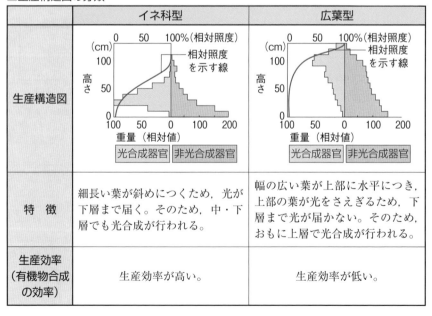	
特　徴	細長い葉が斜めにつくため，光が下層まで届く。そのため，中・下層でも光合成が行われる。	幅の広い葉が上部に水平につき，上部の葉が光をさえぎるため，下層まで光が届かない。そのため，おもに上層で光合成が行われる。
生産効率（有機物合成の効率）	生産効率が高い。	生産効率が低い。

イネ科型の特徴は，比較的光が下層まで届くため，広葉型に比べて中・下層の葉も光合成行うことができ，生産効率が高い。一方，広葉型は，上層の葉が光をさえぎるため，イネ科型の植物が混在する環境においては，光をめぐる競争に有利だ。

6 生態系におけるエネルギーの移動 ＞★★★

次に，エネルギーが生態系の中をどう移動していくかを見ていこう。

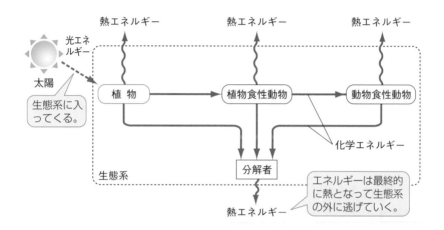

太陽の**光エネルギー**を，生産者が光合成によって有機物中の**化学エネルギー**に変換する。消費者は，有機物を摂食することで**化学エネルギー**を取り込み，呼吸の材料とする。呼吸の過程で，有機物がもつ化学エネルギーの一部は**熱エネルギー**となって生態系の外に逃げていく。このように，**エネルギーは生態系の中を流れるだけで，循環はしない**んだ。

エネルギー効率

エネルギーの収支も，物質収支と同じように考えることができる。したがって，「純生産量」や「呼吸量」などの言葉はエネルギー量にも使えるんだ。

ここで**エネルギー効率**を考えることにしよう。エネルギー効率とは，ある栄養段階の同化量が，1つ下の栄養段階の同化量の何％を占めるかの指標で，下式で求められる。

$$\text{エネルギー効率} = \frac{\text{同化量}}{\text{1つ下の栄養段階の同化量（総生産量）}} \times 100 \, (\%)$$

例えば，次の図のようなエネルギー収支において，生産者のエネルギー効率は，太陽から生態系に入射した光エネルギーのうち，化学エネルギーとして固定されたもの（総生産量）の割合と考えられる。また，一次消費者のエネルギー効率は，生産者の総生産量のうち，体の中に取り込まれた化学エネルギー（同化量）の割合と考えられる。

$$\text{生産者のエネルギー効率} = \frac{470}{499000} \times 100 \fallingdotseq 0.09 \ （\%）$$

$$\text{一次消費者のエネルギー効率} = \frac{60}{470} \times 100 \fallingdotseq 12.8 \ （\%）$$

$$\text{二次消費者のエネルギー効率} = \frac{13}{60} \times 100 \fallingdotseq 21.6 \ （\%）$$

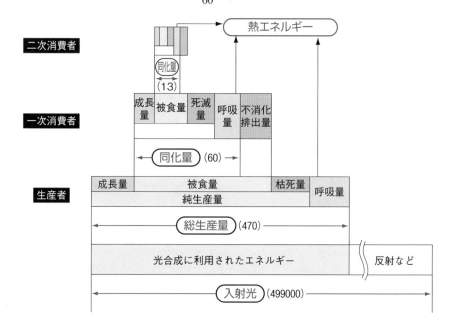

　一般に栄養段階が上がるほど，生物が利用できるエネルギーは少なくなる（エネルギー効率は高くなることが多いけど）。なぜなら，呼吸による熱エネルギーなど，各栄養段階で生物が決して利用できないエネルギーがあるからだ。

STORY 2 生態系と生物多様性

　地球上の生物は，さまざまな環境に適応して生息していて実に多様だ。ここでは，**生物多様性**について考えていこう。生物多様性を考えるうえで，生態系・種・遺伝子の3つのとらえ方が重要だ。

- **生態系多様性 ➡** 森林，里山，湿原，海洋といったさまざまな生態系がある。
- **種多様性 ➡** 1つの生態系の中にも，いろいろな植物や動物，微生物が存在する。
- **遺伝的多様性 ➡** 同種の個体でも，異なる遺伝子をもつために，形質や生態に多様な個性が見られる。

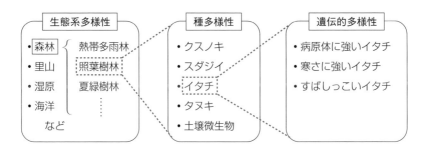

　多様性は"高い"とか"低い"といった尺度で語られることが多く，3つのどのレベルの多様性も"高い"方がよいと考えられている。

　　多様性が"高い"とはどういうことですか？

　例えば，生態系多様性であれば，**さまざまな種類の生態系が存在すること**だ。また，種多様性なら，**豊富な種が存在すること**，遺伝的多様性なら，同種の中でも**さまざまな遺伝子型をもつ個体が存在すること**などだ。どれも，バリエーションが多い方が少ないよりいいと考えられるんだ。

1 生態系多様性 〉★★☆

　地球上には，森林や草原，河川，湖沼などさまざまな生態系が存在している。多様な生態系が存在することは，そこにすむ生物が多様になるだけでなく，私たち人間にもさまざまな恩恵を与えてくれる。このような生態系の恵みを**生態系サービス**という。生態系サービスには次のようなものがある。

■生態系サービスの例

供給サービス	食料	例	魚，果物，きのこ
	水	例	飲用，灌漑用
	原材料	例	木材，繊維，鉱物
	薬用資源	例	薬，化粧品，染料
調節サービス	気候調整	例	炭素固定
	大気調整	例	ヒートアイランド現象の緩和
	水量調整	例	排水，干ばつ防止
文化的サービス	自然景観の保全		
	レクリエーション・観光の場と機会		
基盤サービス	土壌の形成		
	植物の光合成		
	水の循環		

2 種多様性 〉★★☆

　生態系には，生産者，一次消費者，二次消費者，高次消費者といった栄養段階が存在するけど，栄養段階が多いほど，また，同じ栄養段階の中でも異なる種が多いほど種多様性は高くなる。

　また，種数が多くても，ある一種だけが優占するような生態系は種多様性は低いと評価される。

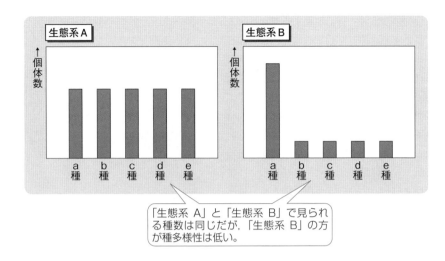

「生態系 A」と「生態系 B」で見られる種数は同じだが，「生態系 B」の方が種多様性は低い。

① 面積と種数の関係

生物群集の種数の調査では，調査面積を増やしていくと，見つかる種の数は，はじめは急激に増加するけど，しだいにゆるやかになる（図1）。

これを裏付ける観察として，島の面積とその島にすむ生物の種数との関係を調査した結果がある（図2）。ただし，これは諸島と大陸の距離がほぼ等しい場合の話だ。

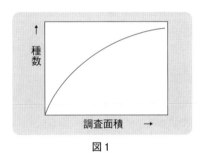

図1

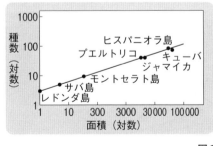

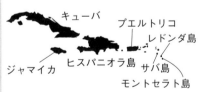

図2

② 1つの島の種数

1つの島に住みつくことができる種数を考えてみよう。島には，大陸などから漂流物に乗ってやってきたり，鳥類のように飛来してきたりする生物種がいる。このよう

に島の外から移入して定着する率を「移入率」とする。島には，すでに先に移入してすみついている種がいるはずで，このような種が多いほど，新たにすみつける種は減少すると考えられる。そのため，「すでに定着している種数」が増えるにつれて，「移入率」は低下する。また，島が大陸に近いほど，大陸からやってくる生物種が定着するチャンスは増えると考えられるので，遠い島よりも近い島のほうが「移入率」は高くなる（図3）。

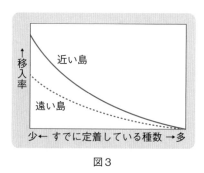

図3

　次に，種が絶滅する率（絶滅率）を考えてみよう。島に「移入してきた種数」が多くなるほど，種間競争が激しくなり排除される種が増えるので，「絶滅率」は増加すると考えられる。また，島が小さいほど，ニッチが限られるため，「絶滅率」は増加すると考えられる（図4）。

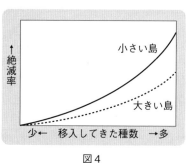

図4

　島では，新しく移入した種がいる一方で，いくつかの種が絶滅するだろう。そのため，**「島にすめる種数」は「移入率」と「絶滅率」の平衡状態（バランスがとれた状態）で決まる**と考えられる（図5）。

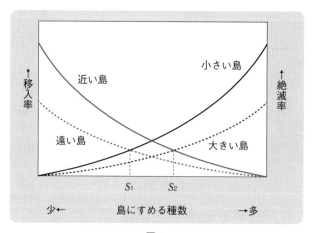

図5

例えば**図5**において，遠くて小さい島の種数（S_1）は，近くて大きい島の種数（S_2）よりも少なくなる。

3 遺伝的多様性 ＞★★☆

クローンでないかぎり，同種の個体間にも遺伝的多様性が見られる。また，同種であっても，山脈や海峡などの地理的な隔たり（地理的隔離）がある場合，遺伝的な違いが見られる。例えるなら「遺伝子の方言」のようなものだ。このような種内に見られる遺伝子の多様性を**遺伝的多様性**という。

遺伝子は突然変異によって，その塩基配列が少しずつ変化するため，時間とともに遺伝的多様性は増加していく傾向にある。これが，種が環境変動を乗り越えたり，新しい種をうむ原動力となるんだ。

しかし，**個体数が少なくなると，血縁が近い個体どうしが交配する（近親交配という）ようになり，普通は表現型として現れにくい潜性の有害遺伝子が，ホモ接合となって表現型として現れやすくなる。**その結果，個体の生存率が低下することがあるんだ。この現象を近交弱勢という。

STORY 3 人間活動が生態系に与える影響

現在，地球上にはおよそ80億人の人間が暮らしている。今や生態系における人間の影響は甚大だ。ここでは人間活動が生態系に及ぼす影響について見ていくことにしよう。

1 生息地の消失と分断化 ＞★☆☆

人間活動による土地利用により，生物の生息地が消失したり，生息地が小さく分断されることは種の絶滅を招く大きな要因だ。

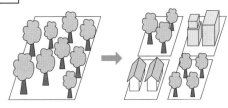

どうして，生息地が小さくなると絶滅しやすくなるのですか？

移動能力の低い種や定住生活する種では，小さな生息地に閉じ込められることになり，**近交弱勢の効果が強くなる**んだ。また，**遺伝的浮動**（▶p.107）の効果が大きく

なり，対立遺伝子の一方が偶然に失われて**遺伝子の多様性が減少**したり，悪い遺伝子が集団内に固定されることもある。さらに，個体数が少ないと，たまたま天敵に襲われて全滅するとか，**アリー効果**（▶p.551）が十分に働かなくなるために個体数がさらに少なくなるんだ。

いいことなしですね。

そうだね。このような過程が次々と進むと，さらに個体数は減少し，一気に絶滅へ向かうと考えられている。この現象は**絶滅の渦**と呼ばれているよ。いったん個体数が減少した種を元に戻すのはとても難しいことなんだ。

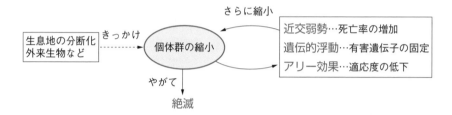

2 　外来生物の侵入 ＞ ★☆☆

　人間活動によって，本来はいないはずの場所にもち込まれ，そのまますみついた生物を**外来生物**という。外来生物も，在来生物の絶滅を引き起こす要因となっている。多くの場合，在来生物を捕食したり，在来生物との競争が起こったりするためだ。

　環境省は，生態系に大きな影響を及ぼすおそれのある外来生物を**特定外来生物**として指定し，原則として飼育や運搬などを禁止している。

3 　人為管理の減少 ＞ ★☆☆

　里山では，人為的な撹乱によって種の多様性が保たれていることはすでに学習した（▶p.570）。したがって，人間の管理がなくなると植生の遷移が進んで絶滅する種が出てくるんだ。カブトムシやクワガタなどの昆虫はその代表で，正しく管理された里山でしか生息することができないんだ。

4 　窒素の利用の増加 ＞ ★☆☆

　19世紀に，工業的に窒素固定を行う方法（ハーバー・ボッシュ法）が発明され，化学的に合成された窒素肥料（化学肥料）が世界中に広まり，農作物の生産が急増した。

しかし，雨水などにより化学肥料が畑から流れ出ると，河川や湖沼などへ流入し，水界の NO_3^- や NH_4^+ の量が増加し，**富栄養化**が引き起こされる。富栄養化により植物プランクトンが異常増殖し，海洋では**赤潮**が，淡水では**アオコ**（水の華）といった現象が起こりやすくなるんだ。

 温室効果ガスの排出 ＞★★☆

「生物基礎」でも学んだ通り，人間による化石燃料の使用により，大気中の二酸化炭素濃度は上昇している。二酸化炭素や，家畜などから排出されるメタン，人工ガスのフロンなどは，地球表面から放射される赤外線を吸収し，再放射するため，地球の温度を上昇させる（**地球温暖化**）。これを温室効果といい，そのはたらきをもつ気体を**温室効果ガス**という。

地球温暖化により，海面上昇が起こったり，生物の生息地域が変化したりしているんだ。

参 考

Our World in Data（気候変動や自然破壊などのデータをまとめているサイト）によると，2015年現在，地球上の哺乳類の現存量のうち，人間（ホモ・サピエンス）が占める割合は34％にも及び，野生の哺乳類は 4 ％しかいないと試算されている（残りの62％は家畜だ）。

特に，クジラやゾウなどの大型の哺乳類は，ホモ・サピエンスが登場してから急速に数を減らしており，密猟が深刻なアフリカゾウの個体数は1500年の2600万頭から1995年の28.6万頭と激減している。近年の保護活動により個体数は回復してはいるものの，2015年時点でも41.5万頭と，もとのレベルには程遠いのが現状だ。

ホモ・サピエンスが地球上に登場してからわずか20万年で，生態系がここまで大きく変わってしまったのには驚きだ。多くの人がこの事実に関心をもち，この先地球環境がどのようにあるべきかを考えることはとても重要なことなんだ。

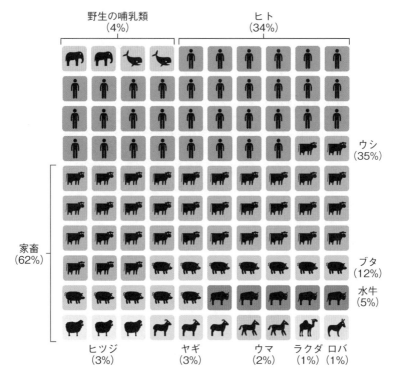

■地球上の哺乳類の現存量の割合

注：現存量にはペットも含まれているが，全体の１％未満のためイラストでは表示していない。
＊Hannah RitchieとKlara Auerbachが作成した表を編集部で日本語に改変した。

問題 **2** 外来生物 ★★★

外来生物に関する記述として誤っているものを，一つ選びなさい。
① 外来生物は，在来種との交雑により，在来種集団の遺伝的な固有性を損なうことがある。
② 外来生物は，ヒトの健康を脅かすことがある。
③ 外来生物を駆除して生態系を復元する試みは，世界中でほぼ成功している。
④ 外来生物は，移入されるまでは，在来種との間に共進化関係を有していない。

〈共通テスト・改〉

① 外来生物は，在来種との間で交雑することがある。これにより，新たに持ち込まれた個体の遺伝子が広まった場合，在来種の遺伝的な固有性が損なわれるんだ。したがって，**正しい**。

② 外来生物であるセアカゴケグモは，すでに日本各地で定着が確認されている毒グモで，かまれると痛み，発汗，発熱などの症状を引き起こす。このような例はほかにもあるので，**正しい**。

③ 一度定着した外来生物を駆除して元通りの生態系に戻すことは実のところとても難しいんだ。したがって，**誤り**。

④ 共進化が起こるためには，異なる種が互いに影響を及ぼしあう関係が長く続くことが必要だ（▶p.103）。いきなりほかの場所からもち込まれた外来生物が在来種との間に共進化の関係にあるなんてことはない。したがって，**正しい**。

〈 ✓解答 〉

③

問題 3　**絶滅の渦** ★★☆

　自然環境の破壊は野生生物の生息地を奪い，そこに存在する生物の多様性を減少させてきた。生息地の縮小により，個体群に含まれる個体の数が減少すると，　ア　。これにより，対立遺伝子のあるものが　イ　失われ，遺伝的多様性が低くなりやすい。個体数の減少により，血縁が近い個体どうしの交配（近親交配）の確率が高くなる。このような過程が続くと，個体群に含まれる個体数をさらに減少させる可能性が高いため，個体群はますます絶滅に近づく。この現象を絶滅の渦という。

問1　上の文章中の　ア　・　イ　に入る語句として最も適当なものを，それぞれ一つずつ選びなさい。

〔　ア　に入る語句〕
① 個体に突然変異が生じやすくなる
② 個体に突然変異が生じにくくなる
③ 遺伝的浮動の影響が強まる
④ 遺伝的浮動の影響が弱まる

〔　イ　に入る語句〕
⑤ 選択的に　　⑥ 偶然に

問2　下線部**ウ**に関して，近親交配は子の生存力や繁殖力を低下させること
　　がある。その理由として最も適当なものを，一つ選びなさい。
　　　① 生存や繁殖に不利な遺伝子の転写・翻訳が，促進されるため。
　　　② 遺伝子に突然変異が，生じやすくなるため。
　　　③ 生存や繁殖に不利な顕性対立遺伝子が，ホモ接合になりやすくな
　　　　るため。
　　　④ 生存や繁殖に不利な潜性対立遺伝子が，ホモ接合になりやすくな
　　　　るため。

〈センター試験・改〉

✔解説

問1　"個体群の減少"と"突然変異の生じやすさ"の間には，何の関係もないよ。
　　したがって，①・②は誤り。個体群が減少すると，偶然によって対立遺伝子の一
　　方が失われやすくなるんだ。この現象を**遺伝的浮動**という（▶p.107）。
問2　近親交配により，それまでヘテロ接合のためかくれていた潜性の有害な（生存
　　や生殖に不利な）遺伝子が，ホモ接合になって表現型として現れやすくなる。そ
　　の結果，個体の生存率が低下することを**近交弱勢**という。

✔解答

　　問1　ア―③　イ―⑥　　問2　④

さくいん

た

マクロプログラムの使い方

ここでは，本文のコンピューターシミュレーションで使ったマクロファイルの入手方法および使用したアプリケーションソフトの設定の仕方を説明しよう。

▶ 必要なもの

本書で紹介したコンピューターシミュレーションを行うには，表計算ソフト Excel がインストールされた Windows パソコンが必要だ。このパソコンを使って Excel のマクロファイルを開くことで，シミュレーションが実行可能となる。なお，Mac 版やタブレット版の Excel では動作確認ができていないので Windows パソコンを推奨するよ。

▶ マクロファイルの入手のし方

マクロファイルは，インターネットを通じて KADOKAWA の本書紹介ページ（https://www.kadokawa.co.jp/product/322101000840/，本書カバー袖の QR コード®）からダウンロードできる。

ダウンロードしたファイルを解凍すると，"自然選択 .xlsm" と"遺伝的浮動 .xlsm" という2つのファイルが現れるはずだ。

▶ Excelマクロを有効にする

マクロファイルを実行するためには，Excel の設定でマクロを有効にする必要がある。Excel を起動して，次の 手順❶ ～ 手順❹ に従ってマクロを有効にしよう。

手順❶ 「ファイル」→「オプション」をクリックして，オプションを開く。

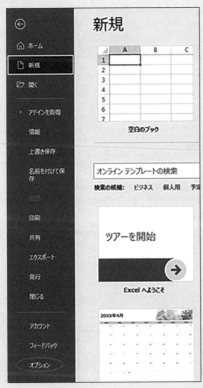

オプションの「トラストセンター」→「トラストセンターの設定」を
順にクリックする。

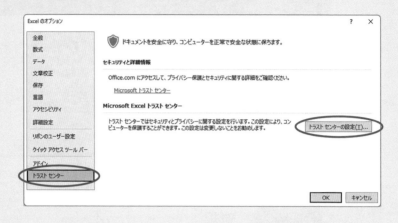

「マクロの設定」→「警告を表示してすべてのマクロを無効にする」
（Excel のバージョンによっては「警告して，VBA マクロを無効に
する」と表示されることがある）→「OK」をクリックする。

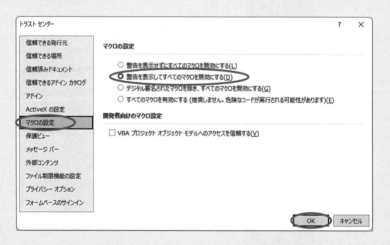

いったん Excel を終了する。

STEP 4

▶ マクロファイルを開いてみよう

　ファイル"自然選択.xlsm"または"遺伝的浮動.xlsm"をダブルクリックして，Excel を起動するとともにファイルを開く。すると，「セキュリティの警告」が表示されることがあるので，その場合，「コンテンツの有効化」をクリックする。

　これでマクロファイルが使えるようになる。シミュレーションの方法は，本文を読んでほしい。

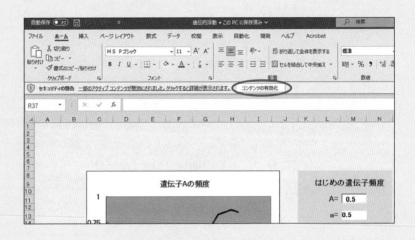

山川　喜輝（やまかわ　よしてる）

河合塾講師。関東地方を中心に教壇に立つかたわら、映像授業（学研
プライムゼミ）でも活躍。わかりやすく楽しい授業で、受験生から圧
倒的な支持を受けている。手作りの教材やコンピュータシミュレーシ
ョンを駆使した講義は、大変印象に残ると大好評。

一般書に、『カラー改訂版　理系なら知っておきたい　生物の基本ノー
ト［生化学・分子生物学編］』（KADOKAWA）、『史上最強図解　こ
れならわかる！生物学』（ナツメ社）など、学習参考書に、『大学入試
世界一わかりやすい　生物［実験・考察問題］の特別講座』、『改訂版
大学入試　山川喜輝の　生物基礎が面白いほどわかる本』（以上、
KADOKAWA）、『全国大学入試問題正解　生物』（共著、旺文社）な
どがある。

かいていばん　　　だいがくにゅうし
改訂版　　大学入試
やまかわよしてる　　　せいぶつ　　　　おもしろ　　　　　　ほん
山川喜輝の　　生物が面白いほどわかる本

2024年4月18日　初版発行

著者／山川　喜輝
　　　　やまかわ　よしてる

発行者／山下　直久

発行／株式会社KADOKAWA
〒102-8177　東京都千代田区富士見2-13-3
電話　0570-002-301（ナビダイヤル）

印刷所／株式会社加藤文明社印刷所
製本所／株式会社加藤文明社印刷所

本書の無断複製（コピー、スキャン、デジタル化等）並びに
無断複製物の譲渡および配信は、著作権法上での例外を除き禁じられています。
また、本書を代行業者等の第三者に依頼して複製する行為は、
たとえ個人や家庭内での利用であっても一切認められておりません。

●お問い合わせ
https://www.kadokawa.co.jp/（「お問い合わせ」へお進みください）
※内容によっては、お答えできない場合があります。
※サポートは日本国内のみとさせていただきます。
※Japanese text only

定価はカバーに表示してあります。

©Yoshiteru Yamakawa 2024　Printed in Japan
ISBN 978-4-04-605229-2　C7045